T0135883

Historische Wissensforschung

herausgegeben von
Caroline Arni, Stephan Gregory, Bernhard Kleeberg,
Andreas Langenohl, Marcus Sandl und Robert Suter †

8

Ariane Tanner

Die Mathematisierung des Lebens

Alfred James Lotka und der energetische Holismus
im 20. Jahrhundert

Mohr Siebeck

Ariane Tanner, geboren 1976; Studium der Allgemeinen Geschichte, Philosophie und Religionswissenschaft in Zürich und Barcelona; 2014 Promotion an der ETH Zürich; seither verschiedene Engagements in Unterricht (Hochschule der Künste Bern, Universität Zürich), Forschung und Kultur; 2015/16 assoziierte Wissenschaftlerin am Collegium Helveticum, Zürich; 2016 Research Fellow am IFK (Internationales Forschungszentrum Kulturwissenschaften, Kunstuniversität Linz) in Wien.

ISBN 978-3-16-154491-0
ISSN 2199-3645 (Historische Wissensforschung)

Die Deutsche Nationalbibliothek verzeichnet diese Publikation in der Deutschen Nationalbibliographie; detaillierte bibliographische Daten sind im Internet über *http://dnb.dnb.de* abrufbar.

© 2017 Mohr Siebeck Tübingen. www.mohr.de

Das Buch wurde von Martin Fischer in Tübingen aus der Minion gesetzt, von Hubert & Co. in Göttingen auf alterungsbeständiges Werkdruckpapier gedruckt und gebunden. Der Einband wurde von Uli Gleis in Tübingen gestaltet. Umschlagbild: Negativdruck der Wirte-Parasiten-Oszillationen (Ausschnitt) für Lotka, Elements, S. 90 (Quelle: AJL-Papers, Box 7, Folder 7).

Dank

Eine Wissenschaftsgeschichte, die sich mit exakten und biologischen Disziplinen auseinandersetzt, ist von Anfang an ein transdisziplinäres Unterfangen. Das dazu passende und anregende Umfeld fand ich an der Eidgenössischen Technischen Hochschule (ETH) Zürich, gefördert durch einen Research Grant der Forschungskommission sowie den Lehrstuhl für Wissenschaftsforschung von Prof. Dr. Michael Hagner. Ihm als Hauptreferenten gilt mein erster besonderer Dank für die sehr inspirierende und ausdauernde Betreuung meiner Dissertation. Zahlreiche Gelegenheiten, die Arbeit intensiv zu diskutieren, erhielt ich auch durch meine Korreferentin Prof. Dr. Marianne Sommer, Professorin für Kulturwissenschaften an der Universität Luzern, und meinen Korreferenten Prof. em. Dr. Andreas Fischlin, Gruppe Systemökologie ETH Zürich. Das vorliegende Buch ist denn auch die überarbeitete Fassung der im April 2014 an der ETH Zürich eingereichten Dissertationsschrift.

Bis zu jenem Moment konnte ich auf die Expertise, Beobachtungsgabe, genaue Lektüre, Diskussionslust und Hilfsbereitschaft von vielen Wissenschaftlerinnen und Wissenschaftlern zählen, die ich dankend erwähne möchte: Hendrik Adorf, Jan Behrs, Jimena Canales, Moritz Epple, Kijan Espahangizi, Lou-Salomé Heer, Eva Johach, Jan Kiepe, Manfred Laubichler, Svenja Matusall, Sandra Nicolodi, Hans-Jörg Rheinberger, Friedrich Steinle, Christina Wessely, Konstanze Weltersbach. Unermüdlich lieh mir Ulrich Koch sein Ohr, um Ideen zu testen. In Bezug auf die Differentialgleichungen war die Erklärungsbereitschaft und schier unendliche Geduld von Andri Hardmeier und Georg Brun unbezahlbar. Gleichermassen waren in der Schlussphase die Lektürearbeit und die Kommentare von Margarete Pratschke und Daniela Zetti essentiell.

Während einer Dissertation ergeben sich manchmal auch Zeiten der glückvollen Beschleunigung des ganzen Prozesses. So bedanke ich mich herzlich bei Prof. Dr. Ulrich Herbert für die Einladung ans Historische Seminar der Albert-Ludwigs-Universität in Freiburg im Breisgau und die Gastfreundschaft, die ich am Freiburg Institute for Advanced Studies von Januar bis Juli 2011 geniessen durfte. Unvergessen bleiben in gleicher Hinsicht zwei Aufenthalte in Princeton und Paris, als mich Christa Wirth und Lea Haller mit ihrer Freundschaft und Intelligenz begleiteten. Sabine Höhler, mit der ich Panels an verschiedenen Tagungen gestaltete, schulde ich mehr als sie wissen kann: Sie ist mir Inspiration dafür, wie eine disziplinäre Heimat im Schnittfeld von Wissenschaftsgeschichte, Umweltgeschichte, Kulturwissenschaften und Technikgeschichte aussehen könnte und grosses Vorbild als Wissenschaftlerin und Mensch mit einem umwerfenden Humor.

Historische Forschung ist immer auch auf kooperative Archive angewiesen. Allen voran sei das Personal der Seeley G. Mudd Library, Department of Rare Books and Special Collections an der Princeton University Library genannt. Im Weiteren unterstützten mich tatkräftige Personen am Office of Population Research in Princeton und vom Ludwig von Bertalanffy-Archiv am Departement für Theoretische Biologie der Universität Wien. Ich kam nicht nur in den Genuss von sehr speditiv funktionierenden Archivabläufen, sondern mitunter von erfrischend unreglementierter Kostenadministration: „Jetzt gehen Sie mit Gott, und nehmen Sie die Kopien mit!"

Beim Verlag Mohr Siebeck fühlte ich mich von Anfang an gut aufgehoben und durch Stephanie Warnke-De Nobili, Kendra Mäschke und Ilse König bestens betreut. Ich danke der Herausgeberschaft der Reihe Historische Wissensforschung für ihr unumwundenes Vertrauen. Mit dem Lektor David Bruder hat ein äusserst wachsames Auge das Manuskript noch einmal durchgesehen. Allfällige bleibende Ungereimtheiten sind selbstverständlich mir zuzuschreiben.

Für vielgestaltige Hilfestellungen zu unterschiedlichen Zeitpunkten, die sich, wie so oft, auf einer wissenschaftlichen Skala nicht messen lassen, fühle ich mich Dorothee Guggenheimer und Eva Vitija verbunden.

Einige Verwandte, alte Bekannte und Freunde wunderten sich über die Wahl meines Dissertationsthemas. Ich glaube, ich musste unbedingt eines finden, wozu mein Mann Jakob von Beginn weg (fast) nichts zu erzählen wusste. Folgerichtig konnte er sich voll auf die mentale Begleitung und familiäre Unterstützung konzentrieren, wofür ich ihm sehr dankbar bin. Damit verbunden ist auch unsere grösste Freude, die auf ihre Weise zum Gelingen des Ganzen beitrug: Ich danke unserer Tochter Lilith für ihre höchst zuverlässige Produktion von Alltagsglücksmomenten.

Wien, im Juni 2016   Ariane Tanner

Inhaltsverzeichnis

L'histoire naît avec un déséquilibre.

Elle continue avec des déséquilibres, et par eux. Les alternances d'excès positifs ou négatifs et de calmes entraînent la réflexion à considérer des périodicités (V). Si l'humanité atteignait un état d'équilibre, il n'y aurait plus d'histoire.

Raymond Queneau,
Une histoire modèle (1966)

Einleitung

Kann man das Leben mathematisieren? Ja, behauptete Alfred James Lotka im
Jahre 1925. Damals veröffentlichte der in New York lebende Naturwissenschaftler
und Versicherungsstatistiker seine erste Monographie, *Elements of Physical Biology*.[1] In diesem Werk stellte er eine Methode vor, mit der sämtliche Prozesse von
der Mikroebene der Moleküle bis zur Makroebene des Planeten als Energieveränderungen begriffen und mathematisch beschrieben werden können. Wie „das
Leben" in diesem Weltentwurf abgebildet wird, so Lotka, kann keine Definition
beantworten. Die zu seiner Zeit gängigsten Begriffsbestimmungen gingen von
diametral entgegengesetzten Vorstellungen aus: Eine vitalistische Kraft sollte das
Wesen des Lebendigen ausmachen oder aber ein physikalisch-chemischer Zugang
ausreichen, Phänomene wie Wachstum und Reproduktion zu erklären. Lotka
war mit beiden Varianten – einem Exklusivmerkmal für das Lebendige oder der
reduktionistischen Kennzeichnung eines Organismus – nicht einverstanden.[2] Die
einzige mögliche Antwort auf die Frage nach der Essenz des Lebens war seiner
Meinung nach die „Policy of Resignation"[3], d. h. das Eingeständnis der momen-
tan unmöglichen Unterscheidung zwischen Lebendigem und Nicht-Lebendigem.
Dies anzuerkennen schade nicht, sondern könne für die Wissenschaft sogar von
Vorteil sein, weil es zu einem Perspektivenwechsel zwinge. „What is life?" trans-
ponierte Lotka in die Frage „What shall we agree to call life?"[4] Die von ihm vorgeschlagene Konvention für eine definitorische Annäherung an das Leben fällt
mit der Energie zusammen. Sobald etwas geschieht, im Anorganischen wie im
Organischen, könne ein begleitender Energieaustauschprozess festgestellt werden,
der quantifizierbar ist. Die energetische Prämisse wird Denkkonzept und methodische Grundlage für eine Mathematisierung aller Vorgänge in einem definierten,

---

[1] Lotka, Alfred James: *Elements of Physical Biology*, Baltimore: Williams & Wilkins 1925 (reprint
unter dem Titel: *Elements of Mathematical Biology. A Classic Work on the Application of Mathematics to
Aspects of the Biological and Social Sciences*, New York: Dover Publications 1956). Der Seitenumbruch
der Erst- und Zweitauflage ist identisch. Die Literaturverweise beziehen sich immer auf die Erstausgabe von 1925, auch nur *Elements* genannt.
[2] Zu seiner Argumentation vgl. Lotka, Elements, S. 5–13.
[3] Lotka, Elements, S. 18.
[4] Lotka, Elements, S. 18.

„strukturierten System"[5]. Somit erscheinen in *Elements of Physical Biology* chemische Stoffkreisläufe, ein Wirte-Parasiten-Verhältnis, ozeanische Nahrungsketten, die industrielle Gesellschaft oder der Mensch mit seinen kulturellen und
rationalen Fertigkeiten als energieoffene, welchselseitig gekoppelte „energy transformers"[6]. Lotkas Vorschlag, alle Phänomene als Energietranslationen zu formalisieren, mündet in einer kompletten Mathematisierung der Lebenswelt.

Die *Energie* dominiert aktuell den politischen Diskurs rund um die Folgen
der Klimaerwärmung. Auf nationaler wie internationaler Ebene wird über die so
genannte Energiewende debattiert und um Abkommen gerungen, die den CO_2-
Ausstoss in die Atmosphäre eindämmen sollen. Längst ist uns klar geworden, wie
gravierend die globalen topographischen und demographischen Folgen eines
unentschlossenen Handelns gegenüber der Klimaerwärmung sind und ebenso
ist absehbar, dass das Umsteigen auf neue Energieherstellungs- und nutzungs-
formen kapitalintensiv ist. Im Alltag sind wir ständig mit Energie-Entscheiden
konfrontiert: Woher kommt das Gemüse, das wir kaufen? Enthält die Fertigpizza
Palmöl? Welches Verkehrsmittel benutze ich heute? „All things need energy, and
all actions are transformations of energy. Every step, small or large, that a human
takes, is part of an energy economy."[7] Auf welcher Ebene man auch ansetzt, in
Energiebegriffen zu denken, verspricht einerseits eine Quantifizierbarkeit von
Handlungen in Joule und bringt andererseits sofort die komplexen Interdependenzen unserer Entscheidungen und derer Konsequenzen zum Vorschein.

Mit Lotkas *Elements of Physical Biology* von 1925 haben wir einen Weltentwurf
vor uns, der mit einem ubiquitär eingesetzten Energiebegriff operiert. Um die
historische Tiefendimension dieses Weltentwurfs geht es in diesem Buch. Ich analysiere die heterogenen Ursprünge und die Rezeptionslinien von Lotkas *Elements
of Physical Biology*. Welchen Stellenwert hatte die Idee einer „physical biology" im
Jahre 1925? Welche Ziele verfolgte Lotka mit seinem Hauptwerk, wenn er Jahrzehnte seiner Forschung zusammenfasste und den Wissensstand verschiedenster
Disziplinen zu synthetisieren versuchte? Was bedeutete es, Moleküle, Parasiten
und Menschen durch die Mathematik zu analogisieren? In welchen Rezeptions-
kontexten tauchten Lotkas Ideen wieder auf?

Diese Indiziensuche führt von der Energetik des Physikochemikers Wilhelm
Ostwald (1853–1932) bis hin zu den systemökologischen Modellen seit Ende

---

[5] Lotka, Elements, S. 15–17.
[6] Lotka, Elements, S. 325–335.
[7] Kander, Astrid / Paolo Malanima / Paul Warde: *Power to the People. Energy in Europe Over the
Last Five Centuries*, Princeton / Oxford: Princeton University Press 2013, S. 1. Die Argumente für ein
„Anthropozän" als neue geologische Epoche, die sich durch die Irreversibilität von topographischen
und atmosphärischen Spuren, verursacht durch die Ressourcennutzung des Menschen, auszeichnet,
führen auf Energiefragen zurück; vgl. zum Konzept des Anthropozän: Renn, Jürgen / Bernd Scherer
(Hg.): *Das Anthropozän. Zum Stand der Dinge*, Berlin: Matthes & Seitz 2015.

der 1950er Jahre. Die drei Beschreibungsvarianten der Welt – die Ostwald'sche Energetik, Lotkas physikalische Biologie und die Systemökologie – sind auf unterschiedliche Weise durch das Primat der Energie charakterisiert. Ostwald setzte den Energiebegriff absolut und als Antwort auf ein mechanistisches Weltbild ein. Seine Energetik war Erklärungsmodell für physikalische Vorgänge und alltagspraktischer Ratgeber zugleich, ein Optimierungsvorschlag für die industrielle Ressourcennutzung ebenso wie eine Beschreibung der Kultur. Lotka situierte durch seine „physikalische Biologie" den Menschen auf gleicher Stufe wie chemische Stoffe, Tiere und Technologien in einem weltumspannenden energetischen Metabolismus, womit die materiellen oder ontologischen Differenzen zwischen den verschiedenen Teilhabern am Geschehen auf dem Planeten Erde nivelliert wurden. Diese Gleichbehandlung von Systemkomponenten taucht in den schematischen Aufzeichnungen der Energieflüsse durch die Systemökologen wieder auf. Ihre auf dem Konzept der Energie basierenden Modelle für „energy chains and feedback webs of ecosystems"[8] wurden aber um Information[9] ergänzt.

Energetik, physikalische Biologie und Systemökologie analogisieren die verschiedenen Komponenten unter Energiegesichtspunkten, wodurch die Fragen nach dem, was das Leben oder den Organismus ausmache, von der essentialistischen Ebene auf eine funktionale verschoben werden. Der jeweilige funktionalistische Ansatz war jedoch unterschiedlich eingebettet: Bei Ostwald metaphysisch, alltagspraktisch und moralisch, bei Lotka physikalisch, agnostisch und appellativ, bei den Systemökologen mathematisch und technisch. Alle drei Ansätze warfen die Frage auf, inwieweit sich die Welt auf eine schlichte Buchhaltung der Energieflüsse herunterbrechen lässt oder inwiefern eine Operationalisierbarkeit der komplexen Wechselbeziehungen erst durch ein Denken in Energie ermöglicht wird. In dieser Arbeit, die einen Zeithorizont zwischen 1900 und 1980 aufspannt, werden die drei energetischen Interpretationen der Lebenswelt miteinander in Verbindung gebracht.

„To Whom it May Concern Messages"[10] oder: Thesen

Der Begriff des Systems[11] erlaubte Lotka, die Verschiebungen von Massen zwischen Entitäten als Energieveränderungen zu quantifizieren. Dies nicht im Sinne von Einweg-Akquirierung und Verbrauch von Ressourcen, sondern von fortgesetzten energetischen Austauschprozessen zwischen den verschiedenen Bestandteilen

---

[8] Odum, Howard T.: *Systems Ecology. An Introduction*, New York u. a.: John Wiley & Sons 1983, S. x.
[9] Odum, Systems Ecology, S. 3.
[10] Dieses Denkkonzept wurde an den interdisziplinären Macy Conferences Ende der 1940er Jahre geprägt, siehe Details weiter unten.
[11] Der Begriff „System" taucht in den *Elements* erstmals S. 4 (bzw. S. viii) auf, dann auch inflationär auf S. 8, 10, 14, 16, 20, 22, 24 f. usw.

eines „life-bearing system"[12]. Seine Analysen von Verschiebungen, Freisetzungen, Speicherungen und Absorptionen in chemischen, biologischen und zivilisatorischen Vorgängen zeigen, wie die Systeme um stabile Gleichgewichtszustände oszillieren. Eine Dynamik wird sichtbar, welche sämtliche Komponenten miteinander in Relation bringt. Wir sind laut Lotka in einen „body politic"[13] eingebunden, in ein globales Gebilde von politischer Natur, das sich von unseren Sinnen und Emotionen über unsere Arbeit, Apparaturen und Verkehrsmittel bis hin zur Industrie erstreckt. Was uns alle in das Geflecht unweigerlich miteinbezieht, ist die Energie, die wir verbrauchen, sei es für physiologische Prozesse oder unsere Zivilisation, vor dem Hintergrund eines begrenzten Planeten, der lediglich durch das Sonnenlicht eine externe Energiequelle hat. In diesem Weltbild, so Lotka weiter, hat der Mensch unter den so genannten Energietransformatoren eine spezielle Position inne. Er ist mit besonderen Wahrnehmungsfähigkeiten (Sinne, Bewusstsein, Erinnerung)[14] ausgestattet, um sich Energie anzueignen und nutzbar zu machen; er hat sich durch kulturelle Techniken im Laufe der Zeit zunehmend von den geographischen Quellen der materiellen Ressourcen entfernen können und trägt als Verbraucher derselben eine spezielle Verantwortung: Nur als „collaborator of Nature" und mit dem Bewusstsein einer „active partnership with the Cosmos"[15] kann er laut Lotka seine Lebensgrundlagen erhalten.

Ich bezeichne Lotkas Weltentwurf als *energetischen Holismus*, der zweierlei Versprechen beinhaltet: zum einen die – zwar aufwendige, aber mögliche – restlose Formalisierung von Systemen durch die mathematisch-reduktionistische Beschreibung von Energietranslationen; zum anderen, dass durch das Prinzip Energie und die Mathematisierung die Dynamik des Ganzen verstanden werden kann. Eine Beobachtung, die nicht in eine organizistische Idee mündete.[16] Vor dem Hintergrund dieser Vorstellung eines energetischen Holismus möchte ich folgende These prüfen: Alfred James Lotkas *Elements of Physical Biology* kann als konzeptionelle Scharnierstelle zwischen der Energetik Wilhelm Ostwalds und der Systemökologie der 1960er/70er Jahre verstanden werden. Oder anders

---

[12] Lotka, Elements, S. 39, 43.
[13] Lotka, Elements, S. 412.
[14] Lotka, Elements, S. 362–416.
[15] Lotka, Elements, S. 433.
[16] Harrington, Anne: *Reenchanted Science. Holism in German Culture from Wilhelm II to Hitler*, Princeton, NJ: Princeton University Press 1996. Harrington vermisst in ihrem Werk eine Wissenschaftsgeschichte der Ganzheit in verschiedenen kulturellen Kontexten, erwähnt aber auch, dass bei Fertigstellung derselben die deutsche Variante davon immer noch herausragen werde, hier S. xxi–xxiii. Sie verwendet die Begriffe Holismus und Ganzheit überlappend und betont den metaphorischen Charakter der Ganzheit, ebd., S. xxiii. Das organismische oder organizistische Modell von Ganzheit ist meiner Meinung nach eine umfassende Erklärung für das lebendige Werden, das geprägt von einer integrierenden, kohärenten Ordnung ablaufen soll. Die ideologische Interpretation davon würde diese gewordene Ganzheit als einzige Möglichkeit einer hierarchisierten Ordnung verstehen, die sich auch nach massiven Störungen wieder selbst herstellt.

formuliert: Durch ein tieferes Verständnis von Lotkas Hauptwerk, als die Forschung es bislang bietet, kann die Systemökologie mit der Energetik Ostwalds
in Verbindung gebracht werden. In dieser These sind implizit zwei Annahmen
verborgen. Die erste lautet, dass sich der energetische Holismus in verschiedenen wissenschaftlichen Kontexten um 1900, rund um das Jahr 1925 und in den
1960er/70er Jahren als tragfähig erwiesen hat. Die zweite implizite Annahme ist,
dass Lotka im Rückgriff auf Ostwalds Energetik die „physical biology" als eine
Beschreibungsvariante der Welt formulierte, deren Grundannahmen die Systemökologie adaptierte. Ausgehend von 1925 und der Publikation der *Elements of
Physical Biology* gilt es also, den Blick einmal in die Vergangenheit und einmal
in die Zukunft zu richten, um zu eruieren, inwiefern die physikalische Biologie
an Ostwalds Energetik anknüpfte und inwiefern Lotkas theoretische Annahmen
und der bei ihm allgegenwärtige Begriff des Systems für die Systemökologie neu
interessant wurden.

Die Annahme eines einfachen Transfers von Ideen Ostwalds, die vermittelt
durch Lotkas Vorstellungen in die Systemökologie eingingen, wäre jedoch irre-
führend. Bei der physikalischen Biologie Lotkas geht es nicht um eine (einzige)
klar umrissene, abgeschlossene Idee, deren Ursprung und Wanderung durch die
Disziplinen nachvollziehbar wäre. Lotka schöpfte aus vielen Quellen und bot Inspiration für verschiedenste Wissenschaftler. Sein Werk ist als disziplinärer Brennspiegel der 1920er Jahre zu verstehen, der in die unterschiedlichsten Richtungen
ausstrahlte. Einzig was ein Differentialgleichungssystem zur Beschreibung eines
heute so genannten Räuber-Beute-Verhältnisses anbelangt, können die Übernah-
men durch andere Wissenschaftler leicht identifiziert werden. Dieses Differentialgleichungssystem, das Lotka in den *Elements of Physical Biology* präsentierte,
wurde nicht zuletzt deshalb sofort rezipiert, weil die identischen Differentialgleichungen ein Jahr später durch den italienischen Mathematikprofessor Vito
Volterra (1860–1940) in Unkenntnis von Lotkas Buch publiziert wurden, was
eine Prioritätsdiskussion nach sich zog. Im nachrichtentechnologischen Gegen-
satzpaar digital-analog würden die so genannten Lotka-Volterra-Gleichungen
die erste Stelle besetzen, weil sie diskret und kontextbefreit rezipier- und repro-
duzierbar sind. Die Formulierung des energetischen Holismus jedoch gehörte in
das Feld des Analogen. Diese Unterscheidung mache ich mir für die Rezeptionsgeschichte der *Elements of Physical Biology* zunutze:

Die analogen Nachrichten, die „to whom it may concern messages", wurden
auf den Macy Conferences der Kybernetiker im Jahr 1949 diskutiert.[17] Wie vom
Mathematiker Norbert Wiener bei dieser Gelegenheit ausgeführt, ginge es in

---

[17] Macy Conference (1949): „Possible Mechanisms of Recall and Recognition" (discussion), in: Claus
Pias (Hg.), *Cybernetics – Kybernetik. The Macy-Conferences 1946–1953, Vol. I: Transactions/Protokolle*,
Zürich/Berlin: diaphanes 2003, S. 122–159, hier S. 82 f., 132–136, 140; auch Kubie, Lawrence S.: „The

einer exakten Beschreibung der organischen Abläufe darum, zwischen einer neu-
ronal übermittelten Nachricht und einer anderweitig transportierten Nachricht
zu unterscheiden. Die körperlichen Signale, die auf neuronale Prozesse zurück-
zuführen sind, versprechen dabei auf einfache Weise mit einer elektronischen
Verschaltung parallelisiert werden zu können, was sie letztlich quantifizierbar und
exakt beschreibbar werden lässt. Die komplementäre Form von Nachrichten, die
von Wiener so genannten „to whom it may concern messages", kennen andere
Wege der Übermittlung, die im hormonellen und fluiden, also zirkulierenden
Körperhaushalt liegen. Zwar werden diese Nachrichten auch ausgesendet, bis sie
aber einen Adressaten finden, sind sie eher atmosphärisch und potentiell vorhanden, ihre Rezeption findet langsamer, zeitverzögert statt. Und sie stellen ein
Grundprinzip der Kybernetik, die von der Äquivalenz der ausgesendeten und
empfangenen Nachricht ausgeht, auf den Kopf, indem die frei zirkulierenden
Nachrichten erst ihre Bedeutung erhalten, wenn sie den Adressaten gefunden
haben.[18] Oder wie es Lawrence Frank in seiner Adaptation von Wieners Konzept
formulierte: „The meaning is defined by the response, for the personality so re-
sponding."[19] Das Hauptwerk Lotkas, so die programmatische Annahme für eine
Diffusionsgeschichte von Ideen, kann als eigentliche Ansammlung von solchen
analogen Nachrichten angesehen werden. Diese Prämisse hat auch Konsequenzen
für eine Behauptung der neueren Forschung: Als wichtige Mittlerposition in der
posthumen Rezeption von Lotka gilt der Systemtheoretiker Ludwig von Bertalanffy (1901–1972). Diese starke ideengeschichtliche These aus der Literatur wird
diskutiert und ihr eine nicht-lineare, atmosphärische Vorstellung von Rezeption
gegenübergestellt.

Ein Werk als Ansammlung von „to whom it may concern messages" zu begreifen, wirft auch Fragen über den Urheber auf. Deshalb werden Lotkas Intentionen
und Emotionen in Bezug auf seine *Elements of Physical Biology* in der historischen
Rekonstruktion mitberücksichtigt und erlauben die Skizzierung eines *Psycho-
gramms* des Autors. Der Weg zur Erstellung einer mentalen Karte Lotkas führt
über geographische Stationen im Vorderen Orient, Mitteleuropa, England und
Nordamerika. Sie erzählt von einem Forscher, der sich durch seine Familiengeschichte und sein wissenschaftliches Itinerar zwischen zwei Religionen, drei
Sprachen, zwei Kontinenten und mindestens drei Disziplinen sowie zwischen
Privatwirtschaft und Akademie befand. Es wird offenkundig, dass er rund um die
Publikation seines Hauptwerks unter einer grossen Anspannung stand. Er hoffte,

---

Neurotic Potential and Human Adaptation" (discussion), in: ebd., S. 66–97, hier S. 82. Schreibweisen
„to whom it may concern' messages" oder „to whom it may concern messages" kommen vor.

[18] Schüttpelz, Erhard: „To Whom It May Concern Messages", in: Claus Pias (Hg.), *Cybernetics –
Kybernetik. The Macy-Conferences 1946–1953, Vol. II: Essays & Documents*, Zürich / Berlin: diaphanes
2004, S. 115–130, hier S. 127.

[19] Schüttpelz, To Whom It May Concern Messages, S. 127.

dass sich für die physikalische Biologie vorrangig die Physiker interessierten.[20] Mit allen ihm zur Verfügung stehenden Mitteln versuchte er die Rezeption zu kontrollieren und ein Publikum zu generieren. Lotka hätte das geflügelte Wort „habent sua fata libelli" nie akzeptiert. Es werden seine starke Identifikation mit seinem Hauptwerk und die Absetzungsbewegungen von Lehrern und geistigen Übervätern bei gleichzeitig höchstem Anspruch auf Originalität und grosser Sorge um parallele Beiträge von anderen Wissenschaftlern sichtbar. Die Prioritätsdiskussion mit Volterra kam zu diesem Zeitpunkt äusserst ungelegen im Sinne einer fundamentalen Infragestellung seiner wissenschaftlichen Eigenleistung.

Die Diskrepanz zwischen einer erklärten Intention und einem Text, der in alle möglichen Richtungen ausstrahlt und dessen Adressaten erst noch identifiziert werden mussten, wurde jedoch Teil des Schicksals seines Buchs. Aus diesem Grund kommt die Geschichte dieses Werks nicht ohne Erzählung über den Autor aus: „My message is that science is a human activity, and the best way to understand it is to understand the individual human beings who practise it."[21] Die Verknüpfung der beiden Narrative über Inhalt der *Elements of Physical Biology* und Lotkas Befindlichkeit in Bezug auf sein Hauptwerk führt zu folgender These: Wenn der „physical biology" nicht der von ihm erwünschte Erfolg beschieden war, so nicht des Inhaltes wegen, sondern weil sich die „to whom it may concern message" nicht steuern lässt.

Biographische Illusionen oder: Über Lotka schreiben

Alfred James Lotka verstarb am 5. Dezember 1949 nach kurzer Krankheit in Red Bank, New Jersey. Die Demographie verlor damit, wie Paul Vincent in einem Nachruf auf seinen ehemaligen Kollegen betonte, nicht nur einen ihrer bekanntesten Vertreter, sondern auch den Begründer eines Spezialgebietes, den „Vater der analytischen Demographie".[22] Obgleich Naturwissenschaftler, sei Lotka schon früh („de bonne heure") mit demographischen Problemen beschäftigt gewesen; die ersten Reflexionen zu Bevölkerungsthemen gingen auf dessen Studienzeit in Leipzig (1901/02) zurück. Wenige Monate vor seinem Tod nahm Lotka in Genf an der Versammlung der International Union for the Scientific Study of Population teil, wo er als Vizepräsident wiederbestätigt wurde.[23] Lotka engagierte

---

[20] Lotka, Elements, S. ix.

[21] Dyson, Freeman J.: „The Scientist as Rebel", in: *The American Mathematical Monthly* 103 (1996), Nr. 9, S. 800–805, hier S. 805.

[22] P. V.: „Alfred J. Lotka (1880–1949)", in: *Population (French Edition)*, 1950, Nr. 1, S. 13 f. „[…] le nom de celui qu'on peut à bon droit considérer comme le père de l'analyse démographique." Das Kürzel P. V. steht höchstwahrscheinlich für Paul Vincent, mit dem Lotka bekannt war.

[23] Kiser, Clyde V.: „The 1949 Assembly of the International Union for the Scientific Study of Population", in: *Population Index* 16 (1950), Nr. 1, S. 13–20, hier S. 13 und 18. Die Versammlung fand

sich als Pensionär für die Union, nachdem er 1947 nach langjähriger Tätigkeit als Statistiker bei der Life Insurance Company in New York in Rente gegangen war. Seine letzten Lebensjahre verwandte er vor allem darauf, seine zwei auf Französisch erschienenen Bände über die „associations biologiques"[24] ins Englische zu übersetzen, was er jedoch nicht abschliessen konnte. In diesen beiden Bänden führte Lotka seine so genannte „allgemeine Demologie"[25] weiter aus, die Veränderungen in Populationen mathematisch zu beschreiben erlaubte. Der entsprechende Formalismus war anwendbar auf Problemstellungen des positiven oder negativen Wachstums von tierischen wie menschlichen Populationen sowie für Modifikationen in chemischen Aggregaten.

Bis zu seiner Pensionierung war Lotka 23 Jahre lang als Statistiker bei der Life Insurance Company in New York tätig gewesen, zunächst als Supervisor of Mathematical Research of the Statistical Bureau, dann als General Supervisor und schliesslich als Assistant Statistician.[26] Zusammen mit seinem Vorgesetzten, Louis I. Dublin, bildete er die „Statistical Division" der Versicherungsgesellschaft und gab mehrere Bücher mit heraus: In *The Money Value of Man* berechneten Lotka und Dublin den monetären Wert des Hauptverdienenden der Familie und wie dieser präventiv für den Unglücksfall zu versichern sei, *Length of Life* basierte auf „life tables" als Informationsquelle über die historische Entwicklung in der Lebenserwartung und *Twenty Five Years of Health Progress* war eine Datensammlung über die Sterblichkeit von Versicherungsnehmern und die daraus abgeleiteten Wohlfahrtsparameter.[27] Kurz nach Lotkas Stellenantritt 1924 bei der

---

vom 27. August bis 3. September statt. Nachdem der Zweite Weltkrieg eine Unterbrechung für die Tätigkeit der Vorgängervereinigung, International Union for the Scientific Investigation of Population Problems, bedeutet hatte, nahm man ab 1947 eine Neubegründung und Restrukturierung vor, an der Lotka beteiligt war.

[24] Lotka, Alfred James: Théorie analytique des associations biologiques. Première partie: Principes, Paris: Hermann et Cie, Editeurs 1934; ders.: Théorie analytique des associations biologiques. Deuxième partie: Analyse démographique avec application particulière à l'espèce humaine, Paris: Hermann et Cie, Editeurs 1939 (Actualités scientifiques et industrielles, 780; Exposés de Biométrie et de statistique biologique, 4 und 12; publiés sous la direction de Georges Teissier, Sous-directeur de la Station Biologique de ROSCOFF).

[25] Lotka, Associations biologiques (1934), S. 4; in der englischen Wiederauflage: Lotka, Alfred James: *Analytical Theory of Biological Populations*, New York / London: Plenum Press 1998, S. 3 (translated and with an introduction by David P. Smith / Hélène Rossert).

[26] Supervisor of Mathematical Research in the Statistical Bureau (1924–33), General Supervisor (1933–34), Assistant Statistician (1934–48); vgl. Who Was Who in America (A Companion Biographical Reference Work to Who's Who in America): *Lotka, Alfred James*, Chicago, The A. N. Marquis Company 1950, S. 330.

[27] Dublin, Louis I. / Alfred James Lotka: *The Money Value of A Man*, New York: Ronald Press Company 1946 (erstmals 1930, revised edition); Dublin, Louis I. / Alfred James Lotka / Mortimer Spiegelman: *The Length of Life. A Study of the Life Table*, New York: Ronald Press Company 1949 (erstmals 1936, revised edition); Dublin, Louis I. / Alfred James Lotka: *Twenty-Five Years of Health Progress. A Study of the Mortality Experience among the Industrial Policyholders of the Metropolitan Life Insurance Company 1911 to 1935*, New York: Metropolitan Life Insurance Company 1937 (with the collaboration of the staff of the Statistical Bureau).

Versicherungsgesellschaft datiert ein Aufsatz über „The True Rate of Natural Increase"[28], den er ebenfalls zusammen mit seinem Vorgesetzten publizierte. Dieser Aufsatz habe, wie Dublin im Nachruf auf seinen ehemaligen Mitarbeiter Lotka nicht ganz frei von Eigenlob schrieb, demographischen Untersuchungen wegweisende Impulse gegeben: „The paper had wide repercussions and reoriented the thinking of students of population problems."[29] Die „wahre Wachstumsrate" fusste auf einer Berechnungsmethode für das Bevölkerungswachstum, welche die generationellen Unterschiede in den Fertilitäts- und Sterberaten für die Extrapolation auf die Zukunft mitberücksichtigte.[30] Ihre Interpretation der daraus resultierenden prognostizierten Wachstumsrate für die USA war, dass anstelle der immer wieder einmal geweckten Malthusianischen Furcht vor Überpopulation die ganz gegenteiligen Bedenken des Bevölkerungsschwundes angezeigt schienen. Und dies, nachdem die USA gerade eines der restriktivsten Immigrationsgesetze erlassen hatten.[31]

Der dritte hier kurz referierte Nachruf auf Lotka wurde von Frank W. Notestein verfasst, dem Gründer des Office for Population Research in Princeton. Notestein war nicht nur ein wissenschaftlicher Kollege Lotkas, sondern auch ein Freund der Familie. Nach Lotkas Tod korrespondierte er mit der Witwe, Romola Beattie, um den Nachlass ihres verstorbenen Ehemannes in der Firestone Library der University of Princeton unterzubringen.[32] Notestein hob hervor: „To Dr. Lotka's work, the field of demography owes virtually its entire central core of analytical development."[33] Lotkas Interesse an demographischen Fragen habe sich, so Notestein

---

[28] Dublin, Louis I./Alfred James Lotka: „On the True Rate of Natural Increase", in: *Journal of the American Statistical Association* 20 (1925), Nr. 151, S. 305–339.

[29] Dublin, Louis I.: „Alfred James Lotka, 1880–1949", in: *Journal of the American Statistical Association* 45 (1950), Nr. 249, S. 138 f., hier S. 139.

[30] Dublin/Lotka, On the True Rate, vor allem S. 305–307.

[31] Haaga, John: „Alfred Lotka, Mathematical Demographer", in: *Population Today* 28 (2000), Nr. 2, S. 3. http://www.prb.org/pdf/PT_febmar00.pdf (20.5.2011).

[32] Der Nachlass Lotkas ging im Mai 1952 (mit einem Zusatz 1953) ans Princeton University Library Rare Books and Special Collection Department; 2002 wurde er in die Seeley G. Mudd Library transferiert und dort 2006 erfasst: Alfred J. Lotka Papers, Public Policy Papers, Department of Rare Books and Special Collections, Princeton University Library (MUDD) (MC032), nachfolgend AJL-Papers. Eine gewisse Anzahl Bücher und die Zeitschriften gingen nach Lotkas Tod an die 1948 eröffnete Harvey S. Firestone Memorial Library (Princeton University Library) und wurden mit einem „memorial book plate" versehen, siehe Carla A. Sykes an Mortimer Spiegelman, 12.11.1954, AJL-Papers, Box 1, Folder 4. Weitere Bücher gingen auch an die Departemente für Mathematik und Biologie und ans 1936 gegründete Office of Population Research in Princeton, siehe Frank W. Notestein an Romola Beattie, 24.8.1953, AJL-Papers, Box 1, Folder 4. Das Office of Population Research beherbergt auch Lotkas „Population Reprints", „Scientific and Technical Papers", „Collected Publications by Alfred J. Lotka" und „Collected Papers by Lotka", d. h. Sammlungen von selbst verfassten oder zusammengestellten Texten von Interesse. Diese wurden unter anderem vorübergehend in „the Lotka room" aufbewahrt, siehe Carla A. Sykes an Mortimer Spiegelman, 12.11.1954, AJL-Papers, Box 1, Folder 4.

[33] Notestein, Frank W.: „Alfred James Lotka (1880–1949)", in: *Population Index* 16 (1950), Nr. 1, S. 22 f., hier S. 23.

weiter, bereits in dessen frühen Publikationen (1907 bzw. 1911)[34] abgezeichnet, als er noch als Chemiker tätig gewesen war.

Zusammengenommen mit der ebenfalls in den Nachrufen festgehaltenen Tatsache, dass Lotka 1938–1939 Präsident der Population Association of America war und 1942 in derselben Funktion der American Statistical Association vorstand, ergibt dies einen wissenschaftlichen Lebenslauf eines mathematisch versierten Menschen, der sich schon früh der Vervollkommnung der demographischen Methoden widmete, um später durch breit rezipierte Publikationen Spuren im Nachdenken über amerikanische Bevölkerungs- und Migrationspolitik zu hinterlassen. Es liesse sich eine intellektuelle Kontinuität konstruieren, die in die Studientage Lotkas auf dem europäischen Kontinent zurückreicht, worauf viele Jahre der geistigen Kumulation dessen folgten, was letztlich in Nordamerika in einem „brilliant chapter in modern demography"[35] gipfelte, welches freilich durch Lotkas Tod im Jahre 1949 ein allzu frühes Ende nahm.

Damit wäre „l'illusion biographique"[36], wie sie der Soziologe Pierre Bourdieu im gleichnamigen Aufsatz aus dem Jahre 1986 kritisiert, komplett. Die „biographische Illusion" ist notwendiges Nebenprodukt der Vorstellung, dass sich ein Menschenleben überhaupt als „Lebensgeschichte" („l'histoire de vie")[37] erzählen lässt, d. h. einen Anfang und einen Schluss hat, wobei die Chronologie eine Anordnung der Ereignisse in zeitlicher und kausaler Logik gewährleistet. Der „Werdegang" („trajectoire")[38] wird zum Modell des linearen, unidirektionalen Lebenswegs, der in aufeinanderfolgenden, meist erfolgreichen Etappen zurückgelegt wird. Schlüsselworte und -wendungen wie „schon" und „bereits in jungen Jahren" („déjà", „dès lors", „depuis son plus jeune âge") strukturieren gemäss dem französischen Soziologen nicht nur eine Erzählung über ein Leben, sondern suggerieren auch eine präinstallierte Zielgerichtetheit desselben. Dadurch wird eine Intentionalität postuliert, die einen künstlichen Sinn („création artificielle de sens") stiftet, dessen letzte Erklärungsabsicht nur das Hier und Jetzt sein kann („donner sens", „rendre raison").[39] Der Name garantiert die Einheit

---

[34] Notestein spielt hier auf folgende Texte an: Lotka, Alfred James: „Relation Between Birth Rates and Death Rates", in: *Science (New Series)* 26 (1907), Nr. 653, S. 21 f.; ders., „Studies on the Mode of Growth of Material Aggregates", in: *American Journal of Science* Vol. 24, ser. 4 (Sep. 1907), S. 199–216; ders. / Francis R. Sharpe: „A Problem in Age-Distribution", in: *Philosophical Magazine* 21 (1911), S. 435–438.

[35] Dublin, Alfred James Lotka, S. 138.

[36] Bourdieu, Pierre: „L'illusion biographique", in: *Actes de la recherche en sciences sociales* 62/63 (1986), S. 69–72.

[37] Bourdieu, L'illusion biographique, S. 69.

[38] Bourdieu, L'illusion biographique, S. 71.

[39] Bourdieu, L'illusion biographique, S. 69.

der juristischen Person durch alle Lebenssituationen und Zeiten hindurch, er ist „transcendente aux fluctuations historiques"[40].

Worauf die Biographie beruht, sind zu einem gehaltvollen, strapazierfähigen Erzählstrang gebündelte Situationen eines Menschenlebens. Nachrufe als Rückschau über ein Leben(swerk) bieten sich geradezu an, einer vergangenen Vita vielfältigen Sinn anzudichten und ausgewählte Ereignisse retrospektiv mit einer besonderen Bewandtnis auszustatten. So konnte auch Vincent in seiner Würdigung die geographischen Stationen Lotkas vor seiner Auswanderung in die USA (1902) – Frankreich, England, Deutschland – als Begründung für eine intellektuelle Disponiertheit heranziehen: „C'est sans doute à cette formation si diversifiée que l'on doit de trouver, dans les travaux de Lotka, une alliance si heureuse du tour déductif de l'esprit français, de la tendance pragmatique du caractère anglo-saxon et du souci germanique de précision et d'érudition."[41]

Untermauern lässt sich die Konstruktion eines nationalstaatlich geprägten Wissenschaftsitinerars oder einer klassischen Biographie im Falle Lotkas auch deshalb schwerlich, weil die Quellenlage viele Lücken aufweist. Weniges ist über seine Ausbildungszeit bekannt, über sein Privatleben weiss man praktisch nichts und seine beruflichen Tätigkeiten, vor allem für den Zeitraum zwischen 1902 und 1924, sind bloss teilweise rekonstruierbar. Eine allfällige in den Nachrufen auf Lotka angelegte Erfolgsgeschichte als demographisch tätiger Statistiker hat bisher keinen Eingang in die wissenschaftshistorischen Darstellungen gefunden.[42] In den wenigen existierenden wissenschaftshistorischen Untersuchungen über die Arbeiten Lotkas dominiert vielmehr eine Geschichte des Scheiterns, geknüpft an seine erste Monographie, *Elements of Physical Biology* von 1925.

Noch ehe Lotka bei der Life Insurance Company angestellt wurde, verbrachte er auf Einladung des amerikanischen Biologen Raymond Pearl zwei Jahre an der Johns Hopkins University, um die *Elements of Physical Biology* fertigzustellen. 20 Jahre Forschung flossen in dieses Werk ein. Die Rückbindung der physikalischen Biologie an die Energie einerseits und die Konstruktion eines holistischen Weltbildes andererseits lassen eine Bezugnahme auf Wilhelm Ostwald erkennen, bei dem Lotka vor seiner Auswanderung in die USA zwei Semester lang (1901/02) in Leipzig studiert hatte. Die Rezeption der „physical biology" als neue Teildisziplin oder Methode für die Erkundung der Vorgänge in der Natur fiel dürftig aus.

---

[40] Bourdieu, L'illusion biographique, S. 71.
[41] P[aul] V[incent], Alfred J. Lotka, S. 13.
[42] Erste Hinweise auf eine aktuelle Würdigung der mathematischen Arbeiten Lotkas auf demographischem Gebiet (evtl. auch zusammenhängend mit Lotka, Biological Populations, 1998): Haaga, Alfred Lotka; Véron, Jacques: „Alfred J. Lotka and the Mathematics of Population", in: *Electronic Journal for History of Probability and Statistics* 4 (2008), Nr. 1, S. 1–10; ders. / Catriona Dutreuilh: „The French Response to the Demographic Works of Alfred Lotka", in: *Population (English Edition)* 64 (2009), Nr. 2, S. 319–339.

Die amerikanische Wissenschaftshistorikerin Sharon Kingsland spricht in dieser Hinsicht gar von einem Fehlschlag („failure"), wenngleich, wie sie zugesteht, einem von der „interessanten" Sorte.[43] Einige Forscher, so bemerkt Kingsland, würden nach jahrelangem philosophischem Sinnieren zu einer klaren Einsicht kommen, während andere, wie Lotka, von einem Sturzbach von Ideen mitgerissen würden („tumble forth in a torrent of ideas foaming in all directions"[44]). Nebst dem Hinweis darauf, dass Lotka sich bald nach Publikation der *Elements of Physical Biology* erfolgreich auf das ‚Nebenprodukt' Demographie konzentriert habe, spricht Kingsland Lotka auf einem Gebiet, für das er sich weder zuständig noch berufen gefühlt habe[45], eine längerfristige Wirkung zu: Für die Ökologie, so Kingsland, sei sein Werk „ein Klassiker"[46] geworden. Offen bleibt aber bei Kingsland die Frage, welche konkreten Aspekte Lotkas Monographie zum „Klassiker" gemacht haben, und auch, weshalb das Buch im Jahre 1956 posthum von einem anderen Verlag mit leicht, aber semantisch wesentlich verändertem Haupttitel und mit einem langen, zusätzlichen Untertitel neu aufgelegt wurde: *Elements of Mathematical Biology. A Classic Work on the Application of Mathematics to Aspects of the Biological and Social Sciences.*[47]

Giorgio Israel, ein italienischer Mathematikhistoriker, setzt in seinen Darstellungen andere Schwerpunkte, zeichnet aber ein ähnlich doppelseitiges Bild von Lotkas wissenschaftlichen Beiträgen. Israel konzentriert sich auf die mathematischen Gleichungen, die Lotka im Nachdenken über epidemiologische Prozesse in Analogie zu chemischen gewann. Zwei miteinander gekoppelte Differentialgleichungen können die Entwicklung der Anzahl Individuen in zwei Populationen, wenn die eine der anderen als Nahrung dient, berechnen und voraussagen. Die Graphen des Differentialgleichungssystems bilden die gegenseitige Limitierung der Populationen idealisiert in unendlich fluktuierenden Kurven ab. Es handelt sich hierbei um eine der wenigen Mathematisierungen mit Gesetzescharakter

---

[43] Kingsland, Sharon E.: *Modeling Nature. Episodes in the History of Population Ecology*, Chicago/London: The University of Chicago Press 1985, S. 28.

[44] Kingsland, Modeling Nature, S. 47.

[45] Kingsland, Modeling Nature, S. 26 und 47.

[46] Kingsland, Modeling Nature, S. 26.

[47] Lotka, Elements of Mathematical Biology. Es steht zwar im Klappentext, dass Lotkas Korrekturen aus späten Notizen eingearbeitet worden seien, sie sind jedoch nicht als solche im Text gekennzeichnet. Der Seitenumbruch zwischen der ersten und zweiten Auflage blieb unverändert. Sicher ist, dass nicht alle Notizen, die sich Lotka im Hinblick auf eine neue Auflage machte, den Weg in die Ausgabe von 1956 fanden; ebenso war ein Vorwort des Biometrikers Lowell Reed in Aussicht gestellt; siehe hierzu Frank W. Notestein an Mortimer Spiegelman, 6.1.1953[4], AJL-Papers, Box 1, Folder 4, Mortimer Spiegelman an Frank W. Notestein, 25.8.1953, AJL-Papers, Box 1, Folder 4, Mortimer Spiegelman an Frank W. Notestein, 31.12.1953, AJL-Papers, Box 1, Folder 4. Die Wiederauflage fiel laut Kingsland mit einer Entwicklung innerhalb der Biologie zusammen, als die Berührungspunkte zwischen Populationsgenetik und Populationsökologie zunahmen; siehe hierzu Kingsland, Modeling Nature (1985), S. 211. Mehr zum Kontext der Wiederauflage vgl. Kapitel 5.

in der Geschichte der Biologie und der Ökologie. Für diesen verhältnismässig kleinen Teil der *Elements of Physical Biology*, worin explizit auf zwei konkurrierende Arten eingegangen wird, ist Lotka bekannt geworden. Nachdem Vito Volterra im Jahre 1926 die identischen Gleichungen in der Zeitschrift *Nature*[48] der Fachwelt präsentierte, entspann sich zwischen ihnen ein kurzer Briefwechsel in Fragen der Priorität, der durch Volterras Dezidiertheit und Lotkas Ambivalenz gekennzeichnet war. Ungeachtet von Differenzmarkierungen ging das Differentialgleichungssystem als Mehrfachentdeckung unter der Bezeichnung „Lotka-Volterra-Formeln" oder „Lotka-Volterra-Gleichungen"[49] ins wissenschaftliche Gedächtnis ein. Allgemein ausgedrückt stellen die Gleichungen die Entwicklung eines wechselseitigen Abhängigkeitsverhältnisses zweier Grössen im Laufe der Zeit dar. Heute gehören sie zum universitären Basisstoff und tauchen als Anwendung oder zur Illustration von dynamischen Prozessen in den verschiedensten Zusammenhängen von Algebra, Elektrotechnik und Informatik über Umweltwissenschaften, Systemökologie und -design bis hin zu Psychologie und Chaostheorie auf.

Wenn Israel in seinen wissenschaftshistorischen Darstellungen die Arbeiten beider Forscher an den wie auch immer identifizierten Anfang einer Biomathematik[50] setzt, gleichzeitig aber die Differenzen zwischen Volterra und Lotka in ihrer deterministischen versus analogischen Vorgehensweise herausstreicht, perpetuiert er die Argumente seines Mathematikervorgängers in den 1920er Jahren.[51] Was bei einer solchen Perspektive fast notwendigerweise auf der Strecke bleiben muss, ist ein Blick auf das holistische Weltbild, in dem die Gleichungen bei Lotka aufgehoben waren. Dieser Anteil von Lotkas Monographie ist nicht in Israels Fokus und wird unter „Eklektizismus"[52] verbucht.

---

[48] Volterra, Vito: „Fluctuations in the Abundance of a Species Considered Mathematically", in: *Nature* 118 (1926), Nr. 2972, S. 558–560.

[49] Der Begriff „Formeln" ist vom mathematischen Standpunkt her zwar falsch, aber aus dem verbreiteten Gebrauch kaum wegzudenken. Die Reihenfolge der Namen ist in dieser Nennung aus chronologischer Perspektive korrekt; dennoch taucht die Bezeichnung „Volterra-Lotka-Formeln" oder „Volterra-Lotka-Gleichungen" ebenfalls häufig auf. So zum Beispiel bei Israel, Giorgio: „Mathematical Biology", in: Ivor Grattan-Guinness (Hg.), *Companion Encyclopedia of the History & Philosophy of the Mathematical Sciences, Vol. 2*, Baltimore / London: The Johns Hopkins University Press 1994, S. 1275–1280, hier S. 1276. Es sei hier auch erwähnt, dass Giorgio Israel in den 1980er und 1990er Jahren mehr als ein Dutzend Aufsätze über Volterra veröffentlichte und den Nachlass von Volterra in der Accademia dei Lincei in Rom (mit)aufarbeitete.

[50] Israel, Giorgio: „The Emergence of Biomathematics and the Case of Population Dynamics. A Revival of Mechanical Reductionism and Darwinism", in: *Science in Context* 6 (1993), Nr. 2, S. 469–509.

[51] Israel, Giorgio: „On the Contribution of Volterra and Lotka to the Development of Modern Biomathematics", in: *History and Philosophy of the Life Sciences* 10 (1988), S. 37–49, vor allem S. 41–46.

[52] Israel, Emergence of Biomathematics, S. 493. Dieser Teil von Lotkas Werk wird auch in einer neueren Rezeption, auf die ich erst spät stiess, als „difficult to follow" beschrieben und nicht ins Zentrum gerückt; vgl. Gay, Hannah: *The Silwood Circle. A History of Ecology and the Making of Scientific Careers in Late Twentieth-Century Britain*, London: Imperial College Press 2013, S. 37.

Kingsland und Israel haben zwar bloss ein Werk Lotkas oder einen Ausschnitt davon und dessen Wirkungsgeschichte zum Gegenstand, schlagen aber mit ihren Interpretationen bekannte und ausgetrampelte Erzählpfade ein. Auch die historische Darstellung als Misserfolgsgeschichte, gefasst in den Begriffen „Fehlschlag" und „Eklektizismus", produziert eine sinnfällige, innere Kohärenz eines Wissenschaftlerlebens, nun einfach ohne Schlussbouquet. Dieser sehr verkürzten und pointierten Darstellung von Kingslands und Israels Erörterungen wird aber die Spitze genommen, weil beide Autoren andeuten, dass die Geschichte des Scheiterns einen möglichen Umschlagpunkt ins Gegenteil aufweist: zum einen, wenn es um die Gleichungen geht, die laut Israel eine Biomathematik mitbegründet, zum anderen, wenn die Etablierung der Populationsökologie von der Mathematisierung der so genannten Räuber-Beute-Relation profitiert haben soll, wie Kingsland darstellt.

Nebst diesen aus den Nachrufen und der Wissenschaftsgeschichte gewonnenen Erzählungen lässt sich eine weitere Art, über Lotka zu schreiben, durch Lexikonartikel rekonstruieren. Verblüffenderweise bleiben in diesen Texten wiederum die Gleichungen, für die Lotka heute am bekanntesten ist, mit einer Ausnahme unerwähnt.[53] In den Lexikoneinträgen aus den Jahren 1968, 1973 und 1999 werden andere Gewichtungen vorgenommen: Lotka soll viele Ideen der Kybernetik vorweggenommen haben[54], während sein Hauptinteresse der Dynamik biologischer Populationen gegolten habe[55]; es fallen nebst Hinweisen auf die Leistungen für die Demographie die Begriffe Wettbewerb, Autokatalyse und der ökologische Einfluss des Menschen, die Stichworte Evolution als Stoffumwandlung, Kinetik, Gleichgewichtszustände, Rezeptoren und Energietransformatoren sowie Einsteins Relativitätstheorie und die Thermodynamik.[56] Die Unübersichtlichkeit der Themenbereiche wird im einen Text mit der lapidaren Feststellung, dass von Lotkas Arbeiten nur weniges Wirkung erzielt habe, entschärft: „On the topics treated, only his discussions of population dynamics and evolution had significant influence on later investigators."[57] Muss man sich in der Beschreibung von Lotka wirklich auf den „forerunner [...] as tragic hero"[58] zurückbesinnen? Lotka, der

---

[53] Die Ausnahme bildet Cohen, Joel E.: „Lotka, Alfred James", in: John Eatwell / Murray Milgate / Peter Newman (Hg.), *The New Palgrave. A Dictionary of Economics*, London / New York / Tokyo: The Macmillan Press Limited 1987, S. 245–247.

[54] Spengler, Joseph J.: „Lotka, Alfred J.", in: David S. Sills (Hg.), *International Encyclopedia of the Social Sciences*, New York: The Macmillan Company & The Free Press 1968, S. 475 f., hier S. 475.

[55] Gridgeman, Norman T.: „Lotka, Alfred James", in: Jonathan Homer Lane / Pierre Joseph Macquer (Hg.), *Dictionary of Scientific Biography*, New York: Scribner 1973, S. 512.

[56] Gridgeman, Lotka, Alfred James, S. 512; Spengler, Lotka, Alfred J., S. 475 f.; Fuchsman, Charles H.: „Lotka, Alfred James", in: John A. Garraty / Mark C. Carnes (Hg.), *American National Biography*, New York / Oxford: Oxford University Press 1999, S. 937 f.

[57] Fuchsman, Lotka, Alfred James, S. 937.

[58] Spengler, Lotka, Alfred J., S. 475.

unverstandene, tragisch-anachronistische Wissenschaftler, der nur im Doppelnamen einer Mehrfachentdeckung auftaucht?

Diesen bisherigen Narrationen möchte ich eine eigene gegenüberstellen. Sie ist durch drei Überlegungen – erzählerischer, inhaltlicher und methodischer Natur – motiviert. Erstens soll die Geschichte über Werk und Autor ohne Kategorien des Erfolgs oder Misserfolgs und ohne die Figur des Vorläufers auskommen.[59] Diese Erzählformen sind kritisierbar, weil sie meist ausschliesslich auf den Kontext abstellen, um über die Resonanz eines Werks zu entscheiden.[60] Für Lotka ist es in der Hinsicht ergiebiger zu fragen, in welches (emotionales) Verhältnis er sich zu seinem Werk stellte. Den subjektiven Anteil wissenschaftlichen Arbeitens möchte ich in die Darstellung miteinbeziehen, das Subjekt in die historische Konstruktion zurückholen. Zweitens beziehe ich inhaltliche Aspekte von Lotkas Arbeiten, die bisher entweder gänzlich fehlen oder aber nicht zu tragenden Pfeilern der Erzählung wurden, mit ein:[61] Die programmatische disziplinäre Durchlässigkeit durch die Analogisierung von Chemie, Epidemiologie und Demographie; die Verbindungen zwischen der „physical biology" und der Energetik Ostwalds; die konzeptionelle Einbettung der Gleichungen über interspezifische Interdependenzen; die grundlegende Annahme von Systemen, welche durch die darin stattfindenden Energieflüsse komplett beschrieben werden. Und drittens orientiere ich mich weder an einer Biographiegeschichte, noch an einer klassischen Ideengeschichte. Ersteres schliesst meines Erachtens auch die Zusammensetzung des Nachlasses Lotkas aus, zweiteres wird durch die These der „to whom it may concern message" unterlaufen.

Wissenschaftliche Abfallprodukte oder: Methode und Theorie

Nachdem die Wissenschaftsgeschichte lange Zeit die Geschichten der Entdecker und findigen Geister geschrieben hatte, um letztlich einer fortschrittsgläubigen Naturwissenschaft einen „Erinnerungsdienst"[62] zu erweisen, hat sie sich seit Ende der 1970er Jahre unter dem Vorzeichen des viel genannten *practical turn* den Gerätschaften, Netzwerken, geographischen und mikrohistorischen Settings von wissenschaftlichem Tun zugewandt. Damit ging ein Verständnis der Entwicklung

---

[59] Zur Metapher des neuen Wissens, das immer auf altem aufbaue, siehe Merton, Robert King: *Auf den Schultern von Riesen. Ein Leitfaden durch das Labyrinth der Gelehrsamkeit*, Frankfurt am Main: Syndikat 1980 (aus dem Amerikanischen von Reinhard Kaiser; erstmals 1965 „On the Shoulders of Giants: A Shandean Postscript", New York).

[60] Zu dieser Kritik vgl. Hoffmann, Christoph: *Die Arbeit der Wissenschaften*, Zürich / Berlin: diaphanes 2013.

[61] Ich wähle bewusst diese Formulierung, weil Kingsland viele erste Hinweise auf diese Aspekte bietet, ihre Monographie jedoch episodisch aufgebaut ist; vgl. Kingsland, Modeling Nature.

[62] Hagner, Michael: „Ansichten der Wissenschaftsgeschichte", in: Ders. (Hg.), *Ansichten der Wissenschaftsgeschichte*, Frankfurt am Main: Fischer Taschenbuch Verlag 2001, S. 7–39, hier S. 11.

von Wissenschaft einher, das nicht mehr auf dem kumulativen Fleiss oder den Geistesblitzen von genialen Gehirnen beruhte, sondern eine Praxis vorstellte, die unzähligen Kontingenzen und Unwägbarkeiten personeller, technischer und materieller Natur ausgesetzt und in den gesellschaftspolitischen und medialen Resonanzraum eingebettet ist.[63]

In der radikalen Auslegung des *practical turn* wird das forschende Tun vom Urheber abgelöst und das Zustandekommen der Resultate den lokalen und dinglichen Eigenschaften überantwortet. Dies mit mehrfachen Konsequenzen: Erstens fallen Subjekte, Intentionen und Emotionen in einer solchen Auffassung vom Funktionieren der Wissenschaft nicht ins Gewicht. Zweitens wird Wissen angesichts der Komplexität seiner Produktions- und Rezeptionsbedingungen zu einer wandelbaren Kategorie, die nur durch situative historische Analyse begriffen werden kann. Drittens transportiert der praxisorientierte Ansatz die Einsicht, dass Wissen erst durch Überwinden von Nichtwissen entsteht, in diesem Prozess aber eine Unmenge von (neuem) Unwissen produziert wird.[64] Ein Nebeneffekt dieser Schlussfolgerungen aus dem *practical turn* war, dass die Grenzziehungen zwischen dem, was gemeinhin als wissenschaftlich und dem, was unwissenschaftlich oder pseudowissenschaftlich genannt wird, fragwürdig[65] bzw. ebenfalls Gegenstand historischer Untersuchungen wurden. Wenn Wissen aber immer das ist, was von wissenschaftlicher Tätigkeit kontingenterweise übrig bleibt oder sich erst durch einen Aushandlungsprozess mit dem jeweiligen Pseudowissen oder Alltagswissen verfestigt, dann erhalten auch die buchstäblichen Versuche und die gescheiterten Experimente bzw. Existenzen in der Wissenschaft einen (neuen) Stellenwert.[66] Verschiedene wissenschaftshistorische Darstellungen drehen sich um Personen, die nicht gemessen werden können an der – unter heutigen wie

---

[63] Wissenschaftshistorische Meilensteine in dieser Entwicklung waren: Latour, Bruno / Steve Woolgar: *Laboratory Life. The Social Construction of Scientific Fact*, Beverly Hills u.a.: Sage 1979; Knorr Cetina, Karin: *The Manufacture of Knowledge. An Essay on the Constructivist and Contextual Nature of Science*, Oxford: Pergamon Press 1981; Pickering, Andrew (Hg.): *Science as Practice and Culture*, Chicago: Chicago University Press 1992; Rheinberger, Hans-Jörg: „Experimentalsysteme, Epistemische Dinge, Experimentalkulturen. Zu einer Epistemologie des Experiments", in: *Deutsche Zeitschrift für Philosophie* 42 (1994), S. 405–417.

[64] Seel, Martin: „Vom Nachteil und Nutzen des Nicht-Wissens für das Leben", in: *Nach Feierabend. Zürcher Jahrbuch für Wissensgeschichte* 5 (2009) (Nicht-Wissen), S. 37–49.

[65] Dass daraus nicht gefolgert werden kann, dass sämtliche Parameter, welche eine Wissenschaft definieren, verschwimmen, zeigt Hagner, Michael: „Bye-bye Science, Welcome Pseudoscience? Reflexionen über einen beschädigten Status", in: Dirk Rupnow / Veronika Lipphardt / Jens Thiel / Christina Wessely (Hg.), *Pseudowissenschaft. Konzeptionen von Nichtwissenschaftlichkeit in der Wissenschaftsgeschichte*, Frankfurt am Main: Suhrkamp Taschenbuch Wissenschaft 2008, S. 21–50.

[66] Kingslands Ansatz, Lotkas „failure" herauszustreichen, kann durchaus auch in dieser wissenschaftshistorischen Tradition gesehen werden. Sie erläutert im Schlusssatz ihres Buchs: „But the story of the failure, no less than that of the success, is still valuable for revealing the nature of the formal and informal ties between individuals which characterize modern profession science." Kingsland, Modeling Nature, S. 212.

damaligen Gesichtspunkten definierten – ‚Richtigkeit' ihres wissenschaftlichen Beitrages.[67] Sie gerieten in den historisch interessierten Blick, weil durch die Arbeiten, die nicht in den Kanon der Wissenschaften gefunden haben, erkennbar wird, wie Wissenschaft überhaupt funktioniert oder, noch allgemeiner: wie Wissen generiert wird.[68] Welche Rolle spielt aber der wissenschaftliche Überschuss als notwendiges Beiprodukt jeder wissenschaftlichen Tätigkeit? Was geschieht mit dem *Rest*? Und welche Funktion im Wissensprozess haben diejenigen Personen, welche diesen bewirtschaften?

Folgt man den Ausführungen des Physikers Freeman J. Dyson von 1996 in Auseinandersetzung mit seinem Fachkollegen Ian Stewart, dann ist die Wissenschaft „Moden" unterworfen, welche die Forschergenerationen prägen:[69] Zu seinen Studienzeiten sei die Quantenmechanik der Königsweg der Erkenntnis gewesen, während die klassische Physik nicht die Zeit wert schien, sie zu erlernen. Stewart hingegen, der einer jüngeren Generation von Physikern angehöre, favorisiere die nicht-lineare, visualisierbare Mathematik und hoffe darauf, dass sich die Quantenmechanik einmal als Effekt der klassischen Chaostheorie herausstelle. Die wechselseitigen Anwürfe, auf mindestens einem Auge blind zu sein oder sich der Schönheit vorangegangener oder neuer Erklärungsmodelle zu verschliessen, basierten auf „matter of taste"[70]. Welche Theorie gerade dominiert, sei dem historischen Kontext geschuldet, der in Wellen immer wieder einmal das eine oder andere oben aufschwimmen lasse: „the fashionable has become unfashionable and the unfashionable has become fashionable."[71] Dagegen, und dass man sich selbst einmal auf der Seite des Trends und dann wieder im Abseits befinde, sei nichts einzuwenden. Die eigentliche Aufgabe aber, so Dyson, bestehe darin, die „unfashionable areas" am Leben zu erhalten.[72]

---

[67] Golinski sieht diesen Prozess durch das Werk von Thomas Kuhn von 1962 angestossen; siehe Golinski, Jan: *Making Natural Knowledge. Constructivism and the History of Science*, Cambridge: Cambridge University Press 1998, S. 5. Wie setzt sich Neues durch? Die Antwort Kuhns war: Wirksam ist, wenn die neue Theorie alte Probleme löst, im quantitativen Gewande daherkommt, ästhetischer oder einfacher bzw. passender ist. Da die Beispiele Kuhns aus der Physik stammen, worin qua Mathematik und Formalisierung kohärentere, weitreichendere oder einfachere Ausdrücke für einen Gegenstand gefunden werden können, bietet sich eine Beschreibung der möglichen Überzeugungskraft des Neuen als „besser" an, vgl. hierzu Kuhn, Thomas S.: *Die Struktur wissenschaftlicher Revolutionen*, Frankfurt am Main: Suhrkamp Taschenbuch Verlag 1976 (2., revidierte und um das Postscriptum v. 1969 ergänzte Auflage; erstmals Chicago 1962 „The Structure of Scientific Revolutions"), S. 32, 166.

[68] Verschiedene anregende Aufsätze dazu finden sich in Rupnow, Dirk / Veronika Lipphardt / Jens Thiel / Christina Wessely (Hg.): *Pseudowissenschaft. Konzeptionen von Nichtwissenschaftlichkeit in der Wissenschaftsgeschichte*, Frankfurt am Main: Suhrkamp Taschenbuch Wissenschaft 2008.

[69] Dyson, Freeman J.: „Review (untitled) of *Nature's Numbers* by Ian Stewart (1995)", in: *The American Mathematical Monthly* 103 (1996), Nr. 7, S. 610–612.

[70] Dyson, Review of Nature's Numbers, S. 612.

[71] Dyson, Review of Nature's Numbers, S. 611.

[72] Dyson, Review of Nature's Numbers, S. 611.

Mit seinem energetischen Ansatz, so lässt sich in diesem Sinne folgern, versuchte Lotka 1925 einen Rest im wissenschaftlichen Bewusstsein zu halten oder wiederzubeleben, der keine intellektuellen Kräfte mehr zu mobilisieren vermochte. Ostwald als Promotor der Energetik hatte bereits im Jahre 1895 erfahren, wie umstritten seine Ansichten waren.[73] Zwar wurden sie prominent kritisiert, aber ausschliesslich negativ beurteilt. Lediglich innerhalb des Deutschen Monistenbundes erlebte die Energetik eine länger anhaltende Rezeption.[74] Hier fand die energetische Weltsicht zwar Gehör bei einem gesellschaftlich breit abgestützten, naturwissenschaftlich interessierten Publikum, nahm jedoch auch Züge eines Heilsversprechens an.

Umgekehrt lässt sich auch dafür argumentieren, dass Lotka mit seiner ersten Monographie voll im Trend lag, und dies in Bezug auf zwei Themenkomplexe. Der erste betrifft verschiedene Aspekte der Mathematisierungs- und Analogisierungsleistung: Die Tatsache, dass Volterra ein Jahr später dieselben Gleichungen veröffentlichte, deutet darauf hin, dass Lotka erkannte, was aktuell bearbeitungswürdige Fragen in der Wissenschaft waren.[75] Mit seinen Überlegungen zum biologischen Wachstum und durch die methodische Gleichbehandlung von tierischen wie menschlichen Populationen traf er einen Nerv der kontrovers geführten Diskussion zwischen Biologen und Sozialwissenschaftlern um den Nutzen der so genannten logistischen Kurve von Pearl-Reed[76] zur Beschreibung und Vorhersage

---

[73] Ostwald, Wilhelm: „Die Überwindung des wissenschaftlichen Materialismus", in: Ders., *Abhandlungen und Vorträge allgemeinen Inhaltes (1887–1903)*, Leipzig: Verlag von Veit & Comp. 1904, S. 220–240 (Vortrag bei der Versammlung der Gesellschaft Deutscher Naturforscher und Ärzte, Lübeck, 20. September 1895).

[74] Hübinger, Gangolf: „Die monistische Bewegung. Sozialingenieure und Kulturprediger", in: Ders. / Rüdiger vom Bruch / Friedrich Wilhelm Graf (Hg.), *Kultur und Kulturwissenschaften um 1900. II: Idealismus und Positivismus*, Stuttgart: Franz Steiner Verlag 1997, S. 246–259, hier S. 249 f. Der Autor belegt anhand einer Liste von Rednern innerhalb des Deutschen Monistenbundes von 1909 die gesellschaftliche Abstützung des Monismus.

[75] Für die Vorstellung einer sozial bedingten Aufmerksamkeit unter Wissenschaftlern für bestimmte Probleme, um die Tatsache von Mehrfachentdeckungen zu erklären siehe Ogburn, William F. / Dorothy Thomas: „Are Inventions Inevitable? A Note on Social Evolution", in: *Political Science Quarterly* 37 (1922), Nr. 1, S. 83–98. Merton bekräftigte diese Idee des Zustandekommens von Mehrfachentdeckungen durch zahlreiche Beispiele, die im Prinzip jede vermeintliche Entdeckung als „multiple" interpretieren lassen, siehe Merton, Robert King: „Singletons and Multiples in Science" (1961), in: Ders., *The Sociology of Science. Theoretical and Empirical Investigations*, Chicago: University of Chicago Press 1973 (hg. und mit einer Einl. v. Norman William Storer), S. 343–370, hier S. 352.

[76] Pearl, Raymond / Lowell J. Reed: „On the Rate of Growth of the Population of the United States since 1790 and its Mathematical Representation", in: *Proceedings of the National Academy of Sciences of the United States of America* 6 (1920), S. 275–288. Bei der in diesem Text vorgestellten „logistischen Kurve" handelt es sich eigentlich um eine Wiederentdeckung der von Pierre-François Verhulst (1804–1849) vorgestellten Kurve: Verhulst, Pierre-François: „Recherches mathématiques sur la loi d'accroissement de la population", in: *Nouveaux mémoires de l'Académie royale des sciences et belles-lettres de Bruxelles* 18 (1845), S. 1–41. Zur Geschichte der logistischen Kurve siehe Hutchinson, G. Evelyn: *An Introduction to Population Ecology*, New Haven / London: Yale University Press 1978, S. 1–40; Kingsland, Sharon E.: „The Refractory Model: The Logistic Curve and the History of Population Ecology", in: *The Quarterly Review of Biology* 57 (1982), Nr. 1, S. 29–52; Ramsden, Edmund:

von Bevölkerungswachstum. Pearls Interpretation der Kurve erhob die Vermehrung einer Population bis zu einer oberen Grenze zum biologischen Gesetz. Mit der Behauptung einer naturgesetzlichen Selbstlimitierung der Population wurde eine denkbare äussere Steuerung des Bevölkerungswachstums und somit der Einflussbereich von Eugenikern und Wohlfahrtsmassnahmen theoretisch suspendiert. Als Versicherungsstatistiker war Lotka direkt an dieser Diskussion beteiligt.

Innerwissenschaftlich war er mit seiner Mathematisierung von biologischen Phänomenen in guter Gesellschaft, wenn man an die Arbeiten des Mathematikers Godfrey Harold Hardy, des Mediziners Wilhelm Weinberg, des Altphilologen und Biologen D'Arcy Wentworth Thompson und des Statistikers Ronald Aylmer Fisher zwischen 1908 und 1919 denkt. Diese Forscher nahmen jeweils eine Mathematisierung einer eingegrenzten Fragestellung innerhalb der Biologie vor: ein populationsgenetisches Gesetz[77], die Mathematisierung der Morphologie[78], die statistische Fassung des Mendelismus[79]. Ihre Arbeiten stehen auch für eine Übergangsphase, in der die Methoden zur Untersuchung der Vererbung und Evolution offen waren, ehe durch die so genannte „modern synthesis"[80] und die Entdeckung der DNA die Molekularisierung der Biologie einsetzte und sich die biologische Forschung sowohl inhaltlich wie methodisch auf das Gen konzentrierte[81].

„Carving up Population Science: Eugenics, Demography and the Controversy over the ‚Biological Law' of Population Growth", in: *Social Studies of Science* 32 (2002), Nr. 5/6, S. 857–899; Höhler, Sabine: „The Law of Growth. How Ecology Accounted for World Population in the 20th Century", in: *Distinktion* 14 (2007), S. 45–64.

[77] Weinberg, Wilhelm: „Ueber den Nachweis der Vererbung beim Menschen", in: *Jahreshefte des Vereins für Vaterländische Naturkunde in Württemberg* 64 (1908), S. 368–382; und nur kurz später, unabhängig davon mit dem gleichen Resultat: Hardy, Godfrey Harold: „Mendelian Proportions in a Mixed Population", in: *Science* 28 (1908), S. 49 f. (Das Gesetz wurde erst ab 1917 breiter rezipiert, siehe hierzu Schulz, Jörg: „Begründung und Entwicklung der Genetik nach der Entdeckung der Mendelschen Gesetze", in: Ilse Jahn (Hg.), *Geschichte der Biologie. Theorien, Methoden, Institutionen, Kurzbiographien*, Jena u. a.: Gustav Fischer 1998, S. 537–557, hier S. 552.

[78] Thompson, D'Arcy Wentworth: *On Growth and Form*, Cambridge: Cambridge University Press 1917.

[79] Fisher, Ronald Aylmer: „The Correlation between Relatives on the Supposition of Mendelian Inheritance", in: *Transactions of the Royal Society of Edinburgh* 52 (1918), S. 399–433.

[80] Huxley, Julian: *Evolution. The Modern Synthesis*, New York / London: Harper & Brothers Publishers 1943 (Erstausgabe 1942).

[81] Zur Geschichte der modern synthesis vgl. Mayr, Ernst / William B. Provine (Hg.): *The Evolutionary Synthesis*, Cambridge, MA / London: Harvard University Press 1980; Weber, Marcel: *Die Architektur der Synthese. Entstehung und Philosophie der modernen Evolutionstheorie*, Berlin / New York: Walter de Gruyter 1998. Zur Geschichte der Vererbung und des Gens bis zum postgenomischen Zeitalter vgl. Jacob, François: *La logique du vivant. Une histoire de l'hérédité*, Paris: Gallimard 1970; Keller, Evelyn Fox: *The Century of the Gene*, Cambridge, MA: Harvard University Press 2000; Kay, Lily E.: *Who Wrote the Book of Life? A History of the Genetic Code*, Stanford, CA: Stanford University Press 2000; Chadarevian, Soraya de: *Designs for Life. Molecular Biology after World War II*, Cambridge: Cambridge University Press 2002; Rheinberger, Hans-Jörg / Staffan Müller-Wille: *Das Gen im Zeitalter der Postgenomik. Eine wissenschaftshistorische Bestandesaufnahme*, Frankfurt am Main: Suhrkamp Verlag 2009. Zur Rolle des Gens als Ort der Erinnerung und anthropologischen Identitätsstiftung, auch innerhalb der Populärkultur vgl. Sommer, Marianne: „History in the Gene. Negotiations Between Molecular and Organismal Anthropology", in: *Journal of the History of Biology* 41 (2008), Nr. 3, S. 473–528; dies.:

Lotkas Mathematisierungsanspruch war im Vergleich umfassender. Und damit tut sich der zweite Themenkomplex auf, womit Lotkas Werk als trendgemäss bezeichnet werden könnte: Es passt zu dem von der Wissenschaftshistorikerin Anne Harrington beobachteten Phänomen der „Wiederverzauberung der (Natur)Wissenschaft"[82] nach 1900. Nicht im Sinne einer kulturell motivierten Idee von der Herstellung einer (deutsch-nationalen) Ganzheit, aber als Idee einer neuen wissenschaftlichen Einheit in Anbetracht der merklichen Fragmentierung und Spezialisierung der Disziplinen[83]. Prominentes Beispiel für einen Syntheseanspruch sind hier die „Welträthsel" von Ernst Haeckel, der 1899 eine einheitliche, monistische Erklärung („theoretischer Spiritualismus") propagierte.[84] Aus gerade entgegengesetztem, weil mechanischem Impetus heraus, ist die Synthese des russischen Mineralogen und Chemikers Wladimir Vernadsky, „La biosphère", von 1926 zu nennen, worin er die geophysikalischen Grundlagen der Erde mit dem Lebendigen zusammendachte.[85]

Damit sind auch diejenigen Thematiken der *Elements* verbunden, die ex post als verfrüht dargestellt werden können: die inflationäre Rede von Zyklen und Systemen und das den ganzen Planeten umfassende Denken in ökologischen Interdependenzen. Darüber hinaus hatte Lotka im Jahre 1924 ein Manuskript mit dem – gerade für heutige an Foucault geschulte Ohren so klingenden – Titel „Science and the Body Politic"[86] in Arbeit, das eigentlich schon einen Verlag gefunden hatte, jedoch weder vollendet noch publiziert wurde. Die Industrialisierung und Technisierung der menschlichen Lebenswelt nahm er als Extensionen des menschlichen Apparates und als eine unbedingte Verflechtung des Menschlichen mit seiner Umwelt wahr, was unschwer aktualisiert[87] und mit Marshall McLuhans Medienanalyse oder einer historischen Anthropologie in Verbindung gebracht werden kann[88]. Zudem kehren seit bald drei Jahrzehnten mit der Epigenetik, der so genannten EvoDevo und der Developmental System Theory (DST)

„DNA and Cultures of Rememberance. Anthropological Genetics, Biohistories, and Biosocialities", in: *BioSocieties* 5 (2010), Nr. 3, S. 366–390.

[82] Harrington, Reenchanted Science.

[83] Hagner, Michael / Manfred Laubichler: „Vorläufige Überlegungen zum Allgemeinen", in: Dies. (Hg.), *Der Hochsitz des Wissens. Über das Allgemeine in den Wissenschaften*, Zürich / Berlin: Diaphanes Verlag 2006, S. 7–21, hier S. 7.

[84] Haeckel, Ernst: *Die Welträthsel. Gemeinverständliche Studien über Monistische Philosophie*, Bonn: Emil Strauss 1899.

[85] Vernadsky, Wladimir: *La biosphère*, Paris: Librairie Félix Alcan 1929 (erstmals 1926 „Biosfera").

[86] AJL-Papers, Box 21, Folder 8.

[87] Kiran, Asle H. / Peter-Paul Verbeek: „Trusting Our Selves to Technology", in: *Knowledge, Technology and Policy* 23 (2010), S. 409–427, http://link.springer.com/content/pdf/10.1007%2Fs12130-007-9006-8. pdf (16.1.2013). Der Philosoph und Analytiker von Technikkulturen Ernst Kapp (1808–1896) und Lotka werden in diesem Zusammenhang als die Vorläufer einer „Extensions-Idee" genannt.

[88] McLuhan, Marshall: *Understanding Media. The Extensions of Man*, New York: McGraw-Hill 1964; Tanner, Jakob: *Historische Anthropologie zur Einführung*, Hamburg: Junius Verlag 2004.

Ansätze in die Biologie zurück, die Entwicklung, Form, Funktion und Vererbung zusammendenken, d. h. phänotypisches und Umgebungswissen, das auch Lotka interessierte, in eine komplexe Beschreibung des Organismus und der Evolution zurückholen.[89] Klassisch formuliert, wäre Lotkas Forschung also einmal zu spät, einmal zur rechten Zeit, einmal zu früh gekommen.

Ich möchte für Lotka den Begriff des *Interventors* vorschlagen. Im wissenschaftlichen Gefüge hatte er eine instabile Position ohne dauerhafte akademische Anbindung inne. Er geriet in eine definitorische Lücke zwischen den Disziplinen und befand sich in einem Niemandsland an den Rändern dessen, was sich als Wissenschaft definierte, um bald einmal dazuzugehören und bald einmal nur Zaungast zu sein. Er kann als Generalist, als allgemeingebildeter Amateur[90] mit einem Flair für Literatur beschrieben werden, dann wieder als Spezialist für Statistik und analytische Demographie. Zuschreibungen zum „intellektuellen Prekariat"[91] sind ebenso möglich wie solche des wissenschaftlichen Innovators, des Outsiders und des „marginal man"[92]. Lotka jedoch aus der Perspektive der Wissenschaftsgeschichte als ‚Figur' im Wissenschaftsbetrieb zu bezeichnen, würde ihn gefährlich nahe an diejenigen Personen heranrücken, denen man nicht das Etikett Pseudowissenschaft verleihen möchte, es aber implizit dennoch tut. Figuren in der Wissenschaft sind die Spinner, die meist einzeln auftauchen, ehe sie sich Anhänger für ihre verrückte Theorie suchen, die auf halsbrecherischen Beweisen beruht und so verquer ist, dass sie nicht selten ein grosses Potenzial für wissenschaftshistorisches Amüsement aufweist. Die Bezeichnung als *Interventor* kann hingegen in mehrfacher, konkreter oder metaphorischer Weise auf Lotka angewandt werden: Mit seinen *Elements of Physical Biology* wollte er aus dem forschenden Schattendasein treten und in den wissenschaftlichen Diskurs intervenieren. Der Versuch war, verschiedene Wissensbestände zusammenzuziehen, wodurch er selbst jedoch disziplinär schwer einzuordnen war. Was aus dieser

---

[89] Massgeblich für die DST: Oyama, Susan: *The Ontogeny of Information. Developmental Systems and Evolution*, Cambridge u. a.: Cambridge University Press 1985; zur Geschichte der DST vgl. Stotz, Karola: „Organismen als Entwicklungssysteme", in: Ulrich Krohs / Georg Toepfer (Hg.), *Philosophie der Biologie*, Frankfurt am Main: Suhrkamp Taschenbuch Verlag 2005, S. 125–143. Massgeblich für epigenetische Ansätze: Jablonka, Eva / Marion J. Lamb: *Evolution in Four Dimensions. Genetic, Epigenetic, Behavioral, and Symbolic Variation in the History of Life*, Cambridge, MA: MIT Press 2005; zur Geschichte der EvoDevo vgl. Laubichler, Manfred / Jane Maienschein (Hg.): *Form and Function in Developmental Evolution*, Cambridge: Cambridge University Press 2009.

[90] Felt, Ulrike / Helga Nowotny / Klaus Taschwer: *Wissenschaftsforschung. Eine Einführung*, Frankfurt / New York: Campus Verlag 1995, S. 40.

[91] Ein Ausdruck, der sich seit ein paar Jahren in Diskussionen um das Disziplinenangebot an Universitäten oder aber als despektierliche Äusserung über Menschen mit anderen Ansichten findet. Prekariat ist hier doppeldeutig: einerseits monetär, andererseits geistig; für die erstere Verwendung ist bekannter: „akademisches Prekariat".

[92] Park, Robert Ezra: „Human Migration and the Marginal Man", in: *American Journal of Sociology* 33 (1928), Nr. 6, S. 881–893. Park prägte diesen Begriff im Zusammenhang mit der menschlichen Migration: Der Migrant hat mit seinen Gewohnheiten gebrochen, wodurch etwas Neues entstehen kann.

Synthese aber herausgelesen werden konnte, war ein ökologischer Ansatz, der sich per definitionem auf die Relationen, auf *das Dazwischen* und die Wechselwirkungen von natürlichen Elementen konzentriert. Lotka versuchte sich also als disziplinärer Brückenbauer von den Rändern der Wissenschaft her, wobei sein Thema selbst die Verbindungen der unterschiedlichen Lebensbereiche waren.

Um mich der Thematik eines intervenierenden, dazwischengekommenen Wissenschaftlers, der seine Forschung den interrelationalen Wirkungszusammenhängen widmete, anzunähern, bediene ich mich durchaus der Methoden einer „intellectual history"[93]: Lotkas Notizen, Texte und Briefe werden gleichermassen berücksichtigt wie Verweise auf andere Autoren zurückverfolgt zum Zweck der Erstellung einer mentalen Karte Lotkas, die sich in den *Elements of Physical Biology* niederschlug. Wenn Anthony Grafton in der Jubiläumsnummer des *Journal for the History of Ideas* von 2006 expliziert, dass die Zeitschrift weder einer Schule zugehörig, noch methodisch engstirnig sei, um auch WissenschaftshistorikerInnen anzuwerben, die präzise Studien zu historisch kontextualisierbaren Schriften und Ideen verfolgen[94] und es sogar schafft, die Mikrogeschichte eines Carlo Ginzburg in einer „new history of books and readers"[95] unterzubringen, die ebenfalls von der Ideengeschichte praktiziert werde, dann würde auch die vorliegende Arbeit in Graftons Entwurf aufgehen. Dennoch deckt sich die hier erzählte Geschichte eines Buchs aus zwei triftigen Gründen nicht mit dieser methodologischen Vorlage, abgesehen davon, dass sich meines Erachtens eine Ideengeschichte, die sich den historischen, lokalen und personalen Aspekten von Texten widmet und über „motivation"[96] nachdenkt, weit von ihrer ursprünglichen Konzeption entfernt hat, wenn nicht sogar im Begriffe ist, ihre definitorischen Konturen zu verlieren. Erstens möchte ich durch meine Beschreibung eine Art Psychogramm des Autors erstellen, dem ich eine Wirksamkeit zuspreche. Dabei geht es nicht um eine schlichte Aufwertung des forschenden Akteurs im Netzwerk wissenschaftlichen Tuns, sondern darum, Emotionen subjektiven Ursprungs als handlungswirksam[97] auch im Wissenschaftsalltag zu erkennen. Insofern bin ich mit dem Wissenschaftssoziologen Harry Collins einig: „intentions may not inform *actants* but they do inform *actors*."[98] Zweitens, wie oben erläutert, gehe ich bei Lotkas Werk

---

[93] Grafton, Anthony: „The History of Ideas. Precept and Practice, 1950–2000", in: *Journal of the History of Ideas* 67 (2006), Nr. 1, S. 1–32, hier S. 28 f.

[94] Grafton, History of Ideas, S. 30 f.

[95] Grafton, History of Ideas, S. 27. Programmatisch für die Mikrogeschichte Ginzburgs: Ginzburg, Carlo: *Il formaggio e i vermi. Il cosmo di un mugnaio del '500*, Turin: Giulio Einaudi 1976; ders.: „Mikro-Historie. Zwei oder drei Dinge, die ich von ihr weiß", in: *Historische Anthropologie* 1 (1993), S. 169–192.

[96] Grafton, History of Ideas, S. 31.

[97] Elgin, Catherine Z.: *Considered Judgment*, Princeton: Princeton University Press 1996.

[98] Collins, Harry: „Performances and Arguments. Bruno Latour: The Modern Cult of the Factish Gods", Durham / London: Duke University Press 2010, in: *Metascience* 21 (2012), S. 409–418, hier

nicht von einer abgeschlossenen Idee aus, deren Rezeptionsgeschichte man erzählen könnte. Der synthetisierende Anspruch des Buchs versuchte wie die „to whom it may concern messages" der Kybernetiker eine interdisziplinäre Brücke zu schlagen[99] und blieb aus diesem Grund auch eher atmosphärisch vorhanden. Es geht also in der Nachzeichnung der Rezeption um eine „Spurensicherung"[100], um eine Sammlung von Indizien abseits der grossen Erzählungen oder ebensolcher Ideen, um auch bislang Unbeachtetes ins Bild zu rücken.

Für dieses Vorgehen kann der Roman „La vie – mode d'emploi"[101] von Georges Perec als Referenz hinzugezogen werden. Perec erzählt darin (die) (Lebens)Geschichten der BewohnerInnen eines Hauses in Paris. Generationen, Jahrhunderte, Ereignisse und Erfahrungen ziehen am Leser vorüber, nicht chronologisch, sondern die Zimmer und Wohnungen im Hochhaus geben den Rahmen der Geschichten vor, wobei das Treppenhaus als transitorischer Ort der Begegnung nicht fehlen darf. Das Buch hat, auch wenn es unzählige Geschichten aus 99 Räumen erzählt, dennoch einen geheimen Protagonisten, über den wir immer wieder einmal eine Episode erfahren. Es ist Perceval Bartlebooth, der sein Leben nach einem zeitlich vollständig ausgefüllten und zweckfreien Plan verbringen möchte: Zuerst lässt er sich zehn Jahre das Aquarellieren beibringen, dann besucht er zwanzig Jahre die Häfen der Welt, um sie zu malen, wonach er die Bilder per Post nach Hause sendet, wo sie von einem Mitbewohner professionell in Puzzles von je 750 Teilen zerlegt werden. Das Puzzlebild eines fremdländischen Hafens mit seinen kleinen Teilchen wird zur Mikroanalogie für das ganze Haus und dessen BewohnerInnen, die von draussen Geschichten mitbringen, die wir zerlegt in einzelne Episoden durch Perec erfahren. Nach seiner Reisezeit bleibt Bartlebooth in Paris und setzt alle 14 Tage ein Puzzle zusammen. Anschliessend sollen die einst zerlegten und nun wiederhergestellten Aquarelle von einem Profi

---

S. 415, Hervorhebungen von Collins. Für die Frühe Neuzeit existieren verschiedene Arbeiten zur wissenschaftlichen Person und Figur des (Universal)Gelehrten, beispielhaft sei hier der programmatische Titel „Never Pure" genannt, worin ‚Menschen von Fleisch und Blut' Wissenschaft betreiben und Topoi von Einsamkeit, Pedanterie und Integrität als klassische Charaktereigenschaften des Wissenschaftlers hinterfragt werden, siehe Shapin, Steven: *Never Pure. Historical Studies of Science as if It Was Produced by People with Bodies, Situated in Time, Space, Culture, and Society, and Struggling for Credibility and Authority*, Baltimore: The Johns Hopkins University Press 2010. Theodore M. Porters Buch über Karl Pearson oder Mary Jo Nyes Darstellung von Michael Polanyi stehen für eine Wissenschaftsgeschichte des 20. Jahrhunderts, welche die Persönlichkeiten der Protagonisten als festen Bestandteil ihrer wissenschaftlichen Arbeit rekonstruiert vgl. Porter, Theodore M.: *Karl Pearson. The Scientific Life in a Statistical Age*. Princeton u. a.: Princeton University Press 2004; Nye, Mary Jo: *Michael Polanyi and His Generation. Origins of Social Construction of Science*. Chicago: University of Chicago Press 2011.

[99] Schüttpelz, To Whom It May Concern Messages, S. 129 f.

[100] Ginzburg, Carlo: *Spurensicherung. Die Wissenschaft auf der Suche nach sich selbst*, Berlin: Wagenbach 2011 (aus dem Ital. von Gisela Bonz und Karl F. Huber). Siehe auch das Interview mit Carlo Ginzburg darüber, was die Psychoanalyse und seine Indiziensuche gemein haben http://science1.orf.at/science/news/155632.html (22.04.2016).

[101] Perec, Georges: *La vie mode d'emploi*, Paris: Hachette 1978.

abermals in fugenlose Papierbögen umgewandelt werden, um sie danach am Ort ihrer Entstehung auswaschen zu lassen, womit die Bilder verschwinden und bloss ein weisses Blatt Papier zurückbleibt.

Der Plan, ein Leben zu verbringen, das von permanenter (künstlerischer) Aktivität erfüllt ist und keine Spuren hinterlässt, misslingt natürlich. Gegen Ende seiner Tage lässt nicht nur das Augenlicht Bartlebooth allmählich im Stich, sondern auch derjenige, der die Aquarelle zum Verschwinden bringen soll, weil er, die künstlerische Fertigkeit Bartlebooths durchaus erkennend, ein paar seiner Bilder entgegen seinem Auftrag zur Seite legt. Bartlebooth stirbt, das letzte Teilchen des 439. Puzzles in der Hand, unvollendeter Dinge.[102] Was von seinem Leben übrig bleibt, bestimmt nicht er allein, trotz der durchdachten Konzeption. Und was wir als Leser des Buchs von Perec von den verschiedenen Erzählungen, die die Geschichte des Hauses ausmachen, memorieren werden, liegt auch nicht im Ermessen des französischen Schriftstellers.

In dieser Arbeit werden, um noch kurz in Perecs Lebensmetapher zu bleiben, Puzzleteile über Lotka und sein Werk zusammengetragen. Das gesamte Bild muss per definitionem unvollständig bleiben, ergibt aber dennoch einen Sinn, erlaubt eine neue Perspektive auf die Genese, den Inhalt und die Rezeption der *Elements*. Lotka spielt in dieser Suche die Hauptrolle und ist doch nur ein Protagonist unter vielen. Seine Intention war zwar exakt formuliert, aber die Kontrolle über das Werk lag nicht in seiner Macht. Zu Lebzeiten gab er mit dem Versuch, eine physikalische Biologie zu etablieren, nur ein kurzes Gastspiel, was aber, wie er an einer Stelle mit Emphase schreibt, dennoch Spuren hinterlassen wird, wie überhaupt alles, was sich im Menschlichen abspielt: „For the drama of life is like a puppet show".[103] Auf dieser Bühne hätten die Akteure ihre Auftritte und Abgänge, nicht ohne aber durch ihr Erscheinen die Szene zu transformieren. Möchte man das Stück begreifen, diese „intimate comedy", dann müsse man alle Perspektiven mitdenken: „if we would catch the spirit of the piece, our attention must not all be absorbed in the characters alone, but must be extended also to the scene, of which they are born, on which they play their part, and with which, in a little while, they merge again."[104]

---

[102] Wobei das letzte Teilchen in seiner Hand die Form eines „W" aufweist, jedoch die letzte Lücke des 439. Puzzles mehr wie ein „X" aussieht, was auf die Einflussnahme des Puzzleherstellers hinweist; siehe hierzu Mattenklott, Gundel: „Über einige Spiele in Georges Perecs Roman Das Leben Gebrauchsanweisung", in: *zeitschrift ästhetische bildung* 1 (2009), Nr. 1; http://zaeb.net/index.php/zaeb/article/viewFile/10/7 (22.04.2016).

[103] Lotka, Elements, S. 183.

[104] Lotka, Elements, S. 184.

Das lange Jahrhundert des energetischen Holismus – Kapitelübersicht

Die folgenden fünf Hauptkapitel[105] verweben die Erzählstränge über Genese, Inhalt und Rezeption der *Elements of Physical Biology* mit einem Narrativ über den Urheber. Eine geographisch-chronologische Anordnung liegt dem Kapitel 1 zugrunde: „Hamadan", „Birmingham", „Leipzig", „New York" – diese Stationen verweisen auf eine mobile Familiengeschichte Lotkas wie auch auf die Heterogenese[106] der *Elements*. Es gilt, in dem, was letztlich Lotkas Hauptwerk konstituierte und sich im Text sedimentierte, verschiedene, bislang unbekannte Zusammenhänge aufzuzeigen. Lotkas Ausbildung beim selbsterklärten Agnostiker und Physiker John Henry Poynting in Birmingham wird hier kontrastiert mit der Familiengeschichte als väterlicher Missionarsgeschichte. Am ausführlichsten ist der Abschnitt über Leipzig. An jenem Ort besuchte Lotka im akademischen Jahr 1901/02 verschiedene naturwissenschaftliche Lehrveranstaltungen, unter anderem auch beim Begründer der physikalischen Chemie, Wilhelm Ostwald, und dem Physiker Ludwig Boltzmann. Eine genaue Analyse des Energiebegriffs bei Ostwald wird angeboten und die zeitgenössische Kritik daran vorgestellt. Dies bildet nicht nur die Grundlage für den in Kapitel 2 folgenden konkreten Vergleich mit Lotkas energetischem Holismus, sondern erlaubt auch, die zwei Wissenschaftler in Bezug auf ihre unterschiedlichen wissenschaftlichen Sprecherpositionen und ihren Gestus zu untersuchen. Spezielle Aufmerksamkeit gilt in diesem Zusammenhang dem überlieferten Briefwechsel zwischen den beiden Forschern betreffs eines unveröffentlichten Buchmanuskripts Lotkas aus dem Jahre 1912[107]. Darin machte er starke Anleihen bei Ostwald, der wiederum dem Manuskript kaum Erfolgschancen versprach und eine Unterstützung ausschlug.

Kapitel 2 knüpft im ersten Teil an die Thematik Sprecherposition des Autors an. Lotkas populärwissenschaftliche Arbeiten zwischen 1919 und 1921 werden vorgestellt („Der produktive Nicht-Fachmann") und untersucht, weshalb Lotka für gewisse Artikel über Themen wie Telepathie oder zum Ouija board[108] ein Pseudo-

---

[105] Dass der grössere Rahmen hierfür chronologisch gewählt wird, sei mir verziehen. Denn auch Bourdieu, der grosse Kritiker der Chronologie in den Lebensläufen, bemerkt, dass sie doch ein nützliches Vehikel sein kann, um überhaupt ein bisschen Ordnung zu stiften. Wobei in diesem Falle die chronologische Klammer über den Tod des Protagonisten hinausreicht.

[106] In der Definition dieses Begriffs halte ich mich an Bruno Latours Interpretation von Félix-Archimède Pouchet, der „Heterogenese" metaphorisch einsetzte, um von der Entstehung wissenschaftlicher Gedanken aus sehr ungleichartigen Ideen zu sprechen; vgl. Latour, Bruno: „Pasteur und Pouchet: Die Heterogenese der Wissenschaftsgeschichte", in: Michel Serres (Hg.), *Elemente einer Geschichte der Wissenschaften*, Frankfurt am Main: Suhrkamp Verlag 1995, S. 748–789, hier S. 763.

[107] Lotka, Alfred James: *Zur Systematik der stofflichen Umwandlungen mit besonderer Rücksicht auf das Evolutionsproblem*, 1912 (unveröffentlichtes Manuskript; Donald E. Stokes Library, Princeton, NJ).

[108] Dies ist ein – auch selbst herstellbares – Holzbrett, worauf Buchstaben und Zahlen sowie wahlweise einzelne Symbole aufgezeichnet sind. Eine Hand wird auf ein pfeilförmiges, vor dem Brett platziertes, ‚Wägelchen' gelegt. Die Bewegungen der Hand, durch die das Wägelchen einzelne Zeichen ansteuert, werden auf die Wirkung übersinnlicher Kräfte zurückgeführt und deshalb die Botschaft,

nym wählte. Mögliche Erklärungen für den Decknamen – wissenschaftlicher Status, vermeintliche Anrüchigkeit von übersinnlichen Phänomenen, Frankophilie, ökonomischer Zwang – werden gegeneinander abgewogen. Der Hauptteil des zweiten Kapitels widmet sich dem Inhalt der *Elements* und beginnt mit Lotkas Präsentation eines „Programms" der physikalischen Biologie („Das Programm der *Elements of Physical Biology*"). Unter den Stichworten „Mimikry" und „Originalität" wird eine eigentliche Imitations-Kaskade aufgezeigt, welche von Ostwald über den Ingenieur Walter Porstmann hin zu Lotka führt und mit dessen starker Selbstidentifikation mit seinem Hauptwerk verknüpft wird. Im Anschluss werden anhand dreier Begriffsfelder – „Die Mathematisierung des Lebens", „Energie", „Oszillationen und Zyklen" – die wichtigsten Anliegen des Buchs präsentiert. Es wird gezeigt, wie Lotka durch den Begriff des Systems eine ontologische Frage nach dem Wesen des Lebendigen verabschiedete und eine konstruktivistische Ansicht kombiniert mit einer kompletten Mathematisierung vertrat. Letztere ist Fundament für und auch Konsequenz aus der Analogisierung der Komponenten von Systemen. Die theoretisch abschliessende Formalisierungsleistung aller lebensweltlichen Phänomene lässt die Welt als interdependentes Ganzes auf der Basis der Energie erscheinen.

Unter demselben Stichwort, Energie, werden darauf subtile Aneignungsprozesse und explizite inhaltliche Abgrenzungen von Ostwald diskutiert. Die Irreversibilität ist hier das Schlüsselwort, wodurch ersichtlich wird, dass Lotka für seine energetische Weltvorstellung den Kritikern Ostwalds, allen voran Ludwig Boltzmann, folgte. Er nahm dessen statistische Betrachtung der Entropie auf, formulierte aber die Notwendigkeit, für die Energieprozesse in „life-bearing systems" einen neuen Ansatz zu etablieren, der nicht dem Gesetz der Maximierung folgt: die „Allgemeine Zustandslehre". Die Sinnhaftigkeit eines solchen Ansatzes wird im letzten Unterkapitel zum Thema „Zyklen und Oszillationen" dargestellt. Hier wird deutlich, dass lebende Systeme, die aus biologischen und physikalischen Segmenten zusammengesetzt sind, in Lotkas Vorstellung stets ein gewisses Gleichgewicht zwischen lebensnotwendigem Energieverbrauch und Aufnahme von externen Stoffen zu halten versuchen. Sie oszillieren oder fluktuieren um einen virtuellen Gleichgewichtspunkt. Die Erläuterungen, inwiefern dieses Konzept an die Beschreibung der Evolution durch den englischen Soziologen und Philosophen Herbert Spencer (1820–1903) anklingt, schliessen das Kapitel ab.

Kapitel 3 und 4 nehmen denjenigen Anteil der *Elements* zum Ausgangspunkt, der sich damals wie heute einer schier ungebrochenen Popularität erfreut: die

---

welche sich aus den (meist von einer gleichzeitig anwesenden Person notierten) Zeichen ergibt, als ebensolche Nachricht interpretiert. Ich danke Eberhard Bauer vom Institut für Grenzgebiete der Psychologie und Psychohygiene in Freiburg im Breisgau für das Gespräch und die Präsentation eines Ouija boards im Juni 2011.

Gleichungen für das so genannte Räuber-Beute-Modell. Kapitel 3 bietet zunächst den biologie- und ökologiegeschichtlichen Kontext. Anhand von „Formalismen in der Populationsforschung" werden Mathematisierungen innerhalb dieses Wissenszweigs seit dem ausgehenden 19. Jahrhundert bis zu den 1920er Jahren präsentiert. Es zeigt sich, dass sich „Variabilität" und „Metabolismus" besonders als Ziele für eine Formalisierung anboten. Die Lotka-Volterra-Gleichungen haben mit diesen biologischen und ökologischen Thematiken zu tun, heben sich aber dennoch, wie argumentiert wird, ganz entschieden von anderen Systematisierungen und Mathematisierungen ab. Im Unterkapitel „Mathematische Eigenheiten" wird diese Differenz aus theoretischer Perspektive untermauert: Die Datenerhebungen und statistischen Auswertungen der Biometriker und Populationsgenetiker sowie die Erhebung von Nahrungsketten durch Ökologen sind von den Lotka-Volterra-Gleichungen abzugrenzen, weil letztere ein immer gültiges Resultat – und kein wahrscheinliches oder deskriptives – bieten. Im anschließenden Unterkapitel „Die Mehrfachentdeckung" wird ein genauer Nachvollzug der Genese des Differentialgleichungssystems in den beiden Ursprungstexten unternommen. Dies bietet die Grundlage für den Vergleich zwischen der bestechenden formalen Kongruenz der Formalismen und der Divergenz in den semantischen Details. Unter den Stichworten höheres Auflösungsvermögen, Mathematik und Empirie sowie graphische Darstellungen werden im letzten Unterkapitel („Das Ungleiche im gleichen Resultat") die wesentlichen Unterschiede zwischen Lotkas und Volterras Gleichungen herausgearbeitet.

Kapitel 4 veranschaulicht zunächst anhand zahlreicher Quellen, mit welcher Unruhe Lotka die Ankündigung, Verkaufszahlen und Rezensionen seines Buchs rund um 1925 beobachtete und steuernd einzugreifen versuchte („Mit Argusaugen"). Seine Sorge, jemand könnte seine Ideen antizipieren, fand in der Mehrfachentdeckung gleichsam eine Bestätigung. Gleichzeitig kommt hier auch Lotkas Ambivalenz zum Ausdruck: Trotz sofortiger Reaktion und Prioritätsbehauptung war die Mehrfachentdeckung für ihn auch eine Möglichkeit, in einen wissenschaftlichen Diskurs zu kommen. Wie asymmetrisch sich diese Kommunikation jedoch gestaltete, illustriert der anschliessend analysierte private Briefwechsel zwischen Lotka und Volterra und ihre Stellungnahmen in der Zeitschrift *Nature* („Even certain of the details are remarkably alike"): Lotka wertete die Tatsache der Mehrfachentdeckung als Anfang einer gemeinsamen wissenschaftlichen Zukunft, Volterra hingegen nutzte den Briefwechsel als Mittel zu Abgrenzungsversuchen und Autoritätsbehauptungen. Wissenschaftssoziologische wie auch inhaltliche Differenzen spielten in der Austragung der Prioritätsdiskussion eine Rolle. Frappant ist hier, dass man sich über die formale Übereinstimmung bald einig war, die Kontextualisierung der Mathematik jedoch ganz anders beurteilt wurde. Das Unterkapitel „Jede Menge Fische und die Evolution" verdeutlicht

dies: Beide stellten sich einen Nutzen ihrer Gleichungen für die Fischerei und das
Verständnis der Evolution vor. Hier wird zum Einen ersichtlich, dass ihre Begriffe
von Evolution kaum kompatibel waren, zum Anderen treten die Konturen der
physikalischen Biologie als Beschreibung von zyklischen Interdependenzen von
Kollektiven in Abgrenzung zu individualisierten, evolutiven Vorteilen abermals
hervor. Trotz der feststellbaren unterschiedlichen Ziele hielt sich ein Gefühl der
Konkurrenz zwischen den beiden Wissenschaftlern. In „Das Unbehagen dauert
an" wird erläutert, wie für beide die Prioritätsdiskussion mit dem offiziellen Ab-
schluss nur vordergründig erledigt war.

Das letzte Kapitel, 5, ist der Rezeption von Lotkas Hauptwerk gewidmet, zu
Lebzeiten des Autors und posthum. Hier lässt sich ein Rezeptionsstrang iden-
tifizieren, der mit dem nachträglichen, nicht-mathematischen Beweis der Lot-
ka-Volterra-Gleichungen beschäftigt war („Fluktuierende Kurven, Hefe und
Pantoffeltierchen"). Um die empirische Grundlage zu verbessern, wurden die
Lotka-Volterra-Gleichungen ins Labor transferiert, wo der experimentelle Nachweis der fluktuierenden Kurven nach verschiedenen Fehlversuchen in den 1930er
Jahren erst 1973 gelingen sollte. In Bezug auf die physikalische Biologie wird eine
zweite, unschärfer konturierte Form der Rezeption vorgestellt. Im Unterkapitel
„Mathematische Gleichschaltung: ein sozialwissenschaftliches Problem" wird gezeigt, wie sich Lotkas Analogisierung von Molekülen, Parasiten und Menschen
innerhalb der sich formierenden amerikanischen Demographie, von der er als
Versicherungsstatistiker ein Teil war, ausnahm. Im folgenden Unterkapitel wird
die Behauptung, dass sich der Verfasser von *General System Theory*, Ludwig von
Bertalanffy, entscheidend auf Lotka bezogen habe, überprüft („Gestalten von Systemen: Bertalanffy und Lotka"). Ausgewählte, ähnliche Begrifflichkeiten, Inhalte
oder konkrete Verweise Bertalanffys verdeutlichen, welches Bild sich der theoretische Biologe von Lotkas Arbeit machte. Die drei Rezeptionsgeschichten – aus der
experimentellen Ökologie, den Sozialwissenschaften, der Systemtheorie – machen
klar, dass Lotkas Werk schwer in den zeitgenössischen Diskurs einzupassen war.
Eine neue Beschreibungsvariante von wissenschaftlichen Rezeptionsprozessen als
atmosphärische Rezeption wird hier als Alternative zu herkömmlichen, linearen
Modellen vorgeschlagen.

Kapitel 5 zeigt weiter, wie in den 1950er und 1960er Jahren mit der Etablierung
der Systemökologie die Rezeptionen der Gleichungen und des energetischen Holismus in eins fielen („Dynamisierte Umwelten: systemökologische Modelle"). In
diesem Kontext erwies sich Lotkas physikalische Biologie als Analogisierung und
als Nivellierung von ontologischen Differenzen von Komponenten innerhalb eines Systems anschlussfähig, während die Lotka-Volterra-Gleichungen als Modell
für eine Dynamik zwischen zwei Grössen integriert wurden. Es wird dargestellt,
dass die innerökologischen Begriffe („Ökosystem" und „trophische Levels") sowie

die Interpretation der ökologischen Wechselbeziehungen als Dynamik dafür entscheidend waren. In der Systemökologie wurde der reduktionistisch-holistische Ansatz Lotkas plus sein globaler Moralanspruch sinnfällig.

Das Schlusswort fasst die gewonnenen Resultate der Analyse von Genese, Inhalt und Rezeption der *Elements of Physical Biology* in Verbindung mit der Erzählung über den Urheber zusammen. Die Hauptthese, dass retrospektiv die Energetik qua Lotkas *Elements* in der Systemökologie gespiegelt werden kann, wird wieder aufgenommen und diskutiert. Es wird vorgeschlagen, dass diese Darstellung nicht nur ein „langes Jahrhundert des energetischen Holismus" aufzeigt, sondern auch einen Beitrag zur Geschichte des Systembegriffs im 20. Jahrhundert leistet, der sich ohne die Ökologiegeschichte nicht denken lässt. Gleichzeitig wird geprüft, was eine These der „to whom it may concern message" für die Rezeption des Buchs und dessen Autor bedeuten kann. In letzterer Hinsicht wird ein Psychogramm Lotkas vorgeschlagen, das vor allem ein Selbstmissverständnis des Urhebers betont.

Kapitel 1

Heterogene Ursprünge der *Elements of Physical Biology*

Perecs Puzzles, deren Vorlagen weite Wege zurückgelegt haben, um in einem
Pariser Haus zusammengesetzt und anschliessend – nicht vollständig – aufgelöst
zu werden, dienen vor allem auch für dieses Kapitel als Metapher. Entlang einer
geographischen Reise von Persien über Birmingham und Leipzig bis nach New
York werden bislang unbekannte Aspekte hinsichtlich der Genese der *Elements
of Physical Biology* zusammengetragen. Eine solche Spurensuche hat nicht den
Anspruch, eine intellektuelle Biographie zu entwerfen. Vielmehr werden Erzählstränge geflochten, welche den in der Einleitung kritisierten klassischen Narra-
tiven über ein Wissenschaftlerleben neue Aspekte hinzufügen und den Versuch,
eine Linearität und Hermetik herzustellen, unterlaufen. Es wird der Kontrast
zwischen einer Missionarsgeschichte der Familie einerseits („Hamadan") und
der naturwissenschaftlichen Bildung und agnostischen Herangehensweise Lotkas
andererseits („Birmingham") sichtbar werden. Im Unterkapitel „Leipzig" wird
die Energetik Ostwalds ausführlich dargestellt. Thema werden hier bereits erste
Differenzen zwischen Ostwald und Lotka in deren Briefwechsel aus dem Jahre
1913. Damals befand sich Lotka schon seit über zehn Jahren in den USA und
schickte Ostwald ein Manuskript zur Begutachtung zu (siehe das Unterkapitel
„New York"). Damit wird die Grundlage für einen Vergleich zwischen den Ostwald'schen Vorstellungen vom ubiquitären Erklärungsprinzip Energie und der
physikalischen Biologie Lotkas geschaffen, welche in Kapitel 2 detailliert erläutert
wird.

Hamadan

Bei der London Society for Promoting Christianity Amongst the Jews[1] ging im
Jahre 1879 ein Hilferuf aus der persischen Stadt Hamadan ein: Juden, die das Neue
Testament studiert und sich von der „Gnade Gottes und seines Messias" überzeugt
hatten, beklagten, dass sie unter denjenigen Juden zu leiden hätten, die sich nicht

---

[1] Für die Geschichte dieser Institution, die aus der London Missionary Society als anglikanische
Missionsgesellschaft hervorging, vgl. Perry, Yaron: *British Mission to the Jews in Nineteenth-Century
Palestine*, London / Portland, OR: Frank Cass 2003.

dem Christentum annäherten. Gemäss der christlichen Forderung hegten sie deswegen keine Feindseligkeit, sondern einzig den Wunsch, friedlich unter den Juden zu leben. Dies freilich, um sie letztlich zu bekehren: „Our request to the Society is, that they may give us such assistance, as may enable us to live unmolested among our own people, and draw them to Jesus Christ."[2] Der Adressat rang sich – nach vielen Gebeten und Bitten um göttliche Weisung – einen Entschluss ab: Unter dem Zwischentitel „Action taken" schilderte der Bericht der London Society for Promoting Christianity Amongst the Jews rückblickend, dass in Reaktion auf den Brief aus Hamadan ein „tried and valued missionary" ausgesandt worden sei, um die „verfolgten Bekehrten" („persecuted proselytes") zu besuchen.[3] Am 25. Juli 1881 verliess Jacques[4] Lotka, ein zum Christentum konvertierter Jude, London, drei Monate später erreichte er Hamadan. Die Society hielt anerkennend fest: „He [Lotka] fully recognized God's call to the work, and leaving his wife and six children in Europe went forth to spend from two to three years in missionary labour amongst his Hebrew brethren."[5] Sein vermutlich jüngstes Kind, Alfred James, war damals etwas mehr als ein Jahr alt.[6]

Die Missionarstätigkeit im Namen der London Society for Promoting Christianity Amongst the Jews war eine entbehrungsreiche Arbeit, die einen langen Atem verlangte. Reverend Lotkas (1841–1907[7]) erste Missionsstation war Lem-

---

[2] Gidney, W. T.: *Sites and Scenes. A Description of the Oriental Missions of the London Society for Promoting Christianity Amongst the Jews* (Part I), London 1897, S. 79. Der Verfasser war der „assistant secretary" der Society und auch Autor eines Handbuchs für die Missionarstätigkeit.

[3] Gidney, Oriental Missions, S. 82.

[4] Auch die Schreibweise „Jacob" oder „Jakob" kommt vor.

[5] Gidney, Oriental Missions, S. 82. Im März desselben Jahres hatte Jacques Lotka offenbar die Reise noch abgelehnt, siehe Brief eines älteren Bruders von Alfred James, Johnny, an seinen Grossvater in Mulhouse vom 18.3.1881, AJL-Papers, Box 1, Folder 2.

[6] Gidney, History of the London Society, S. 354. Alfred James wurde am 2. März in Lemberg geboren. Johnny erwähnt im Brief von 1881 die jüngeren Geschwister Paul, Élisabeth und Alfred, AJL-Papers, Box 1, Folder 2.

[7] Jacques Lotka, geboren am 21. Februar 1841 in Dobra bei Kalisch (ca. 60 km nordwestlich von Łódź) war in Polen heimatberechtigt; er lernte zunächst Schriftsetzer und begann am 13. Juli 1864 mit der Ausbildung in St. Chrischona. Die „Einsegnung" erfolgte am 1. September 1867, wonach er zunächst als Missionar in Nordamerika tätig war. Die Informationen zu Jacques Lotka stützen sich auf Angaben der Bibliotheksmitarbeiterin, Rebecca von Känel, in St. Chrischona (E-mail-Kontakt, Juni 2012). Die üblicherweise für Studenten von St. Chrischona angelegte Karteikarte existiert für Jacques Lotka nicht mehr.

Das Missionswerk der Pilgermission von St. Chrischona oberhalb von Bettingen bei Basel wurde 1840 von Christian Friedrich Spitteler mitbegründet (seit 1815 hatte die Evangelische Missionsgesellschaft in Basel bestanden, die ihrerseits auf die deutsche Christentumsgemeinschaft zurückging). Bereits nach wenigen Jahren dehnte die Pilgermission ihre Arbeit auf Nordamerika und Jerusalem aus. Ein Lehrgang von vier Jahren konzentrierte sich auf das Bibelstudium, Auswendiglernen, praktische Theologie und Predigen, „reisende Brüder" wurden zusätzlich vorgängig in der badischen Landeskirche ausgebildet; vgl. hierzu Veiel, Friedrich: *Die Pilgermission von St. Chrischona 1840–1940*, Basel: Brunnen-Verlag 1942 (2. Auflage), Zitat S. 16. Veiel besuchte ab 1886 die Schule der Pilgermission und wurde 1909 der Leiter derselben, siehe hierzu http://www.relinfo.ch/chrischona/info.html (13.6.2013).

berg (ab 1873) gewesen; nach zwei Jahren hatte er die erste Taufe verzeichnen können, nach drei weiteren Jahren die zweite.[8] Nach einem Monat des Aufenthalts in Persien berichtete Reverend Lotka nach London, dass ihn vier Juden regelmässig besuchten und dass er einen Gottesdienst in hebräischer Sprache im jüdischen Quartier abgehalten hatte.[9] Waren diese Nachrichten schon einmal als ermutigender Teilerfolg zu werten, so gab seine Mitteilung von Anfang Februar des darauffolgenden Jahres den Kollegen in London Anlass zu Begeisterung: Reverend Lotka taufte in Hamadan drei Juden. Dies, so folgerte die Society, sei Beweis genug, dass dieser Ort „the right center for the Mission" sei; gerade in Persien sei es als Jude besonders schwierig, sich zu Jesus Christus zu bekennen, weswegen diese jüngsten Entwicklungen als „simply marvellous" zu bezeichnen seien.[10] Ein zweiter Missionar wurde nach Persien entsandt, sodass Lotka die Möglichkeit hatte, eine ausgedehnte Reise zu unternehmen.[11] Dies tat er gerade im richtigen Moment, denn die ersten Zeichen, dass, „the sunshine was not to last much longer"[12] kündigten sich an; der Reverend rapportierte vor seiner Abreise nach London, dass Juden, welche die Kirche besuchten, bedroht würden.[13] Von der Missionarsreise war Lotka zwar angetan und machte neue Orte für die Aktivitäten der Society aus, dennoch war seine Arbeit in Persien insgesamt nicht von dauerhaftem Erfolg gekrönt. Für kurze Zeit hielt er sich abermals an seiner Ausgangsdestination Hamadan auf, aber nurmehr um festzustellen, dass die Konvertiten durch die Verfolgung, „zerstreut" („scattered") waren. Angesichts der Tatsache, so vermeldete Lotka nach London, dass die Proselyten starken Repressionen ausgesetzt seien, wenn sie ihrem neuen Glauben nachgingen, fühle er sich gezwungen, den Dienst in Persien aufzugeben. Am 29. April 1884 erreichte Reverend Lotka London.[14]

Wenn sich der Erfolg der Society allein in der Anzahl der getauften Juden abbilden soll, dann wurden zum Beispiel im Jahre 1844 (bei einem missionarischen Einzugsgebiet, das sich von Liverpool über Preussen und Warschau bis Jerusalem und Isfahan erstreckte) 23 Taufen registriert.[15] Diese Zahl, wie der Bericht der Society von 1844 relativierte, müsse jedoch mit Vorsicht genossen werden, weil

---

[8] Gidney, History of the London Society, S. 445.

[9] Gidney, Oriental Missions, S. 83 f.

[10] Gidney, Oriental Missions, S. 85.

[11] Gidney, Oriental Missions, S. 87. Am 20. August 1883 brach er auf.

[12] Gidney, Oriental Missions, S. 86; oder siehe auch die Rückschau der Society auf ihre 100jährige Wirkungsgeschichte, die sich in vielen Formulierungen mit der Ausgabe von 1897 deckt: Gidney, W. T.: *The History of the London Society for Promoting Christianity Amongst the Jews, from 1809 to 1908*, London 1908, S. 470.

[13] Gidney, Oriental Missions, S. 86; vgl. auch ders.: History of the London Society, S. 470.

[14] Gidney, History of the London Society, S. 471, 473.

[15] O. A.: „London Society for Promoting Christianity Among the Jews", in: The Occident and American Jewish Advocate, Vol. II, (1844) No. 5, siehe: http://www.jewish-history.com/occident/volume2/aug1844/shmad.html (26.5.2011).

es sich meist um Kinder handle; Erwachsene seien im betreffenden Jahr wohl keine zum heiligen Sakrament geschritten. Und wenn es zu einer Taufe käme, dann müsse sogar diese Tatsache mit Bedacht als Beweis für eine wirkliche Konversion interpretiert werden, denn die Gründe für eine Taufe seien vielfältig: „either from conviction (which is rare indeed), or some tangible advantage (which is more frequent), or from some indefinite hope (which is the most frequent of all the causes)".[16] Die Beweggründe Jacques Lotkas, als polnischer Jude sich im Jahre 1863 in London von der Episcopal Church of America taufen zu lassen, sind unbekannt. Seine jahrzehntelange Missionarstätigkeit für die Society lässt aber darauf schliessen, dass er zu den wenigen zählte, die diesen Schritt aus Überzeugung taten.[17]

Das Ziel der Bekehrung der Juden rechtfertigte die Society in der Rückschau auf ihr hundertjähriges Bestehen mit den ersten Konvertiten, die auch im Neuen Testament verbürgt seien.[18] Zwar bemerkte die Vereinigung, dass ihr primäres Interesse in der Verbreitung des Christentums unter den Juden und nicht in der „conversion of the entire race"[19] liege, bediente aber mit der Bezeichnung der Juden als „remnant according to the election of grace"[20] die Vorstellung, dass zum endgültigen christlichen Heil die Anerkennung Jesu als Messias durch die Juden notwendig sei[21]. Der diskursive Spagat übertrug sich auch auf die Schilderungen der praktischen Arbeit. In der Beschreibung ihrer Tätigkeit in Lemberg zum Beispiel, wo sich Reverend Lotka zwischen 1873 und 1881 aufgehalten hatte, sprach die Society von vielfältigen Schwierigkeiten, mit denen die Missionare konfrontiert gewesen seien. Nicht nur erschwerte die öffentliche Seite das Missionieren mit Versammlungsverboten und Ähnlichem, sondern auch die Kooperation des

---

[16] O. A., London Society for Promoting Christianity (1844).

[17] In der 1908 unternommenen Rückschau auf die hundertjährige Tätigkeit der Society erklärte der Präsident John H. Kennaway, dass zwischen 150 bis 200 konvertierte Juden aktuell im Dienste der Society stünden; Gidney, History of the London Society, S. viii.

[18] Gidney, History of the London Society, S. 3.

[19] Gidney, History of the London Society, S. 35.

[20] Gidney, History of the London Society, S. 3.

[21] Zur christlichen Vorstellung der Wiederkunft des Messias und der ewigen Erlösung siehe: Braun, Hans-Jürg: *Das Jenseits. Die Vorstellungen der Menschheit über das Leben nach dem Tod*, Zürich / Düsseldorf: Artemis & Winkler 1996, S. 239–250. Zu einem Vergleich zwischen jüdischen und christlichen Vorstellungen davon, was nach dem Tode kommen soll: Winkler, Ariane: Das Jenseits der Juden. Jüdische Jenseitsvorstellungen von den Anfängen bis zum Neuen Testament, unveröffentl. Seminararbeit, Zürich 2003, speziell S. 24–36. Seit dem Zweiten Vatikanischen Konzil 1965 kam in die Frage um die ‚Pflicht' der Judenmission wieder neue Bewegung. Gabriele Kammerer dreht das stereotype christliche Argument um und hält fest, dass eigentlich das Christentum einen erklärungsbedürftigen Status habe: „Wenn das Christentum vom Judentum abstammt, dann sind die Unterschiede zwischen beiden nicht Defizite des Judentums, sondern Ergebnisse einer Entwicklung, die das Christentum rechtfertigen muss." Kammerer, Gabriele: „Kinder Gottes im Land der Täter. Der christlich-jüdische Dialog in der Bundesrepublik Deutschland", in: Brumlik, Micha u. a. (Hg.), *Reisen durch das jüdische Deutschland*, Köln: DuMont Literatur und Kunst Verlag 2006, S. 424–434, zit. nach: http://www.imdialog.org/md2007/02/01.html (11.10.2011).

‚Objekts' der Mission, der Juden, hätte zu wünschen übrig gelassen: „Again, the Jews themselves are not very promising material to work upon, being either extremely orthodox Chassidim, or free-thinkers. The difficulties for enquirers are practically insurmountable, as the Jews hold nearly all the trade of Lemberg in their hands, and monopolize business of every kind."[22] Stabile Glaubensüberzeugungen der Juden, die zu der Zeit einen Drittel der Wohnbevölkerung Lembergs ausmachten, wurden von der Mission als hinderlich empfunden und direkt mit einer ökonomischen Erklärung verquickt. In der starken wirtschaftlichen Verankerung von jüdischen Bewohnern Lembergs bildet sich eine Realität um 1880 ab[23], gleichzeitig klingen in der Behauptung des Marktmonopols klassische antisemitische Stereotypen an[24]. An anderer Stelle wiederum behauptete die Society, dass der Antisemitismus, der während früherer Missionarstätigkeiten geschürt worden war, ihrer Arbeit abträglich sei, weil nun die Juden vorurteilsbehaftet gegen die Christen (bzw. die Abgesandten aus London) agitierten.[25] Aus diesen verschiedenen Hinweisen kann man die Schwierigkeiten der Society erkennen, ein deklariertes kollektives Ziel zu haben, das aber nur durch individuelle Überzeugungsarbeit erreicht werden kann; gelingt letztere nicht, greift die Society wiederum auf kollektive Erklärungsmuster zurück.

Weitere Stationen führten den Vater von Alfred James Lotka nach Posen, Bukarest, Alexandria und schliesslich nach England, wo er 1907 verstarb.[26] Die Familie begleitete ihn vermutlich nicht auf seinen Reisen. Die Society war mit Bemerkungen über das Privatleben ihrer Missionare sehr sparsam, und der wissenschaftliche Nachlass von Alfred James Lotka in Princeton enthält nur vereinzelte, aber wenig aussagekräftige Hinweise. Zu grossen Teilen ist der Nachlass eine Dokumentation seiner wissenschaftlichen Arbeiten, und die archivalische

---

[22] Gidney, History of the London Society, S. 354.
[23] Mick, Christoph: *Kriegserfahrungen in einer multiethnischen Stadt. Lemberg 1914–1947*, Wiesbaden: Otto Harrassowitz 2010, S. 28–67.
[24] Marr, Wilhelm: *Der Sieg des Judenthums über das Germanenthum. Vom nicht confessionellen Standpunkt aus betrachtet*, Bern: Rudolph Costenoble 1879. Mit dieser Schrift des Publizisten Marr wurde der Begriff „Antisemitismus" in den politischen Diskurs importiert. Marr machte in diesem Text eine Differenz zwischen einer religiös motivierten Judenfeindschaft und einem rassisch begründeten Antisemitismus, den er vertrat, auf. Zum Stereotyp der Geldgeschäfte und sich daran bereichernden Juden siehe darin z.B. S. 12, zur verschwörungstheoretisch motivierten Angst einer von Marr so genannten „Verjudung", siehe S. 15. Die auch auf Marrs Text referierende geschichtswissenschaftliche These, dass im ausgehenden 19. Jahrhundert die konfessionell begründete Judenfeindlichkeit von einem Antisemitismus überlagert worden sei, wird kritisiert; siehe Blaschke, Olaf: Katholizismus und Antisemitismus im Deutschen Kaiserreich, (Kritische Studien zur Geschichtswissenschaft 122), Göttingen: Vandenhoeck & Ruprecht 1997.
[25] Gidney, History of the London Society, S. 356 (Wien), S. 444 (Posen/Preussen).
[26] Posen: 1884, Bukarest: 1888–1889, Alexandria: 1890–1892, England: ab 1892; siehe dazu in der Reihenfolge des Itinerars Gidney, History of the London Society, S. 444, 448, 537, 566. Jacques Lotkas Frau verstarb circa 1927, worauf die Korrespondenz über Alfred James Lotkas Reisen nach England hinweist, siehe AJL-Papers, Box 1, Folder 2.

Erschliessung konnte häufig auf Beschriftungen von Lotka zurückgreifen.[27] Es finden sich kaum persönliche und familiäre Unterlagen. Biographische Details sind schwerlich rekonstruierbar, zum Beispiel ist die Herkunft seiner Mutter oder auch der Werdegang seiner Geschwister nicht bekannt.[28] Wahrscheinlich ist, dass die Mutter mit den Kindern eine Zeitlang in Elsass-Lothringen lebte. Während der Vater in England tätig war, nahm die Familie in der Nähe von Birmingham ihren Wohnsitz, wo Alfred James Lotka im Jahre 1901 seinen Bachelor of Science erhielt.[29]

Birmingham

Lotka widmete sein Hauptwerk *Elements of Physical Biology* John Henry Poynting.[30] Der 1852 bei Manchester geborene Poynting war ein mehrfach ausgezeichneter Physiker, der zu Beginn seiner Karriere im Jahre 1880 am neugegründeten Josiah Mason's College in Birmingham zu unterrichten anfing.[31] Die Eröffnungsrede wurde durch Thomas Henry Huxley (in der Sekundärliteratur auch „Darwin's Bulldog" genannt[32]) gehalten, die Unterrichtsfächer umfassten Mathematik, Chemie, Physik und Biologie.[33]

---

[27] Dies betrifft vor allem die umfangreiche Sammlung von Artikeln, die Lotka den Kapiteln der *Elements* zugeordnet im Hinblick auf eine zweite Auflage sammelte; vgl. AJL-Papers, Box 6, Folder 5 bis und mit Box 12, Folder 3.

[28] Es kann vermutet werden, dass Reverend Lotkas Frau, Marie Doebely, aus dem damals französischen Elsass stammte, das Ehepaar Lotka die amerikanische Staatsbürgerschaft hatte, zu Hause Französisch gesprochen wurde und Alfred James in Frankreich aufwuchs und dort den Unterricht besuchte. Diese Informationen wurden von Jan Vlachý (1937–2010), einem der so genannten ‚Gründerväter' der quantitativen Wissenschaftsstudien, zusammengetragen. Insbesondere interessierte sich Vlachý für den von Alfred James Lotka etablierten bibliometrischen Algorithmus (siehe Kapitel 4 dieser Arbeit). Private Reisen führten Vlachý zu fast allen der aufwendig evaluierten Lebens- und Wirkorte von Lotka. Der (nicht öffentlich zugängliche) Nachlass Vlachýs befindet sich in der Katholieke Universiteit Leuven. Für diese Informationen stütze ich mich auf eine Anfrage Vlachýs bei St. Chrischona aus dem Jahr 2000 und auf ausführliche Schreiben per Mail von Hans-Jürgen Czerwon, der mit der Sicherung und Erschliessung des Nachlasses betraut ist. Zum Archiv-Bestand siehe auch: Czerwon, Hans-Jürgen: „Jan Vlachý's Scientific Estate at the K. U. Leuven", in: *ISSI Newsletter* 7 (2011), Nr. 4, S. 83 f.

[29] 1901 wurde Reverend Lotka nach Hull versetzt; vgl. Gidney, History of the London Society, S. 595.

[30] „Dedicated to the memory of John Henry Poynting".

[31] O. A: „Life Peerages", in: *The British Medical Journal* 1 (1880), Nr. 1016, S. 934.

[32] So gibt dies auch die Überschrift einer neueren wissenschaftshistorischen Darstellung wieder: Cosans, Christopher E.: *Owen's Ape & Darwin's Bulldog*, Bloomington, IN: Indiana University Press 2009.

[33] „Special Correspondence. Birmingham", in: *The British Medical Journal* 1 (1880), Nr. 1016, S. 947. Lotkas neun Notizbücher, die er während des Physikunterrichts bei John Henry Poynting anlegte, sind erhalten; siehe AJL-Papers, Box 1, Folder 9 und 10, Box 2, Folder 1. Die Inhaltsangaben und die Ausführungen scheinen getreue Wiedergaben des Unterrichtsstoffes zwischen 1899 und dem Frühjahrsemester 1901 zu sein, die faktisch ohne individuelle Anmerkungen und ohne (natur)philosophische Exkurse auskommen.

Das persönliche Bild, das die Freunde Poyntings nach dessen Tod zeichneten, beschreibt einen zurückhaltenden, mit einem nur selten aufblitzenden Humor ausgestatteten Menschen, der konzentriertes wissenschaftliches Nachdenken mit Fahrradfahren, Klavierspiel und Lektüre von Literatur und Poesie zu ergänzen wusste.[34] Politisch war Poynting liberal eingestellt, hielt die Meinungsfreiheit hoch und ärgerte sich nur ein einziges Mal beobachteterweise, als es um religiöse Intoleranz ging.[35] Mit seinen Aufsätzen über die Ströme in elektromagnetischen Feldern[36] begründete Poynting seinen Ruf. Auf die Erkenntnisse in diesen Texten geht auch das Poynting'sche Theorem[37] zurück, das mechanische Bewegung mit elektrischen und magnetischen Kräften in Einklang bringt. Der Energietransport einer elektromagnetischen Welle ist demzufolge gleich dem Begriff der physikalischen Leistung. Was bedeutete es also, Poynting ein Buch zu widmen? Es ist eine Geste der Anerkennung und eine Ehrbezeugung an die Adresse des in der Zwischenzeit verstorbenen, ehemaligen Lehrers. Sie kann auch eine inhaltliche Anbindung stiften. In diesem Falle markiert die Dedikation eine ideelle Anknüpfung an einen Physiker, dessen bekannteste Arbeiten vom Energiefluss in elektromagnetischen Feldern handelten, und der das wissenschaftliche Tun an die Deskription zurückband. Der englische Naturwissenschaftler pflegte ein Empirie-Primat und leitete daraus zwei Konsequenzen ab: Erstens werden von der Empirie ausgehend Gesetze formuliert, die als Zusammenfassungen von Relationen zwischen Beobachtetem verstanden werden; und zweitens sind der Begriff der Ursache und die Frage nach dem Grund obsolet.[38]

Poynting stand jedoch nicht nur für einen klaren epistemologischen Positionsbezug, sondern auch für eine agnostische Haltung. James Ward, Philosophieprofessor in Cambridge, bedankte sich im Vorwort zu seinem Werk *Naturalism and Agnosticism*[39] mit Nachdruck bei Poynting. Wenn man sich, so Ward, entscheiden müsse zwischen den grundlegenden Positionen, ob eine Physik näher an die

---

[34] G. A. S.: „A Personal Note", in: John Henry Poynting, *Collected Scientific Papers*, Cambridge: Cambridge University Press 1920, S. vii–viii.

[35] G. A. S.: A Personal Note, S. viii.

[36] Poynting, John Henry: „On the Transfer of Energy in the Electromagnetic Field", in: *Philosophical Transactions of the Royal Society of London* 175 (1884), S. 343–361; ders.: „On the Connexion between Electric Current and the Electric and Magnetic Inductions in the Surrounding Field", in: *Philosophical Transactions of the Royal Society of London* 176 (1885), S. 277–306.

[37] Auf ihn geht die Formulierung des Energieerhaltungssatzes für den Energiestrom (Poynting-Vektor) im elektromagnetischen Feld (Poyntingscher Satz) zurück; siehe dazu die Einträge zu Poynting, John Henry, Poyntingscher Satz und Poynting-Vektor in: Meyers Encyklopädisches Lexikon in 25 Bänden, Bd. 19: Pole – Renc, Mannheim / Wien / Zürich: Lexikonverlag 1977, S. 186 f.

[38] Vgl. O. J. L.: „Obituary Notices", in: Poynting, Collected Scientific Papers, S. ix–xiv (from Nature, Vol. XCIII, S. 138, with additions).

[39] Ward, James: *Naturalism and Agnosticism. The Gifford Lectures Delivered before the University of Aberdeen in the Years 1895–1898*, London: Adam and Charles Black 1903 (Vol. 1, second edition, erstmals 1899).

Realität herankomme oder ob die Physik ein symbolisches Instrumentarium für die intellektuelle Handhabung eines deskriptiven Schemas sei, dann falle die Wahl auf die zweite Position, wie sie auch von Poynting vorgeschlagen wurde.[40] Die Methoden und die möglichen Anwendungen der Physik sind von diesem Grundsatzentscheid laut Ward nicht affiziert, jedoch die spekulative Differenz zwischen den beiden Herangehensweisen immens. Agnostizismus bedeutet in dieser Darstellung eine Selbstbescheidung der Wissenschaft, die mit dem Werkzeug arbeitet, das ihr aktuell am meisten Erkenntnisgewinn verspricht, ohne zu metaphysischen Deutungen einzuladen. Worüber man nur spekulieren kann, ist nicht interessant bzw. von den Naturwissenschaften noch nicht durchdrungen. In solch einem Gebäude hat ein Gott keinen Platz.[41] Darüberhinaus pflegte Poynting einen gewissen wissenschaftlichen Stil, der sich durch sprachliche Einfachheit und betonte Redlichkeit auszeichnete. Seine Berechnungen für die mittlere Dichte der Erde beispielsweise hat er in ein allgemeinverständliches Buch verpackt, ohne es aber zu versäumen, alle Namen derjenigen zu nennen, die ebenfalls mit verschiedenen Wägemethoden die Erdanziehungskraft zu ermitteln suchten.[42]

Lotkas Herangehensweise in den *Elements of Physical Biology* passt gut zu dem von Poynting vertretenen naturwissenschaftlichen Empirismus und Habitus. Masseverschiebungen werden nach den Regeln der Physik als Energietranslationen verstanden und quantifiziert, schliesslich mathematisiert; das Wissen um diese Zusammenhänge wird höher als ontologische Fragen gewichtet. Im Privaten erhält der agnostische Eindruck jedoch noch eine andere Facette. Die Zitate- und Aphorismensammlung Lotkas zu verschiedenen Themenbereichen enthält einige religiöse Anspielungen. Nebst meist unkommentierten Sätzen aus der Bibel – z. B. „Be thou faithful unto death, and I will give thee the crown of life“[43] – finden sich zahlreiche ironisch gebrochene Spuren der persönlichen Auseinandersetzung mit der christlichen Religion. So wandelte Lotka das Postulat der christlichen Nächstenliebe folgendermassen ab: „It is more blessed to give than to receive – a bad cigar.“[44]

Das plötzliche Kippen vom Ernst in die Ironie ist ein sich wiederholendes Muster der religiös eingefärbten Bonmots innerhalb der Sammlung. Der Materialismus oder die menschliche Physis bricht in solchen Aussprüchen quasi in die geistige Welt ein. So sinnierte Lotka, notierte zuerst handschriftlich, korrigierte

---

[40] Ward, Naturalism and Agnosticism, S. 304–306.

[41] Ward, Naturalism and Agnosticism, S. viii.

[42] Poynting, John Henry: *The Earth. It's Shape, Size, Weight and Spin*, Cambridge / New York 1913. Auf folgenden Artikel geht das Buch zurück: Ders.: „On a Method of Using the Balance with Great Delicacy, and on Its Employment to Determine the Mean Density of the Earth“, in: *Proceedings of the Royal Society of London* 28 (1878–1879), S. 1–35.

[43] AJL-Papers, Box 20, Folder 1; oder auch ebd.: „For many are called, but few are chosen.“

[44] AJL-Papers, Box 20, Folder 1, handschriftlich, „Dec. 25“, ohne Jahr.

den Entwurf und tippte letztlich ab: „Es stehe unser Glauben an eine allgemeine Weltseele noch so fest begründet, ein Bauchweh ist doch eine ungemein persönliche Angelegenheit."[45] Das Individuum wird herausgestellt, das mit seinen körperlichen Unzulänglichkeiten, aber auch seinen Ideen zur Lebensgestaltung in eine Spannung zum göttlichen Entwurf tritt. Lotka thematisierte diese Disharmonie mit verschiedenen Aphorismen, die einmal ironischer, einmal ernster Natur waren: „God made me, and I do not propose to apologize for his handicraft."[46] Während in diesem Ausspruch die Verantwortung für die Ausgestaltung der Persönlichkeit (oder doch eher des Aussehens?) grosszügig Gott zugeschrieben wird, gestalten sich die Besitzansprüche für die intellektuellen Güter anders. Und hier trat die unversöhnliche Differenz zwischen den persönlichen (wissenschaftlichen) Leistungen während eines Menschenlebens und dem im christlichen Glauben behaupteten, umfassenderen göttlichen Plan, dem die erstgenannten untergeordnet seien, offen zutage. Mit Ironie und handschriftlichen Ergänzungen versuchte er buchstäblich zwischen den Zeilen die individuellen Errungenschaften ans Irdische zurückzubinden. Dem Ausspruch „Great deeds are a gift to humanity; but great thoughts are a gift from God"[47] (siehe Abbildung 1) werden die einschlägigen Zwischenzeilen hinzugefügt, wodurch die „grossen Taten" selbstbewusst den Menschen zugeordnet werden. Die göttlichen Eingebungen lesen sich – als fast gleichberechtigte Zeilen – neu als privates Eigentum: „Great deeds are man's gift to man, but great thoughts are his."

Lotka dachte intensiv über den Zusammenhang oder auch den Unterschied zwischen biblischer Botschaft und eigener Lebensgestaltung nach. Nicht nur ironisch gemeint, sondern ganz grundlegender Natur ist Lotkas Aphorismus darüber, dass die Religion die „Unterordnung persönlicher Wünsche unter unpersönliche Ziele" sei.[48]

Wenn das mehrfache Vorhandensein oder aber die maschinengeschriebene Fassung eines Ausspruchs für seine Wichtigkeit oder Ernsthaftigkeit innerhalb der Sammlung spricht, dann darf folgender nicht unerwähnt bleiben: „God loves the common people because none but the Almighty could do such a thing."[49] Von diesen „gewöhnlichen Menschen" wollte sich Lotka abheben. Dazu passt, dass ihm „die Dummheit" ein Dorn im Auge war. Einige Aussprüche handeln von der seines Erachtens mitunter häufig vorkommenden Beschränktheit menschlicher Geister.[50] Vor diesem Hintergrund erhält auch das von Lotka unkommentierte

---

[45] AJL-Papers, Box 20, Folder 1.
[46] AJL-Papers, Box 20, Folder 1, handschriftlich mit Unterschrift von Lotka, „Ap 28, 1923".
[47] AJL-Papers, Box 20, Folder 1, handschriftlich, 17.5.1923.
[48] AJL-Papers, Box 20, Folder 1, maschinengeschrieben mit Unterschrift, ohne Datum.
[49] AJL-Papers, Box 20, Folder 1, handschriftlich, undatiert.
[50] AJL-Papers, Box 20, Folder 1, z.B. „... la bêtise se degage", „two kinds of neutrals, fish and imbécile".

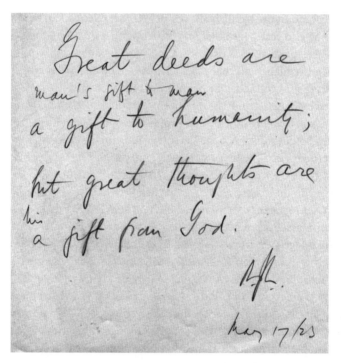

Abb. 1: Aus Lotkas Redewendungen-Sammlung, 17.5.1923
(Quelle: AJL-Papers, Box 20, Folder 1: Maxims, Epigrams and Notable Sayings, 1912–1933).

Zitat „For many are called, but few are chosen" eine neue, auf die wissenschaftliche oder geistige Leistung bezogene Bedeutung. Nicht die Berufung, sondern der Fleiss sollte über Erfolg oder Misserfolg entscheiden. Probiere schwierige Dinge aus, schrieb Lotka, damit man im Scheitern seine Grenzen finde.[51] „Of the two virtues: modesty and truthfulness – you must chose one. You cannot love both."[52]

Die Wissenschaft, hinter die man als Person und Mensch auch zurücktreten kann, wies ihm dabei den Weg („Theory is the epitome of experience"). Gleichzeitig war sie für ihn auch irritierendes Gebilde und nicht ausgemacht, dass sie eine zuverlässigere Vorgehensweise war: „Facts are stubborn things, since they can not be altered, it is best to simply ignore them."[53]

Eigenes Verdienst, die individuelle Intelligenz, der Status der menschlichen Kreativität, Selbstverwirklichung, die Arbeit und Naturvorgegebenes, die Spannungsfelder zwischen biblischer Botschaft und subjektivem Lebensentwurf, göttlichem Plan und persönlichen Interessen, überirdischem Entwurf und wis-

---

[51] AJL-Papers, Box 20, Folder 1.
[52] AJL-Papers, Box 20, Folder 1, handschriftlich, mit Unterschrift versehen, ohne Datum.
[53] AJL-Papers, Box 20, Folder 1, handschriftlich, mit Unterschrift versehen, ohne Datum.

senschaftlicher Empirie beschäftigten Lotka nachhaltig.[54] Als bleibender Lektüreeindruck hält sich die ironische Brechung, selbst für die mitunter pathetisch vorgetragenen Bonmots, die vom „rot gefärbten Firn der Berge" erzählen. Die Aphorismensammlung lässt auf eine distanzierte Auseinandersetzung mit der ein ganzes Menschenleben in Anspruch nehmenden Missionarstätigkeit des Vaters schliessen. In diesem Sinne, humorig und erratisch, tauchen auch die wenigen religiösen Anspielungen in den *Elements* auf, wie wir in Kapitel 2 sehen werden.

Zusammen mit der Aufwertung des Mason's College zur University of Birmingham erlangte Lotka im Jahre 1901 seinen B. A., woraufhin er sich nach Leipzig aufmachte.

Leipzig

In Lotkas Testatheft sind für das akademische Jahr 1901/02 zwei Veranstaltungen bei Wilhelm Ostwald, einmal „Allgemeine Chemie II etc." sowie „Besprechung wissenschaftlicher Arbeiten"[55] aufgeführt. Gleichfalls ist verzeichnet, dass er im Sommersemester 1902 eine Vorlesung zur „Gastheorie" beim österreichischen Physiker Ludwig Boltzmann besuchte. Während eines kurzen Zeitfensters, das durch Lotkas Ausreise in die USA und das bloss vorübergehende Leipziger Ordinariat für Theoretische Physik Boltzmanns (Herbst 1900 und Juni 1902)[56] begrenzt war, hatte Lotka also Gelegenheit bei zwei für die Chemie und Physik zentralen Wissenschaftlern der Zeit zu studieren. Wie er später schreiben sollte, gingen die Ideen zu seinem Buch *Elements of Physical Biology* auf den Aufenthalt in Leipzig zurück.[57] Eine analytische Abwägung der ideellen Spurenelemente von Ostwalds Energetik und Boltzmanns statistischer Mechanik in Lotkas Hauptwerk wird im nächsten Kapitel vorgenommen. In diesem Unterkapitel stehen Leipzig und die Grundlagen der Energetik im Zentrum, um erste Hinweise auf die Beantwortung der Frage zu sammeln, was es für Lotka bedeutet haben könnte, sich vom

---

[54] AJL-Papers, Box 20, Folder 1.

[55] AJL-Papers, Box 2, Folder 2. Weitere Veranstaltungen waren u. a.: „Organische Chemie", „Differential- und Integralrechnung", „Gewöhnliche Differentialgleichungen".

[56] Vgl. auch den Eintrag in Lotkas Testatheft mit http://histvv.uni-leipzig.de/dozenten/boltzmann_l. html (4.1.2016). Zur Wegberufung Boltzmanns aus Wien nach Leipzig und der schnellen Rückkehr nach Österreich vgl. Lindley, David: *Boltzmann's Atom. The Great Debate that Launched a Revolution in Physics*, New York u. a.: The Free Press 2001, S. 179–194.

[57] Lotka, Elements, S. vii. Viel später wird Lotka in einem Aufsatz erwähnen, dass ein naturphilosophischer Text aus den „Vorlesungen über Naturphilosophie" von Ostwald als „‚trigger' that set off the trains of thought developed in my subsequent publications" fungiert habe, siehe Lotka, Alfred James: „The Law of Evolution as Maximal Principle", in: *Human Biology* 17 (1945), Nr. 3, S. 167–194, hier S. 176.

Begründer der Energetik für seine auf dem Energiebegriff basierende physikalische Biologie inspiriert haben zu lassen.

Mit dem Namen Wilhelm Ostwald sind die Begründung der physikalischen Chemie und massgebliche, mit dem Nobelpreis ausgezeichnete Arbeiten zur Katalyse verbunden sowie die Energetik als naturphilosophische Position und monistische Welterklärung. Seine Person taucht zudem in verschiedenen öffentlichkeitswirksamen Rollen wie als Institutsbegründer, Zeitschriftenherausgeber, monistischer Sonntagsprediger, Verfechter der Einheitssprache „Ido", Unterzeichner des „Aufrufs an die Kulturwelt" von 1914, Schulreformer, Begründer der wissenschaftlichen Zentrale „Die Brücke" und Erfinder des Weltformats auf. Als roter Faden zieht sich durch Ostwalds Werk der Begriff der Energie bzw. der Energetik. Die semantische Spannbreite und epistemologische Kraft des Begriffs umfasst in Ostwalds Auslegung alle Lebensbereiche. Energie oder Energetik taucht als physikalische Grundeinheit und Absage an den Atomismus auf, bildet die Basis für ein Verständnis von Kulturwissenschaft, bietet eine moralische Bewertung eines Schiffsunglücks, ist Argument zur kommunikativen Zeiteinsparung mit Universitätskollegen und Epiphanie zugleich. Mit den folgenden Abschnitten werden einerseits die physikalischen, kulturologischen und lebenspraktischen Argumente der Energetik erarbeitet und andererseits deren Urheber als wissenschaftliche Persona in Rezeption und Selbststilisierung vorgestellt.

Glanz und Abglanz? Ein Blick auf die Rezeption Ostwalds

The Nobel Prize in Chemistry 1909 was awarded to Wilhelm Ostwald *„in recognition of his work on catalysis and for his investigations into the fundamental principles governing chemical equilibria and rates of reaction"*.[58]

Seit 1835 existierte der Begriff Katalyse in der Chemie, aber die Meinungen über die Rolle und Wirkungsweise von katalytischen Stoffen innerhalb chemischer Prozesse divergierten stark.[59] Die einen gingen davon aus, dass katalytische Stoffe eine Reaktion in Gang setzten (so Julius Robert Mayer mit dem Begriff „Auslösung"), andere vermuteten eher eine Übertragung von Eigenschaften (so z. B. Justus Liebig), wobei im Allgemeinen offen und auch nicht von vordringlichem Interesse war, ob katalytische Stoffe während der Reaktion überhaupt eine che-

---

[58] The Official Website of the Nobel Prize, http://nobelprize.org/nobel_prizes/chemistry/laureates/1909/ (22.04.2016, Hervorhebung auf der Website).

[59] Die Deutungsoffenheit und Strittigkeit des Begriffs, wie ihn der Chemiker Jöns Jakob Berzelius (1779–1884) ins Leben gerufen hatte, betraf nicht in erster Linie dessen Idee, dass im katalytischen Prozess etwas „zerlegt" werde – als Pendant zur Analyse –, sondern vielmehr die Annahme einer „katalytischen Kraft", welche er an die Stelle der vis vitalis setzte; siehe hierzu Ertl, Gerhard / Tanja Gloyna: „Katalyse: Vom Stein der Weisen zu Wilhelm Ostwald", in: *Zeitschrift für physikalische Chemie* (2003), Nr. 217, S. 1207–1219, hier S. 1210.

mische Verbindung eingehen und weshalb sie hinterher unverändert vorzufinden sind. Erst Ostwald brachte eine mögliche Erklärung der Katalyse wieder ins Gespräch.[60] Mit den Arbeiten in diesem Feld begründete er sein Renommee, wobei er sich in seinen autobiographischen *Lebenslinien* nicht frei von Eitelkeit daran erinnerte, dass die Katalyse, ehe er sich ihrer annahm, „als verdächtig" gegolten habe „und wer sich in diese Gegend wagte, tat es auf Kosten seines guten Rufs als Chemiker".[61] Entscheidendes Verdienst von Ostwald war, den Katalysebegriff mit der Reaktionsgeschwindigkeit bei chemischen Prozessen kombiniert zu haben.[62] Der katalytische Stoff wurde nicht mehr als Auslöser einer Reaktion betrachtet, sondern als Beschleuniger eines sonst (d. h. in Abwesenheit des katalytischen Zusatzes) ganz langsam ablaufenden Prozesses.[63] Ob der Katalysator während der Reaktion vorübergehend Verbindungen mit anderen Stoffen eingeht, konnte durch Ostwalds Darstellung zumindest gedacht werden.[64] Für die chemische Industrie erlangten diese Erkenntnisse bald weltweite Bedeutung.[65]

Wissenschaftshistorische Darstellungen über Ostwald kranken nicht selten daran, dass sie die Vielfältigkeit der Ostwald'schen Rollen während seines Lebens in ein dichotomes Schema von wissenschaftlichen Leistungen (für die Ostwald auch geehrt werden darf) und ‚unwissenschaftliche‘ Spätwerke (die nurmehr ein Abglanz der ersteren sind) einteilen wollen. Sammelbände, die zu Jubiläen erschienen, verweisen nur zu deutlich auf das Dilemma, in dem sich eine Wis-

---

[60] Ertl / Gloyna, Vom Stein der Weisen, S. 1211 f.

[61] Ostwald, Wilhelm: *Lebenslinien. Eine Selbstbiographie. Erster Teil: Riga – Dorpat – Riga (1853–1887)*, Berlin: Klasing & Co. 1926; ders.: *Lebenslinien. Eine Selbstbiographie. Zweiter Teil: Leipzig (1887–1905)*, Berlin 1927; ders.: *Lebenslinien. Eine Selbstbiographie. Dritter Teil: Gross-Bothen und die Welt (1905–1927)*, Berlin 1927; hier Ostwald, Lebenslinien II, S. 259.

[62] Wegscheider, Rudolf: „Wilhelm Ostwald als Physikochemiker", in: Österreichischer Monistenbund (Hg.), *Wilhelm Ostwald. Festschrift aus Anlaß seines 60. Geburtstages*, Wien / Leipzig: Anzengruber – Verlag Brüder Suschitzky 1913, S. 5–24, hier S. 15. Oder auch Schirmer, W.: „Wilhelm Ostwald und die Entwicklung der Katalyse", in: Akademie der Wissenschaften der DDR (Hg.), *Internationales Symposium anläßlich des 125. Geburtstages von Wilhelm Ostwald* (Sitzungsberichte der Akademie der Wissenschaften der DDR: Mathematik, Naturwissenschaft, Technik, Bd. 13) 1979, S. 33–47, hier S. 33. Die Relation zwischen Stoffkonzentration und Reaktionsgeschwindigkeit ging auf den holländischen Chemiker Van't Hoff zurück, siehe hierzu: Greenberg, Arthur: *Chemistry: Decade by Decade*, New York: Facts on File 2007, S. 56. Für diese Arbeit erhielt Van't Hoff den Nobelpreis für Chemie im ersten Jahr der Verleihung des Preises (1901). Zusammen mit Van't Hoff begründete Ostwald im Jahre 1887 die Zeitschrift für physikalische Chemie.

[63] Schirmer, Ostwald und die Katalyse, S. 33. Schirmer verweist hier auf einen Text von Ostwald aus dem Jahre 1894 in der Zeitschrift für physikalische Chemie, Nr. 15, S. 705. Ostwald, Wilhelm: *Aeltere Geschichte der Lehre von den Berührungswirkungen*, Leipzig: A. Edelmann 1898 (Diss. Univ. Leipzig); ders., Über Katalyse", in: Ders., *Abhandlungen und Vorträge allgemeinen Inhaltes (1887–1903)*, Leipzig: Verlag von Veit & Comp. 1904, S. 71–96.

[64] Schirmer: Ostwald und die Katalyse, S. 35.

[65] Domschke, Jan-Peter / Peter Lewandrowski: *Wilhelm Ostwald. Chemiker, Wissenschaftstheoretiker, Organisator*, Köln: Pahl-Rugenstein Verlag 1982, S. 26 f. Schirmer spricht Ende der 1970er Jahre von bis zu 80 % der chemischen Produktionsverfahren, die auf Katalyse beruhten; vgl. Schirmer, Ostwald und die Katalyse, S. 36.

senschaftsgeschichte befindet, die Ostwald gebührend würdigen möchte, jedoch
etliche Aspekte seines Schaffens nicht in der feierlichen Stimmung des Anlasses
unterzubringen vermag. Als Materiallieferanten für die Rezeptionsgeschichte sind
diese Publikationen jedoch spannend:

So hielt es die Akademie der Wissenschaften der DDR, die eine „differenzierte
Wertung des Gesamtschaffens Wilhelm Ostwalds" unternehmen wollte am Anfang ihrer Berichte über das Symposium anlässlich des 125. Geburtstages Ostwalds mit der Aussage des Chemikers Jacobus Henricus Van't Hoffs, der Ostwald
für sein Fach als „unbedingt eine der meist hervorragenden Figuren in allen
Weltteilen"[66] bezeichnete. War jedoch nicht von der Chemie die Rede, sondern
von Ostwalds naturphilosophischem Entwurf, so schloss sich die Akademie der
Wissenschaften kommentarlos Lenins Urteil über die Energetik an: „ein ver-
worrener Agnostizismus, der hier und da in den Idealismus hineinstolpert."[67]
Als problematisch eingestufte Themen werden im anschliessenden Lebenslauf
Ostwalds entweder nicht erwähnt (Energetik) oder mit dem Hinweis versehen,
dass Ostwald selbst sie später „als falsch erkannt" habe (Monismus).[68] Damit ist
die einleitende Darstellung der Akademie nahe an Lenins Urteil. Dieser brachte
die scheinbar antagonistischen Schwerpunkte in Ostwalds Wirken in einem Satz
unter, indem er sagte, Ostwald sei „ein sehr großer Chemiker und sehr ver-
worrener Philosoph"[69] gewesen.

Die weiteren Aufsätze im selben Band waren weniger apodiktisch. Es wurden
das Vereinheitlichungsprojekt *Die Brücke* ebenso besprochen wie Ostwalds Positionen zur Atomistik und Wissenschaftsforschung, die Katalyse kam gleichermassen zur Sprache wie die Naturphilosophie und der Monismus. Gegenüber
der thematischen Offenheit der Aufsätze zeigt sich aber eine interpretatorische
Engführung, mussten doch durchwegs Positionen des ‚real existierenden Sozialis-
mus' herhalten, um die „Mängel" in Ostwalds Arbeiten nicht nur „aus seiner ver-
fehlten ‚energetischen' Philosophie", sondern „letztlich aus der Klassenposition
des Forschers" herzuleiten.[70]

Ganz in der Tradition der marxistischen Geschichtsschreibung, die sich an
den Aussagen Lenins abarbeitet[71], eröffnen auch Jan-Peter Domschke und Peter

---

[66] Keil, G. / G. Kröber: „Vorwort", in: Anläßlich des 125. Geburtstages von Wilhelm Ostwald, S. 7–9.

[67] Lenin, Wladimir I.: Materialismus und Empiriokritizismus. Kritische Bemerkungen über eine
reaktionäre Philosophie, Moskau: Verlag für fremdsprachige Literatur 1947 (erstmals 1909), S. 243.

[68] Schwabe, K.: „Leben und Werk Wilhelm Ostwalds", in: Anläßlich des 125. Geburtstages von
Wilhelm Ostwald, S. 12–21, hier S. 19.

[69] Lenin analysierte an dieser Stelle den Einfluss Ostwalds auf andere Denker, siehe Lenin, Materialismus und Empiriokritizismus, S. 171.

[70] Herneck, F.: „Wilhelm Ostwald und die Wissenschaftsforschung", in: Anläßlich des 125. Geburtstages von Wilhelm Ostwald, S. 136–141, hier S. 140.

[71] Dieser Befund ist vom Literaturwissenschaftler Jan Behrs übernommen, der beschreibt, wie sich
die „marxistisch geprägte Wissenschaftsgeschichte […] an dem Diktum Lenins abarbeiten musste".

Lewandrowski ihre Biographie Ostwalds. Sie versuchen die ‚Fehlleistung' des Protagonisten genau einzugrenzen:

> Die ‚Energetik' Wilhelm Ostwalds entwickelte sich aus der energetischen Betrachtungsweise in den Naturwissenschaften. Innerhalb dieser Grenzen und mit Rücksicht darauf, daß die Untersuchung der Bewegung die Untersuchung des Objektes nicht ersetzen kann, ist die Energetik eine wissenschaftliche Methode zur Erforschung der objektiven Realität. In der Ostwaldschen Ausprägung überschreitet sie die genannten Grenzen und führt damit zum philosophischen Idealismus. Die widersprüchliche Benutzung des Begriffs ‚Energie' und der Versuch, einen ‚energetischen Monismus' zu konstruieren, sind unwissenschaftlich.[72]

Es sind viele Klippen argumentativ zu umschiffen, um der Ostwald'schen Energetik in einem gewissen Sinne eine Wissenschaftlichkeit abzutrotzen, die sie in ihrer idealisierten Übersteigerung als holistisches Prinzip, welches ihr wesentlich ist, gleich wieder einbüsst. Und wenn die Biographen sofort hinzufügen, dass der von Ostwald aus der Energetik abgeleitete „energetische Imperativ" zwar „auf falschen Voraussetzungen" beruhe, aber als Grundsatz („Vergeude keine Energie – verwerte sie!") „seine Bedeutung weit über den Tag hinaus behalten" habe, dann führen sie Bewertungskriterien ein, die in ihrem vorher selbst angewandten Schema wissenschaftlich – unwissenschaftlich keinen Platz haben.

Der Grat zwischen Grossartigkeit und Trivialität ist bekanntlich schmal. Dennoch oder gerade deshalb gälte es für eine Rezeption von Ostwald, die Widersprüchlichkeiten in seinem Werk ernst zu nehmen und auszuhalten.[73] Es wäre zum Beispiel angezeigt, der hochgradigen Ambivalenz der politischen Position

---

Zur Ostwald-Rezeption, die sich der Chemie zuwandte, zählt Behrs Solowjew, Juri I. / Naum I. Rodnyj: *Wilhelm Ostwald*, Leipzig 1977 (erstmals Moskau 1969) und Laitko, Hubert / Regine Zott (Hg.): *Probleme der wissenschaftlichen Kommunikation um die Wende vom 19./20. Jahrhundert. Beiträge des 27. Berliner wissenschaftshistorischen Kolloquiums aus Anlaß des 50. Todestages von Wilhelm Ostwald*, Berlin 1982; vlg. hierzu Behrs, Jan: „Der Leipziger Positivismus und die ‚Annalen der Naturphilosophie'", in: Ders. / Benjamin Gittel / Ralf Klausnitzer, *Wissenstransfer. Konditionen, Praktiken, Verlaufsformen der Weitergabe von Erkenntnis* (Berliner Beiträge zur Wissens- und Wissenschaftsgeschichte 14), Frankfurt am Main u. a. 2013, S. 241–270, hier S. 245, Fussnote.

[72] Domschke / Lewandrowski, Wilhelm Ostwald, S. 8. Im Fortgang des Buchs ist ein ganzes Kapitel mit „Irrwege – Von der Chemie zur Philosophie" überschrieben, siehe S. 42–54. (Die Verfasser nahmen auch an dem Symposium anlässlich des 125. Geburtstages von Wilhelm Ostwald teil.)

[73] Folgende Texte lösen das Versprechen ihrer Titel nicht ein: Görs, Britta / Nikos Psarros / Paul Ziche: „Introduction", in: Dies. (Hg.), *Wilhelm Ostwald at the Crossroads between Chemistry, Philosophy and Media Culture*, Leipzig: Leipziger Universitätsverlag 2005, S. i–vi; und Stekeler-Weithofer, Pirmin / Christian Schmidt: „Die ‚Annalen der Naturphilosophie' (1901–1921) als Reflexion auf einen wissenschaftlichen Umbruch", in: *Mitteilungen der Wilhelm-Ostwald-Gesellschaft zu Grossbothen e. V.*, 14. Jg. (2009), Nr. 3, S. 20–33. Es fällt auch hier auf, dass die Darstellung von Ostwalds Wirken immer wieder einmal den Charakter einer Verteidigungsschrift annimmt. Görs / Psarros / Ziche fallen durch ihre Insistenz, dass Ostwald ein „Pazifist" gewesen sei, auf (a.O., S. ii) und Stekeler-Weithofer beschreibt die Energetik als „viel weniger mystisch und abwegig, als das üblicherweise wahrgenommen wird" (a.O. S. 27).

Ostwalds während des Ersten Weltkrieges einmal genauer nachzugehen. Eine Forschung, die sich anschickt, Ostwald in den sicheren Hafen der Sozialdemokratie zu lotsen und ihn als Schulreformer gar in marxistische Traditionen zu rücken[74], forciert allzu offensichtlich ein zurechtgelegtes Geschichtsbild. Auch kann es nicht angehen, Ostwalds kriegsbefürwortende Meinungsäußerungen aus dem Jahre 1914 damit zu erklären, dass Ostwald ein Mann der Tat gewesen sei: „Ostwald sieht sein Vaterland im Abwehrkampf gegen den Rest der Welt und soll untätig bleiben – ein für ihn untragbarer Zustand."[75]

Im Streit um die Benennung des Leipziger Instituts für physikalische Chemie im Jahre 1997/98 kam jedoch Ostwalds Inkohärenz zum Tragen.[76] Gegen eine Namensstiftung des Gründers des Instituts sprachen rassenhygienische Äußerungen ebenso wie sein szientifischer Glaube an die mögliche Durchorganisation der Welt.[77]

Die versuchte Bändigung der Diskrepanzen und auch Ambivalenzen in Ostwalds Arbeiten ist von vornherein zum Scheitern verurteilt. Gewinnbringender sind Ansätze, die nicht die Unstimmig- oder Schlüssigkeit der Energetik im Lichte verschiedener Wissenschaftlichkeitskriterien akzentuieren, sondern dieses monistische Welterklärungsmodell kulturgeschichtlich deuten. Markus Krajewski schlägt vor, die „Weltprojekte", von denen Ostwald eine ganze Reihe vorzuweisen hatte, als Optimierungsideen zu interpretieren, die sich an der global zunehmenden Verkehrsverdichtung und den medialen Niederschlägen davon, den Kursbüchern, orientierten.[78] Oder Ostwald kann als Wissenschaftsorganisator und Vertreter der Energetik in Zusammenhang mit dem Deutschen Monistenbund betrachtet werden, dem er (auf Anfrage von Ernst Haeckel) zwischen 1911 bis

---

[74] Ostwald habe im ersten Jahrzehnt des 20. Jahrhunderts in Bezug auf das Schulwesen Positionen vertreten, die ihn stark an die Sozialdemokraten heranrückten; siehe hierzu Domschke/Lewandrowski, Wilhelm Ostwald, S. 64, 70.

[75] O.A: „Das Umfeld des Briefwechsels", in: Hansel, Karl (Hg.): „Rudolf Goldscheid und Wilhelm Ostwald in ihren Briefen", in: *Mitteilungen der Wilhelm-Ostwald-Gesellschaft zu Grossbothen e.V.* Sonderheft 21 (2004), S. 6–33, hier S. 29. Ostwald vertrat vor dem Ersten Weltkrieg – gemäss dem energetischen Imperativ – in Anbetracht der militärischen Materialschlacht mit humanen Verlusten eine anti-bellistische Haltung. Diese gab er jedoch auf, unterzeichnete wie viele andere den deutschnationalen, kriegsbejahenden „Aufruf an die Kulturwelt" von 1914. Im Jahre 1920 bedauerte er die Unterbrechung der deutschen Wissenschaft durch den Ersten Weltkrieg in einer Schrift, die sowohl das Negative des Krieges betonte, als auch, dass die Deutschen wieder an ihre wissenschaftliche Vorherrschaft anknüpfen und ihr „grosses Elixier" pflegen sollten: Ostwald, Wilhelm: *Das grosse Elixier. Die Wissenschaftslehre*, Leipzig-Gaschwitz: Dürr & Weber 1920.

[76] Ziche, Paul: „Wilhelm Ostwalds Monismus: Weltversicherung und Horizonteröffnung", in: *Jahrbuch für Europäische Wissenschaftskultur* 3 (2007), S. 117–134, hier S. 119.

[77] „Wilhelm-Ostwald-Institut für Physikalische und Theoretische Chemie"; vgl. http://www.uni-leipzig.de/~pci/ (21.6.2011). Das Institut wurde nach Ostwald benannt. Ziche, der den Disput um den Institutsnamen im oben genannten Aufsatz erläutert, löst das Rätsel nicht auf.

[78] Krajewski, Markus: *Restlosigkeit. Weltprojekte um 1900*, Frankfurt am Main: S. Fischer Verlag 2006, S. 15f., 23–63, 131f.

1915 vorstand.[79] Damit wird Ostwalds Energetik in eine von Haeckel massgeblich vorangetriebene Wissenstradition gestellt, die sich seit dem Ende des 19. Jahrhunderts anschickte, die Gräben zwischen Naturwissenschaft und Philosophie zu überwinden. Sie war von einem naturwissenschaftlichen Empirie-Primat geprägt, das explizit im Gegensatz zur Offenbarung deklariert wurde. Die natürlichen Erscheinungen werden auf ein empirisches, anti-mechanistisches Prinzip zurückgeführt (in der Lesart von Haeckel auf eine vergleichende Physiologie oder einen Entwicklungsmonismus[80]). Der Anspruch der Wissenschaftlichkeit, die Rückbindung an die Empirie, die anti-klerikale Haltung sowie der Versuch, eine Einheit von Denken und Erfahrung herzustellen, waren zu Beginn des 20. Jahrhunderts populär und umstritten.[81] Wissenschaftsgeschichtlich oder kulturwissenschaftlich orientierte Untersuchungen vermögen den Monismus, der Popularisierungsstrategien erfolgreich anwandte, als kulturell-gesellschaftliches Phänomen zu verstehen. Inhaltlich vermochte der Monismus in dem Spannungsfeld der Weltdeutungen[82] sowohl Positivisten programmatisch als auch Idealisten theoretisch zu bedienen. Die interpretatorische Leistung einer solchen Einbettung der Energetik liegt darin, dass sie als positivistische Antwort auf die Religion, verbunden mit einem Ganzheitsanspruch verstanden werden kann.

Die Energie als logische Erklärung

Im Vorwort der im Jahre 1904 erschienenen *Abhandlungen und Vorträge allgemeinen Inhaltes* sprach Ostwald als „Vertreter der Energetik", der auf Publikationen zwischen 1887–1903 zurückgreifen konnte, um die Entwicklung seines Gedankens über einen langen Zeitraum zu plausibilisieren.[83] Gleichzeitig hatte die Textsammlung den Zweck, den besorgten Freunden und sich selbst über seine „starke Wendung" inhaltlicher Natur Rechenschaft abzulegen: „Darf ich doch die Hauptaufgabe meines Lebens, der allgemeinen und physikalischen Chemie einen gesicherten Boden innerhalb des regelmäßigen Wissenschaftsbetriebes bereiten zu helfen, als im wesentlichen gelöst ansehen." Zu seinem Abschied von der akademischen Wissenschaft suchte sich Ostwald auch die passenden Vorbilder. Sein Buch *Grosse Männer* belegt, dass sich die Genialität eines Wissenschaftlers

---

[79] Hübinger, Die monistische Bewegung.

[80] Haeckel, Welträthsel.

[81] Für eine Kritik vgl. Dennert, Eberhard: *Die Wahrheit über Ernst Haeckel und seine „Welträtsel". Nach dem Urteil seiner Fachgenossen beleuchtet*, Halle (Saale) / Bremen: C. Ed. Müller's Verlagsbuchhandlung 1901.

[82] Hübinger, Gangolf / Rüdiger vom Bruch / Friedrich Wilhelm Graf: „Einleitung: Idealismus – Positivismus. Grundspannung und Vermittlung in Kultur und Kulturwissenschaften um 1900", in: Dies. (Hg.), *Kultur und Kulturwissenschaften um 1900 II*, S. 9–23.

[83] Ostwald, Wilhelm: „Vorwort", in: Ders., *Abhandlungen und Vorträge allgemeinen Inhaltes (1887–1903)*, Leipzig: Verlag von Veit & Comp. 1904, S. v–viii, hier S. vi, für das Folgende S. vf.

auf einem von ihm vorangetriebenen Gebiet altershalber verflüchtigen kann, wodurch er nurmehr der Entwicklung im Wege steht und sich zum Wohle der Wissenschaft besser zurückziehen sollte.[84] In einem perfekten Zirkelschluss liesse sich so auch sagen, dass Ostwalds Kräfte aufgrund seiner ungeheuren Schöpfungskraft überhaupt erst nachlassen konnten und die Entscheidung, als Pionier das Feld zu räumen, gleichsam retrospektive Bestätigung seiner Genialität war.[85] Dass er auf dem neuen Gebiet (nur) Dilettant sein kann, ist neuerlicher Beweis für seine Vorreiterrolle: „Jedesmal, wo verschiedene Wissensgebiete befruchtend auf einander zu wirken beginnen, muss die erste Pionierarbeit von Dilettanten gemacht werden. Denn wo noch kein ‚Fach‘ vorhanden ist, kann es auch keinen Fachmann geben."[86]

Die Rückschau auf die gelungene Etablierung eines Fachbereichs und Aussicht auf neue kühne wissenschaftliche Eroberungen war aber auch begleitet von einer handfesten Überanstrengung.[87] Unfreiwillige Pausen im akademischen Schaffen[88] waren gewissermassen die Kehrseite der Attraktivität seines Instituts, das innerhalb von wenigen Jahren erweiterungsbedürftig war. Nach zehn Jahren der Arbeit am Zweiten Chemischen Institut konnte 1897 ein neues Gebäude bezogen werden, das ausschliesslich der physikalischen Chemie gewidmet war. Damals zählte man 80 Studenten.[89] Wie Ostwald in seinen *Lebenslinien* schrieb, wurde ihm die Lehrtätigkeit zunehmend zur Last und er durchlebte verschiedene Erschöpfungszustände.[90] Im Jahre 1905 liess sich Ostwald von allen Lehrverpflichtungen an der Universität Leipzig freistellen, ehe er ein Jahr später die Universität endgültig verliess.

---

[84] Ostwald, Wilhelm: *Grosse Männer*, Leipzig: Akademische Verlagsgesellschaft 1909. Dies ist jedoch nur eine Seite der Medaille, die von Ostwald beschrieben wird: Während er sich in Bezug auf die Katalyse als experimentell aufzuzeigendes Phänomen angemessen geehrt fühlte, rechnete er nicht mehr mit dem „Ruhm" für die darin enthaltene Gedankenarbeit; siehe hierzu ebd. S. 369 f. Es gibt also durchaus einen resignativen Aspekt in der Geschichte der „grossen Männer".

[85] Die von Ostwald vorgenommene Beschreibung der „grossen Männer" treffe auf Ostwald selbst zu, so ein Zeitgenosse: Exner, Wilhelm: „Wilhelm Ostwald als Organisator", in: Österreichischer Monistenbund (Hg.), *Wilhelm Ostwald. Festschrift aus Anlaß seines 60. Geburtstages*, Wien / Leipzig: Anzengruber – Verlag Brüder Suschitzky 1913, S. 50–56, hier S. 56. Dass aus Ostwalds Darstellung auch der für die Philosophie wenig schmeichelhafte Schluss gezogen werden kann, dass man sich ihr erst dann voll zuwendet, wenn der wissenschaftliche Zenit überschritten und die Kräfte geschwunden sind, sei einmal dahingestellt.

[86] Ostwald, Wilhelm: *Die Forderung des Tages*, Leipzig: Akademische Verlagsgesellschaft 1910, S. 11.

[87] Schwabe, Leben und Werk Ostwalds, S. 14. „Ermüdungserscheinungen" und gesundheitliche Probleme, die ihn bereits 1896 zu einer Auszeit gezwungen hatten, werden aufgeführt.

[88] Wie Ostwald beschreibt, habe er sich letztlich von der einen „Erschöpfungsperiode" nie mehr gänzlich erholt, wenn auch die geistige Arbeit anschliessend wieder voll aufgenommen werden konnte; Ostwald, Die Forderung des Tages, S. 3 f.

[89] Beyer, Lothar / Joachim Reinhold / Horst Wilde (Hg.): *Chemie an der Universität Leipzig. Von den Anfängen bis zur Gegenwart*, Leipzig: Passage-Verlag 2009, S. 30 f.

[90] Ostwald, Lebenslinien II, S. 231, 440 f.

Es gibt aber auch eine gut begründete andere Version von Ostwalds Ausscheiden aus der Akademie, die nicht die körperliche Kapitulation vor dem Erfolgsmodell seiner physikalischen Chemie betont: Es war auch eine Interessensfrage.[91] Ostwalds Rückzug aufs Land im Jahre 1906 (auf das seit 1901 sich in Familienbesitz befindende) Gut „Energie" in Grossbothen[92] folgten die Mitgliedschaft in der Delegation zur Auswahl einer Weltsprache, eine mehrwöchige Grossbritannienreise mit zwei Ehrenpromotionen, über zwei Dutzend Vorträge im Jahre 1910, in rascher Folge die Werke *Grosse Männer* (1909), *Energetische Grundlagen der Kulturwissenschaft* (1909) und *Die Forderung des Tages* (1910) sowie Ende 1910 die Zusage zur Präsidentschaft des Deutschen Monistenbundes.

Ob es sich bei diesem Schritt letztlich um einen Wechsel von einer „physikalischen Energetik" hin zu einer „energetischen Kulturphilosophie" handelte, ist zweifelhaft.[93] Eine hagiographische Wissenschaftsgeschichte übersieht im Falle von Ostwald auch, dass er selbst keinen kategorialen Unterschied zwischen seiner Forschung am Institut und seinen naturphilosophischen Schriften machte. Wiederholt betonte er, dass es immer schon einen naturphilosophischen Anteil in seinem Schaffen gegeben habe und er nicht erst nach dem Ausstieg aus der akademischen Arbeit im Jahre 1906 auf den Geschmack gekommen sei. Eher ist dem Historiker Roger Chickering zuzustimmen, dass Ostwald seit den 1890er Jahren die „Energetik" zu vertreten begann[94] und dass der Übergang zwischen einer Physik und einer Naturphilosophie für Ostwald keinen disziplinären Sprung darstellte. Für diese Interpretation spricht auch, dass die Energie mit der Formulierung des Energieerhaltungssatzes das basale und auch einende Konzept der Physik seit Mitte des 19. Jahrhunderts war.[95] Ostwald war also in gewissem Sinne nicht Avantgarde, gab aber dem Primat der Energie eine neue, naturphilosophische, monistische Wendung.

In seiner Interpretation wurde höchstens die Reichweite der Theorie vergrössert, nicht aber ein Kategorienwechsel vorgenommen. Die Naturwissenschaften wiesen gemäss Ostwald nebst dem Ziel der praktischen Anwendung auch immer ein Interesse am Allgemeinen auf:

---

[91] Ostwald überschreibt das Kapitel, worin er seinen Abgang von der Universität Leipzig beschreibt mit „Frei!"; siehe Ostwald, Lebenslinien II, S. 431; auch Ostwald, Abhandlungen und Vorträge, S. v.

[92] Domschke / Lewandrowski, Wilhelm Ostwald, S. 31 f.

[93] Eckard Daser vertritt die These, dass sich zwei ganz grundlegende inhaltliche Schwerpunkte im Werk von Ostwald ausmachen lassen, siehe Daser, Eckard: *Ostwalds energetischer Monismus*, Konstanz 1980 (Dissertation, Universität Konstanz 1980), S. 6.

[94] Chickering, Roger: „Das Leipziger ‚Positivisten-Kränzchen' um die Jahrhundertwende", in: Hübinger / vom Bruch / Graf, Idealismus – Positivismus, S. 234.

[95] Harman, P. M.: *Energy, Force, and Matter. The Conceptual Development of Nineteenth-Century Physics*, Cambridge u. a.: Cambridge University Press 1982, S. 1 f., 12, 35, 41–44.

Überall suchen die einzelnen Wissenschaften den Anschluss aneinander, überall prüft der Forscher, welchen Wert seine speziellen Resultate für die Beantwortung der allgemeinsten Fragen haben: kurz, alle Wissenschaften fangen an zu p h i l o s o p h i e r e n.[96]

Und das Allgemeinste, so Ostwald in einer Rede 1903, werde mit dem Begriff der Energie ausgedrückt.[97] Alltagserfahrungen zeigten, dass nichts ohne Energie geschehe. Sie sei „das eigentlich Reale", das Wirkende und der Inhalt des Geschehens selbst. Würde jemand, so Ostwald weiter, „das Epos der Energie" singen, wäre es das „Epos der Menschheit". Methodisch habe die Energie das Potenzial, die Erscheinungen wissenschaftlich zu erfassen und zu ordnen. Als Massstab für alle Dinge, gegenwärtige wie vergangene und zukünftige, erscheint die Energie.

Um die grundlegende Kategorie zu legitimieren, sparte Ostwald nicht mit Metaphern: Der Begriff der Energie sei der Keim, der auf der „soeben erst erkalteten Erde" zum Träger des Lebens werde; er würde eine Wüste nach der anderen und mit seiner Lebenskraft alle Gebiete und Höhen erobern, seien diese auch noch so dürr und luftverdünnt. Nichts weniger erwartete Ostwald, als dass dieser Begriff allmählich den „ganze[n] Bereich des menschlichen Wissens unter seine Herrschaft bringen wird." Er räumte zwar ein, dass dieser Gedanke noch nicht „überall eingeschlagen" habe, aber wie in vielen Wissenschaften und in der Praxis, bliebe bei „edlen Gewächsen" der Same unverändert in der Erde, „bis dann endlich sich die aufgespeicherten Lebenskräfte entfesselt zeigen und ein herrliches Gebilde in märchenhaft kurzer Zeit sich entwickelt." Den Boden für diese Entwicklung zu bereiten, nimmt Ostwald als seine Aufgabe wahr, ermutigt „den Ermattenden" mit dem „Schlachtruf" Energie, „sich getrost dem Führer für einige Stunden an[zu]vertrauen."

In ähnlichen, mitunter nautischen, Metaphern hatte Ostwald bereits 1895 sein Auditorium zur „Überwindung des wissenschaftlichen Materialismus" und dazu aufgerufen, sich von ihm in die richtige Richtung lenken zu lassen.[98] Er hielt es dabei mit dem Matrosen im Mastkorb, dessen Pflicht es sei zu vermelden, was er sieht. Die „mechanistische Weltansicht", unter der Ostwald die Auffassung von Atomen und der dazwischen wirkenden Kräfte als „die letzten Realitäten" verstand, trete in Widerspruch mit anerkannten Tatsachen, weshalb diese „wissenschaftlich unhaltbare Ansicht aufgegeben und womöglich durch eine andere

---

[96] Ostwald, Wilhelm: „Biologie und Chemie", in: Ders., Abhandlungen und Vorträge (Rede, gehalten am 18. August 1903 zur Einweihung des von Prof. J. Loeb erbauten Biologischen Laboratoriums der Californischen Universität zu Berkeley), S. 282–307, hier S. 293 (Hervorhebung im Original).

[97] Ostwald, Wilhelm: *Die Energie*, Leipzig: Verlag von Johann Ambrosius Barth 1908 (Wissen und Können, Bd. 1; Sammlung von Einzelschriften aus reiner und angewandter Wissenschaft, hg. v. B. Weinstein), S. 4, für das Folgende S. 3–8.

[98] Ostwald, Überwindung des wissenschaftlichen Materialismus, für das Folgende S. 220–226. Mit fast gleichem Titel publizierte 40 Jahre später Driesch, Hans: *Die Überwindung des Materialismus*, Zürich: Rascher & Cie. 1935 (Bibliothek für idealistische Philosophie, Bd. 1).

und bessere ersetzt werden [muss]." Für Wärme, Strahlung, Elektrizität oder Magnetismus sei es beispielsweise „auch in keinem einzigen Falle" gelungen, die Phänomene durch ein „entsprechendes mechanisches System so darzustellen, dass kein Rest übrig bleibt".

Der verbreiteten materialistisch-mechanistischen Auffassung, die Ostwald als „hypothetisch, ja metaphysisch" bezeichnete, setzte er nun den Begriff der Energie entgegen. Daraus ergab sich gleich eine ganze Reihe von konzeptionellen und methodischen Vorteilen. Keine Entitäten würden hypostasiert (wie „Kräfte[], die wir nicht nachweisen können, zwischen den Atomen, die wir nicht beobachten können"[99]), sondern von dem ausgegangen, was man durch die Sinne wisse. Diese wiederum reagierten allein „auf Energieunterschiede zwischen ihnen und der Umgebung".[100] Es wird also nur nach den eintretenden und austretenden Energien gefragt, die messbar sind. Die „Voraussetzungslosigkeit der energetischen Wissenschaft", so Ostwald, gehe mit einer „methodische[n] Einheitlichkeit" einher, deren „philosophische Bedeutung" nicht zu unterschätzen sei: „[S]o können wir behaupten, dass alle Gleichungen ohne Ausnahme, welche zwei oder mehr verschiedene Arten von Erscheinungen aufeinander beziehen, notwendig Gleichungen zwischen Energiegrößen sein müssen; andere sind überhaupt nicht möglich."[101]

Die Physiker Ludwig Boltzmann und Max Planck konnten Ostwald dabei nicht folgen. Während sich der eine ausführlich mit den mathematischen Unzulänglichkeiten der Energetik beschäftigte[102], liess es der andere bei ein paar Hinweisen auf Ungenauigkeiten bewenden und betonte vor allem, dass sich die Energetik, einmal von den „Auswüchsen" befreit, „auf ein Gebiet beschränkt sehen wird, dessen Umfang sich ungemein bescheiden ausnimmt gegenüber den hohen Ansprüchen, mit denen sie gegenwärtig auftritt"[103]. Boltzmanns und Plancks ausführliche Kritiken verweisen nicht nur auf Ostwalds intellektuelles Gewicht, das gebot, sich mit seiner Meinung auseinanderzusetzen.[104] Mit dem Postulat der

---

[99] Ostwald, Überwindung des wissenschaftlichen Materialismus, S. 238.

[100] Ostwald, Überwindung des wissenschaftlichen Materialismus, S. 233.

[101] Ostwald, Überwindung des wissenschaftlichen Materialismus, S. 238.

[102] Boltzmann, Ludwig: „Ein Wort der Mathematik an die Energetik", in: *Annalen der Physik und Chemie* 57 (1896), S. 39–71.

[103] Planck, Max: „Gegen die neuere Energetik", in: *Annalen der Physik und Chemie* 57 (1896), S. 72–78, hier S. 76. An dieser Stelle muss auch erwähnt werden, dass Ostwald durchaus, am Ende seiner Rede von 1895, einräumte, dass die Energetik wohl bestehen bleiben, sich aber eventuell als ein besonderer Fall eines noch allgemeineren Prinzips herausstellen werde. Trotz dieser Geste zum Schluss ist der Text durch Ostwalds Deklaration geprägt, in diesem Moment, durch seine „besondere Art wissenschaftlicher Beschäftigung" Gewisses deutlicher zu erkennen als andere dies tun, siehe Ostwald, Überwindung des wissenschaftlichen Materialismus, S. 222, 240.

[104] Pippard, Sir Brian: „Physics in 1900", in: Laurie M. Brown / Abraham Pais / Sir Brian Pippard (Hg.), *Twentieth Century Physics Vol. I*, Bristol u.a.: Institute of Physics Publishing 1995, S. 1–41, hier S. 30.

Energetik stand auch die Frage nach dem Erkenntnisziel auf dem Spiel: einmal kausal-realistisch-erklärend, einmal deskriptiv-konventionell-anti-realistisch.[105] Eine realistische, mitunter Atome zur Zusammensetzung der Materie voraussetzende Ansicht wurde von Boltzmann und Planck vertreten. Der Wissenschaftstheoretiker Ernst Mach hatte im ausgehenden 19. Jahrhundert den Positivismus als Gegenbegriff zum Realismus ins Feld geführt. Seiner Meinung nach ging es in der Wissenschaft nicht darum, Theorien zu finden, die eine hinter den Phänomenen angenommene Objektivität möglichst adäquat beschreiben, sondern darum, funktionale symbolische Beschreibungen der Phänomene zu etablieren, ohne dieselben zu transzendieren. Ostwalds Energetik tauchte zeitgleich zur Kontroverse um Realismus und Positivismus bzw. einen „new positivism"[106] auf, wie er von Mach vertreten wurde.

Poynting bezog sich im Jahre 1899 in seiner Funktion als Präsident der „Mathematical and Physical Section of the British Association"[107] auf den Disput um die Atomlehre und brachte ihn mit grundsätzlichen Überlegungen zum Wissenszuwachs in der Physik in Verbindung: Die physikalische Forschung gewinne Gesetze aufgrund von Ähnlichkeiten in Beobachtungen. Der behauptete Gesetzescharakter, so Poynting weiter, bestehe jedoch darin, dass die Terme auf beiden Seiten in jedem Fall in der gleichen Relation zueinander stehen. Der darüber hinausgehende Anspruch, dass damit „self-sufficing governors of Nature" aufgefunden seien, gehöre einem alten Verständnis von Physik an. Gesetze würden nicht mehr als „commands given to matter which it must obey" begriffen, sondern seien höchstens deskriptiv. Die Arbeit mit Hypothesen verfolge ein anderes Ziel. Diese seien „in terms of ourselves rather than in terms of Nature itself" formuliert. Sie seien ein Instrument und eine Hilfe auf der „Suche nach der Wahrheit" und dann gut, wenn sie – wie die Atomtheorie – eine grosse Menge von Fakten zusammenhalte. Die Annahme von Molekülen erlaube, Phänomene wie Expansion, Kontraktion, Verdunstung und Mischung einfacher zu erklären. „In this country [England] there is no need for any defence of the use of the molecular hypothesis", stellte Poynting fest und spielte auf die Kontroverse in Deutschland an.

Vergleicht man Poynting hier mit der Debatte in Deutschland, dann lassen sich folgende Punkte festhalten: Auf der einen Seite könnte man sagen, dass er

---

[105] Bensaude-Vincent, Bernadette / Jonathan Simon: *Chemistry. The Impure Science*, London: Imperial College Press 2008, S. 182.

[106] Bensaude / Simon, The Impure Science, S. 182. Die Chemie nahm in diesem Disput traditionell eine besondere Stellung ein, weil sie sich für die Frage der Atome nicht unbedingt interessierte, sie aber auch nicht in Frage stellte, sondern sie wollte vor allem die Relationen zwischen Molekülen berechnen; die Chemie galt den einen aber immer als Beweis für die Anwesenheit von Atomen, den anderen gerade als Gegenbeweis, vgl. ebd., S. 199.

[107] Poynting, John Henry: „Presidential Address to the Mathematical and Physical Section of the British Association" (Dover 1899), in: Ders., Collected Scientific Papers, S. 599–612, für das Folgende siehe S. 600–608.

die Aufgabe der Physik darin sah, ein System zu etablieren, das die Relationen zwischen den Erscheinungen am besten erklärt. Auf der anderen Seite fasste er die beschriebenen Relationen durchaus so auf, dass sie eine Kausalität oder dahinterstehende Realität aufzuzeigen vermögen. Dies jedoch nur im Rahmen des bisherigen Wissens und nicht als ultimative Begründung. Eine Hypothese mit Erklärungskraft – wie die Atome – ist demnach besser als die Infragestellung derselben auf vagerem Fundament. Für die von ihm so genannten „protesters" gegen die Atomtheorie hatte Poynting wenig Verständnis: „Time will show whether these protesters can do without any hypothesis, whether they can build without scaffolding or ladders. I fear that it is only an attempt to build from ballons."[108] Empirismus paarte sich hier mit wissenschaftlichem Pragmatismus. Poynting kann als „agnostic atomist" bezeichnet werden.[109]

Pikiert schrieb Ostwald in einer Replik auf die Kritiken von Boltzmann und Planck, dass ihn die Lübecker Verhandlungen, wo er seinen Vortrag zur „Überwindung des Materialismus" gehalten hatte, glauben gemacht hätten, dass sich „doch ein Ausgleich zwischen den sich entgegenstehenden Ansichten bezüglich der Energetik ergeben zu haben" schien; ein Eindruck, der nun durch die Kritik von Boltzmann „auf das Vollständigste zerstört" sei.[110] Dieser Ausdruck des Erstaunens kann auch als Taktik interpretiert werden, um seinen Kritikern einen plötzlichen Meinungswechsel zu unterstellen.[111] Auch sein anschliessender Versuch, eine Geschichte der Energetik zu schreiben, wobei er zwischen einer Energetik im weiteren und einer Energetik im engeren Sinne oder auch von einem Übergang zwischen einer unbewussten zu einer bewussten Energetik[112] differenzierte, stiess auf wenig Gegenliebe. Den Atomismus musste Ostwald später anerkennen, was der Energetik (vorläufig) keinen Abbruch tat.[113] Ganz im Gegenteil, die nächsten Abschnitte zeigen, wie das Erklärungsmodell Energetik in Ostwalds Diktion alle Lebensbereiche durchdringen sollte.

Der Untergang der Titanic

Am 14. April 1912 gegen Mitternacht kollidierte das bislang grösste und luxuriöseste Passagierschiff auf seiner Jungfernfahrt mit einem Eisberg und versank

---

[108] Poynting, Presidential Address, S. 608.
[109] Bensaude / Simon, The Impure Science, S. 189.
[110] Ostwald, Wilhelm: „Zur Energetik", in: *Annalen der Physik und Chemie* 58 (1896), S. 154–167, hier S. 154.
[111] Dieser Eindruck wird zusätzlich dadurch unterstützt, dass Ostwald in seiner Replik darauf hinwies, dass Boltzmann selbst ihn 1892 zum Weiterdenken an einer Skizze der Energetik motiviert habe; siehe hierzu Ostwald, Zur Energetik, S. 159.
[112] Ostwald, Zur Energetik, S. 154, 157.
[113] Siehe dazu Kapitel 2, Unterkapitel „Energie".

knapp drei Stunden später im Atlantischen Ozean südöstlich von Neufundland. Der Untergang der Titanic zählt zu den grössten Unglücksfällen auf hoher See und erreichte bereits 1912 eine hohe mediale Aufmerksamkeit. Mit dem Schiff sanken nicht nur 1,5 Millionen Pfund Sterling für die Herstellungskosten[114] auf den Meeresgrund, sondern auch der Glaube an die Technik gelangte an einen Tiefpunkt. Zwei Wochen nach dem Unglück reflektierte Ostwald in einer seiner „Monistische[n] Sonntagspredigten" die Ursachen und das tiefere Ausmass der Katastrophe.[115]

Dabei operierte Ostwald mit mindestens vier Formen der Energie: mit physiologischer, physikalisch-mechanischer, monetärer und gesellschaftlicher. Der Mann auf dem Mast hatte demnach gerade ein subenergetisches Level erreicht und, im Unterschied zu ehrenhaften Menschen, die ihre Lebensenergie für das Gemeinwohl einsetzen, dem profanen Bedürfnis nach Schlaf, das eine Rekuperation der Kräfte verspricht, nachgegeben. Ungebremst traf der in den PS-Kräften des Luxusdampfers gespeicherte Energievorrat mit maximaler Kraft auf den noch massiveren Eisberg. Das mit dem Schiff mobil gewordene finanzstarke Publikum, das durch Investitionen und Konsum den Wirtschaftsmotor am Laufen gehalten hatte, hinterliess nur in Ausnahmefällen eine schmerzliche Lücke oder auch einen geistigen Wert.[116] Mit monistischer Genugtuung konstatierte Ostwald ausserdem, dass in den zahllosen Presseartikeln nicht danach gefragt worden sei, ob die Menschen auf dem Schiff noch Sterbesakramente erhalten hätten oder weshalb überhaupt, „die Gottheit es hat zulassen können". Dies deutete er als Beweis dafür, „in welch weitgehendem Maße bereits auch unsere große intellektuelle Mittelschicht im Grunde ihres Herzens über die Frage von Leben und Tod m o - n i s t i s c h zu denken und zu urteilen gelernt hat." Dies festgestellt, erfordere nun der „energetische Imperativ", „aus dem großen Minus dieser schrecklichen Schlußabrechnung noch ein Plus herauszugewinnen". Den gestiegenen Bedarf an internationaler Zusammenarbeit interpretierte Ostwald positiv in dem Sinne,

---

[114] Laut Wikipedia heute 112 Mio. £. http://de.wikipedia.org/wiki/RMS_Titanic#cite_note-Vorlage-Inflation-2 (17.10.2011).

[115] Für dies und den ganzen folgenden Abschnitt vgl. Ostwald, Wilhelm: „Der Untergang der Titanic", in: *Monistische Sonntagspredigten von Wilhelm Ostwald*, Nr. 55 (1.5.1912), S. 17–24. Die Herausgabe von „Monistischen Sonntagspredigten" war eine Idee, die Ostwald wenige Tage nach Annahme des Präsidiums des Deutschen Monistenbundes entwickelte: In den Ortsgruppen sollten Sonntag vormittags oder nachmittags Besprechungen stattfinden, wofür die wöchentlichen monistischen Sonntagspredigten „eine feste geistige Unterlage" bieten sollten; Brief von Wilhelm Ostwald an Ernst Haeckel, 5.1.1911, zit. nach: Nöthlich, Rosemarie / Heiko Weber / Uwe Hossfeld / Olaf Breidbach / Erika Krausse: *„Substanzmonismus" und/oder „Energetik": Der Briefwechsel von Ernst Haeckel und Wilhelm Ostwald (1910 bis 1918)*, Berlin: VWB – Verlag für Wissenschaft und Bildung 2006, S. 45. Die Monistischen Sonntagspredigten erschienen als Beilage zur Zeitschrift „Das monistische Jahrhundert".

[116] Ostwald dachte in dieser Hinsicht vor allem an den englischen Journalisten und Sozialreformer William Stead (1849–1912), der mit der Titanic auf dem Weg zu einem Friedenskongress in New York war.

dass das Ereignis „die Gesamtheit der Menschen zu einer großen Brudergemeinde zusammenschmiedet […] unabhängig von Rasse und Nationalität".

Gleich mehrere Absichten Ostwalds sind in seiner Beurteilung des Titanic-Unglücks identifizierbar: Erstens die Beschreibung der Phänomene durch die Energie, zweitens die Veranschaulichung der Energetik als monistisches, anti-religiöses Erklärungsprinzip und drittens die Postulierung von pragmatischen Folgerungen im Sinne einer Vereinheitlichung und Internationalisierung. Das menschliche Leben selbst liest sich in diesem Horizont als ein energetischer Ent-wurf gegen die materiellen Trägheitsgesetze der Welt. Der Erfolg einer Gesell-schaft bemisst sich an der Energie-Bilanz, die ihren Ausdruck in allen Tätigkeiten findet. Der Argumentationsbogen Ostwalds, der mit der Physik anfängt und über einen monistischen Gegenentwurf zur Religion bei einer Optimierungsforderung anlangt, ist dabei typisch. Die gleichzeitige Ausweitung des Einflussbereichs der Energetik ebenso.

Zwischen Urwald und Acker

Die Reihe der *Monistischen Sonntagspredigten* wurde durch den Ersten Weltkrieg unterbrochen und nicht mehr aufgenommen[117], ebenso gerieten die *Annalen der Naturphilosophie* unter Druck. Vereinzelte Hefte wurden in einem Band mit dem Jahrgang 1914–17 herausgegeben, danach erschien nurmehr ein Heft (1919–1921), das oft erwähnt wird, weil die *Logisch-philosophische Abhandlung* von Ludwig Wittgenstein, besser bekannt als *Tractatus logico-philosophicus*[118], darin erstmals publiziert wurde. Was brachte dieses Projekt zum Erliegen? Oder muss man vielleicht eher umgekehrt danach fragen, was es denn möglich machte, dass 14 Bände der *Annalen*, einer allein von Ostwald ins Leben gerufenen und über weite Strecken in Eigenregie bestrittenen Zeitschrift erschienen? – Erklärtes Ziel Ostwalds war es, durch die *Annalen der Naturphilosophie* den Kontakt zwischen den Wissenschaften zu fördern, genauer: die Kommunikation zwischen der Phi-losophie und den Naturwissenschaften in Schwung zu bringen und, wie sich zeigen wird, zu regeln. Wo genau das disziplinäre Gebiet liegt, das er mit seiner Zeitschrift für die Wissenschaften urbar machen wollte, veranschaulichte Ostwald im Eröffnungsartikel im ersten Heft der *Annalen* mit einer land- und forstwirt-schaftlichen Metaphorik:

Als ein solches an treibenden Kräften und Entwicklungsbedürfnis reiches Gebiet lässt sich der mehr oder weniger breite Streifen Land bezeichnen, welcher sich zwischen den seit

---

[117] Ostwald, Lebenslinien III, S. 248.
[118] Wittgenstein, Ludwig: „Logisch-philosophische Abhandlung", in: *Annalen der Naturphilosophie* 14 (1919/1921), S. 185–262 (mit einem Vorwort des Verfassers und von Bertrand Russell).

langer Zeit regelmässig bestellten Feldern der einzelnen Wissenschaften und dem mehr als zweitausendjährigen Walde der Philosophie hinzieht. Zwar sind jene Felder auch einstmals Theile des Waldes gewesen und fast überall hat nur das praktische Bedürfnis den Anlass gegeben, dass sie in Ackerpflege genommen worden sind. Aber zwischen ihnen und dem Urwalde hat vielfach der Zusammenhang aufgehört; undurchdringliches dialektisches Buschwerk von der einen Seite, Halden von unbearbeiteten Steinblöcken von der anderen hindern den Verkehr herüber und hinüber und lassen vielfach vergessen, dass derselbe Boden sie trägt und dieselbe Sonne ihnen die Energie schenkt, die sie beide in dauernde Formen zu übertragen beschäftigt sind.[119]

Innerhalb dieser für die *Annalen* programmatischen Metaphorik können unterschiedliche Akzente gesetzt werden: Einmal kann das praktische Bedürfnis hervorgehoben werden, das die Naturwissenschaften dazu brachte, dem philosophischen Wald, aus dem letztlich alles stammt, ein Stück Boden abzuringen, welches sie jetzt bewirtschaften können. Oder es lässt sich sagen, dass nur die (nach klaren Vorgaben und bestem Wissen) bestellten Felder der Naturwissenschaften Früchte tragen und reiche Ernte versprechen, während das Gehölz der Philosophie höchstens ein vorübergehendes Feuerchen zu spenden vermag. Oder es kann die Übersicht, die eine hochgerüstete Agrikultur bietet, gegenüber dem kolonialistisch geprägten Blick in den exotisch anmutenden „Urwald" betont werden, in dem der moderne Empiriker damit rechnen muss, wenn er denn seinen Fuss ins Dickicht zu setzen wagt, ,primitiven Menschen' zu begegnen.

Man kann es drehen und wenden, wie man will, die Philosophie kommt schlecht weg. Nach diesen Seitenhieben liess Ostwald sie jedoch (scheinbar) links liegen, um sich dem zuzuwenden, worum es ihm wirklich ging: Um die Arbeit am „Waldrand".[120] An diesem Ort sind von hüben wie drüben verursachte Vernachlässigungen und Obstakel zu registrieren, die es zu überwinden gilt. Dialektisches Buschwerk muss ebenso gerodet wie die Steinblöcke beseitigt werden, um hier ein Gebiet, ein Zwischenland entstehen zu lassen, wo die Naturphilosophie vermittelnd wirken kann.

Ostwald hat sich also genau den Streifen Land ausgesucht, über den der Wissenschaftssoziologe Bruno Latour in seinem „Pedologenfaden" schreibt: Ein unkultivierter Landstrich, der sich über Hunderte von Kilometern hinzieht, aber wie mit einem Messer gezogen den Wald von der Savanne trennt, fesselt das Interesse von mehreren Wissenschaftlern und Wissenschaftlerinnen. Wo Ostwald die Aufgabe

---

[119] Ostwald, Wilhelm: „Zur Einführung", in: *Annalen der Naturphilosophie* 1 (1901/02), Heft 1, S. 1–4, hier S. 1 f.

[120] Behrs, Der Leipziger Positivismus, S. 242; Behrs stellt dar, wie das Titelblatt der *Annalen*, das einen Waldrand zeigt, mit dem Programm der Zeitschrift korrespondiert. Ziche bespricht dasselbe Bild (abgedruckt im Buchumschlag) ziemlich gegenläufig zu meiner Interpretation. Der Hauptunterschied liegt darin, dass ich keine so tolerante Haltung Ostwalds erkenne; vgl. Ziche, Paul: *Wissenschaftslandschaften um 1900. Philosophie, die Wissenschaften und der nichtreduktive Szientismus* (Legierungen 3), Zürich: Chronos Verlag 2008, S. 12–14.

der *Annalen* ortete, findet das diffizil-durchschematisierte Arbeiten von den durch Latour beobachteten Wissenschaftlern statt, die letztlich beantworten wollen, worauf ihre botanischen Beobachtungen, Bodenproben und topographischen Vermessungen und Photographien denn nun hindeuten: auf einen (Ur)Wald, der sich ausdehnt (also eine gefrässige Philosophie?) oder auf eine Savanne (die positivistische Weltanschauung?), die den Wald zurückdrängt?[121]

An Latours „Waldrand"[122] kann mitverfolgt werden, wie Spezialisten verschiedener Disziplinen mit ihren unterschiedlichen Techniken Referenzkaskaden von auf sich verweisenden Aufzeichnungssystemen herstellen. Diese geographischen Schnittstellen, an denen Ursache und Wirkung schwer unterscheidbar sind und die im Aufsatz von Latour die wissenschaftlichen Kräfte von vier Personen (plus eines Wissenschaftssoziologen / Photographen) binden, sind bei Ostwald die disziplinären Verhandlungsorte über fach-territoriale Zuständigkeiten. Während jedoch die Pedologen von Boa Vista akribisch Notizen machen und minimalinvasive Bohrungen im Erdreich durchführen, um sie im Labor unter die Lupe zu nehmen, greift Ostwald zu grosszügigerem Werkzeug. Es geht ihm nicht darum, Tiefenschichten auszuloten, sondern darum, einen Landstrich freizuräumen. Und wenn die *Annalen* es erst einmal geschafft hätten, diesen transitorischen Fleck als Vermittlungsort zwischen Philosophie und Naturwissenschaft zu definieren, dann würden alle auch wieder einsehen – dank Ostwald – dass dieselbe Sonne (mit ihrer Energie) in gleichem Masse auf alle scheine.[123] Natürlich war es mit dieser Freilegung und Nutzbarmachung zum Zweck der Vermittlung weder getan, noch waren weitere Rodungen des philosophischen Dschungels dadurch ausgeschlossen. Der Eingriff in die Landschaft erfolgte, um das „Kraut"[124] Energetik anzupflanzen.

Fachliche Gebietsansprüche schlagen sich oft in geographischen und topographischen Metaphern nieder.[125] Ostwalds Antrittsvorlesung von 1887[126], die er in seinen *Lebenslinien* an den ‚Anfang' der Energetik setzte, veranschaulichte die Geistes- und Naturwissenschaften anhand von Inseln, die allmählich aus dem Meer aufsteigen. Zunächst noch unsichtbar, nur unterirdisch miteinander verbunden, ergeben sie erst ein Ganzes, wenn noch mehr Inseln aufsteigen oder das Wasser noch weiter zurückgeht, während einstweilen die Schiffchen der Philoso-

[121] Latour, Bruno: „Der ‚Pedologen-Faden' von Boa Vista – eine photo-philosophische Montage", in: Ders., *Der Berliner Schlüssel. Erkundungen eines Liebhabers der Wissenschaften*, Berlin: Akademie Verlag 1996, S. 191–248.
[122] Latour, Der Pedologen-Faden, S. 192.
[123] Ostwald, Zur Einführung (Annalen), S. 1 f.
[124] Ostwald, Lebenslinien II, S. 316.
[125] Gieryn, Thomas F.: *Cultural Boundaries of Science. Credibility on the Line*, Chicago: The University of Chicago Press 1999, S. x.
[126] Ostwald, Wilhelm: „Die Energie und ihre Wandlungen", in: Ders., *Abhandlungen und Vorträge allgemeinen Inhaltes (1887–1903)*, Leipzig: Verlag von Veit & Comp. 1904, S. 185–206.

phie ohne Ankerpunkt erratisch auf dem Gewässer herumsegeln und sich „tummeln" und ab und zu „am harten Fels der gesicherten Erkenntnis" zerschellen.[127]

Der programmatische Ansatz war eine Naturphilosophie auf solidem naturwissenschaftlichem Fundament. Dieses erkennbare, eklektische positivistische Programm[128] garantierte den *Annalen* in den ersten Erscheinungsjahren zahlreiche prominente Mitwirkende.[129] Doch mit dem Ziel, die Energetik (das „Kraut") zum Spriessen zu bringen, das sah auch Ostwald in den autobiographischen Büchern, hat er sich wenige Naturwissenschaftler zum Freund gemacht.[130]

Energetische Kultur

Im Jahr seiner Nobelpreisrede[131] erschien das Buch *Energetische Grundlagen der Kulturwissenschaft*[132]. Weshalb ging es Ostwald gerade um die Kulturwissenschaft? Die Energetik als Welterklärung benötigte auch eine Implementierung innerhalb der Hierarchie der Wissenschaften. Zuerst hatte Ostwald die Soziologie an deren Spitze setzen wollen.[133] Bei näherer und vor allem energetischer Betrachtung jedoch stellte er fest, dass mit dem Terminus der Kultur mehr einbegriffen werden könne als der „von der Soziologie studierte Vorgang der Vergesellschaftung". Folgerichtig wurde die für dieses Feld zuständige Kulturwissenschaft zur „obersten Wissenschaft"[134].

Die Energetik für die Kulturwissenschaft in Anschlag zu bringen, begründete Ostwald damit, dass sie sich zuerst für die Chemie und Physik und schliesslich für die Physiologie und Psychologie als lohnenswert erwiesen habe, weshalb er „die Scheu, noch ein weiteres Gebiet als Dilettant betreten zu sollen, im Interesse der

---

[127] Ostwald, Die Energie und ihre Wandlungen, zit. und paraphrasiert nach Ostwald, Lebenslinien II, S. 150.

[128] Behrs, Der Leipziger Positivismus, S. 253 f.

[129] In den ersten Bänden der *Annalen der Naturphilosophie* zwischen 1901 bis 1905 waren dies beispielsweise der Physiker Ernst Mach, der Geograph Friedrich Ratzel, der Historiker Karl Lamprecht, der Philosoph Christian von Ehrenfels, der Psychiater Paul Julius Möbius, der Chemiker William Ramsay und der Biologe Jacques Loeb; im Jahre 1908 veröffentlichten der Physiker Max Planck und der Biologe Hans Driesch je einen Beitrag.

[130] Ostwald, Lebenslinien II, S. 185–188.

[131] In dieser Rede sollte er die Katalyse zu seiner Herzensangelegenheit erklären: „The award has pleased me because in my innermost being I used to, and still do, consider this part of my work the one in which the personal quality of my method of work is most definitely shown up and which I therefore have more at heart than all the others." Auszug aus Ostwalds Rede vor dem versammelten Nobelpreiskomitee; http://nobelprize.org/nobel_prizes/chemistry/laureates/1909/ostwald-lecture.html (21.6.2011).

[132] Ostwald, Wilhelm: *Energetische Grundlagen der Kulturwissenschaft*, Leipzig: Verlag von Dr. Werner Klinkhardt 1909 (Philosophisch-soziologische Bücherei, Bd. XVI).

[133] Hier bezog sich Ostwald auf den Franzosen Auguste Comte, einen massgeblichen Mitbegründer der Soziologie.

[134] Ostwald, Energetische Grundlagen der Kulturwissenschaft, Vorwort, drei Seiten ohne Seitenzahlen.

Sache überwand." Das Erfolgversprechende der Energetik liege darin, dass sie sich als „bequemes und ausreichendes Denkmittel" erweise, das die „wissenschaftliche Bewältigung" der „höchst verwickelten Erscheinungen der Volkswirtschaft, der Wissenschaftsbildung, der Organisation von Recht und Staat, kurz für alles, was wir eben unter dem Namen Kultur zusammenfassen" erleichtere.[135]

In dieser Mischung aus aufopferndem Gestus ‚für die Sache' und der Rechtfertigung, dass der bisherige Erfolg der Energetik die Ausdehnung ihres Anwendungsgebietes geradezu aufdränge, begann Ostwald die „energetische Betrachtungsweise" darzulegen, nicht ohne vorauszuschicken, dass sie zwar notwendig, jedoch nicht hinreichend sei: Die Energetik könne – wie dies die Mathematik oder die Biologie auch täten – zwar Fundamentales zur Kulturwissenschaft beitragen, jedoch „keineswegs alle Grundlagen" dafür liefern.[136] Dass mit dieser letzteren Bemerkung nicht etwa eine Unvollkommenheit im energetischen Zugriff vermutet werden darf, wird wenige Seiten später in der „Ersten Vorlesung" zum Thema „Arbeit" signalisiert:

Ob sie [die Energetik] *nützlich* ist, wird sich in erster Instanz aus dem Inhalte dieses Werkes entnehmen lassen. Aber auch in dem Falle, daß dieser Inhalt sich nicht als Förderung der soziologischen Wissenschaft erweisen sollte, würde es nur an meiner Unfähigkeit liegen, die Anwendung der energetischen Gesetze auf dieses Gebiet erfolgreich durchzuführen. Alsdann wird man auf einen anderen warten müssen, der es besser macht. D e r A u f g a b e, i h r e P r o b l e m e i m L i c h t e d e r E n e r g e t i k z u u n t e r s u c h e n, k a n n s i c h a b e r d i e S o z i o l o g i e a u f k e i n e n F a l l e n t z i e h e n.[137]

Das Gesetz von der Energieerhaltung besage, dass die Energie insgesamt weder vermehrt noch vermindert werden kann. Derart, so folgerte Ostwald, sei es möglich, „für einen jeden natürlichen Vorgang eine Bilanz auf[zu]stellen, indem man verzeichnet, welche Energien ausgegeben und welche eingenommen sind: beide Beträge sind immer einander gleich."[138] Irgendwo müsse immer etwas an Energie „geopfert" werden, damit Arbeit überhaupt entstehe[139]; blieben die Energien unveränderlich, würde sich ganz einfach gar nichts ereignen. Da sich aber ganz offensichtlich immer etwas ereignet, kommt Ostwald zum Schluss: „A l l e s G e s c h e h e n b e s t e h t i n E n e r g i e u m w a n d l u n g e n."[140]

---

[135] Ostwald, Energetische Grundlagen der Kulturwissenschaft, Vorwort.
[136] Ostwald, Energetische Grundlagen der Kulturwissenschaft, Vorwort. Mit den energetischen Gesetzen seien der Erste und Zweite Hauptsatz der Thermodynamik gemeint, vgl. Bensaude / Simon, The Impure Science, S. 182.
[137] Ostwald, Energetische Grundlagen der Kulturwissenschaft, S. 3. Das Buch ist „Ernest Solvay, dem Begründer der soziologischen Energetik" gewidmet (Hervorhebungen im Original.)
[138] Ostwald, Energetische Grundlagen der Kulturwissenschaft, S. 2.
[139] Ostwald, Energetische Grundlagen der Kulturwissenschaft, S. 4.
[140] Ostwald, Energetische Grundlagen der Kulturwissenschaft, S. 23 (Hervorhebung im Original).

Auf dieser Annahme einer Energiebilanz sämtlicher natürlicher Vorgänge basierten Ostwalds nachfolgende Überlegungen zum „Güteverhältnis"[141]. Mit diesem aus der Technik gewonnenen Begriff bezeichnete er das Verhältnis zwischen Nutzenergie und Rohenergie. Bei jeder Energieumwandlung gehe ein Teil der Energie für den Vorgang selbst verloren. Mit einem so genannten zweiten Hauptsatz der Energielehre sah Ostwald genau diese Gesetzmässigkeit erklärt[142]: Es ist möglich, Energie zu verbrauchen, d.h. umzuwandeln in eine nicht weiter verwertbare Form, die Wärme.[143] Die „Kulturarbeit" bestehe nun darin, die vorhandene Rohenergie zu vermehren und „das Güteverhältnis ihrer Umwandlung in Nutzenenergie zu verbessern".[144] Voraussetzung aber für eine solche Optimierungsleistung, wie sie die „Kulturarbeit" übernehmen könne, sei wiederum selbst ein Kulturgut. Erst „unser Rechtsleben innerhalb einer Kulturnation" ermögliche es, die Energien, die „jeder Einzelne […] auf den Kampf mit seinen Nachbarn" verwendet, der Nutzenergie zuzuführen.[145] Das Güteverhältnis als technischer Wirkungsgrad wird zum zentralen Faktor aller Bereiche, für die die „Kulturwissenschaft als oberste Wissenschaft" zuständig ist.

Mit diesem Plan implizierte Ostwald ein grosses Regelwerk, durch das eine optimale Energiebilanz erreicht werden sollte. Das warf natürlich die Frage auf, wer über eine solche Regulierungshoheit verfügte. Und an genau diesem Punkt setzte die ätzende Kritik des Soziologen Max Weber an den von ihm in Anführungsstriche gesetzten „‚Energetische[n]' Kulturtheorien"[146] an. Weber zerpflückte Ostwalds Buch regelrecht, sprach ironisch von der „erstaunliche[n] Kraftersparnis" seiner Argumentation[147] und – weniger ironisch – von den „Wechselbälge[n]", die dann zustande kämen, wenn „rein naturwissenschaftlich geschulte Technologen die ,Soziologie' vergewaltigen"[148]. Weber entdeckte Widersprüchlichkeiten und groteske, jedoch notwendige Schlussfolgerungen, wenn man zu Ende denken wollte, was Ostwald vorschlug[149], wies auf den grundlegenden Irrtum hin, sämtliche Wissenschaften und kulturellen Leistungen auf ein einziges Element,

---

[141] Erstmals nennt Ostwald diesen Begriff im Vorwort: Es werde sich „der zweite Hauptsatz der Energetik", der sich „im Begriff des Güteverhältnisses oder ökonomischen Koeffizienten" verdichte, als überall anwendbar erweisen; siehe Ostwald, Energetische Grundlagen der Kulturwissenschaft, Vorwort, 2. Seite.

[142] Ostwald, Energetische Grundlagen der Kulturwissenschaft, S. 27 f.

[143] Ostwald, Energetische Grundlagen der Kulturwissenschaft, S. 33.

[144] Ostwald, Energetische Grundlagen der Kulturwissenschaft, S. 24.

[145] Ostwald, Energetische Grundlagen der Kulturwissenschaft, S. 26.

[146] Weber, Max: „‚Energetische' Kulturtheorien", in: Ders., *Gesammelte Aufsätze zur Wissenschaftslehre*, Tübingen: J.C.B. Mohr (Paul Siebeck) 1922, S. 376–402 (erstmals: Archiv für Sozialwissenschaft und Sozialpolitik 29 (1909), Heft 2, S. 575–598).

[147] Weber, Energetische Kulturtheorien, S. 376.

[148] Weber, Energetische Kulturtheorien, S. 378.

[149] Weber, Energetische Kulturtheorien, S. 382.

die Energie, zurückführen zu wollen, und hielt es für falsch, die heterogenen Denkformen der Disziplinen zu deren Nachteil auszulegen.[150]

Die Überlegungen Ostwalds über das „ökonomische oder sozialpolitische Problemgebiet" zählte er „zum übelsten […] was Ostwald je geschrieben hat"[151]. Gerade das Güteverhältnis, wie es sich im Kapitel zu „Recht & Strafe" innerhalb der *Energetischen Grundlagen der Kulturwissenschaft* präsentierte, war Weber ein Dorn im Auge.[152] Denn würde man, so der Soziologe, das „Güteverhältnis" auf das Strafrecht anwenden[153], müsste man bei einem Kardinalverbrechen wie Mord unter energetischem Gesichtspunkt eine Prügelstrafe oder Henken der von Ostwald vorgeschlagenen Kastration für „die Träger von Mordinstinkten"[154] vorziehen, auch wenn damit ihre Arbeitsfähigkeit vernichtet würde. Wenn daran aber – an der „Erhaltung der Arbeitsenergie des Verbrechers"[155] – Ostwald am meisten gelegen habe, dann stünde einer (auch präventiven) strikt energetischen Kriterien folgenden Festlegung des Strafmasses nach Berufsgattung nichts mehr im Wege:

Rentner, aber auch Philologen, Historiker und ähnliche Tagediebe, welche das energetische Güteverhältnis nicht verbessern, hänge man auf (und übrigens: warum, angesichts ihrer Nutzlosigkeit, nicht auch schon ehe sie sich als Verbrecher lästig machen?), für Arbeiter, Techniker, geistig mitarbeitende Unternehmer und vor allem für die das Güteverhältnis höchstgradig verbessernden Menschen: die Chemiker, greife man zur Prügelstrafe.[156]

Mit welchem Strafmass der Soziologe unter einer solchen, das Güteverhältnis ins Zentrum stellenden Perspektive zu rechnen hätte, blieb unbeantwortet, aber die Lächerlichmachung der Energetik erreichte an dieser Stelle ihren Höhepunkt. Zum Schluss seines Textes schlug denn Weber auch einen versöhnlicheren Tonfall an: Trotz diesen „zahllosen grotesken Entgleisungen, die auf 2/3 aller Seiten dieser zum Erbarmen schlechten Schrift passieren"[157], wollte Weber Ostwalds Namen nicht im Allgemeinen auf das schlichte „O.", auf das er ihn auf Seite 3 seiner Be-

---

[150] Weber, Energetische Kulturtheorien, S. 379 f.
[151] Weber, Energetische Kulturtheorien, S. 382 f.
[152] Weber, Energetische Kulturtheorien, S. 395–397.
[153] Weber, Energetische Kulturtheorien, S. 396. Ostwald führt diese Problematik folgendermassen ein: „Einige Worte sind noch über die Frage der Strafe vom energetischen Gesichtspunkte aus zu sagen. Da das Recht ein ausschliesslich soziales Gebilde ist, dessen Aufgabe darin besteht, vermeidbare Energievergeudungen bei der gegenseitigen Beeinflussung der Gesellschaftsmitglieder aufzuheben, so sind auch die Reaktionen gegen Rechtsverletzung, die es verlangt und durchführt, ausschliesslich vom gleichen Gesichtspunkte aus aufzufassen." Siehe Ostwald, Energetische Grundlagen der Kulturwissenschaft, S. 144 f.
[154] „Hier erscheint die Kastration des Verbrechers als das sozial zweckmässigste Verfahren, da es nicht seine Arbeitskraft vernichtet, wohl aber die Vererbung des Mordinstinktes wenigstens für die Zukunft ausschliesst und die Gesellschaft stufenweise von derartigen Erbschaftsmassen befreit." Ostwald, Energetische Grundlagen der Kulturwissenschaft, S. 146.
[155] Weber, Energetische Kulturtheorien, S. 396.
[156] Weber, Energetische Kulturtheorien, S. 397.
[157] Weber, Energetische Kulturtheorien, S. 401.

sprechung reduziert hatte (und das unweigerlich an eine ‚Null' denken lässt), zusammenschrumpfen lassen. Ostwald bleibe ein „bedeutender Denker"[158]. Umso wichtiger sei es, dieses Werk, „die kleine Missgeburt", so ausführlich in einer Kritik zu behandeln, weil sie typisch für den irrigen Versuch des Naturalismus sei, „Werturteile aus naturwissenschaftlichen Tatbeständen abzuleiten"[159]. Dieser Fauxpas war nach Weber nicht einmal für einen Nicht-Experten entschuldbar: „Dass das Verhältnis von Bedürfnis und Kosten nun einmal kein ‚energetisch' zu definierendes ist, könnte schliesslich auch ein Dilettant wie Ostwald einsehen"[160]. Als Lehrstück habe aber Ostwalds Schrift einen besonderen Wert: „Aus den Irrtümern sonst bedeutender Gelehrter lernt man oft mehr, als aus den Korrektheiten von Nullen."[161]

Wir werden in Kapitel 2 sehen, dass Lotka die Kritikwürdigkeit der Energetik aus kulturell-ökonomischer Perspektive nicht entgangen war. Ostwald selbst jedoch, so erläutert der folgende Abschnitt, begegnete den mitunter harschen Reaktionen auf seine Überzeugungen mit scheinbarem Gleichmut.

Immun

Mit Weber, Boltzmann und Planck sind die prominentesten Kritiken der Energetik zu Lebzeiten Ostwalds zusammengetragen. Nicht weniger spannungsvoll gestaltete sich aber auch Ostwalds Verhältnis zu Universitätskollegen, allen voran zu Philosophen und Philologen.[162] Während Ostwald nachvollziehen konnte, dass seine buchstäblich räumliche Expansion durch die Benutzung des grössten Hörsaals für seine „Vorlesungen über Naturphilosophie"[163] ein Ärgernis für einige Kollegen darstellte, liess er inhaltlich gar nichts auf sich kommen. Zentral war dabei, dass Ostwald seine naturphilosophischen Gebietsansprüche an den Anfang seiner wissenschaftlichen Karriere verlegte.[164] Damit konstruierte er eine Kontinuität in seinem Denken[165], die an einem zeitlichen Punkt ihren Anfang nahm,

---

[158] Weber, Energetische Kulturtheorien, S. 400f.

[159] Weber, Energetische Kulturtheorien, S. 401.

[160] Weber, Energetische Kulturtheorien, S. 397.

[161] Weber, Energetische Kulturtheorien, S. 401.

[162] Ostwald, Lebenslinien II, S. 302.

[163] Ostwald, Wilhelm: *Vorlesungen über Naturphilosophie: gehalten im Sommer 1901 an der Universität Leipzig*, Leipzig: Verlag von Veit & Comp. 1902.

[164] Ostwald, Lebenslinien II, S. 149.

[165] Ostwald, Lebenslinien II, S. 314: „Es sind, wie man sieht, die gleichen auf Verbindung ausschauenden Gedanken, welche in meiner Antrittsvorlesung auf die engere Aufgabe der Verbindung zwischen Physik und Chemie, aber doch mit Ausblicken auf die Gesamtheit der Wissenschaften zur Anwendung gekommen waren. Insofern durfte ich die neu übernommene Arbeit [Annalen)] als eine geradlinige Fortsetzung der bisherigen ansehen, und brauchte mir den Vorwurf ziellosen Schwankens in meinen Bestrebungen nicht gefallen zu lassen."

wo das „Recht des Erstgekommenen"[166] gelte. Der Literaturwissenschaftler Jan Behrs deutet diesen Zug Ostwalds als „wissensimperialistisch"[167] und gleichzeitig charakteristisch. Der expansive Impetus Ostwalds kann auch mit als ein Grund gedeutet werden, dass die *Annalen* letztlich die angestrebte Vermittlungsleistung nicht erbringen konnten.[168] Ziel war es, das Zwischenland zwischen Philosophie und Naturwissenschaft zu beleben, gleichzeitig aber auch die Verkehrsregeln für diesen Übergangsraum aufzustellen. Eine klar formulierte Intention birgt immer auch die Möglichkeit eines Scheiterns.[169] Im letzten Abschnitt zu Ostwald soll nun analysiert werden, wie Ostwald seinen „Wissensimperialismus" begründete und woher eigentlich seine eigentümliche Immunität gegenüber Kritik herrührte.

Im Konflikt mit Universitätskollegen lässt sich eine seltsame Asymmetrie ausmachen: Da, wo Ostwald den Geisteswissenschaftlern mangelnde Offenheit und fehlende Dialogbereitschaft vorwarf, unterschlug er, dass er diese Kommunikationswege insgeheim als Einbahnstrasse auffasste. Wie er in seinen *Lebenslinien* durchblicken liess, hatte er für seine Mistreiter im Monistenbund, die das Primat der Wissenschaft (und damit meinte er die empirisch-experimentelle Naturwissenschaft) nicht anerkannten, kein Verständnis:

> Von […] fast alle[n] berufsmäßigen Wissenschafter[n] oder Professoren […] wird immer wieder behauptet, der Mensch habe ein angeborenes metaphysisches Bedürfnis, das ihn zwinge, jene Fragen, auf welche die Wissenschaft noch keine Antwort gefunden hat, vermutungsweise zu beantworten. Da ich an mir selbst dieses Bedürfnis nicht erkennen konnte, durfte ich dessen Allgemeinheit und Notwendigkeit mit Recht bestreiten. Ich erinnerte daran, daß früher Ärzte und Laien der Überzeugung waren, jeder Mensch müsse in den Kinderjahren Masern und Scharlach durchmachen, und fand die Überzeugung vom metaphysischen Bedürfnis nicht besser begründet, als jenen medizinischen Aberglauben.[170]

Die Klärung von metaphysischen Fragen oder auch die Arbeit von Philologen geraten zur Kinderkrankheit, die nur Unwissende als nötig erachten, um für den Rest des Lebens gerüstet zu sein. Aber im Grunde ist sie, so Ostwald, eine zwecklose Zeitverschwendung und „kindisch".[171] Dies mit den Philologen zu besprechen, hätten sie als Gebietsverletzung interpretiert, und mit der Begründung,

---

[166] Ostwald, Lebenslinien II, S. 163.

[167] Behrs, Der Leipziger Positivismus, S. 248.

[168] Behrs, Der Leipziger Positivismus, S. 267 f.

[169] Bei Krajewski zeichnet sich der „Projektemacher", als welcher auch Ostwald bezeichnet werden könne, dadurch aus, dass er immer mehrere Projekte gleichzeitig verfolgt, die alle globalen Charakter haben, deren Ausführung aber meist den Experten überlassen wird und deren Scheitern bereits inbegriffen ist. In Bezug auf Ostwald muss aber auch Krajewski einräumen, dass er auch die Stelle des Experten einnahm; siehe zur Definition des Projektemachers Krajewski, Weltprojekte um 1900, S. 16–18; zu den unterschiedlichen Rollen Ostwalds innerhalb seines Projektes ebd., S. 139.

[170] Ostwald, Lebenslinien III, S. 243.

[171] Ostwald, Lebenslinien II, S. 106 f. Es geht also letztlich um eine Aberkennung der Leistung der Geisteswissenschaftler, was diesen wiederum schwerlich gefallen konnte. Die Streitigkeiten an der Universität Leipzig müssten einmal unter dem Gesichtspunkt dargestellt werden, dass Ostwald von

er lasse es an „Begeisterung" vermissen (was man vermutlich nicht bestreiten konnte), sei er abgewiesen worden.[172] Dass ihm aus diesem Grunde die Aufnahme in weitere Kreise der Universität verwehrt geblieben sei, habe ihn nicht weiter gestört: „Mir war es recht, da ich ohnehin nicht gern Zeit verlor."[173] Abgestützt auf den energetischen Imperativ verkaufte Ostwald die Distanznahme zu Geisteswissenschaftlern als zeitökonomische Optimierung, hinter der aber eine unverhohlene normative Motivation zum Vorschein kam.

Ein bemerkenswertes Element von Kontinuität in Ostwalds Leben liegt darin, dass er sich gegenüber verbalen Angriffen auf sein Gedankengebäude wie gegenüber den Erfahrungen, dass seine Vorhaben teils kläglich scheiterten, immun zeigte.[174] Wo andere einen Irrtum vermuteten, blieb er unbeirrt, wie dies auch Rudolf Goldscheid, der zeitweilige Mitherausgeber der *Annalen der Naturphilosophie* an Ostwalds 60. Geburtstag festhielt:

> Aber seine Nüchternheit ist die des exakten Forschers, des unbestochenen, freien Gelehrten, der mutig die letzten Konsequenzen der gesicherten Erkenntnisse zieht, ja der unablässig fordert, auch die Praxis im Geiste der unabweisbaren Theorie zu gestalten – und diese Nüchternheit ist es, die ihn unbeliebt macht, welche ihm Angriffe zuzieht, die von allen Seiten hageldicht auf ihn herniedersausen.[175]

Mit stoischer Gelassenheit nahm Ostwald vernichtende Kritik von (Fach)Kollegen entgegen. Er deutete den Widerstand nicht etwa so, dass er seine Überlegungen noch einmal reflektieren müsste, sondern dahingehend, „dass er vom schulmässigen Weg abwich und sich in forscherisches Neuland begab."[176] Und wenn man sich an dieser Stelle seine Inselmetaphorik in Erinnerung ruft, dann wird seiner Meinung nach das Neuland auch nicht lange Zeit ein isoliertes Eiland bleiben.

Die Liste von Ostwalds Strategien, um sein Gedankengebäude abzuschirmen – die positive Deutung seiner naturphilosophischen Gedanken als Pionierleistungen, die Herstellung einer intellektuellen Kontinuität, die wiederholte Betonung eines Pflichtgefühls, dem er auch mit der Naturphilosophie Folge leiste, die Begründung des Abschieds von der akademischen Welt durch einen natürlichen, bei

---

Geisteswissenschaften nicht viel hielt. Ironischerweise erwähnt Boltzmann ihn als Philosophen, der vom „metaphysischen Schleier angezogen ist"; vgl. Ziche, Wissenschaftslandschaften, S. 52.

[172] Ostwald, Lebenslinien II, S. 107.

[173] Ostwald, Lebenslinien II, S. 110.

[174] Krajewski bringt diesen Habitus auch mit dem technokratischen Traum um 1900 in Verbindung, siehe Krajewski, Weltprojekte, S. 136.

[175] Goldscheid, Rudolf: „Ostwald als Persönlichkeit und Kulturfaktor", in: Österreichischer Monistenbund (Hg.), *Wilhelm Ostwald. Festschrift aus Anlaß seines 60. Geburtstages*, Wien / Leipzig: Anzengruber – Verlag Brüder Suschitzky 1913, S. 57–82, hier S. 57.

[176] Neef, Katharina: „Biografische Kontexte für Wilhelm Ostwalds Engagement im Deutschen Monistenbund", in: *Mitteilungen der Wilhelm-Ostwald-Gesellschaft zu Grossbothen e. V.* 14 (2009), Nr. 3, S. 36–46, hier S. 46.

allen grossen Männern zu beobachtenden altersbedingten Kreativitätseinbruch, nachdem das von ihnen Geschaffene zum institutionellen Selbstläufer herangewachsen war, sowie der imperiale Habitus – wäre jedoch nicht vollständig ohne sein Erweckungserlebnis:

In frühester Morgenstunde bin ich aus dem Gasthof nach dem Tiergarten gegangen und habe dort im Sonnenschein eines wundervollen Frühlingsmorgen ein wahres Pfingsten, eine Ausgießung des Geistes über mich erlebt. Die Vögel zwitscherten und schmetterten von allen Zweigen, goldgrünes Laub glänzte gegen einen lichtblauen Himmel, Schmetterlinge sonnten sich auf den Blumen, indem sie die Flügel öffneten und schlossen und ich selbst wanderte in wunderbar gehobener Stimmung durch diese frühlingshafte Natur. Alles sah mich mit neuen, ungewohnten Augen an und mir war zumute, als wenn ich zum ersten Male alle diese Wonnen und Herrlichkeiten erlebte. Ich kann die Stimmung, von der ich damals getragen war, nur mit den höchsten Gefühlen meines Liebesfrühlings vergleichen, der damals um ein Jahrzehnt hinter mir lag. Der Denkvorgang für die allseitige Gestaltung der energetischen Weltauffassung vollzog sich in meinem Gehirn ohne jegliche Anstrengung, ja mit positiven Wonnegefühlen. Alle Dinge sahen mich an, als wäre ich eben gemäß dem biblischen Schöpfungsbericht in das Paradies gesetzt worden und gäbe nun jedem seinen wahren Namen.

Das war die eigentliche Geburtsstunde der Energetik.[177]

Religiöse Metaphorik, entfernt sexuell aufgeladene Morgen- bzw. Frühlingsstimmung plus ein paar hölzern anmutende Naturbetrachtungen vereinten sich hier zu einer Ursprungserzählung der Energetik. Der einzige adäquate Vergleich, der Ostwald zu diesem singulär gebliebenen „Pfingsten" einfiel, ist die Liebe, die er zu seiner Frau empfunden hatte – auch dies eine unteilbare Erfahrung. Zwei Punkte scheinen darin zentral: Erstens setzte er sich an die Stelle Adams, der am ersten Tag nach der Schöpfung für die Benennung der Dinge zuständig gewesen sei. Und zweitens, und fast wichtiger, geschah dies ohne jegliche Anstrengung oder Energieaufwand. Die Dinge sahen ihn an und damit war alles offenkundig. Die Rationalität eines energetischen Zugriffs auf die Lebenswelt, die in einer Kosten-Nutzen-Rechnung von Energie aufgeht, woraus sich vielfache Lenkungs- und Kontrollmechanismen zur Energieeinsparung ableiten, hatte ihre Wurzeln laut Ostwald in einer Notwendigkeit[178] und einer Eingebung. Er bediente damit den Topos der wissenschaftlichen Epiphanie, den Geistesblitz, die Muse, die einen küsst, den Geniestreich.[179] Gestärkt durch das energetische Erweckungserlebnis stellte sich Ostwald auf den Standpunkt, dass er einen Wissensvorsprung habe.

---

[177] Ostwald, Lebenslinien II, S. 160 f.

[178] Ostwald, Energetischer Imperativ, S. 1 f. Hier betont er, dass er unter einem Missbehagen gelitten hatte, dass noch nicht alles in Ordnung sei; das sich mit dem monistischen Denken einstellende Einheitsgefühl jedoch vermochte dieses zu vertreiben.

[179] Damit eignet sich die Wissenschaft Erzählweisen an, die auf biblische zurückgehen. Vgl. auch Wessely, Christina: „Welteis. Die ‚Astronomie des Unsichtbaren' um 1900", in: Rupnow / Lipphardt / Thiel / dies. (Hg.), Pseudowissenschaft, S. 163–193, S. 170 zu „Vision".

Diesen müssten die anderen aber gar nicht einholen, denn der praktische Nutzen seiner Idee werde sich ohnehin – auch hier ohne Anstrengung – durchsetzen. Wer die Erfahrung der Zweckmässigkeit teile, werde sich der Richtigkeit der energetischen Betrachtungsweise nicht mehr verschliessen können. Erfolgte erstmal die „Initialzündung", so wird die Energetik zum alltagspraktischen Selbstläufer.[180]

Nach diesem Prinzip ging Ostwald auch vor, wenn er Optimierungsvorschläge für Papierformate einbrachte oder als glühender Verfechter der Einheitssprache „Ido" auftrat. Beide Neuerungen würden sich, hätten sie erst einmal Vertreter gefunden, fast wie von selbst verbreiten. Ostwald war einer der von Krajewski behandelten „Projektemacher", der seine Methode stark an den von ihm viel zitierten Julius Robert Mayer anlehnte, der innerhalb der Chemie Prozesse propagierte, die mit minimalem Eingriff eine maximale Wirkung erzielen („Auslösung"). Die metaphorische Bedeutung der Katalyse, der Hinzugabe eines Stoffes, um einen latent bereits vorhandenen Prozess nurmehr „auszulösen", deckt sich mit Ostwalds Selbstverständnis als derjenige, der mit der Energetik ein Konzept in die Welt setzte, das durch Einfachheit und sofortige spürbare Optimierungsleistung besticht. Und sollte es nicht gelingen, dann wäre der Fehler nicht bei ihm, dem Urheber des Gedankens, sondern im fehlgeleiteten Anwendungsversuch derselben zu suchen gewesen.[181]

Die Infragestellung eines so genannten metaphysischen Bedürfnisses und die Absage an die Religion und ihre Institutionen gingen in der Energetik mit einem sakralen Erlebnis einher. So antireligiös Ostwald war, so wenig schreckte er vor den dem christlichen Glauben entlehnten Metaphern zurück. Aus Ostwalds Schilderungen spricht durchaus ein Sendungsbewusstsein, wenn er zum Beispiel bemerkte, dass er aus Erfahrung wusste, fähig zu sein, „grössere Menschenmassen zu beeindrucken, ja hinzureißen"[182] oder wenn er an seinem 60. Geburtstag seine beiden jüngsten Enkel „durch einen Redeakt", der an eine Taufe gemahnt, in die „monistische Gemeinschaft"[183] aufnahm. Innerhalb des Monistenbundes gab es für diese antiklerikale Haltung, gepaart mit religiösen Metaphoriken, auch Vorbilder: Haeckel hatte bereits 1879 und 1892 seine Schriften mit *Natürliche Schöpfungsgeschichte* überschrieben oder mit *Glaubensbekenntnis eines Naturforschers* untertitelt.[184] Dass der Monistenbund als antiklerikale Parallelveranstaltung zu kirchlichen Anlässen geplant war, zeigte auch die Idee Ostwalds, die Besprechun-

---

[180] Krajewski, Weltprojekte um 1900, z. B. S. 101, 135 f.

[181] So zum Beispiel urteilt Ostwald über den kostspieligen, aber gescheiterten Versuch, eine monistische Siedlung aufzubauen; siehe Ostwald, Lebenslinien III, S. 253–256.

[182] Ostwald, Lebenslinien III, S. 223.

[183] Ostwald, Lebenslinien III, S. 217.

[184] Haeckel, Ernst: *Natürliche Schöpfungsgeschichte*, Berlin 1879; ders.: *Der Monismus als Band zwischen Religion und Wissenschaft. Glaubensbekenntnis eines Naturforschers*, Bonn 1892.

gen des Bundes jeweils sonntags stattfinden zu lassen[185]. Logischerweise wurden die *Monistischen Sonntagspredigten* als ein Alternativprogramm zum obligaten Kirchgang bezeichnet.

Bedeutsam ist, dass Ostwald die letzten Gründe für seine Überzeugung nicht angeben konnte; was wiederum er an der Religion, deren Grundlagen sich einem wissenschaftlichen Zugriff entziehen, kritisierte. Hier wendete sich der energetische Imperativ optimal auf sich selbst an: Die Energetik als Ansporn zum Haushalten mit Kräften war durch die Epiphanie allen zeitraubenden Rechtfertigungszwängen enthoben. Ostwalds Imperativ konnte gleichermassen am Anfang wie am Schluss eines Projektes seine Wirkung entfalten. Überall da, wo seine durch die Energetik angestossenen Projekte nicht richtig zum Laufen kamen, erlaubte der „energetische Imperativ" seinem Urheber, sich – zumindest für seine Begriffe – konsistent zurückzuziehen: Die Differenzen mit Goldscheid auszuräumen, wäre ein unverhältnismässiger Energieaufwand gewesen[186]; die Philologen betrieben Zeitverschwendung, und das Gespräch mit ihnen war es auch; wenn er im Monistenbund Resistenzen spürte, sah er von der Fortsetzung dieses Engagements aus energetischen Gesichtspunkten ab.[187] Wo sich Widerstand regte, lag es nicht, wie weiter oben zitiert, am Gegenstand, sondern daran, dass er es noch nicht gut genug hatte erklären können. Entweder musste es der Sender noch besser ausdrücken oder aber der Rezipient sich stärker anstrengen, damit ihm ein Licht aufging. Die Sache selbst jedoch stand nicht in Frage.

Im folgenden Unterkapitel werden wir sehen, dass Lotka nicht von einer – letztlich metaphysischen – Setzung der Energetik als monistisches Erklärungsprinzip ausging. Dargelegt wird dies anhand eines unveröffentlichten Manuskripts Lotkas von 1912 und anhand des Briefwechsels zwischen ihm und Ostwald im darauffolgenden Jahr.

---

[185] Brief von Ostwald an Haeckel, 5.1.1911, zit. nach: Nöthlich et al., Substanzmonismus – Energetik, S. 45 f.

[186] Mit dem Soziologen und Pazifisten Goldscheid verband Ostwald nicht nur eine Affinität zu Auguste Comte, sondern auch die Mitgliedschaft und der Vorsitz in einem nationalen Monistenbund. Ostwald versuchte mit der Mitherausgeberschaft durch Goldscheid, die *Annalen* neu auszurichten. Während des Ersten Weltkrieges radikalisierte sich Goldscheid zunehmend, und Ostwald hielt seine energetisch begründete anti-bellistische Haltung nicht durch, die Zusammenarbeit zerbrach. Siehe hierzu die Briefe zwischen Ostwald und Goldscheid (von April 1915 bis Mai 1915), ed. in: Hansel (Hg.), Goldscheid und Ostwald in Briefen, S. 113–119; vgl. Weikart, Richard: „Evolutionäre Aufklärung"? Zur Geschichte des Monistenbundes, in: Mitchell Ash et al. (Hg.), *Wissenschaft, Politik und Öffentlichkeit: von der Wiener Moderne bis zur Gegenwart* (Wiener Vorlesungen. Konversatorien und Studien, Bd. 12), Wien: Universitätsverlag 2002, S. 131–148, hier S. 143 f.

[187] Brief von Ostwald an Goldscheid, 18.5.1915, ed. in: Hansel (Hg.), Goldscheid und Ostwald in Briefen, S. 116.

New York

Am 29. Oktober 1902 schickte Reverend Lotka einen Brief nach New York, worin er den Aufwand schilderte, den es ihn gekostet hatte, das zu Hause liegengebliebene Ticket zunächst erfolglos über den Bahnhofsvorstand von Liverpool und danach erfolgreich über andere Mittelspersonen dem Ausreisewilligen hinterher zu schicken, sodass Alfred James überhaupt an Bord hatte gehen können. Der Vater bat seinen Sohn inständig, „pour ton propre bien de tâcher de concentrer les idées à l'affair que tu as devant toi pour évider à l'avenir des incidents pareils."[188] Damit aber noch nicht genug, dann anstelle des Überfahrtstickets hatte der 22jährige Sohn offenbar einen Hausschlüssel eingesteckt, um dessen Rücksendung nun der Vater ebenso fürsorglich wie umständlich bat. Er erklärte ihm, an wen er sich in Übersee wenden könnte, um den Schlüssel (separat, ohne Brief, zur Verhinderung der Identifikation) den Daheimgebliebenen zukommen zu lassen. Zudem erwähnte er einen „John", der Lotka an den Docks abholen sollte; eventuell war das Lotkas älterer Bruder, der bereits in New York weilte.

Weitere Briefe dieser Art sind kaum überliefert und es ist nicht rekonstruierbar, wie es Lotka gelang, in den USA Fuss zu fassen. Anhand von Eckdaten lässt sich zumindest für die ersten Jahre eine lückenlose Beschäftigungsvita erstellen:[189] Zunächst muss er eine Anstellung bei der General Chemical Company als Assistant Chemist innegehabt haben (1902–08), um dann 1908–09 an der Cornell University als Assistent für Physik zu arbeiten, wo er auch den Master erlangte.[190] Darauf folgten kurze Engagements als Examiner am United States Patent Office (1909) und als Physikassistent im United States Bureau of Standards (1909–11). Von 1911–14 war er Mitherausgeber des *Scientific American Supplement*, dazwischen (1912) erhielt er mit einer Aufsatzsammlung den Doktortitel von der Birmingham University.[191]

Es erfolgten bereits verschiedene Publikationen in unterschiedlichen Zeitschriften wie in *Science* (1907), *Zeitschrift für physikalische Chemie* (1910), *Journal of the Washington Academy of Science* (1912, 1913, 1914).[192] Insbesondere ist hier sein Aufsatz *Die Evolution vom Standpunkte der Physik*[193] aus dem Jahre 1911

---

[188] AJL-Papers, Box 1, Folder 2.

[189] Vgl. hierzu Who Was Who in America, S. 330.

[190] Notestein habe – ohne Lotka zu kennen – ebenfalls die net rate in Bezug auf das Bevölkerungswachstum formuliert; es ist gut möglich, dass Lotka Notestein, seinen späteren Nachlassverwalter, in Cornell kennen lernte; vgl. Ryder, Norman B.: „Obituary: Frank Wallace Notestein (1902–1983)", in: *Population Studies* 38 (1984), Nr. 1, S. 5–20.

[191] AJL-Papers, Box 4, Folder 12; Kingsland, Modeling Nature, S. 29.

[192] Vgl. hierzu die ausführliche Bibliographie der Aufsätze Lotkas für den Zeitraum zwischen 1907 bis 1948 in der Zweitauflage, Lotka, Elements (1956), S. 442–447.

[193] Lotka, Alfred James: „Die Evolution vom Standpunkte der Physik", in: *Annalen der Naturphilosophie* 10 (1911), S. 59–74.

zu nennen, den er in Ostwalds *Annalen der Naturphilosophie* publizierte. Darin beschäftigte ihn die Frage, wie ein Zustand A in einen Zustand B transformiert wird, worauf er Antworten fand in der „Veränderung der Materie zwischen den Bestandteilen des Systems"[194]. Von einem Kontakt zu seinem ehemaligen Chemie-dozenten zeugen aber auch Briefe: Lotka stellte im Jahre 1912 ein Manuskript[195] fertig, welches er Ostwald zukommen liess. Nach einer ausbleibenden Antwort hakte Lotka im Frühjahr 1913 bei Ostwald nach, erwähnte aber auch, dass er mit Bedauern von dessen „ungenügender Gesundheit" erfahren habe. Lotka legte ein zweites Mal seine Schrift bei und fügte an: „Ich hoffe, daß Sie zur Zeit so weit wiederhergestellt sind, daß Sie Ihre für uns so kostbare Arbeit aufzunehmen im Stande sind."[196]

Das betreffende, unveröffentlicht gebliebene, Typoskript trägt den ausführlichen Titel *Zur Systematik der stofflichen Umwandlungen mit besonderer Rücksicht auf das Evolutionsproblem*. Es ist in mehrfacher Hinsicht aufschlussreich, weil sich darin Lotkas Begriff von Evolution erkennen und auch eruieren lässt, auf welche Weise er die Physik mit der Biologie zusammenzudenken begann. Grundlage seiner Ausführungen war, dass er das „Wesen der Umwandlung" für einen physikalischen Vorgang als diskontinuierliche „Zustandsveränderung" auffasste[197], während er die von der Veränderung betroffenen „Aggregate" als kontinuierlich bezeichnete.[198] Als Aggregat galten für ihn, rein definitorisch und deshalb zweckmässig und willkürlich[199], biologische Gruppen, Verwandtschaft, die Gesellschaft oder auch Wirtschaften.[200] Mit „Aggregat" wählte Lotka zeitgemäss einen Begriff von amerikanischen Ökologen, die mit dieser Bezeichnung eine intermediäre Ebene zwischen Individuum und dem noch nicht etablierten Konzept der Population vorschlugen.[201]

Sein besonderes Interesse galt nun der „exakten Behandlung"[202] der Veränderung in Aggregaten. Das von ihm so genannte „Umwandlungsschema" arbeitet mit den Massen von Kontinuen m1, m2 etc., die sich nach bestimmten Koeffizienten n1, n2 etc. verändern. Das Resultat trage zwei Spezifika: Zum einen findet ein „Übergang von Materie zwischen den einzelnen Kontinuen" statt, zum

---

[194] Lotka, Evolution vom Standpunkte der Physik, S. 62.
[195] Lotka, Zur Systematik der stofflichen Umwandlungen.
[196] Brief von Lotka an Ostwald, 4.4.1913; ed. in: F. Schweitzer / G. Silverberg (Hg.): *Evolution und Selbstorganisation in der Ökonomie*, Berlin: Duncker & Humblot 1998 (Selbstorganisation. Jahrbuch für Komplexität in den Natur-, Sozial- und Geisteswissenschaften, Bd. 9), S. 469.
[197] Lotka, Zur Systematik der stofflichen Umwandlungen, S. 1 f.
[198] Lotka, Zur Systematik der stofflichen Umwandlungen, S. 4.
[199] Lotka, Zur Systematik der stofflichen Umwandlungen, S. 8.
[200] Lotka, Zur Systematik der stofflichen Umwandlungen, S. 4–10.
[201] Mitman, Gregg: *The State of Nature. Ecology, Community, and American Social Thought, 1900–1950*, Chicago / London: The University of Chicago Press 1992, S. 124.
[202] Lotka, Zur Systematik der stofflichen Umwandlungen, S. 12.

anderen „ändert sich zugleich der Charakter [...] dieser Kontinuen".[203] Diese Vorgänge definierte Lotka als „interkontinuäre Änderung" (d. h. als Veränderung von einem Kontinuum zum anderen) und als „intrakontinuäre Änderung" (d. h. als Veränderung des Charakters eines Aggregates, einer Verwandtschaft, einer Wirtschaft). Die Evolution setze sich aus diesen beiden Vorgängen zusammen, wobei eine Modifikation der ersteren meist eine stärkere Modifikation in der letzteren mit sich bringe.[204]

Drei mögliche Szenarien machte Lotka für eine „Kette von Umwandlungen" auf:[205] a) Nach einer gewissen Umwandlungsrate kommt der Prozess zum Stillstand. b) Ohne Hindernisse kann die Umwandlung bis zur Erschöpfung des Ausgangsvorrats fortschreiten. Oder aber c) Es handelt sich um einen Zyklus, wodurch die Ausgangsmaterie immer wieder neu alimentiert wird. Zur Illustration des letzteren zeichnet Lotka ein Schema des Stickstoffkreislaufes auf. Während die Fälle a) und b) zeitlich beschränkt seien, könne sich im Falle von c) „ein System mehr oder weniger permanent in einem solchen Cyclus von Umwandlungen" befinden.[206]

Wenn man der an dieser Stelle von Lotka gesetzten Fussnote nachgeht, dann blättert man in den *Energetischen Grundlagen der Kulturwissenschaft* von Ostwald auf die Seite 59, wo erläutert wird, dass sich die Pflanzen- und die von ihr abhängige Tierwelt in einem Gleichgewicht befinden müssten, um fortbestehen zu können:

Zwischen der Zerstörung der Organe durch Tiere, die sich von ihnen nähren, und der Geschwindigkeit der Erneuerung muß ein bestimmtes Verhältnis bestehen, damit diese gegenseitige Beziehung von Dauer sein kann. Zerstören die Tiere zu viel, so geht die Pflanze ein, und in der Folge auch das Tier, falls es keine anderen Möglichkeiten der Nahrungsbeschaffung hat. Nur wenn die Beanspruchung des Räubers ein bestimmtes Maß nicht überschreitet, kann eine gegenseitige Dauerbeziehung bestehen; und da wir nur Dauerbeziehungen als regelmäßige Erscheinungen beobachten können, so müssen wir die vorhandenen derartigen Verhältnisse so auffassen, daß sie von den vielen versuchten und wegen des angedeuteten Missverhältnisses zugrunde gegangenen gegenseitigen Beziehungen die überlebenden sind. Die Anpassung zwischen dem Räuber und seinem Opfer findet somit nach ganz denselben Grundsätzen statt, wie die Anpassung der Lebewesen an ihre Existenzbedingungen überhaupt.[207]

---

[203] Lotka, Zur Systematik der stofflichen Umwandlungen, S. 15.

[204] Lotka, Zur Systematik der stofflichen Umwandlungen, S. 16 f. Die Unterscheidung zwischen interkontinuärer und intrakontinuärer Veränderung wurde später von Lotka „inter-group evolution" und „intra-group evolution" genannt (siehe Kapitel 2) und ging in den Wissensbestand der ökologischen Wissenschaften ein.

[205] Lotka, Zur Systematik der stofflichen Umwandlungen, S. 18 f.

[206] Lotka, Zur Systematik der stofflichen Umwandlungen, S. 20. Hier beruft sich Lotka auf „Hutchinson: Food and Dietetics 1909, S. 182; Rob. Huber, Zur Stickstoff-Frage, Bern 1908".

[207] Ostwald, Energetische Grundlagen der Kulturwissenschaft, S. 59 f. Folgt man Henderson, dann gab es eine rein aus der Chemie heraus stammende Tradition, über Metabolismus und wie die Orga-

Im Rahmen des Güteverhältnisses, das für eine optimale Energiebilanz für jeden Vorgang steht, erläuterte Ostwald das Verhältnis zwischen „Räuber" und „Opfer". Es galt seiner Meinung nach, den Kampf ums Dasein als Kampf um die freie Energie zu verstehen, weshalb es für die Rivalen auch darauf ankäme, die energetischen Kosten für Angriff, Verfolgung, Fliehen oder Verstecken abzuwägen.[208] Davon sei jedoch, so Ostwald weiter, der „Wettbewerb" zu unterscheiden, weil sich dieser nicht auf der Ebene verschiedener Arten, sondern meist zwischen Lebewesen gleicher Art abspiele.[209]

Lotka, wie wir weiter oben sahen, pflegte einen physikalischen Evolutionsbegriff, der die Vorgänge zwischen Aggregaten in der Beschreibung favorisierte und als Masseveränderungen auffasste. Damit differenzierte er auch zwischen dem Wettbewerb innerhalb einer Art und den Rivalitäten zwischen Arten. In der Interpretation des von Ostwald beschriebenen Verhältnisses zwischen „Räuber" und „Opfer" ging er aber weiter, indem er es als Zyklus verstand: Geradeso, wie die Stickstoffumwandlungen durch die Verflechtungen zwischen stickstoffabbauenden Pflanzen und stickstoffaufbauenden Tieren, welche sich wiederum von den Pflanzen ernähren, in einem Kreislauf stabilisiert werden, garantiere ein Ausgleich zwischen „Erneuerung" und „Zerstörung" zwischen Pflanzen und Tieren eine dauerhafte biologische Relation. Gleichzeitig lässt sich auch beobachten, dass Lotka von der Chemie ausging, um allgemein alle Zustandsveränderungen als Masseveränderungen zu beschreiben. Um seine grundlegende Darstellung der möglichen Abläufe von physikalischen Zustandsveränderungen zu illustrieren, bezog er sich zunächst auf einen Stickstoffkreislauf, dann auf das Beispiel von Ostwald aus der Biologie. Das aus der Chemie und Physik gewonnene Rüstzeug wurde auf Fragen der biologischen Veränderungen und der Evolution übertragen und stand Pate für die Mathematisierung. Der Vorwurf, eine metaphysische Setzung vorzunehmen, sollte mit der formalen Grundlage ausgehebelt werden.

Die analoge methodische Behandlung von verschiedenen Disziplinen finden wir bei Ostwald genauso, nur in einer anderen argumentativen Reihenfolge: Er setzte mit der Energetik ein selbsterklärendes Prinzip, das er auf die Chemie und Soziologie und Biologie übertrug. Doch trotz – und wie wir sehen werden – gerade wegen dieses fundamentalen Unterschieds versuchte Lotka Ostwald für seine Vorgehensweise zu interessieren. Ostwald reagierte auf das Manuskript Lotkas

---

nismen dadurch zusammenhängen, nachzudenken. Laut Henderson bedurfte es eigentlich, um die Darwin'sche Evolutionstheorie und die Fitness wirklich zu verstehen, noch der Resultate der physikalischen Chemie, die zeigen konnten, dass sich die Umwelt ebenso anpasst; vgl. Henderson, Lawrence J.: *The Fitness of the Environment. An Inquiry into the Biological Significance of the Properties of Matter*, New York: The Macmillan Company 1913, S. 23–27.

[208] Ostwald, Energetische Grundlagen der Kulturwissenschaft, S. 60 f.

[209] Ostwald, Energetische Grundlagen der Kulturwissenschaft, S. 63.

skeptisch: „Ihre Arbeit ist sehr schwer an das zugehörige Publikum zu bringen. In [i]hrer gegenwärtigen Gestalt ist sie bereits zu umfangreich für einen Zeitschriftenartikel und andererseits zu reichlich mit Formeln behaftet, um als Buch auf irgendwelchen Absatz hoffen zu dürfen."[210] Er regte jedoch an, das Manuskript um ein paar Bögen zu erweitern, wofür er „einen Verleger glaube ausfindig machen zu können." Allerdings, so fügte er hinzu, „muss das Publikum, welches ein solches Buch liest oder gar kauft, sozusagen für den Zweck erst hergestellt werden, so dass von einem pekuniären Erfolg für den Verleger schwerlich die Rede sein kann und es beiderseitiger Opfer, sowohl beim Autor wie beim Verleger bedürfen wird, um die Publikation zu ermöglichen."

Lotka fasste die Antwort realistisch und gleichzeitig munter auf. Er schrieb, dass er zwar das Manuskript noch nicht habe auf Buchlänge bringen können, jedoch plane, bald nach Deutschland zu kommen. Ostwald solle ihm doch einen Auftritt vor „geeigneten Versammlungen"[211] verschaffen. Ostwald wiederum teilte mit, dass er diesen Wunsch nach einem qualifizierten Publikum nicht zu erfüllen wüsste: „Diejenigen, die ihre Darstellungen verstehen würden, sind nicht zahlreich und auf der ganzen Welt vereinzelt."[212] Er sehe „mit dem größten Erwarten der Gelegenheit entgegen", sich mit ihm über seine Arbeit zu unterhalten[213], schrieb Lotka noch am 22. Dezember 1913 zuversichtlich. Ob die geplante Schiffsreise auf der Louisiana nach Liverpool, wie Lotka ankündigte, stattfand und sie sich tatsächlich trafen, ist ungewiss.[214]

Warum eigentlich gab Ostwald eine abwehrende Antwort? Ostwald wird immer wieder für seine Fähigkeit, Wissenschaft zu organisieren und Publika herzustellen, gelobt – sei es in Bezug auf die physikalische Chemie oder auf die *Annalen der Naturphilosophie* oder den Monismus. Bei guten (oder neuen) Ideen besteht immer das Problem, die Kluft zur Praxis zu überwinden. Was Lotka mit dem Manuskript vorschlug, war eine auf Mathematik fussende Generalisierung und eine Anwendung derselben auf biologische und ökonomische sowie evolutionäre Fragen. Wenn die Interpretation stimmt, dass es Ostwald nicht gelang, von der Energetik eine mathematisch exakte Variante zu liefern, wie es auch Boltzmann moniert hatte, dann hätte Lotka in diese Lücke springen können. Seine Darstel-

---

[210] Dazu und zum Folgenden siehe Brief von Ostwald an Lotka, 23.4.1913, ed. in: Schweitzer / Silverberg, Evolution und Selbstorganisation, S. 469.

[211] Brief von Lotka an Ostwald, 28.11.1913, ed. in: Schweitzer / Silverberg, Evolution und Selbstorganisation, S. 470.

[212] Brief von Ostwald an Lotka, 9.12.1913, ed. in: Schweitzer / Silverberg, Evolution und Selbstorganisation, S. 471.

[213] Brief von Lotka an Ostwald, 22.12.1913, ed. in: Schweitzer / Silverberg, Evolution und Selbstorganisation, S. 471 f.

[214] Die Website search.ancestry.com (November 2015), welche auch die Personenlisten der Überfahrten zwischen Europa und Amerika verzeichnet, lässt darauf schliessen, dass Lotka gewisse Reisen unternahm.

lung spricht auch dafür, dass er die energetischen Grundlagen nicht einfach behaupten, sondern deduzieren wollte. Er band mit dem Entwurf *Zur Systematik der stofflichen Umwandlungen mit besonderer Rücksicht auf das Evolutionsproblem* die energetische Betrachtungsweise wieder stärker an die Chemie zurück und schlug eine mathematische Anwendung vor, die bei Ostwald fehlte. Dieser verlegte sich auf die Implementierung der Energetik in den Bereichen Normierung und Standardisierung. Von dieser Perspektive aus gesehen, musste die Schrift von Lotka, die tatsächlich sehr formal gehalten ist, Ostwald als sperrig erscheinen. Und von einem Standpunkt des „energetischen Imperativs" aus betrachtet, schneidet natürlich ein Werk, das für ein Publikum geschrieben ist, welches man erst noch konstituieren müsste, in der Bilanz zwischen Aufwand und (unsicherem) Ertrag schlecht ab.

Eine zweite Überlegung führt zur Wissenschaftsorganisation auf konzeptioneller Ebene: Ostwald (wie auch Fechner) vertraten laut dem Philosophen Paul Ziche einen nicht-reduktiven Naturalismus.[215] Damit bezeichnet Ziche ein szientistisches Primat, das aber nicht durch einen – streng interpretierten – Reduktionismus als Rückführung auf eine (exakte) Wissenschaft erreicht werden muss. Es sei Ostwald vielmehr um die horizontale Anordnung der Wissensfelder gegangen, eine „tolerante Haltung, die ein Nebeneinander unterschiedlicher Wissenschaften, sogar unterschiedlicher Wissenschaftstypen akzeptieren kann", die, so Ziches These, die Zeit um 1900 prägte.[216] Meine Interpretation von Aspekten der Ostwald'schen Energetik stützen diese These nicht zwingend, aber der nicht-reduktive Zugang Ostwalds, wenn man die Energetik einmal als permeables Instrument akzeptiert hat, scheint mir aufschlussreich. Denn bei Lotka, so die Vermutung, entdeckte Ostwald nun in der Mathematisierung einen anderen Ansatzpunkt und eigentlich auch einen klassischen Reduktionismus. Gleichzeitig war „die Einheit der Wissenschaft" bei Lotka nicht Idee, sondern quasi nebenläufige, aber notwendige Folge der methodisch-mathematischen Analogisierung.

Ein weiterer Grund, weshalb Ostwalds Unterstützung ausblieb, könnte auch gewesen sein, dass die Energetik nach einer eigentlichen Hochphase allmählich an Schwung verlor. Behrs unternimmt eine meines Erachtens sehr einleuchtende inhaltliche Einteilung der *Annalen* in drei Phasen vor: Während der ersten war eine Tendenz zu einem positivistischen Programm auszumachen, die zweite Phase (1906–1912) ging mit einer Konzentration auf die Energetik einher, die dritte Phase (1912–1914, 1917/21) war gekennzeichnet durch den Versuch einer inhaltlichen Öffnung.[217] Für diese letztere ist insbesondere festzuhalten, dass Ostwald eine Co-Herausgeberschaft mit dem Soziologen und Pazifisten Rudolf

---

[215] Ziche, Wissenschaftslandschaften, S. 13.
[216] Ziche, Wissenschaftslandschaften, S. 13.
[217] Behrs, Der Leipziger Positivismus, S. 253.

Goldscheid, welcher dem österreichischen Monistenbund vorstand, pflegte. Der Titel der Zeitschrift wurde in *Annalen der Natur- und Kulturphilosophie* abgewandelt und der Inhalt näher an die Sozialwissenschaften herangerückt. Diese Kooperation war jedoch nicht von langer Dauer[218], und die *Annalen* erschienen nur noch selten.

Ostwalds Vorbehalte gegenüber Lotka mögen seinem generell schwindenden Interesse am Wissensfeld der Energetik, einer generellen Abneigung gegen die Formalisierung oder dem unerwünschten Aufwand geschuldet gewesen sein. Ausbleibende Unterstützung kann aber auch die Autonomie befördern.[219] So ist feststellbar, dass sich Lotka durch das Nicht-Zustandekommen einer Hilfestellung durch Ostwald nicht beirren liess. Ja, mehr noch lässt sich sagen, dass Lotka seinen Ideen aus der New Yorker Zeit treu blieb. So liest sich der oben erwähnte Aufsatz aus dem Jahre 1911 in den *Annalen* fast als Inhaltsangabe für die 14 Jahre später erscheinenden *Elements of Physical Biology*: Die „Evolutionsphysik" bestehe aus Kinetik und Statik, als Beispiel für einen evolutiven Prozess wird das Bevölkerungswachstum angeführt, wobei eine simple Wachstumsformel, welche die Geburten- und Sterberaten enthält, auftaucht[220]; die Lebensdauer wiederum hänge von einem passiven oder aktiven Widerstand ab, wovon der passive die Nahrung betrifft; Nahrung wiederum bedeute Energie zu verwerten[221], wobei die Organismen über ein „System" verfügen müssen, um sich Nahrung zu beschaffen; es bedürfe also eines Bezuges zwischen Innen- und Aussenwelt, wofür die Sinnesorgane zuständig seien, die Rezeptoren, Effektoren und Adjustoren.[222] Im nächsten Kapitel werden wir genau sehen, welche Rolle die Energetik Ostwalds für Lotka in der Entwicklung der physikalischen Biologie spielte.

---

[218] Stekeler-Weithofer / Schmidt, Annalen der Naturphilosophie. Man trennte sich, mit dem Ausbruch des Ersten Weltkrieges, in Unfrieden; vgl. hierzu Hansel, Goldscheid und Ostwald in Briefen.

[219] Reinhardt, Carsten: „Habitus, Hierarchien und Methoden: ‚Feine Unterschiede' zwischen Physik und Chemie", in: *NTM Zeitschrift für Geschichte der Wissenschaften, Technik und Medizin* 19 (2011), Nr. 2, S. 125–146, hier S. 126.

[220] Lotka, Evolution vom Standpunkte der Physik, S. 64.

[221] Lotka, Evolution vom Standpunkte der Physik, S. 66.

[222] Lotka, Evolution vom Standpunkte der Physik, S. 67 f.

Kapitel 2

Von Molekülen, Parasiten und Menschen

„Hurling a Man to the Moon. [...] How much power would it take?", fragte ein gewisser A. J. Lorraine 1919 im Magazin *Popular Science Monthly*, und Alfred J. Lotka wollte in seinem Hauptwerk 1925 wissen: „What then is gained by our definition of evolution?"[1] Die beiden eingestreuten rhetorischen Fragen verweisen auf zwei unterschiedliche Rollen, die der Autor der *Elements* einnahm. Einmal diejenige des unter Pseudonym publizierenden, populärwissenschaftlich schreibenden Experten und einmal diejenige des Wissenschaftlers an den Rändern, der in einen etablierten Diskurs intervenieren wollte. Zwischen den beiden Fragen zum Mond und der Evolution liegen aber auch sechs Jahre; über Lotkas Einkommenslage und berufliche Verhältnisse in dieser Zeit ist wenig bekannt. Wie erklärt sich seine intensive publizistische Tätigkeit in jenen Jahren? Warum wählte er für gewisse Artikel einen Decknamen?

Im ersten Unterkapitel („Der produktive Nicht-Fachmann") werden Lotkas populärwissenschaftliche Texte zwischen 1919 und 1921 wissenschaftssoziologisch analysiert. Die Figur des Dilettanten in der Wissenschaft wird sich hier als gewinnbringend erweisen. Lotka befand sich in der diffizilen Phase des Versuchs, sich als nicht akademisch eingebundener Wissenschaftler zu etablieren. Er wog grundsätzlich ab, mit welchen Themen und Personen er in Verbindung gebracht werden wollte. Dieses Bewusstsein für das Austarieren zwischen einem Sich-Einschreiben in Traditionen oder Sich-Abgrenzen von Vordenkern kann auch in seinem Hauptwerk von 1925 beobachtet werden: Im zweiten Unterkapitel „Das Programm der *Elements of Physical Biology*" wird das Hauptwerk Lotkas als originärer Beitrag zu einer Mathematisierung des Lebens vorgestellt. Im Gegensatz zu den in der Einleitung kritisierten Ansätzen von Kingsland und Israel, deren Darstellungen sich als Umkehrerzählung einer Erfolgsgeschichte lesen, gehe ich davon aus, dass Lotka ein Programm vertrat, das es – eklektischer Stil hin oder her – ernst zu nehmen gilt. Unter Stichworten wie Identifikation, Intention, Imi-

---

[1] Kaempffert, Waldemar / A. J. Lorraine [Alfred James Lotka]: „Hurling a Man to the Moon. How could a lunar Columbus break the grip of gravitation and reach the nearest heavenly body? What kind of motor would he use? How much power would it take?", in: *Popular Science Monthly* 94 (April 1919), Nr. 4, S. 69–72; Lotka, Elements, S. 27.

tation und Originalität wird Lotkas Agieren in der Wissenschaft beleuchtet, was meines Erachtens viel über die Ausgestaltung der Monographie verrät.

Die anschliessende ausführliche Darstellung des Inhalts der *Elements* erfolgt in drei Unterkapiteln: „Die Mathematisierung des Lebens", „Energie" und „Oszillationen und Zyklen". Durch die gewählten Schwerpunkte in der Darstellung der *Elements* sind meines Erachtens die wesentlichen konstitutiven Aspekte eingefangen: Lotkas Methode und Ziel, seine Position zur Energetik sowie sein globaler Erklärungsanspruch.[2] Dadurch wird Lotkas inhaltliche Originalität und auch sichtbar, wie stark er sich mit dem neuen Ansatz identifizierte und bewusste Selbstverortungen in wissenschaftlichen Traditionen vornahm. Hinsichtlich des letzteren Aspekts wird vor allem zu analysieren sein, wie sich Lotka mit den Vorarbeiten von Ostwald, Boltzmann und Spencer auseinandersetzte.

Der produktive Nicht-Fachmann

Wie viel Energie es brauchte, um einen Menschen – theoretisch – auf den Mond zu „schleudern", beantworteten der Herausgeber der Zeitschrift, Waldemar Kaempffert, und ein gewisser A. J. Lorraine. Ein „engineer", der sich explizit vom „novelist" abgrenzte, wog ab, dass sämtliche Waffen, deutscher wie französischer Herkunft, und alle aktuell denkbaren Raketen dieser Aufgabe nicht gewachsen wären. Auch Radium, ein immenser Energiespeicher, den die Technik erst noch anzuzapfen ermöglichen müsse, sei keine Lösung. Und ausserdem, so der Ingenieur weiter, sei es fraglich, ob kopfüber durch die Leere zu fallen, um dann auf dem bitterkalten Mond anzulangen, wo einen das aus rabenschwarzem Himmel gleissende Sonnenlicht blende, erstrebenswert sei: „It seems like some impossible nightmare." Der Mensch auf dem Mond, so die Schlussfolgerung, würde nach einer Minute dieser „so harrowing an experience" wieder sein Gefährt besteigen und dahin zurückkehren wollen, wo er hingehört – auf die Erde.[3]

Der amerikanische Übersetzer und Publizist Kaempffert (1877–1956) übernahm im Jahre 1916 die Herausgabe des Magazins, was zum Anlass genommen wurde, die Geschichte des *Popular Science Monthly* aufzurollen.[4] Seit der ersten

---

[2] Durch diese Auswahl sind aber auch schon Vorentscheide gefallen: Erstens wird der analytisch-mathematische Teil von Lotkas Werk nicht detailliert behandelt werden, zweitens werde ich seine Ausführungen philosophischer Natur nur streifen. Die Auslassungen formaler Natur betreffen die Kapitel zur Untersuchung der Wachstumsfunktion (Lotka, Elements, S. 100–139) sowie zu Gleichgewichtsanalysen (Lotka, Elements, S. 152–160, 259–321). Die Einordnung von Lotkas Gedanken in die Geschichte der Bewusstseinsphilosophie, was hier nicht unternommen wird, müsste meines Erachtens an Lotka, Elements, S. 371–401 ansetzen.

[3] Kaempffert / Lorraine, Hurling a Man to the Moon.

[4] O. A.: „The Vision of a Blind Man", in: *Popular Science Monthly* 88 (January–June 1916), S. iii–xii.

Ausgabe im Jahre 1872 war es das Ziel der Zeitschrift, zwischen dem „exclusive folk" der Wissenschaftler und dem Alltagsleben der Menschen eine Übersetzungsleistung zu erbringen.[5] Im Sinne des Chemikers und geistigen Gründervaters Edward Livingston Youmans sollten die neuesten wissenschaftlichen Errungenschaften durch namhafte Forscher, die sich gleichzeitig durch eine verständliche Sprache auszeichneten[6], nachvollziehbar und spannend[7] vermittelt werden. Bilder nahmen bei dieser Aufgabe eine zentrale Rolle ein, „because the picture is the quickest, surest way of communicating ideas".[8] *Popular Science Monthly* bezog keine politische Position, die Präsentation der technischen Fortschritte stand im Vordergrund.[9] Alltägliche Erfahrungen fungierten nicht selten als Aufhänger, wonach Expertenmeinungen referiert und mit Abbildungen illustriert wurden.

Es treffe zu, so schrieb Kaempffert im Jahre 1950 an Frank W. Notestein, der sich um Lotkas Nachlass kümmerte, dass Lotka in seiner Zeitschrift unter dem Pseudonym A. J. Lorraine publiziert habe.[10] Dies jedoch nur so lange, wie Kaempffert als Herausgeber des *Popular Science Monthly* firmierte, bis zum Jahre 1922. Die Zusammenarbeit war wohl nicht zufällig zustande gekommen; es kann vermutet werden, dass sie sich durch ihre Arbeit für den *Scientific American*, den Kaempffert zwanzig Jahre lang mitgestaltete und wo Lotka von 1911 bis 1914 das *Supplement* als Co-Editor betreut hatte, kannten.[11] Die Titel der unter Pseudonym für den *Popular Science Monthly* verfassten Texte waren oft in Form einer Frage

---

[5] O. A., The Vision of a Blind Man, S. v.

[6] O. A., The Vision of a Blind Man, S. vii.

[7] O. A., The Vision of a Blind Man, S. xi.

[8] Zwei Details zur in der Ausgabe von 1916 erzählten Gründungsgeschichte: Der Ideengeber Youmans war ein blinder Chemiker; Texte von Herbert Spencer werden in der Rückschau als Initialzündung für die Gründung der populärwissenschaftlichen Zeitschrift dargestellt; o. a., The Vision of a Blind Man, S. vii.

[9] Diese Vorgabe entband die Zeitschrift beispielsweise im Jahre 1916 von einer politischen Stellungnahme, als von abgestürzten Zeppelinen, Flüssigbomben und Explosionen reich bebildert berichtet wurde und auch der Leser mitbekam, dass der abgestürzte Zeppelin den Deutschen gehörte und der gigantische Krater durch eine französische Mine entstanden war. Kritisch war man gegenüber dem Vernichtungspotenzial der Waffen im Allgemeinen, die Bilderserie wurde von Untertiteln wie „Infernal Devices of War-Crazed Men" und „Science is Terrible, When Applied to War" begleitet, was aber wohl vielmehr einen technologischen Kitzel wecken als wirklich abschreckend wirken sollte (denn immerhin widmete man über 20 Seiten den Waffen-Arsenalen Europas), siehe o.A., o.T., in: *Popular Science Monthly* 89 (August 1916), Nr. 2, S. 206–223.

[10] Brief von Kaempffert an Frank W. Notestein, 7.8.1950, AJL-Papers, Box 1, Folder 4.

[11] Aus den 1940er Jahren sind zwei Briefe von Lotka an Kaempffert überliefert, die davon zeugen, dass Lotka diesen Kontakt weiterhin pflegte, um wissenschaftlichen Rat zu holen: Einmal geht es um die „presidential address", die Lotka für die American Statistical Association vorbereitete; einmal kontaktierte er ihn, um einen bereits erschienenen Text („Some Reflections – Statistical and Other – On a Non-Material Universe", in: *Journal of the American Statistical Association* 38 (1943), S. 1–15) kommentieren zu lassen; siehe Briefe von Lotka an Kaempffert, 8.1.1943 bzw. 8.4.1943, AJL-Papers, Box 3, Folder 3.

formuliert: *Do Spirits Talk Through the Ouija Board?, What is there in Telepathy?*[12]
Der an technologischen Innovationen bzw. Spekulationen interessierte Bürger
durfte im Anschluss weder eine begeisterte Rede für die so genannten Parawissenschaften noch eine szientifische Absage an die Annahme von übersinnlichen
Phänomenen erwarten. Die Texte bedienten sich der experimentell geschulten
Logik der Hypothesenprüfung: Einmal angenommen, dass xy, was könnte man
daraus folgern? Rhetorisch blieb A. J. Lorraine, mal abgesehen von unbewiesenen
Prämissen, auf dem Boden der bekannten Tatsachen. Darin unterscheiden sich
die Artikel zum Ouija board oder zur Telepathie nicht von anderen, ebenfalls
unter Pseudonym veröffentlichten Texten, die das Potenzial des Sonnenantriebs
für Automobile ausloteten oder die Frage prüften, wie der Präsident einer Mars-
Republik zum 4. Juli gratulieren könnte.[13] Moralisch motivierte Schlussfolgerungen – beispielsweise in Bezug auf das sonnenangetriebene Auto – kamen, wenn
überhaupt, im Gewande der auf die Zukunft projizierten, erhofften wissenschaftlichen Möglichkeiten auf, die dem Menschen und seiner Umwelt ein besseres
Leben versprachen.

Die Fortschrittsgläubigkeit, gepaart mit einer Rückbindung des Wissens an die
Empirie, verhinderte gleichzeitig, übersinnliche Phänomene wie automatisches
Schreiben voreilig zu verurteilen. Nach dem Untertitel „Let us consider the evidence for thought transference" unternahm A. J. Lorraine einen Tour d'horizon
des bisherigen Wissens über Telepathie und Gedankenexperimente, kombinierte
Verwunderung über die stupenden Erfahrungen von Einzelpersonen mit den
bisher bekannten wissenschaftlichen Nachweismethoden. Kann man daraus ein
Muster ablesen und behaupten, dass sich Lotka ein Pseudonym zulegte, um nicht
namentlich und persönlich mit parawissenschaftlichen Themen in Verbindung
gebracht zu werden? Damit sind Fragen des Status als Wissenschaftler, der disziplinären Positionierung und der wissenschaftlichen Biographie aufgeworfen.

Der produktive Nicht-Fachmann ist der Dilettant.[14] Üblicherweise ist der Terminus Dilettant eine Fremdzuschreibung und Ausschlusskategorie. Die semantische Färbung reicht dabei vom Nichtkundigen und Laien bis hin zum Stümper

---

[12] Lorraine, A. J.: „Do Spirits Talk Through the Ouija Board? Perhaps it is that subconscious ego
whose memory is better than yours", in: *Popular Science Monthly* 96 (May 1920), Nr. 5, S. 60–63;
Lorraine, A. J.: „What Is There in Telepathy? Let us consider the evidence for thought transference",
in: *Popular Science Monthly* 97 (July 1920), Nr. 1, S. 65–67. Zur Erläuterung des Ouija Boards vgl. die
Einleitung dieser Arbeit.
[13] Lorraine, A. J.: „Talking Across 34,000,000 Miles to Mars. How can the President congratulate
some Martian Republic on the celebration of its Fourth of July?", in: *Popular Science Monthly* 94 (May
1919), Nr. 5, S. 46 f.; Lorraine, A. J.: „Can You Run Your Automobile by Sun-Power? Not quite yet, but
some day you may be able to hitch up the sun and say ‚Giddap!'", in: *Popular Science Monthly* 94 (June
1919), Nr. 6, S. 67.
[14] Dazu und zum Folgenden siehe Schüttpelz, Erhard: „Die Akademie der Dilettanten (Back to D.)",
in: Stephan Dillemuth (Hg.), *Akademie*, Köln: Permanent-Press-Verlag 1995, S. 40–57.

und Pfuscher. Die Position des Dilettanten als produktiver Nicht-Fachmann ist für die Wissenschaft jedoch notwendig und zwar sowohl inhaltlich wie strukturell. Inhaltlich, weil der Neuankömmling zunächst die Standards und das Handwerk des Faches rezipieren muss, aber durch seinen Status qua Lernender vorerst aus der Produktion ausgeschlossen ist. Strukturell, weil es auf der anderen Seite Leute „vom Fach" gibt, die die „Produktionen" bewerten. Das Neue kann per definitionem nur an den gängigen Standards gemessen werden und muss deshalb im ersten Moment als dilettantisch verunglimpft werden. Zu dieser doppelten Funktion des Dilettanten tritt aber noch die Erwartung, dass Neues, Innovatives, Originelles in die Wissenschaft kommt: „in jede spezialisierte Kompetenz ist die Forderung der Kompetenzerweiterung eingebaut." Der Neuankommende als Dilettant soll also einerseits das wissenschaftliche Know-how erwerben und, um sich zu beweisen, die Standards erlernen, die er andererseits wieder verletzen soll, wenn er etwas Neues entwickeln und über seinen Status hinauskommen will. Die „Blindheit" des Systems bedingt gleichzeitig, dass das Neuartige verkannt wird. Hierin liegt das produktive Potenzial des Dilettanten und auch seine Chance, weil es für das wissenschaftliche System sehr schwierig ist, zwischen „inkompetentem Dilettantismus" und „kompetenter Innovation" zu unterscheiden. Bis diese Frage jedoch beantwortet ist, kann der Dilettant selbst nicht wissen, ob er als Scharlatan oder Genie gelten wird.

Die Selbstzuschreibung Dilettant steht nur denjenigen Personen zu Verfügung, deren Status darunter nicht leiden wird. Wilhelm Ostwald konnte damit rechnen, dass er als etablierter Chemiker auch dann nicht ignoriert wurde, wenn er über die Dinge nach der Physik(alischen Chemie) zu schreiben begann, genauso, wie die *scientific community* nicht umhin kam, Stellung zu beziehen, wenn Ostwald die Existenz von Atomen bezweifelte.[15] Waren Ostwalds *Vorlesungen über Naturphilosophie* an der Universität Leipzig im Jahre 1901 von Kollegen als „unkollegiales Eindringen eines Nichtkompetenten in ihre Domäne"[16] interpretiert worden, so bezeichnete er sich in der Einleitung zu *Energetische Grundlagen der Kulturwissenschaft* gleich selbst als „Dilettant" und „Laie". Damit schlug er zwei Fliegen mit einer Klappe. Erstens erlaubte ihm diese Selbstzuschreibung, sich in Gebiete vorzuwagen, die ihm von seiner disziplinären Herkunft nicht nahelagen, und zweitens war es deshalb auch nicht probat, wie Ostwald erwähnt, sich „mit der Literatur über die soziologischen Theorien bekannt zu machen."[17]

---

[15] Pippard, Physics in 1900, S. 30.

[16] Striebing, L.: „Die philosophische Konzeption Wilhelm Ostwalds", in: Anläßlich des 125. Geburtstages von Wilhelm Ostwald, S. 113–122, hier S. 113.

[17] Ostwald, Energetische Grundlagen der Kulturwissenschaft, Vorwort.

Als „marginal man"[18] der Wissenschaft und disziplinärer Grenzgänger konnte sich Lotka ein Kokettieren mit der Sprecherposition Dilettant nicht leisten. Ganz im Gegenteil, er musste damit rechnen, bisher noch zu den Dilettanten zu zählen und sich seinen wissenschaftlichen Status erst noch erarbeiten zu müssen. Vor dem Hintergrund der oben stehenden Ausführungen boten sich ihm rezeptionstechnisch nur zwei Möglichkeiten: zum Genie erklärt oder aber ignoriert zu werden. Gilt etwas als Innovation, so wird in der Biographie des Protagonisten geradezu nach Anzeichen für Marginalität gesucht, weil nur diese – so die klassische, aber auch kritisierte Idee – echte Neuheiten garantiere.[19] Umgekehrt kann aber Marginalität auch dazu führen, dass man übersehen wird. Denn die Identifikation der Neuheit ist der *scientific community* überlassen, zu der ein „marginal man" per Definition (noch) nicht gehört. Forschungsbiographisches Prekariat allein sichert also keinen Ruhm, es braucht zudem einen wohl gesonnenen Resonanzraum.[20] Und diesen wollte Lotka auch mitgestalten.

Kaempffert mutmasste nach dem Tode Lotkas über dessen Beweggründe für ein Pseudonym, als er gegenüber dem Nachlassverwalter Notestein das Geheimnis lüftete: „There were several articles which I asked him to prepare which both he and I agreed it would not be advisable to sign, chiefly because of their somewhat superficial journalistic character."[21] Was Kaempffert hier ins Feld führte, sind nicht etwa die Themen, die ein Pseudonym gerechtfertigt hätten, sondern die Form der Texte. Ganz zufriedenstellend ist diese Erklärung nicht, denn Lotka entfaltete im selben Zeitraum eine grosse publizistische Tätigkeit unter eigenem Namen, die sich in den unterschiedlichsten Zeitschriften niederschlug. So findet sich in der *Saturday Evening Post* ein Text zu *The Furniture of the Mind*, in *Art and Archeology* behandelte er das Tragische, das Karikierende und Groteske, und im *Independent* dachte er darüber nach *Why men work*.[22] Lotka hatte also prinzipiell keine Berührungsängste mit verschiedenen Publikationsorganen, worin primär journalistischer Stil verlangt war. Auch hat Lotka in Kaempfferts *Popular Science Monthly* mit eigenem Namen im gleichen Zeitraum publiziert; Texte, die sich im Genre nicht von den anderen unterschieden.[23]

---

[18] Park, Marginal Man.

[19] Gieryn, Thomas F. / Richard F. Hirsh: „Marginality and Innovation in Science", in: *Social Studies of Science* 13 (1983), Nr. 1, S. 87–106, hier S. 93.

[20] Gieryn / Hirsh, Marginality and Innovation, S. 101.

[21] Brief von Waldemar Kaempffert, damals Science Editor bei der *New York Times*, an Frank W. Notestein, 7.8.1951, AJL-Papers, Box 1, Folder 4.

[22] Eine (unvollständige) Aufstellung der populärwissenschaftlichen Texte von Lotka findet sich angehängt an einen Nachruf: Notestein, Alfred James Lotka, S. 22–29.

[23] Lotka, Alfred James: „When Minds Get Off the Track. Some Examples of What Happens to Victims of Mental Ingestion", in: *Popular Science Monthly* 95 (1919), Nr. 5, S. 80–82; ders.: „Tapping the Earth's Interior for Power. A Great Reservoir of Energy for Possible Future Use", in: *Popular Science Monthly* 96 (1921), Nr. 4, S. 20–23.

Eine andere Hypothese, die den Inhalt der Texte in den Vordergrund stellt, würde auf das Pseudonym als status-sensitive Massnahme abheben. Demnach hätte Lotka seinen bürgerlichen Namen für die *hard sciences* reserviert und aus Furcht vor voreiligen disziplinären Zuschreibungen bei so genannten parawissenschaftlichen Themen einen Decknamen verwendet. Diese Interpretation betont, dass er sich durchaus seiner eigenen, prekären Situation als nicht-institutionell verankerter Wissenschaftler bewusst war; seine Monographie war in Vorbereitung, sein wissenschaftliches Profil nicht klar konturiert, weshalb er vermeiden wollte, als Autor eines Magazins fürs Fussvolk identifiziert zu werden.

Drei Beobachtungen verweisen jedoch auf die Grenzen dieser Interpretation: Erstens setzte Lotka das Pseudonym auch bei vermeintlich unverfänglicheren Themen wie bei technischen Innovationen in der Kriminalistik oder der Telegraphie ein, und umgekehrt zeichnete Lotka auch mit dem richtigen Namen, wenn er über Déjà-vus und Zwangsneurosen schrieb.[24] Zweitens scheint die Darstellungsweise der Texte über Übersinnliches nicht zwingend ein Pseudonym zu erfordern: Lotkas Aufsätze über das so genannte Parapsychologische[25] passten zum Konzept des *Popular Science Monthly*, auf möglichst neutrale Art und Weise technische Finessen und Wunderliches im Alltäglichen zu kommentieren.[26] Diese Herangehensweise, so haben wir im ersten Kapitel gesehen, passt auch zum agnostisch geschulten Lotka: Vorurteile sollen ebenso aussen vor bleiben wie metaphysische Postulate; die Widersprüchlichkeiten von parawissenschaftlichen Experimenten und die daran geäusserten Zweifel vonseiten referierter Experten werden nicht unterschlagen; gesucht ist ein empirischer Beweis, aber bis dieser vorliegt, hat auch nur Gültigkeit, was man mit Sicherheit wissen kann oder das, was einem ein Phänomen am besten erklärt. Über den Decknamen A. J. Lorraine vermittelt, drückte Lotka diese Haltung aus und weitete das Primat der Empirie auf übersinnliche Phänomene aus. Lotka signalisierte, wie sich der Wissenschaftler gegenüber solchen Themen überhaupt verhalten kann (oder soll). Das Thema trat hinter die Zugangsweise zurück, die sich durch Offenheit auszeichnete und ein wissenschaftliches Ethos zum Ausdruck brachte. Im Falle des Ouija boards fasste die Zeitschrift diese Haltung in einem Kästchen zusammen und erklärte programmatisch, dass das Interesse an übersinnlichen Phänomenen und die Anzahl

---

[24] Vgl. die Bibliographie.

[25] Die im Jahre 1874 gegründete Zeitschrift *Psychische Studien* wurde 1924/25 umbenannt in *Zeitschrift für Parapsychologie*.

[26] Das Programm der Zeitschrift ist auch sinnfällig für den Herausgeber Kaempffert, der im *Biographical Dictionary of Parapsychology* einen längeren Eintrag erhielt, siehe Pleasants, Helene (Hg.): *Biographical Dictionary of Parapsychology with Directory and Glossary, 1964–1966*, New York: Helix Press 1964, S. 163 f.

der Benutzer des Ouija boards zu gross sei, um sie alle als „frauds" zu bezeichnen: „Besides, it is the business of science to investigate and not to prejudice."[27]

Drittens lässt sich einwenden, dass sich Lotka mit parapsychologischen Themen keineswegs als Esoteriker entpuppte, sondern in guter Gesellschaft befand. Um die Jahrhundertwende war die Meinung verbreitet, dass sich telekinetische Bewegungen und teleplastische Formen natürlich und wissenschaftlich erklären liessen und die Gründe dafür in Biologie, Psychologie und Physik zu finden seien.[28] Gerade um 1920 und nach den gemachten Erfahrungen von Lug und Trug durch parawissenschaftliche Praktiken versuchte dieser Wissensbereich den Anstrich des Okkulten abzulegen.[29] Allerdings ist bei dem dritten Einwand zu bemerken, dass es sich eher etablierte Wissenschaftler qua ihrem akademischen Kapital erlauben konnten, ihre wissenschaftlichen Standards (Experimente, Messungen und Versuche) auch auf parawissenschaftliche Phänomene zeitweilig anzuwenden. Lotka hingegen konnte nicht aus gesicherter Warte und als etablierter Wissenschaftler agieren, was wiederum für die Anwendung eines Decknamens bei einschlägigen Themen spräche.

Ich möchte den bislang vorgestellten Erklärungen für die Benutzung eines Pseudonyms, die den wissenschaftlichen Status Lotkas betonen, einige anders gelagerte Überlegungen hinzufügen: Das von Lotka gewählte Pseudonym ist ja seinem eigenen Namen nicht ganz unähnlich. Die Abkürzungen für die Vornamen sind identisch und werden auch in amerikanischer Manier beibehalten. Der Nachname aber klingt französisch. Beim ersten Einsatz des Pseudonyms im April 1919 in *Popular Science Monthly* war der Erste Weltkrieg gerade einmal viereinhalb Monate vorüber und „Lorraine" kann, wenn nicht gar als politisches, so zumindest als frankophiles Statement gedeutet werden. Die Pariser Friedenskonferenz hatte am

---

[27] Lorraine, Ouija Board, S. 60.

[28] Wolffram, Heather: *The Stepchildren of Science. Psychical Research and Parapsychology in Germany, c. 1870–1939*, Amsterdam / New York: Editions Rodopi B.V. 2009, S. 12 f. Auch in den von Wilhelm Ostwald herausgegebenen *Annalen der Naturphilosophie* wurden Experimente zu Übersinnlichem vorgestellt. Prominentes Beispiel dafür ist der Text des Theologen und Chemikers Ludwig Staudenmeier „Versuche zur Begründung einer wissenschaftlichen Experimentalmagie" von 1910; ein Text, der im Jahre 1912 in der Monographie *Die Magie als experimentelle Naturwissenschaft* seinen Niederschlag fand, vgl. Staudenmeier, Ludwig: „Versuche zur Begründung der Experimentalmagie", in: *Annalen der Naturphilosophie* 9 (1910), S. 329–367; Staudenmeier, Ludwig: *Die Magie als experimentelle Wissenschaft*, Leipzig: Akademische Verlagsgesellschaft 1912.

[29] Vom Versuch die „psychical research" vom Nimbus des Betrugs zu befreien und auf eine naturwissenschaftliche Basis zu stellen, zeugen auch Texte der 1920er Jahre. Es konnte in diesem Zeitraum aber keine Rede davon sein, dass die auf diesem Gebiete Forschenden über einen Konsens über ihre Methoden und Ziele verfügten; vgl. hierzu die international ausgerichtete Studie von Mauskopf, Seymour H. / Michael R. McVaugh: *The Elusive Science. Origins of Experimental Psychical Research*, Baltimore / London: The Johns Hopkins University Press 1980, S. 1–24. Mir ist bewusst, dass dies nur eine skizzenhafte Darstellung der Geschichte der Parawissenschaften oder auch der so genannten Synthesewissenschaften ist. Aktuelle Forschungsprojekte zu diesen Themenbereichen finden sich auch auf der Website des Instituts für Grenzgebiete der Psychologie und Psychohygiene in Freiburg im Breisgau: http://www.igpp.de/german/welcome.htm.

18. Januar 1919 begonnen, und es wurde über die verschiedenen Restitutions-
forderungen an Deutschland verhandelt. Eines der Gebiete, das das Deutsche
Kaiserreich abtreten musste, war das seit 1871 inkorporierte Elsass-Lothringen,
wo Lotka, den wenigen biographischen Hinweisen zufolge, vermutlich aufwuchs.
Kaempffert, der 1951 auch von der Life Insurance Company, dem langjährigen
Arbeitgeber Lotkas, kontaktiert wurde, um seine Erinnerungen weiterzugeben,
schrieb über Lotkas selten sichtbar werdende, aber klare politische Position:

> Inspite of his quiet and even reserved manner only Lotka's closest friends knew how strong
> were his emotions and convictions. This came out during the First World War. Having
> studied in Germany he knew the German temperament better than I did and took so
> passionate an interest in having Germany defeated that I who was more indifferent could
> not understand him.[30]

Ein zweiter, bedenkenswerter Aspekt betont vielmehr die ökonomische Situation,
in der sich Lotka zum Zeitpunkt seiner populärwissenschaftlichen Publikations-
arbeit befand. Wie bereits erwähnt, lässt sich Lotkas Curriculum Vitae nicht lü-
ckenfrei rekonstruieren. Es sind wohl gewisse Arbeitsverhältnisse bekannt, aber
nicht abschliessend ermittelbar, welche Aufgaben er in den jeweiligen Betrieben
(Patent Office, General Chemical Company) zu erfüllen hatte.[31] Ein eigenes Patent, welches für 17 Jahre geschützt war, meldete Lotka im Jahre 1916 an.[32] Die
Arbeit bei der General Chemical Company auf Long Island, folgt man Kaempffert,
erfüllte ihn nicht, was sich der Publizist mit dessen Eigensinnigkeit und Charakter erklärte. Lotka sei „not the laboratory type of worker" gewesen und habe
im Chemieunternehmen keinen Raum für seine Originalität gefunden.[33] Nach
der Stelle bei der General Chemical Company 1919 ist über eine regelmässige
Einkommensquelle Lotkas nichts bekannt.[34] Die Menge der Artikel in diesem
Zeitraum könnte ihren Grund in ökonomischen Zwängen gehabt haben. Die
Hinzunahme eines Pseudonyms erlaubte es ihm vielleicht, öfter in derselben
Zeitschrift zu publizieren. Für die These einer Verdoppelung der Autorschaft aus
ökonomischer Notwendigkeit heraus spricht auch, dass Lotka in den Ausgaben

---

[30] Brief von Waldemar Kaempffert an Mortimer Spiegelman (Assistant Statistician, Metropolitan *Life Insurance Company*), 7.2.1950, AJL-Papers, Box 1, Folder 7.

[31] Kingsland macht hier einen kleinen Hinweis, den ich aber durch die Archivarbeit nicht be-
stätigen konnte: Lotka habe bei seinem zweiten Engagement bei der Chemical Company über die
Nitrogen fixation in der Atmosphäre gearbeitet; Kingsland, Modeling Nature, Fussnotenapparat,
S. 216, Fussnote 11.

[32] AJL-Papers, Box 31, Folder 2. Das von der City of Washington ausgestellte Patent lautete auf
„Methods and Apparatus for Preparing Representations or Reproductions, On the Original or On an
Altered Scale, of Objects, Images, or Pictures".

[33] Brief von Kaempffert an Spiegelman, 7.2.2012, AJL-Papers, Box 1, Folder 7.

[34] Kingsland rekonstruierte aus Raymond Pearls Nachlass, dass Lotkas Briefe Ende 1921 mit Scran-
ton, Pennsylvania adressiert waren, wo er evtl. eine Anstellung hatte; siehe hierzu Kingsland, Modeling
Nature, Fussnotenapparat, S. 216, Fussnote 24.

vom Juni 1919 und Mai 1920 des *Popular Science Monthly* je zwei Texte, einmal unter richtigem, einmal unter falschem Namen, veröffentlichte, wobei er sich auch einmal erlaubte, als Autor Lotka auf einen Text von Lorraine (aber ohne den Namen zu erwähnen) zu verweisen.[35]

Nach 1922 und mit dem Beginn seines kleinen Stipendiums an der Johns Hopkins University bei der Gruppe von Raymond Pearl verfasste Lotka seltener Artikel für populäre Publikationsorgane.[36] Damit verknüpft ist eine dritte Beobachtung: Die Wissenschaftshistorikerin Kingsland vergleicht Pearls Einladung mit der ‚Entdeckung' Lotkas, wobei die von ihr verwendete Metapher vom Maulwurf (Lotka), der jahrzehntelang unbemerkt in den Untergründen wühlte, bis er endlich durch den Adler (Pearl) gesichtet wurde, der ihn mit seinen „freundlichen Krallen" in die Lüfte gehoben habe, die Ambivalenz der Aktion unfreiwillig gut einfängt.[37] Zunächst ohne Einkommen, etablierte man für Lotka eine neue Bezeichnung als Gast an der School of Hygiene and Public Health („Fellow by Courtesy"). Als bald darauf ein Stipendium über 1000 $ bei Pearls Forschungsgruppe am Department of Biometry and Vital Statistics ausgeschrieben war, ermunterte er Lotka, sich zu bewerben, stellte aber sicher, dass die statusrelevantere Bezeichnung „Fellow by Courtesy" bestehen bleiben konnte. Zum einen erhielt Lotka durch die Einladung und das kleine Stipendium etwas Geld und Zeit, seine Monographie zu schreiben, zum anderen wollte er gegenüber einer lesenden Öffentlichkeit gerade nicht mit dem Institut und Geldgeber identifiziert werden. Diesem starken Bedürfnis, als Wissenschaftler mit eigens entwickelten Ideen wahrgenommen zu werden und sich von ‚grossen Namen' abzugrenzen, werden wir an verschiedenen Stellen wieder begegnen (in diesem und in Kapitel 4). Ohne das Pseudonym, so kann man folgern, hätte Lotka nicht nur zu offensichtlich häufig in derselben Zeitschrift publiziert, sondern wäre auch – gerade in der Co-Autorschaft mit Kaempffert – zu sehr als Protegé des Herausgebers sichtbar geworden. Zumindest waren es auch solche Gedanken – die unfreiwillige Identifizierung mit einer Institution, die von einer starken Persönlichkeit geprägt ist –, die ihn zögern liessen, als ihn Pearl an die Johns Hopkins University einlud.[38]

---

[35] In derselben Ausgabe: Lotka, Alfred James: „What Holds the Stars Together? Gravitation, the All-Pervading Force", in: *Popular Science Monthly* 94 (June 1919), Nr. 6, S. 51–54, für den Selbstverweis auf den Text über die mögliche Reise des Menschen zum Mond siehe S. 53 und Lorraine, Automobile by Sun-Power?, S. 67. Die zweite Verdoppelung der Autorschaft in einer Ausgabe: Lotka, Alfred James: „Look Out for a Crash When the Crowd Gets Up", in: *Popular Science Monthly* 96 (May 1920), Nr. 5, S. 21 f. und Lorraine, Ouija Board.

[36] Besonders gut aufgenommen wurde Lotka, Alfred James: „The Leaven and the Lump", in: *The Forum* (Feb. 1928), S. 229, vgl. hierzu AJL-Papers, Box 1 Folder 2.

[37] Kingsland, Modeling Nature, S. 29.

[38] Kingsland beschreibt, dass Lotka von Juni 1921 an seine Aufsätze mit der Adresse in Baltimore zu signieren anfing, 1922 übersiedelte er nach Baltimore, um das Buch zu schreiben; siehe hierzu Kingsland, Modeling Nature, S. 30–32.

Als Verfasser der Texte für *Popular Science Monthly* und *Harper's Magazine* wurde Lotka als Experte beigezogen, der einer breiteren Öffentlichkeit in einfacher Sprache naturwissenschaftliche Themen im weitesten Sinne näherbrachte. Dass er diese Rolle ausfüllte, spricht dafür, dass Lotka durchaus als Naturwissenschaftler mit grosser Themenvielfalt wahrgenommen und als solcher auch beigezogen wurde, auch wenn er nicht an einer Universität tätig war. Gleichzeitig war es Lotka auch bewusst, dass eine breite Themenstreuung nachteilig sein kann, wenn man noch vorhat, wissenschaftliches Profil zu gewinnen. In dieser Hinsicht kann das Diktum, dass die Wissenschaft für ihr Selbstverständnis auch immer definieren muss, was Pseudowissenschaft ist, dahingehend erweitert werden, dass die Wissenschaft in der Selbstversicherung auch immer klären muss, was Populärwissenschaft ist. Auf die Rolle des Populärwissenschaftlers wollte er nicht festgeschrieben werden, sondern machte bei diesen Texten die Haltung des neutral beschreibenden, urteilslosen Experten, der sich an die wissenschaftlichen Grundlagen hält, stark. Für eine innere Auseinandersetzung spricht letztlich auch die Wahl des Pseudonyms, wenn es auch mitunter (Autorendoppelung) ökonomisch motiviert gewesen sein mag: Das frankophile Pseudonym wird zum Nebenschauplatz der politischen Selbstvergewisserung, so dezent, dass sie eigentlich nur für Eingeweihte verstehbar ist.

Die Arbeit am eigenen Bild und Lotkas starke Identifikation mit seinen Texten werden im folgenden Abschnitt, wenn es um sein Hauptwerk geht, noch einmal offenkundig.

Das Programm der *Elements of Physical Biology*

Biometricians will, presumably, not shrink on this score; to them, and to physicists, (whom I should greatly wish to number among my readers) I may perhaps confess that I have striven to infuse the mathematical spirit also into those pages on which symbols do not present themselves to the eye. For this I offer no apology.[39]

Lotka hatte mit seiner ersten Monographie eine gewisse Leserschaft, vorzugsweise die Physiker, vor Augen, für die er absichtlich nicht mit Mathematik sparte. Der Titel kann auf diesen starken naturwissenschaftlichen Bezug hin gelesen werden. „Elemente" finden sich vor allem da in Buchtiteln, wenn es um Geometrie und Chemie[40] geht. Angefangen mit Lavoisiers Grundlagenwerk *Traité élémentaire*

---

[39] Lotka, Elements, S. ix.

[40] Der grösste Klassiker ist natürlich Euklid: *Euklids Elemente, fünfzehn Bücher*, Halle 1781 (aus dem Griechischen übersetzt von Johann Friedrich Lorenz); weiter Urbain, Georges: *Les notions fondamentales d'élément chimique et d'atome*, Paris: Gauthier-Villars 1925. Die Liste der Bücher mit dem Titel „Elements of Chemistry" beginnt mit Thomas Graham (1842), Gustavus Hinrichs (1871) und lässt sich bis in die Gegenwart fast beliebig verlängern. Die englische Übersetzung des Grund-

de chimie aus dem Jahre 1789 hat sich der Begriff Element fest mit der Chemie verknüpft. Lavoisier ging es mit seiner Definition des Elements vor allem um die Abgrenzung von alchemistischen Praktiken und metaphysischen Setzungen. Das Element wurde zum aktuell letztmöglich erreichbaren Punkt der Analyse und der Dekomposition von Körpern.[41] Abgesehen von einer chemisch-reduktionistischen Tradition des Elements, deren Beginn mit der Etablierung der modernen Wissenschaft zusammenfällt, taucht der Begriff im 19. Jahrhundert und zu Beginn des 20. Jahrhunderts als Pendant zu Aspektesammlung oder aber zu Grundlegung auf. Zur ersten Sorte gehören, quer durch die Disziplinen, eine aerophile Darstellung der „Luftschwimmkunst", die medizinisch motivierte Erörterung des „élément psychique" in den Krankheiten oder die musikgeschichtliche Forschung über das „dämonische Element in Mozart's Werken" sowie die philologische Suche nach aramäischen Spuren in der jiddischen Sprache.[42] Im Sinne einer Erarbeitung von Grundsätzen sind Element(e) auch titelgebend in den Bereichen der Mathematik, Astronomie und Physik, aber auch der „Biosophie", welche für sich in Anspruch nimmt, die letzten philosophischen Wahrheiten zu kennen.[43]

Diese kurze, unsystematische und auch den Zufällen der Findmittel geschuldete Auflistung von Verwendungsarten des Begriffs Element in Buchtiteln soll dafür sensibilisieren, dass es in dieser Hinsicht für Lotka viele Vorbilder gab. Die Bedeutung von „Element" wird in den genannten Werken jedoch nicht mitreflektiert. Eine prominente Ausnahme zu dieser Regel bildet *Elemente der Psychophysik* aus dem Jahre 1860 von Gustav Theodor Fechner:

Kurz die Psychophysik ist in der Gestalt, in der sie hier erscheint, eine Lehre noch im ersten Zustande des Werdens; also verstehe man auch den Titel dieser Schrift E l e m e n t e nicht unrecht, als wenn es sich hier um Darstellung des Wesentlichsten einer schon fundirten

---

lagenwerks „Traité élémentaire de chimie" (1789) von Antoine Laurent de Lavoisier lautet ebenfalls „Elements of Chemistry".

[41] Bensaude / Simon, The Impure Science, S. 179.

[42] Zacharia, August Wilhelm: *Die Elemente der Luftschwimmkunst*, Wittenberg: in der Zimmermannischen Buchhandlung 1807 (mit einer Kupfertafel); Hartenberger, Paul: *L'élément psychique dans les maladies*, Nancy: Imprimerie G. Crépin-Leblond 1895 (Thèse pour le doctorat en médecine); Heuss, Alfred: „Das dämonische Element in Mozart's Werken", in: *Zeitschrift der internationalen Musikgesellschaft* (1906), Nr. 5, S. 175–186; Birnbaum, Salomo: *Das hebräische und aramäische Element in der jiddischen Sprache*, Kirchhain N.-L.: Zahn & Baendel 1921 (Inauguraldissertation, bayer. Julius-Maximilians-Universität Würzburg). (Dieser Auflistung liessen sich noch Werke aus Geschichte und Literatur hinzufügen.)

[43] Troxler, Ignaz Paul Vital: *Elemente der Biosophie*, Leipzig: in Commission bei J.G. Feind 1808; Möbius, August Ferdinand: *Die Elemente der Mechanik des Himmels, auf neuem Wege ohne Hülfe höherer Rechnungsarten dargestellt*, Leipzig: Weidmann'sche Buchhandlung 1843; Arnott, Neil: *Elemente der Physik oder Naturlehre, dargestellt ohne Hülfe der Mathematik*, Weimar: Grossh. Sächs. Pirv. Landes-Industrie-Comptoirs 1829 (nach der dritten Auflage aus dem Englischen übersetzt); Sapper, Karl: *Das Element der Wirklichkeit und die Welt der Erfahrung. Grundlinien einer anthropozentrischen Naturphilosophie*, München: Oskar Beck 1924.

und formirten Lehre, um ein Elementarlehrbuch, handelte; sondern vielmehr um Darstellung der Anfänge einer Lehre, die sich noch im Elementarzustande findet.[44]

Der Autor schickte sich also an, inhaltlich miteinander verbundene Komponenten für ein spezifisches Ziel, die „Psychophysik", zusammenzustellen. Bei dieser Arbeit sah sich Fechner nicht als Erbauer eines festen Fundaments eines Hauses, sondern nahm für sich in Anspruch, die „Steine dazu herbeizufahren", wobei er nicht erwartete, dass bereits alle am richtigen Ort zu liegen kämen.[45]

Lotkas Werk passt zum Genre der deutungsoffenen Aspektesammlung, fungiert aber ebenso als Grundlegung. Ähnlich Fechner trägt auch er Fakten aus verschiedenen Wissenschaftsbereichen zusammen, um einen neuen Ansatz zu etablieren.[46] Bei genauerer Lektüre der *Elements of Physical Biology* fällt aber noch ein anderer Bezug auf: Mit Zitaten des Philosophen Ernst Mach eröffnet Lotka mehrere Kapitel.[47] Nun wird Mach in Lotkas Monographie darüber hinaus nicht ausführlich behandelt[48], aber war für Lotka in mehrfacher Hinsicht wichtig. Erstens um zu postulieren, dass „die Physik in der Biologie noch viel mehr leisten wird, wenn sie erst durch die letztere gewachsen ist."[49] Die mögliche analoge Behandlung von Prozessen aus verschiedenen Lebensbereichen war eine wesentliche, durch die ubiquitären Energieveränderungen auch quantitativ bestimmbare Prämisse Lotkas.[50] Zweitens konnte Lotka der Lektüre der *Analyse der Empfindungen*[51] entnehmen, dass die Komplexe in einzelne Elemente zerfallen, deren Zusammenschau aber letztlich interessiert.[52] Wir werden im Zuge dieser Arbeit sehen, dass die Analytik von Einzelphänomenen bei gleichzeitiger Synthese derselben Lotkas Werk prägte.

---

[44] Fechner, Gustav Theodor: *Elemente der Psychophysik* (Band 1), Leipzig: Druck und Verlag von Breitkopf und Härtel 1860, Vorwort, S. vi (Hervorhebungen im Original).

[45] Fechner, Psychophysik, S. vi–vii.

[46] Lotka kannte den psychophysischen Parallelismus Fechners, wenn er sich auch in den *Elements* nicht auf das genannte Werk berief, sondern auf eines von 1863, vermutlich Fechner, Gustav Theodor: *Die drei Motive und Gründe des Glaubens*, Leipzig: Breitkopf und Härtel 1863, siehe Lotka, Elements, S. 403.

[47] Zitate von Mach, siehe Lotka, Elements, S. 259, 280, 381, 402, 406.

[48] Auf den Seiten 382 und 383 wird Mach auch im Fliesstext erwähnt, einmal in Hinblick auf die Wahrnehmung, einmal als Referenz für die periodische Natur des Lebensprozesses.

[49] Dieses Zitat findet sich in Lotka, Elements, S. 406 und ebenfalls in der Zitatensammlung Lotkas, siehe AJL-Papers, Box 20, Folder 1.

[50] Es kann zwar nur vermutet werden, dass Lotka auch den ersten Text überhaupt der von Ostwald gegründeten Zeitschrift kannte: Mach, Ernst: „Die Aehnlichkeit und die Analogie als Leitmotiv der Forschung", in: *Annalen der Naturphilosophie* 1 (1902), Heft 1, S. 5–14. Mit dem Votum, dass man nur Energiedifferenzen empfinden könne, erweise sich Ostwald als „konsequenter Machist", siehe hierzu Domschke / Lewandrowski, Wilhelm Ostwald, S. 47.

[51] Mach, Ernst: *Beiträge zur Analyse der Empfindungen*, Jena: Verlag von Gustav Fischer 1886. Lotka kannte die Auflage von 1903.

[52] Siehe Mach, Analyse der Empfindungen, S. 10.

Es ist typisch für Lotkas Monographie, dass allein durch die Spurensuche nach einem möglichen Vorbild für den Titel so unterschiedliche Bereiche wie die chemische Tradition, die Mathematik, die Psychophysik und die Philosophie aufgerufen sind. Folgt man der „tabular synopsis", die Lotka als Anhang auf vier Blättern aufzeichnete, behandelt das Buch circa 160 Themenbereiche und Teilaspekte derselben, die durch Linien, Quer- und Rückverweise sowie Abzweigungen miteinander verbunden sind. *Elements of Physical Biology* kann als Brennspiegel der Wissenschaften der 1920er Jahre verstanden werden, als ein disziplinäres Panorama von der Chemie über die statistische Mechanik und Thermodynamik hin zur Epidemiologie, dem Bevölkerungswachstum und Klima sowie den menschlichen Sinnen. Die Idee eines Holismus stand gleichsam am Anfang und am Schluss von Lotkas Arbeitsweise. Am Anfang als programmatische Idee, dass alles in der Natur auf eine bestimmte Weise miteinander zusammenhänge und durch ein Prinzip, die Energie, erklärbar sei. Zum Schluss als abgeschlossener Text, den Lotka, sich durch die verschiedensten Fachbereiche hindurchschreibend, fertiggestellt hat und der wiederum selbst in seiner Vielschichtigkeit, Themenfülle und seinem Komplexitätsgrad Beweis dafür ist, dass alles Mögliche auf bestimmte Weise miteinander zu tun hat. Im folgenden Abschnitt werden wir sehen, dass Lotka zwar aus vielen verschiedenen Quellen schöpfte, um seine *Elements* zu strukturieren, dass er aber in Bezug auf die „physical biology" ein klar identifizierbares Vorbild hatte. Eine Spurensuche, die eine eigentliche Imitations- und Aneignungskaskade erkennen lässt.

Mimikry und Originalität

Der deutsche Mathematiker und Ingenieur Walter Porstmann wurde durch die intellektuelle Nachahmung Ostwalds erfolgreich. Seine Anstellung als Privatsekretär auf dem Landsitz Ostwalds ausnutzend, betrieb Porstmann buchstäblich Ideenklau und publizierte die Papiernormierungsvorschläge seines Arbeitgebers in eigener Regie.[53] Heute gilt Porstmann als der Erfinder der DIN-Papierformate.[54] Der Begriff der Mimikry (in der Biologie ein Schutz, um visuell in der Umgebung zu verschwinden) reicht für diesen Imitationsfall in der Darstellung von Krajewski nicht aus: Ostwald sei buchstäblich der „Wirt" gewesen, der seinen Sekretär in gutem Glauben im eigenen Haus wohnen liess. ‚Invasiv' sei dessen Verhalten gewesen, weil er trotz Ostwalds Versuchen, die Kommunikationszeiten mittels Glockenzeichen zu kontrollieren, ohne Vorankündigung die Schreibstube betrat und es bewusst darauf

---

[53] Porstmann arbeitete nach seinem Examen in Physik und angewandter Mathematik rund zwei Jahre auf dem Ostwald'schen Landsitz Grossbothen als Sekretär. 1914 trennte man sich „im Unfrieden"; vgl. ausführlich Krajewski, Weltprojekte um 1900, S. 120–130.

[54] http://www.din-formate.info/uebersicht-din-formate.html (13.11.2015).

ankommen liess, Gedankenströme zu unterbrechen.[55] Ob Porstmann selbst seine nutzniessende Art mit dem Text über die Trichine, einen parasitären Fadenwurm, reflektierte, sei einmal dahingestellt. „Parasitieren heisst aber auch, eine neue Ordnung zu stiften".[56] In diesem Sinne fing Porstmann nicht nur an, Unstimmigkeiten in das Diktat einzubauen, sondern sich eigene Papierstandards auszudenken.[57] Als er diese, ein paar Jahre nach seinem Engagement in Grossbothen publizierte, kritisierte er den Urheber des geistigen Fundus, von dem er zehrte und tat Ostwalds Papiernormierungsvorschlag als Einfallstor für Willkür ab.

Strittiger Punkt in der Vereinheitlichung der Papiermasse war laut Porstmann vor allem, ob man die Länge oder die Fläche als Grundeinheit für die Formate wählte. Er selbst schlug mit Nachdruck die Fläche als Referenz vor.[58] Mit dem Literaturwissenschaftler Philipp Theisohn lässt sich sagen, dass es sich hier um ein Plagiat vor dem digitalen Zeitalter handelte, das sich durch aufwendige Recherche und zeitintensives Abschreiben auszeichnete, „so dass mit der Entwendung wohl oder übel ein sich einschleichendes und vertiefendes Vorverständnis des Forschungsgegenstands einherging. Und manchmal wurde dabei sogar etwas gefunden, was man eigentlich nicht finden wollte […] unter Umständen auch ein eigener Gedanke."[59] Zudem musste Porstmann einiges Verhandlungsgeschick beim zuständigen Vereinheitlichungsgremium Normenausschuss der Deutschen Industrie an den Tag legen, um sich in den Vordergrund zu spielen. Dementsprechend waren Imitation und Ideenklau allein noch nicht erfolgversprechend, eine originäre Neugewichtung war nötig, gekoppelt mit einer ausgiebigen Kritik an den Mitstreitern, plus Kontakte zu den entscheidungstragenden Personen.[60]

„[P]arasitäre Verhältnisse sind relational und vor allem dynamisch."[61] Um das Thema der Wechselbeziehung und gegenseitigen Abhängigkeit von sich beeinflussenden Komponenten ging es Lotka auch in den *Elements*. Der Parasit als biologischer Mitspieler nimmt in seinem Werk auch eine besondere Rolle ein.

---

[55] Krajewski, Weltprojekte um 1900, S. 128.

[56] Porstmann, Walter: „Aus dem Leben der Trichine", in: *Prometheus. Illustrierte Wochenschrift über die Fortschritte in Gewerbe, Industrie und Wissenschaft* 31 (1920), Nr. 1592, S. 243–245, dargestellt nach Krajewski, Weltprojekte um 1900, S. 128.

[57] Krajewski, Weltprojekte um 1900, S. 122.

[58] Porstmann, Walter: „Rundschau (Flachformatnormen)", in: *Prometheus. Illustrierte Wochenschrift über die Fortschritte in Gewerbe, Industrie und Wissenschaft* 27 (1915), Nr. 1358 und Nr. 1359, S. 90–93 und 106–108; ders.: „Rundschau (Raumformatnormen)", in: *Prometheus. Illustrierte Wochenschrift über die Fortschritte in Gewerbe, Industrie und Wissenschaft* 27 (1916), Nr. 1368 und Nr. 1369, S. 250–254 und 266–269.

[59] Theisohn, Philipp: *Literarisches Eigentum. Zur Ethik geistiger Arbeit im digitalen Zeitalter. Essay*, Stuttgart: Alfred Kröner Verlag 2012, S. 107.

[60] Selbstverständlich hatte Ostwald bei denselben Experten vorgesprochen, war aber, wie er sich in der Autobiographie erinnerte, aus ihm unerfindlichen Gründen abgewiesen worden, siehe Krajewski, Restlosigkeit, S. 126.

[61] Krajewski, Weltprojekte um 1900, S. 128.

Dramaturgisch bildet die formale Beschreibung eines Wirte-Parasiten-Verhältnisses das erste konkrete Beispiel einer Mathematisierung eines biologischen Phänomens.[62] Rezeptionstechnisch ist das betreffende Differentialgleichungssystem
die bekannteste Leistung von Lotka und zog zu seinen Lebzeiten die Prioritätsdiskussion mit Vito Volterra nach sich (siehe Kapitel 3 und 4). Wichtig ist an
dieser Stelle festzuhalten, dass das komplexere Differentialgleichungssystem für
Wirt und Parasit auf einer allgemeinen Wachstumsformel beruht, die besagt, dass
sich die Masse X in einer gewissen Zeit t abhängig von den anderen vorhandenen
Massen (X_2, X_3,...) verändert:

$$dX_i / dt = F_i (X_1, X_2, \dots X_n; P, Q)$$

Demnach ist die Veränderung in einer Masse X_i in einem Zeitabschnitt t immer
eine Funktion der anderen vorhandenen Massen X_1, X_2 ..., sowie noch zu be-
stimmender (Umwelt)Faktoren P, Q. Diese Formel nennt Lotka die „fundamental
equations of the Kinetics of Evolution".[63]

In dieser so genannten Wachstumsformel sind einige Grundlagen der physikalischen Biologie enthalten, deren „Programm" im fünften Kapitel der *Elements*
präsentiert wird: Lotka skizziert einen disziplinären Stammbaum, der als Krone
die „Mechanics of Evolution" (oder auch „Allgemeine Zustandslehre") trägt.[64]
Die Mechanik der Evolution hat die irreversiblen Massewechsel zwischen den
Systemkomponenten zum Thema und teilt sich in zwei Hauptstränge auf: die anorganischen Systeme, für welche die physikalische Chemie zuständig ist, und die
„life-bearing systems", was das Gebiet der „Physical Biology" ist. Diese kann sowohl Makro- als auch Mikrophänomene anhand der statistischen Mechanik beinhalten. Womit sich die Frage stellt, welche methodischen Möglichkeiten es nun
gibt, die lebendigen Systeme zu beschreiben. Mit der Stöchiometrie, welche die
Veränderungen in den Massen behandelt, kann der kinetische und statische Anteil von Systemen, samt Gleichgewichtsanalysen verstanden werden, womit man
sich noch im Reich der Thermodynamik befindet. Die andere Beschreibungsvariante bezeichnet Lotka mit der „Energetics or Dynamics of Evolution".[65] Damit
ist das Programm der „Physical Biology"[66] gleichbedeutend mit einer Methode
zum Verständnis der Zustandsveränderungen in Systemen, die als Masseverschiebungen und demnach gleichzeitig als energetische Translationen ausgelegt
werden können. Dem kurzen inhaltlichen Aufriss des Programms lässt Lotka

---

[62] Lotka, Elements, S. 88.

[63] Lotka, Elements, S. 51.

[64] Zur Graphik siehe Lotka, Elements, S. 53. Oder auch die Bezeichnung „General Mechanics of
Evolution" kommt vor, siehe hierzu Lotka, Elements, S. 49.

[65] Für die Verzweigungen der Mechanics of Evolution Lotka, Elements, S. 53; für die Interpretation
der Label als Mittel zur Beschreibung von Systemen, siehe ebd., S. 50 f., 157.

[66] Mit Grossbuchstaben siehe Lotka, Elements, S. viii.

noch ein paar Hinweise zu seiner Methode folgen. Er werde Daten heranziehen, die im Feld wie auch im Labor gesammelt wurden. Während diese meist durch induktives Schliessen (statistische Techniken) in Regularitäten übersetzt würden, setze er selbst auf die deduktive Methode der mathematischen Analyse.

So, wie Lotka es gewohnt ist, überschreibt er auch das fünfte Kapitel zum „The Program of Physical Biology" mit einem Zitat.[67] Es stammt von Porstmann, dem Nutzniesser Ostwalds. Das englische Zitat führt zu einem auf Deutsch verfassten Artikel mit dem Titel *Ein Problem der physikalischen Zoologie: Einfluß physikalischer Momente auf die Gestalt der Fische* von 1915.[68] Darin kam Porstmann zum Resultat, dass die schmale Gestalt von mobilen Fischen durch die Schwimmbewegung und die dadurch sich verändernden Druckverhältnisse verursacht werde, hingegen bei flachen Fischen, die sich meist geringfügig bewegten und am Grund lebten, die Wassersäule der Hauptgrund für ihre entsprechende Form sei. Dieses (durch den Zoologen Frederic Houssay vorangetriebene Forschungsfeld[69]) zog Porstmann als Exempel für Charakteristika wissenschaftlichen Arbeitens heran: Der Mensch wende oft technische Lösungen an, die die Natur schon lange herausgebildet habe[70], und werde sehr spät auf die „Übereinstimmung seiner Erfindung mit bereits vorhandenen Einrichtungen auf anderen Gebieten aufmerksam".[71] Zuständig für solche Übersetzungsleistungen seien nun „Übergangsgebiete". Sie könnten zwischen Fachgebieten vermitteln, weil die von den einzelnen Gebieten behandelten Vorgänge auch immer Aspekte eines allgemeineren Problems trügen. Eine „physikalische Zoologie" und eine „physikalische Botanik", so Porstmann, bezeichneten derartige neue Teilgebiete, die auf die physikalischen Aspekte der zoologischen Erscheinungen abzielten. Bislang seien diese Bereiche bloss von Hobbywissenschaftlern und Amateuren vorangetrieben worden, es bedürfe also einer Organisation der bekannten Fakten, einer Zusammenfassung „in ein harmonisches Ganzes", „also zu einer Wissenschaftsdisziplin", was wiederum zu neuen, fruchtbaren Fragestellungen führen werde.[72]

---

[67] Lotka, Elements, S. 49.

[68] Porstmann, Walter: „Rundschau (Ein Problem aus der physikalischen Zoologie: Einfluß physikalischer Momente auf die Gestalt der Fische)", in: *Prometheus. Illustrierte Wochenschrift über die Fortschritte in Gewerbe, Industrie und Wissenschaft* 26 (1915), Nr. 1317–Nr. 1319, S. 267–270, 284–286, 300–303.

[69] Houssay hat in Experimenten die optimierte Ausgestaltung der Flossen mit der Schwimmgeschwindigkeit von Fischen korreliert.

[70] Man ist unweigerlich an das heute weit verbreitete Forschungsfeld Bionik erinnert, das natürliche Prozesse zu Optimierungszwecken in der Kunststoffindustrie und Medizin zu imitieren sucht. Eine aktuelle literarische Verarbeitung davon findet sich in Ian McEwans Roman „Solar", worin ein Physiker es geschafft haben soll, die Photosynthese erfolgreich zu simulieren, um dem Menschen neue Energieressourcen zu erschliessen und überhaupt die Welt zu erretten, vgl. McEwan, Ian: *Solar*, London: Jonathan Cape 2010.

[71] Porstmann, Physikalische Zoologie, S. 267.

[72] Porstmann, Physikalische Zoologie, S. 268.

Lotka transponiert Porstmanns Überlegungen von 1915 in eine Grundlegung seines neuen Teilgebiets. Das ausführliche Zitat als Einleitung zum Programm der physikalischen Biologie gibt bloss den Urheber, nicht aber die genaue Quelle an. Das deckt sich durchaus mit Lotkas Gewohnheit, Leitsätze zu Beginn des Kapitels nur mit dem Autorennamen zu kennzeichnen; von Plato, Empedokles, Shakespeare, Leonardo da Vinci, Alphonse Daudet über Whitehead, Mach und Wordsworth bis hin zu Pearson, Poincaré und J. R. Mayer – um nur eine prominente Auswahl zu nennen – ziehen die verschiedenen Literaten, Philosophen und Wissenschaftler mit kurzen Bonmots am Leser vorüber. Porstmann hingegen macht hier mit einem ungewöhnlich langen Zitat den Anfang, das Versprechen eines „Programms der physikalischen Biologie" einzulösen. Auffällig ist, dass Lotka auf die Beibehaltung der Originalsprache an dieser Stelle verzichtet. Zum einen kann dies darin begründet sein, dass das Zitat programmatisch für das Folgende (und eigentlich das ganze Buch) ist, die englischsprachige Leserschaft hier also unbedingt Lotkas Gedankengang mitverfolgen können soll. Zum anderen findet zwischen dem Deutschen und dem Englischen eine wichtige begriffliche Verschiebung statt, durch die der Übersetzer in Erscheinung tritt: Lotka fasst die von Porstmann entworfenen Teilgebiete „physikalische Zoologie" und „physikalische Botanik" in eins und gibt sie als „physical biology" wieder. Er fügt also der Synthetisierungsleistung, die Porstmann anstrengte, eine weitere hinzu. Ansonsten übersetzt Lotka wörtlich:

.... It will be the function of this new branch of science to investigate biological phenomena as regards their physical aspects, just as Physical Chemistry has treated the physical aspects of chemical phenomena. Because this field has not yet been systematically explored .... the individual data of *Physical Biology* appear, as yet, as more or less disconnected facts, or as regularities for which no proper place is found in the existing scheme of present-day science; and the investigations of isolated problems in this field are as yet carried on as something of a scientific hobby by amateurs, with the result that they are guided by chance rather than by plan. ... and are often totally lacking in any fundamental guiding principles or connecting theory. As results gathered in this disconnected fashion accumulate, the need of their unification into a harmonious whole, into a distinct discipline of science, becomes more and more acutely felt. Such unification necessarily involves the working out of a viewpoint that shall make the several facts and relations fall in line naturally in an orderly system; in other words, what is needed is a labor of organisation. In the course of this, new and unforeseen problems will inevitably arise, and a fruitful field of scientific endeavor should thus be opened for the investigator.[73]

Taucht hier also noch einmal Ostwald als geistiger Übervater in durch Porstmann sublimierter Form auf? Oder imitiert hier Lotka dessen ehemaligen Sekretär? Es fällt auf, dass Lotka sein Programm parallel zu Porstmanns programmatischer

---

[73] Lotka, Elements, S. 49 (Auslassungspunkte und Hervorhebung so im Original).

Forderung nach gewinnbringenden, synthetisierenden und verallgemeinernden Teilgebieten, die durch eine ordnende Hand vom amateurhaften Anstrich befreit und in den Stand einer neuen Wissenschaft gehoben werden sollen, entwirft. Interessant ist die Bezugnahme auf Porstmann auch deswegen, weil dieser – als Mathematiker und Ingenieur – ebenfalls nicht in erster Linie für die Biologie prädestiniert schien.[74] Lotka beruft sich damit zugleich auf einen begeisterten Alltags- und Industrieoptimierer und Normenliebhaber.[75] Die Analogie von Lotkas Projekt zur physikalischen Chemie Ostwalds als neuer Disziplin wird nicht direkt über deren Urheber, sondern vermittelt über Porstmann hergestellt.

Lotka wog bewusst ab, wie wir auch weiter unten unzweideutig sehen werden, wen er auf welche Weise zitierte. Grundsätzlich war es nicht seine Art, Vordenker zu kritisieren und deren Ideen zu entkräften, um seine Vorstellungen vor dem Hintergrund der Unzulänglichkeit anderer ins rechte Licht zu rücken. Vielmehr referierte er an allen möglichen Stellen Literatur und Statistiken, um die Passung der „physical biology" in das bisherig Bekannte zu demonstrieren. Seine Gewohnheit, die Kapitel mit Zitaten aus Literatur, Philosophie und Wissenschaft beginnen zu lassen oder im Fliesstext häufig die Forschung von anderen Autoren darzustellen, betont seine Belesenheit, unterstreicht seinen Sinn für die Synthetisierung von verschiedenen Fachbereichen und zeugt nicht zuletzt von einem wissenschaftlich lauteren Stil. Lotka zog die Einbettung der eigenen Forschung in ein wissenschaftliches Umfeld der offenen Kritik vor. Er sah seine Aufgabe offensichtlich vielmehr darin, scheinbar disparate Aspekte zusammenzubringen, als eine fertige Lösung zu präsentieren. In diesem Sinne lieferte er „Elemente" einer physikalischen Biologie und nicht ein solides Gedankengebäude. Dies blieb nicht ohne Folgen für die Lesbarkeit des Werks. Eine argumentative Struktur ist auf den einzelnen Seiten schwer zu erkennen. Die Synthese, so scheint es, verlangt nach vielen Abzweigungen und Umwegen. Oftmals werden Aspekte angesprochen, jedoch deren konkrete Ausführung auf spätere Kapitel verschoben, wo sie dann

---

[74] Lotka hat auch einen Text über ein geometrisches Problem in Bezug auf Papier veröffentlicht, siehe Lotka, Alfred James: „Construction of Conic Sections in Paper Folding", in: *School of Science and Mathematics* 7 (1907), S. 595.

[75] Um ein paar Beispiele zu nennen: Porstmann, Walter: *Normenlehre. Grundlagen, Reform, Organisation der Maß- und Normen-Systeme dargestellt für Wissenschaft, Unterricht und Wirtschaft*, Leipzig: Schulwissenschaftlicher Verlag A. Haase 1917; ders., *Untersuchungen über Aufbau und Zusammenschluß der Maßsysteme*, Berlin: Normenausschuß der Deutschen Industrie 1918 (Inaugural-Dissertation zur Erlangung der Doktorwürde, vorgelegt der Phil. Fakultät der Universität Leipzig); Santz, Adolf: *Die Deutschen Industrienormen. Bericht über die Entstehung, Zusammensetzung, Arbeitsweise, Ziele und bisherige Leistungen des Normenausschusses der Deutschen Industrie*, Berlin: Verein Deutscher Ingenieure Mai 1919 (mit einem Anhange von W. Porstmann, Entwicklung und Normung); Porstmann, Walter: *Sprache und Schrift*, Berlin: Verlag des Vereins Deutscher Ingenieure 1920; ders., *Papierformate im Auftrag des Normenausschusses der Deutschen Industrie bearb. v. Dr. Porstmann*, Berlin: Normenausschuß der Deutschen Industrie 1921.

selten mit Ankündigung wieder auftauchen, sondern im Fluss des Texts abermals zur Sprache kommen.

Dennoch übersieht eine allfällige Beschreibung des lauteren, sich zurücknehmenden Autors, der seine wichtigsten Überlegungen kaum herausstreicht, dass Lotka das Konzept der physikalischen Biologie und den roten Faden seines Buchs klar vor Augen hatte, trotz seines mäandrierenden Stils. Seine eigene Forschung aus zwanzig Jahren ging in dem Buch auf und sollte zu einem neuen Ansatz in den biologischen Wissenschaften führen. Den vertrat er zwar nicht argumentativ, aber gleichwohl dringlich und unter dem Vorzeichen einer grossen Identifikation mit dem Geschriebenen. Nach der letzten Zeile des Fliesstextes auf der Seite 434 ist eine kleine Zeichnung abgedruckt, die ein aufgeschlagenes Büchlein zeigt, worin in die Miniaturseiten füllenden Lettern steht: „MON LIVRE C'EST MOI." Das, was ihn ausmacht, steckt in diesem Buch. Was der Autor ist, kann gelesen werden. Einem Brennspiegel gleich soll in diesem Buch alles versammelt sein, was Lotka je forschte, wusste, las und zur Kenntnis nahm. Mit *Elements of Physical Biology* wollte er aus dem wissenschaftlichen Schattendasein treten. Diese starke Identifikation mit dem eigenen Text ist auch für die folgenden Kapitel im Auge zu behalten.[76]

Für die inhaltliche Darlegung der *Elements of Physical Biology* lasse ich mich nun von drei Fragen leiten: Was mathematisierte Lotka? Welchen Energiebegriff verwendete er? Welche Rolle spielen Zyklen und Oszillationen in seiner Vorstellung?

Die Mathematisierung des Lebens

Um und nach 1900 galt das Wissen vom Leben in der Wahrnehmung der Zeitgenossen als etwas, das dem grossen epistemischen Aufbruch ins axiomatische Zeitalter trotzte, ja dessen unhintergehbare Grenze aufzeigte. […] Das Leben firmierte als etwas, was sich gerade allen Symbolismen entzog, als wesentlicher Rest allen symbolischen Denkens.[77]

Der Medienphilosoph Erich Hörl beschreibt unter dem Titel „Zahl oder Leben", dass um 1900 unter *dem Leben* das verstanden wurde, was gerade nicht formal dargestellt werden kann. Es ging um den Schutz des letzten gedanklichen Zufluchtsortes, um das Leben selbst, das sich dem generalisierenden Zugriff der physikalisch-chemischen Beschreibungsweisen notwendigerweise verweigerte. Hörl setzt D'Arcy Wentworth Thompson mit seinem bekannten Werk *On Growth and Form* von 1917 an eine epistemische Schwelle zwischen Intuitionismus und

---

[76] Vgl. hierzu auch Tanner, Ariane: „Publish *and* Perish. Alfred James Lotka und die Anspannung in der Wissenschaft", in: *NTM Zeitschrift für Geschichte der Wissenschaften, Technik und Medizin* 21 (2013), Nr. 2, S. 143–170, hier S. 147–149.

[77] Hörl, Erich: „Zahl oder Leben. Zur historischen Epistemologie des Intuitionismus", in: *Nach Feierabend. Zürcher Jahrbuch für Wissensgeschichte* 1 (2005) (Bilder der Natur – Sprachen der Technik), S. 57–81, hier S. 61.

Formalisierung. Thompson habe eine neue Betrachtungsweise des organischen Wachstums vorgestellt, die jede Form aus einer vorhergehenden herleitet, indem die transformative Kraft bestimmt wird.[78] Diese Kraft suchte Thompson mit physikalischen und mathematischen Gesetzen zu erklären, wobei ein allfälliger instrumenteller Nutzen als attraktiver Nebeneffekt aufgefasst wurde, das Ziel aber ein abstraktes und ästhetisches war.[79] Mit diesem Vorgehen, so Hörl, „liess [Thompson] die nüchterne Prosa der Mathematik in die Poesie des organischen Werdens einbrechen."[80] In der zweiten Hälfte des 20. Jahrhunderts, so Hörl weiter, erlebte die Position des fest mit „dem Leben" verknüpften anti-symbolischen Denkens eine interessante Wandlung, und die Biologie als „nachgeborene Schwester"[81] wurde in den Kreis der symbolischen Wissenschaften aufgenommen. In der Molekulargenetik wurde „dieses Leben [...] nun umgekehrt zu einem Garanten dafür, dass die Symbolismen nicht ins Leere führten, sondern ihrerseits sogar reelle Gründe aufwiesen."[82] Ein essentialistisches Verständnis von Leben wurde zwar abgeschafft, aber als Abstraktum und Referenz gleichwohl verwendet. Wobei der Wissensgegenstand Leben, wie Hörl auch andeutet, in den Laboren der Molekulargenetik keine Rolle mehr spielte. François Jacob, der die Fusion von Naturgeschichte und Philosophie in der Molekularbiologie beschreibt, nennt die neuen Konzepte, die für die Analyse wesentlich wurden – System, Struktur, Funktion, Geschichte:

Reconnaître l'unité des processus physico-chimiques au niveau moléculaire, c'est dire que le vitalisme a perdu toute fonction. [...] On n'interroge plus la vie aujourd'hui dans les laboratoires. On ne cherche plus à en cerner les contours. On s'efforce seulement d'analyser des systèmes vivants, leur structure, leur fonction, leur histoire.[83]

Der von Jacob beschriebene Fusionsprozess brachte wie in der Elektrotechnik und der Kybernetik mit sich, dass die Organisation selbst zum Untersuchungsgegenstand gemacht wurde. Es etablierte sich ein Verständnis des Lebendigen als einer Logik, die aus den Beziehungen zwischen Struktur und Funktion resultiert.[84] Die-

---

[78] Thompson gehört zu einem Kanon der Mathematisierung der Biologie, auch wenn er die Mathematik anwandte, um ein philosophisches Ziel zu verfolgen. Ihn dennoch dazuzuzählen, kann auch damit begründet werden, der Kritik an der klassischen Dichotomie zwischen Algebra und Geometrie kein weiteres Kapitel anfügen zu wollen; vgl. hierzu Wise, Norton M.: „Making Visible", in: *Isis* 97 (2006), Nr. 1, S. 75–82, vor allem S. 80. Für die Diskussion, ob Thompson der ‚Vater' der mathematischen Biologie genannt werden kann vgl. Keller, Evelyn Fox: *Making Sense of Life. Explaining Biological Development with Models, Metaphors, and Machines*, Cambridge / London: Harvard University Press 2003 (2. Auflage, erstmals 2002), S. 79–81.

[79] Keller, Making Sense of Life, S. 53.

[80] Hörl, Zahl oder Leben, S. 57.

[81] Serres, Michel: *Hermes III*. Übersetzung, Berlin 1992 (erstmals 1974), zit. nach Hörl, Zahl oder Leben, S. 59.

[82] Hörl, Zahl oder Leben, S. 59.

[83] Jacob, Logique du vivant, S. 320.

[84] Jacob, Logique du vivant, S. 267 f.

ser Prozess, so Jacob, habe mit der Thermodynamik ihren Ausgang genommen, in der das Konzept Leben an operativem Wert verlor.[85] Gleichzeitig habe sich aber die Thermodynamik von einem Reduktionismus abgegrenzt, weil sie nebst den (physikalisch) beschreibbaren Funktionen und Strukturen immer auch das Ganze, den Sinn der Struktur, im Auge behalten habe: „Tout système vivant est le résultat d'un certain équilibre entre les élements d'une organisation."[86]

Lotkas *Elements* erschien chronologisch betrachtet zwischen den von Hörl geschilderten Phasen: Rund um 1900 wurde die Axiomatisierung der Physik, Mathematik und Logik vorangetrieben, während das Lebendige als letzter Hort des Intuitionismus verteidigt wurde. Mit der Molekulargenetik wurden von den 1950er Jahren an Gesetzmässigkeiten des Lebens in den Genen vorausgesetzt und in der Struktur des Organismus für sichtbar gehalten. Oder, noch einmal anders formuliert, Lotka veröffentlichte seine *Elements* in einer Zeit, da der Vitalismus noch vertreten wurde, die Physiologie einen Reduktionismus pflegte, während die Thermodynamik und die Relativitätstheorie den Determinismus untergruben. Mit der Thermodynamik wurde eine neue Denkart eröffnet: Leben ist nicht, sondern *stellt sich ein*. Die ontologische Frage wurde durch eine relationale abgelöst. Mit seinem Werk arbeitete Lotka an dieser neuartigen Vorstellung von Leben, die mit thermodynamischen Mitteln konzeptionell weiterdachte. Wie das genau vor sich ging, sollen die folgenden Abschnitte zeigen.

Das erste Kapitel der *Elements* mit dem Titel „Regarding Definitions" widmet sich der Frage nach der Charakterisierung des Lebendigen und macht zu Beginn gleich eine starke Setzung: „A definition is a purely arbitrary thing."[87] Definitionen ein und desselben Gegenstandes könnten unterschiedlich ausfallen, ohne dass die Regeln der Logik verletzt würden. Das Kriterium für eine gute Definition sei nicht die Akzeptierbarkeit, sondern die Nützlichkeit in epistemischer Hinsicht.[88] Überhaupt, so Lotka, entstünden gewisse „pseudo-problems" der Wissenschaft nur durch unklare Definitionen.[89] „The writer of the book of Genesis" habe als „the originator of the first biological system of nomenclatur" seine Arbeit gut gemacht, denn er habe sich davon leiten lassen, was er sah, ehe er das Phänomenologische benannte. Ganz anders die Biologen der vergangenen Generation, welche Worte wie „Tier" und „Pflanze" einführten, um danach nach den passenden Differenzen zu suchen, mit dem Resultat, dass analog zu zwei unterschiedlichen Begriffen zwei korrespondierende Dinge in der Natur aufgefunden wurden. Diese

---

[85] Jacob, Logique du vivant, S. 320.
[86] Jacob, Logique du vivant, S. 321.
[87] Lotka, Elements, S. 3; vgl. auch ders., Zur Systematik der stofflichen Umwandlungen, S. 66.
[88] Lotka, Elements, S. 3.
[89] Von diesen nimmt er, in einer Fussnote, das Prinzip des „survival of the fittest" explizit aus, siehe Lotka, Elements, S. 3 f. Weiter unten werde ich auf Lotkas Interpretation dieses Ausdrucks von Herbert Spencer zu sprechen kommen.

Termini aber, so Lotka weiter, träfen bloss auf die Extreme an den beiden Enden zu, eine Demarkationslinie zwischen Tier und Pflanze sei aber ebenso undenkbar wie zwischen blau und grün oder Licht und Wärme, zwischen Lebendigem und Nicht-Lebendigem: „The question is not ‚what *is* green‘, and ‚what *is* blue‘, but, at best, ‚what shall we agree *to call* green, and what blue‘."[90]

Ist es demnach zweckmässig, solche Differenzen aufrechtzuerhalten?[91] Lotkas Antwort lautete *nein*. Ebenso hielt er es für vergebliche Liebesmüh, wissen zu wollen, was eine biologische Art ausmache[92], und fragte, ob die fortdauernde Diskussion um Vitalismus oder Mechanismus nicht eher ein „quibble of words" sei, dem „Jagen des Jabberwock"[93] (im Nonsense-Gedicht von Lewis Carroll in der Erzählung Alice in Wonderland) nicht unähnlich?

Was also wollte Lotka unter *Leben* verstanden wissen? Vorschläge von anderen Wissenschaftlern, das Leben(dige) zu definieren, werden als unzureichend dargestellt. Der englische Philosoph und Soziologe Herbert Spencer taucht hier als Vertreter der Meinung auf, dass sich das Leben nicht durch die fortlaufende Anpassung der internen an die externen Relationen charakterisieren lasse. Eine Windmühle, die sich nach den Luftströmen ausrichtet, würde nämlich auch unter diese Kategorie fallen.[94] Und der deutsch-amerikanische Biologe Jacques Loeb wird erwähnt, um die Distinktion zwischen physikalischen und chemischen Prozessen, wobei letztere dem Organismus eigen sein sollen, in Frage zu stellen. Damit, so Lotka, werde das Problem bloss auf eine andere Ebene verschoben.[95] Im Weiteren werden die Fähigkeit zur Reproduktion oder irgendeine dem Organismus inhärente Kraft von Lotka nicht als Unterscheidungsmerkmale zwischen Lebendigem und Nicht-Lebendigem akzeptiert. Das eine weist er von sich mit dem Hinweis, dass Reproduktion auch ohne Kopulation stattfinden könne und die Rolle der Eltern sowieso überschätzt würde.[96] Das Konzept einer „vital force" tut er mit einem Hinweis auf die Bibel ab, deren Beispiel man folgen und daher zunächst die Sache sinnlich wahrnehmen solle, ehe man einen Namen vergebe, denn „who has ever told us how to measure vital force and such like?" Einziger Rat in Bezug auf die Definition von Dingen, so schlussfolgert Lotka, bleibe „The Policy of Resignation"[97].

---

[90] Lotka, Elements, S. 5 (Hervorhebungen im Original).
[91] Lotka, Elements, S. 6.
[92] Lotka, Elements, S. 6.
[93] Lotka, Elements, S. 4 und 7.
[94] Lotka, Elements, S. 7, er verweist hier auf „Herbert Spencer, Principles of Biology, section 30"; vgl. Spencer, Herbert: *The Principles of Biology*, Vol. I, New York: D. Appleton and Company 1898 (erstmals 1866), S. 79–81.
[95] Lotka, Elements, S. 9 f.
[96] Dazu und zum Folgenden vgl. Lotka, Elements, S. 13 und 11.
[97] Lotka, Elements, S. 18.

Aussichtslos ist aber bloss eine absolute, essentialistisch-ontologische oder eine rein mechanistische Erklärung. Die resignative Haltung sollte nicht mit Kapitulation verwechselt werden. Denn die Methode des Physikers ist, wie Lotka nun postuliert, der einzige gangbare Weg, um eine Beschreibungsebene zu finden. Auf diesem entdecke man zunächst eine Quantität und bezeichne sie erst hinterher wie bei „kinetic energy". Die Grösse einer Kraft anzugeben oder sie zu definieren, sei ein und dasselbe.[98] Das Leben sei demzufolge quantitativ aufzufassen: „The ideal definition is, undoubtedly, the quantitative definition, one that tells us how to measure the thing defined; or, at the least, one that furnishes a basis for the quantitative treatment of the subject to which it relates."[99]

Für eine „application to biology", d.h. für eine Anwendung auf Lebendiges oder aber Leben Enthaltendes ist der Systembegriff massgeblich. Organismen und die Umwelt sollen als „structured systems" verstanden werden, die denjenigen in der physikalischen Chemie nicht unähnlich seien.[100] „Strukturiert" ist das wichtige Stichwort, welches Lotka hier ins Feld führt. Es dient ihm dazu, die biologischen Systeme letztlich von den chemischen abzuheben: Chemische Reaktionen würden meist in einem homogenen System (Gas, Lösungen) stattfinden, biologische Systeme würden sich aber durch komplexe Topographien und heterogene Komponenten auszeichnen. Diese Formaspekte von Systemen, so Lotka weiter, kommen vor allem unter energetischem Gesichtspunkt zum Tragen. Mechanische und geometrische Eigenschaften beeinflussten den Erfolg der Energieakquisition bei Systemen, die kontinuierlich oder periodisch Sonnenlicht erhalten. Der Vorteil liege dabei bei denjenigen Strukturen, die direkt auf die vorhandene Energie ausgerichtet seien: „a little reflection shows that this is precisely the principle which governs survival in the struggle for existence among living organisms."[101]

In dieser Aussage steckt auch ein evolutiver Aspekt: Wenn Strukturen erfolgreich Energien aufnehmen können, sind sie auch diejenigen, die am meisten Energieumsatz leisten. Dann stellt sich aber die Frage nach der Abgestimmtheit oder Angepasstheit von Systemen (und ihren Strukturen) auf die Umgebung, was überhaupt erst eine gute oder optimale Energieakquisition garantieren kann. Auch hier kommt, auf anderer Ebene, der Begriff des Systems ins Spiel. Lotka versteht sämtliche Organismen, welche „the earth's living population" ausmachten, zusammen mit ihrer Umwelt als ein System, das „a daily supply of available energy from the sun" erhalte. Jeder vorhandene Organismus sei aus verschiedenen chemischen Substanzen zusammengesetzt, die in einer fest umrissenen Struktur zu-

---

[98] Lotka, Elements, S. 13; Paraphrase, wie Lotka angibt, aus: *Nature*, 110 (1922), S. 405.
[99] Lotka, Elements, S. 19.
[100] Lotka, Elements, S. 13 f., 16.
[101] Lotka, Elements, S. 15 f.

sammengefasst seien, welche wiederum den durch chemische Reaktionen mit der Umwelt erreichten Wachstumszuwachs bestimme. Der mobile Organismus trage gewissermassen seine ihm angemessene Umwelt mit sich, die zwar nicht immer konstant ist, aber die Varietäten des Organismus würden sich in solchen Grenzen halten, dass sein Überleben gesichert sei.[102]

Als Beispiel für die Abgestimmtheit zwischen Organismus und Umwelt erwähnt Lotka das Meerwasser, das bereits von einigen anderen Forschern in Bezug auf die Wechselwirkungen zwischen innerem Milieu und Umwelt herangezogen worden war.[103] Einerseits sei das innere Milieu der Fische dem Meerwasser sehr ähnlich, andererseits würden geringfügige Veränderungen im Salzgehalt des Wassers für den Organismus fatale Wirkungen zeitigen. Höhere Tiere seien mit einem Apparat, bestehend aus den verschiedensten Fähigkeiten zur Sicherstellung der Nahrung und zur Abwehr von Feinden ausgestattet, der ihnen in gewissem Grad eine grössere Unabhängigkeit von der Umwelt erlaube. Während, wie Lotka resümierend festhält, die spezifische Struktur und die mechanischen Eigenschaften, die die Umwelt (samt dem milieu intérieur, wie er in Klammern erwähnt) eines spezifischen Organismus ausmachen, zentral sind, werden mit diesem letzteren Satz zwei neue Gesichtspunkte aufgeworfen: Der Organismus muss – in Auseinandersetzung mit der Umwelt – seine Nahrungsquellen sichern und sich vor natürlichen Feinden schützen.

Zum einen nimmt hier Lotka auf den Mediziner Claude Bernard Bezug, der durch das Konzept des „milieu intérieur" beschrieben hatte, wie der Blutzuckerspiegel des einzelnen Organismus in einem wechselnden Umfeld und bei diskontinuierlicher Nahrungsaufnahme ein konstantes, das Überleben sicherndes ‚Innenleben' garantiere.[104] Zum anderen bezieht sich Lotka auf den Biologen Jakob von Uexküll hinsichtlich des „travelling environment", das jeder Organismus, der als „Maschine, die die Welt bearbeitet" verstanden werden könne, mit sich trage.[105] Damit bringt er aber während seinen Abwägungen über die Frage des Lebendigen auf kleinstem Raum zwei Wissenschaftler zusammen, die in ihren jeweiligen Prämissen unterschiedlicher nicht sein könnten: Bernard war überzeugt, dass eine eindeutige, deterministische Beschreibung der Lebensprozesse nur eine Frage der Zeit war, jedoch nicht am Gegenstand an und für sich scheitern konnte. Uexküll hingegen war in der Debatte zwischen Vitalismus und Mechanismus vehementer Vertreter der ersteren Ansicht und ging von einer „Lebenssubstanz" aus, welche sich dem reduktionistischen Zugriff zwingend entziehen

---

[102] Lotka, Elements, S. 16 f.

[103] Dazu und zum Folgenden siehe Lotka, Elements, S. 17.

[104] Bernard, Claude: *Introduction à l'étude de la médecine expérimentale*, Paris: J. B. Baillière 1885, S. 110, zit. nach Lotka, Elements, S. 17.

[105] Dazu und zum Folgenden siehe Lotka, Elements, S. 16. Lotka zitiert nicht direkt aus Quellen von Uexküll.

muss.[106] Lotka stellt diese Diskussion nicht abschliessend dar, sondern findet durch sie zu einer Taktik der Resignation: „but again, resignation is rewarded with the recognition of a fundamental law, the law of conservation of energy."[107] In dieser Hinsicht – Aufgabe einer absoluten Antwort, Gewinn eines Gesetzes – verweist Lotka sogar auf Einstein, der die Bewegung der Erde nicht mehr deterministisch zu berechnen suchte und damit die Theorie der Relativität gewann. Wissenschaft, wie Lotka fortfährt, benötige manchmal ein „frank avowal", ein freimütiges Eingeständnis, dass, wie in diesem Fall, keine eindeutige Differenz zwischen dem Lebendigen und Nicht-Lebendigen ausgemacht werden kann. Und ohnehin seien der wissenschaftliche Fortschritt und das hier vorgestellte Verständnis der natürlichen Phänomene unabhängig von einer solchen Definition. Wenn hier etwas definiert werden wird, so Lotka zum Schluss des einleitenden Kapitels, dann eine Konzeption von Evolution.[108]

Die soeben präsentierten Passagen der *Elements* zur Definierbarkeit von Entitäten sind inhaltlich mit dem Kapitel 17 verschränkt, das vom „Carbon Dioxide Cycle" handelt. Die Unmöglichkeit der Definition von Leben wird hier noch einmal aus anderer Perspektive aufgerollt. Denn was die Frage nach dem Ursprung des Lebens überhaupt anbelangt, so liesse sich bloss sagen, dass es mit Organismen „of the humblest kind", deren Grenzen nicht einmal klar zu ziehen seien, angefangen habe. „[O]nly diffuse substances trading in energy" habe man feststellen können.[109] Das Leben selbst sei ein Verbrennungsprozess, was Lotka mit einer Flamme vergleicht, die zum Brennen Treibstoff braucht. Diese Ansicht ist kritisierbar[110], auch muss sich Lotka hier den Vorwurf gefallen lassen, dass er ebenso wenig ein Tier von der Flamme unterscheiden kann wie der von ihm in dieser Frage als unzulänglich dargestellte Spencer. Vollständig in mäandrierenden Schlaufen verloren ist die Argumentation aber schliesslich dann, wenn Lotka an dieser Stelle eine „psychology of plants" erwähnt, die er in Analogie zum olympischen Feuer setzt, dessen Tradition wiederum, wenn auch unter anderen Vorzeichen, in der katholischen Kirche eine Fortsetzung gefunden habe und in

---

[106] Als beispielhafte Texte für die unterschiedlichen Positionen seien genannt Bernard, *Médecine expérimentale*; Uexküll, Jakob von: „Das Tropenaquarium", in: *Die Neue Rundschau* 19 (1908), Nr. 2, S. 694–706. (Die Überlegungen Uexkülls zur „theoretischen Biologie" erschienen erst 1926.)

[107] Lotka, *Elements*, S. 18.

[108] Lotka, *Elements*, S. 18 f.

[109] Lotka bezieht sich hier auf die Darstellung von Woodruff, Lorande Loss: „The Origin of Life", in: Joseph Barrell / Charles Schuchert / dies. / Richard Swann Lull / Ellsworth Huntington, *The Evolution of the Earth and its Inhabitants. A Series of Lectures Delivered before the Yale Chapter of the Sigma Xi during the Academic Year 1916–1917*, New Haven: Yale University Press 1918, S. 82–108, hier S. 102, der sich wiederum auf F. J. Allen berief; siehe Lotka, *Elements*, S. 218.

[110] Es ist interessant zu bemerken, dass John Maynard Smith diese Analogie Leben / Flamme in Bausch und Bogen verwirft. Für ihn beschreibt die Flamme bloss einen Metabolismus, was es aber zum Leben notwendig brauche, sei die Vererbung; Vorlesung von Maynard Smith über „The Origin of Life", siehe http://www.youtube.com/watch?v=JhXCl-nIOTc6 (4.1.2016).

ökonomischer Hinsicht noch heute eine Rolle spiele, wenn ein Gaswerk bei Dislokation darauf Acht gebe, dass die Flamme nie erlösche.

Dies illustriert mehr seinen stellenweise extrem assoziativen Stil, als dass es sein Hauptargument beeinflussen würde. Entscheidend ist der von Lotka herausgestrichene Punkt, dass bei den Organismen seit ihren Ursprüngen Wechsel in Energieniveaus feststellbar seien. Er betont den energetischen Metabolismus und das Wachstum in Abhängigkeit von der physikalisch-chemischen Struktur und erwähnt keine Vererbung oder genetischen Voraussetzungen des Organismus, die, gemäss dem Evolutionsbiologen John Maynard Smith, notwendig mitbedacht werden müssen, um einen Organismus zu definieren. Die Genetik wird von Lotka in vermitteltem Sinne behandelt, wenn es um den Einfluss derselben auf das Wachstum von Organismen geht.[111] Er lässt diesen Wissenszweig nicht gänzlich links liegen, aber er grenzt ihn von dem, was er hauptsächlich behandeln möchte, konzeptionell ab. Die „intra-group evolution" beschäftige sich mit den Varietäten und der Herausbildung von neuen Arten, die „inter-group evolution" hingegen sei das Feld, das mit den Veränderungen der Massen, also den Energiewechseln zwischen den Komponenten eines Systems zu tun habe.[112] Mit dieser Unterscheidung geht die Festlegung von Lotkas Analyseebene einher. Die Relationalität zwischen ungleichen Entitäten und deren Energiewechseln wird in den Vordergrund gerückt und im Vergleich zu Veränderungen in ähnlichen (auch homogeneren) Entitäten priorisiert.[113]

Diese Analyseebene lässt nun eine besondere Schlussfolgerung zu, woraus ein holistisches Weltbild erst entstehen kann: Höhere Organismen zeichnen sich also durch eine elaborierte Struktur aus, die ihr Überleben gewährleistet und möglichst unabhängig von Umweltveränderungen ist. Spezifische Eigenschaften befähigen nun zur möglichst effizienten Energieakquirierung. Bei mobilen Organismen stellt sich dieses Problem insbesondere, weil sie darauf bedacht sein müssen, mit der Nahrungsquelle überhaupt zusammenzutreffen. Dementsprechend sind alle Organismen mit einem speziellen „Apparat" ausgestattet, bestehend aus so genannten Rezeptoren, Kommunikatoren, Effektoren und vielen mehr[114], um eine möglichst optimale „Kollision"[115] von Organismus und Energiequelle zu gewährleisten. Der Mensch weist noch ein paar spezielle „Eigenschaften"[116] auf, um seine Bedürfnisse zu stillen: Bewusstsein, Erinnerung und Wille sowie kul-

---

[111] Lotka, Elements, S. 122–127. Bei diesem Thema setzt er eine kleinere Schriftgrösse und referiert aus Arbeiten des Genetikers J. B. S. Haldane; weitere kurze Bezugnahmen auf Haldane, S. 52 und 170.

[112] Lotka, Elements, S. 44 f. Vgl. auch Lotkas Ausführungen zu „interkontinuärer" und „intrakontinuärer Änderung", wie in Kapitel 1 besprochen.

[113] Lotka, Elements, S. 59.

[114] Lotka, Elements, S. 338–342.

[115] Lotka, Elements, S. 336–338, 344–346, 359 f.

[116] Lotka, Elements, S. 362–416, zusammenfassende Graphiken vgl. ebd., Einlegeblatt zw. S. 410 und 411 (oder Abbildung 2 weiter unten) sowie S. 413.

turelle Techniken wie Tierzucht, Verkehrswege und Industriebetriebe bringen den Menschen in die Lage, sich evolutionär und geographisch von den Ursprüngen der Energiequellen unabhängig zu machen. Kehrseite des Erfolgs (durch Gewinn an Souveränität) sei der erhöhte Druck auf die menschliche Population, der zusätzlich durch Bevölkerungswachstum und Errungenschaften in der Krankheitsbekämpfung steige. Diese Faktoren technologischer, medizinischer, industrieller und demographischer Natur haben überall wirksame Interdependenzen zur Folge. Die industrielle Gesellschaft wird zu einem Ganzen:

> Increasing population pressure and continued success in the control of disease can only add to this effect [man's combat with his own kind], which is furthermore enhanced, while the struggle is at the same time forced into a very particular mold, by the industrial régime which has bonded the body politic into one organic whole. Under this régime we enter the battle of life *en bloc*.[117]

Das Verhalten der Menschen, ihre Fähigkeiten und der Status Quo der kulturell-technischen Entwicklung führt zum „body politic".[118] Oder umgekehrt, das „industrial régime" gestaltet den „body politic" als ein zusammenhängendes, interdependentes Ganzes.[119]

An diesem Punkt verschränkt Lotka seinen programmatischen Ansatz nach Quantifizierbarkeit des Lebens mit der Lebenswelt insgesamt. In einer Tabelle korreliert er die Fähigkeiten des Individuums mit den betreffenden Organen, die biologischer oder artifizieller Natur sein können. Ein Exempel für diese Verkettung lautet dann folgendermassen: Ein Individuum besitzt Wahrnehmungswerkzeuge, so genannte „depictors", diese wiederum enthalten unter anderem „communicators", wovon gewisse als „receivers" gelten, wie zum Beispiel das Ohr; das künstliche Pendant dazu ist dann das Telefon. Würde man nun, so Lotka, in diese Tabelle Zahlen für die Arbeitnehmer, die Produktion, den Konsum, Export, Import und das investierte Kapital einsetzen, dann erhielte man „a quantitative description of the behavior schedule of human society. The table would thus give a coherent, biologically founded, picture of the life activities of the Body Politic."[120] Die schematisch erfassten Relationen zwischen den Teilbereichen werden in einer Tabelle ersichtlich (siehe Abbildung 2).

Als Pendant dazu findet sich in Lotkas Nachlass das undatierte Inhaltsverzeichnis für eine geplante Monographie mit dem Titel *Science and the Body Politic.* Das zugehörige Buch blieb unvollendet, obschon das zweite Kapitel bereits im Ma-

---

[117] Lotka, Elements, S. 417 (Hervorhebung im Original).
[118] Lotka, Elements, S. 412.
[119] Walter B. Cannon, der heute mehr als Lotka bekannt ist für den Begriff „body politic" (Homöostase), setzt diesen ein, um die funktionale Verflochtenheit des menschlichen Körpers mit der Gesellschaft zu illustrieren und davon ausgehend sozialpolitische Anregungen zu formulieren; Cannon, Walter B.: „The Body Physiology and the Body Politic", in: *Science (New Series)* 93 (1941), Nr. 2401, S. 1–10.
[120] Lotka, Elements, S. 411 f.

TABLE 24

			FACULTY	ORGAN — Native	ORGAN — Artificial
Receptors	Internal ceptors		Pain	Nerves	Anesthetics, analgesics
			Inner sense	Viscera, etc.	X-rays, endoscope, etc.
			Muscular sense	Muscles, joints, etc.	Weighing balance
			Orientation	Semicircular canals	Plumb line, spirit level, gyroscope, compass
	Contact ceptors		Touch	Skin	Sclerometer
			Heat and cold	Skin	Thermometer, thermopile, etc.
			Taste	Taste buds	Chemical analysis
	Distance ceptors		Smell	Nose	Chemical analysis
			Hearing	Ears	Microphone
			Sight	Eyes	Microscope, telescope, spectroscope, interferometer, polarimeter, photographic camera, moving pictures, etc., photometer, photoelectric cell
			(Electricity)	(Muscular spasm)	Electrometer, galvanometer, etc.
			(Magnetism)		Compass, magnetometer
Depictors or Informants / Communicators	Elaborators		Memory	Brain, nervous system	Records: carved, written, printed, photographic, phonographic
		Imagination — Autistic		Brain	Kaleidoscope
		Imagination — Semi-realistic		Brain	Rhyming dictionaries
		Imagination — Realistic		Brain	Mathematical tables, slide rules, calculating machines, statistical machines, equation machines, harmonic analysers, tide predictors, etc.
	Relators		Time sense (Sense of Rhythm)	Brain	Clock, metronome, chronometer, calendar, growth rings in trees, geological strata, radioactive minerals.
			Spatial sense	Brain	Graduated scales, verniers, calipers, gages, micrometers, comparators, interferometer, goniometer, transit, sextant, planimeter, intergraph, graduated vessels, dilatometer, hydrometer, drafting instruments
	Receivers		Understanding	Ear / Eye	Telephone receiver, phonograph / Reading matter
	Transmitters		Speech (language)	Vocal apparatus	Telephone transmitter, gramophone
				"Gestural apparatus" facial expression (mien, sign language, etc.)	Writing, printing, mail, telegraph
Epictors or Transformants	Effectors — Internal	Anabolism — Reproduction		Ova, sperm; Genital organs	Artificial fertilization
		Anabolism — Growth		All tissues, trophic; Glands and nerve centers	Incubators, obstetric instruments; Chemical manufacturing plant
		Anabolism — Repair		All tissues, trophic nerves	
		Catabolism — Alimentation		Alimentary tract	Kitchen (cooking), canning industries
		Catabolism — Digestion		Respiratory system	Forced draft, carburetors, power plants: coal, oil, gas, water, electricity, etc.
				Circulatory system	Steam boilers, feedwater injectors, etc.
		Catabolism — Energization		Excretory system	Waste and garbage disposal plants, sewerage
		Temperature regulation		Skin, hair, (fur); Neuro-chemical control; (Luminescence organs)	Clothing, buildings, cities; Heating, ventilation; Illumination
		Defense, internal		Antibodies; Phagocytes	Vaccines, antitoxic sera, antiseptics, disinfectants applied to body; Drugs, therapeutic agents, sanitation, disinfectants
	Effectors — External	Defense, external / Offense, depredation		Hands, teeth, (claws); (electric organs)	Weapons, fisheries, game preserves, agriculture (plant industry, animal husbandry, dairying) fertilizer industries, quarrying, mining (fuel, ores, etc.)
		Equilibration		Neuro-muscular control by semicircular canals	Gyroscope (torpedoes, etc.)
		Production		Hands, etc.	Tools, machines, engines, mechanical manufacturing plant
		Locomotion		Legs, (wings), (fins)	Roads, wheeled vehicles, bicycle, motor-cycle, automobile, railways, ships, airships, aeroplanes

Abb. 2: Die Tabelle des Body Politic
(Quelle: Lotka, Elements (1925), Einlegeblatt zwischen S. 410 und 411).

nuskript und mit dem Vermerk „submitted" abgelegt wurde.[121] In die *Elements* floss ein Teil dieses Manuskripts ein. Das vorhandene Inhaltsverzeichnis deutet allerdings darauf hin, dass *Science and the Body Politic* nicht die Mathematisierung in den Vordergrund stellte, sondern die kulturellen Bedingungen der Moderne. Diese Gegebenheiten erscheinen vor allem geprägt durch „The Power of Knowledge". Eine Macht, die der moderne Mensch zunehmend gewann, nicht zuletzt durch die artifiziellen Erweiterungen seiner Organe. Auch in diesem Entwurf entsteht ein „World Picture", das von den Molekülen über die Industrialisierung bis hin zur Kunst die verschiedenen Sinne zu einer Weltaneignung beschreibt und mit dem Teleskop, dem Mikrophon und Thermometer korreliert.[122] Wissen und Können, worin die Relationen, die das Ganze bilden, überhaupt erst zum Vorschein kommen, sind ein Aspekt der Evolution, der auch in der Schlusssequenz von Lotkas Hauptwerk Thema wird:

An dieser Stelle geht er davon aus, dass die Erfüllung der Grundbedürfnisse des Einzelnen durch die Arbeitsteilung an verschiedenste Instanzen delegiert wurde. Hintergrund dieser Entwicklung sind seines Erachtens individualistische Ziele, die sich durch einen *„mutually selfish bargain"*[123] beschreiben lassen, worin jeder einzelne auf seinen Vorteil bedacht ist, während Überlegungen zu Gewinn oder Verlust für die Gesellschaft als ganze hintanstehen. Dieses fest in der Lebenswelt installierte Prinzip ist laut Lotka revidierungsbedürftig. Während die Industrialisierung und die Arbeitsteilung die Menschen als soziales Ganzes zusammenwachsen liessen, hinkten die Motivationen der Entwicklung hinterher. Es müsste eine direktere Umsetzung der gemeinschaftlichen Interessen geben, damit weniger

---

[121] AJL-Papers, Box 21, Folder 8. Vom „Provisional outline of projected book Science and the Body Politic" sind im Archiv drei Seiten erhalten. Wenn diese das ganze Buch abbilden, dann waren 19 Kapitel geplant, die drei Teilen zugeordnet waren: „I. The Senses and their Artificial Extension" (Wissen, verschiedene Formen von Sehen, Hören, mechanische Sinne, chemische Sinne); „II. Extension of the World Picture by the internal faculties" (Erinnerung und Logik / Mathematik); „III. Effectors" (Energie, Transport, Agrikultur, Fischerei, Medizin, chemische Industrien, Intelligenz, Geschmack / Psychologie, Wissenschaft / Kunst / Religion). Die Synopsis des ersten Kapitels mit der Überschrift „The Power of Knowledge" ist am ausführlichsten: Hier wird dafür argumentiert, dass wir uns durch natürliche Organe und Fähigkeiten ein „World Picture" machten, wobei der moderne Mensch seine Macht vielfältig durch ergänzende „organs" erweitert habe. Nur wenn man dies in Rechnung stelle, könne man verstehen, wie moderne soziale Gesellschaften funktionierten. Da viele der künstlichen Organe von vielen Menschen gleichzeitig genutzt würden, sei die Gesellschaft in einen „Body Politic" eingebunden. (Beim zweiten Kapitel „First Aids to Vision" ist vermerkt „submitted in full"; für diesen Entwurf siehe auch AJL-Papers, Box 21, Folder 8, circa 30 Seiten.)

[122] Wie in der Einleitung erwähnt, könnte ausgehend von diesem Strang in Lotkas Werk eine Reihe aufgemacht werden zwischen Kapps „Organprojektion", Lotkas „body politic", Freuds „Prothesengott", McLuhans Erweiterungen des Nervensystems; vgl. Kapp, Ernst: *Grundlinien einer Philosophie der Technik. Zur Entstehung der Cultur aus neuen Gesichtspunkten*, Braunschweig: George Westermann 1877; Freud, Sigmund: *Das Unbehagen in der Kultur*, Frankfurt am Main: Fischer 1994 (erstmals Wien 1930); McLuhan, Understanding Media.

[123] Lotka, Elements, S. 418 (Hervorhebung im Original), auch ebd., S. 415.

Reibungsverlust in der „social machinery"[124] entstehe. Das hedonistische Prinzip in der Form der individuellen Gewinnmaximierung sollte durch ein abwägendes, räsonables Prinzip ersetzt werden.[125] In dieser Konstellation trage der Mensch eine spezielle Verantwortung. Philosophie, Wissenschaft, Wissen und Emotionen sowie Tradition erscheinen hier als genuin menschliche Fähigkeiten und Instrumente[126], um die Interrelativität der Menschheit mit der Welt, der Natur und dem Universum zu durchschauen. Dies sollte den Menschen dazu bringen, umsichtig zu handeln, will er denn nicht seine eigene Lebensgrundlage zerstören:

> Thus, in the light of modern knowledge, man is beginning to discern more clearly what wise men of all ages have intuitively felt – his essential unity with the Universe; and the unity of his puny efforts with the great trend of all Nature. A race with desires all opposed to Nature could not long endure; he that survives must, for that very fact, be in some measure a collaborator with Nature.[127]

Hier wägt Lotka Spencers Evolutionismus – den er mit dem „hedonistischen Prinzip" verband – gegen die physikalische Biologie ab. Die Emotionen erhalten in Lotkas Entwurf die Rolle, den Menschen zwischen der Notwendigkeit der Energieaufnahme und dem Wissen um die notwendige Ressourcenschonung sinnvoll handeln zu lassen. Ziel der Evolution ist demnach, die Gefühle den Aktionen perfekt anzupassen. Grundlagen dazu liefere die Wissenschaft, welche die Gedanken der Menschen anleiten sollte.[128] Dem Menschen wird grundsätzlich zugetraut, das Gleichgewicht der Natur zu stören, gleichzeitig aber auch darauf vertraut, dass er seine Fähigkeiten einzusetzen weiss, um ein Gleichgewicht zu gewährleisten. Wir werden in den folgenden zwei Unterkapiteln noch sehen, dass ein ausgleichendes, dem Gleichgewicht zustrebendes Prinzip programmatisch für Lotkas energetischen Holismus war. Und dass er sich in diesem Punkt durchaus von Spencer hat inspirieren lassen.

Wie ist die Mathematisierung des Lebens zu verstehen? Leben, wie wir gesehen haben, erhielt in Lotkas Monographie keinen ontologischen Status, den er philosophisch zu ermitteln suchte, genauso wenig, wie er diesen physikalisch beweisen wollte. In dieser Hinsicht war er der resignierende Agnostiker oder verwies auf die „economy of thought"[129]. Zweckmässig und nützlich sollte eine Definition

---

[124] Lotka, Elements, S. 418.

[125] Lotka, Elements, S. 430.

[126] Lotka, Elements, Philosophie (S. 418 f.), Wissenschaft (S. 419–424), Wissen und Emotionen (S. 424–428), Tradition (S. 428–433, enthält auch Zusammenschau aller Aspekte).

[127] Lotka, Elements, S. 433.

[128] Lotka, Elements, S. 434.

[129] Lotka, Elements, S. 327. Zugleich ist dies ein Hinweis darauf, dass Lotka Ernst Mach und dessen „Ökonomie des Denkens" kannte. In den Grundzügen zeichnete sich die Denkökonomie durch einen empiristischen Zugang und Bevorzugung von möglichst einfachen, sparsamen, von metaphysischem Beiwerk befreiten Theorien aus; vgl. hierzu Mach, Ernst: *Erkenntnis und Irrtum. Skizzen zur Psychologie der Forschung*, Leipzig: Verlag von Johann Ambrosius Barth 1905, S. 446–455.

sein und eine heuristische Funktion erfüllen. Kurz: die funktionale Reichweite einer begrifflichen Konvention bestimmte ihren Gehalt und ihre Aussagekraft. Daraus folgte nicht, dass sein Verständnis von Leben willkürlich war.[130] Er band dieses an eine quantitative Definition zurück, die von permanenten energetischen Veränderungen ausging. Wichtig war Lotka, dass er diese energetische Definition nicht nur für spezifische Entitäten reservierte. Der Begriff des Systems erlaubte ihm, sowohl makroskopisch wie mikroskopisch die verschiedenen Komponenten der natürlichen Prozesse zu betrachten. Systeme werden konstruiert und daraus abgeleitete Aussagen sind nur innerhalb der definitorischen Grenzen des Systems sinnvoll.[131] Der Begriff der Isomorphie[132] verweist auf einen Kohärenzanspruch der Konstruktion des Systems; diesen holte Lotka nicht durch das Nachdenken über Referenz ein, sondern durch die Methode der Analogie, die sich auf eine einfache Wachstumsformel stützte, welche die Ähnlichkeiten zwischen Fachbereichen veranschaulichte. Die „life-bearing systems" beinhalten also sowohl Organisches wie auch Anorganisches. Sie unterliegen permanenten Modulationen, die Lotka „evolution" nannte. Sämtliche miteinander in Verbindung stehende Komponenten der Natur haben eine Geschichte, d.h. sie sind von einem Zeitpunkt zum nächsten nicht identisch. Und da sich die Modulationen immer durch eine Energieverschiebung (bzw. Materietranslation) auszeichnen, setzt die Mathematisierung bei der Energie an. Theoretisch werden derart sämtliche energetische Veränderungen formal beschreibbar. Der ubiquitäre Effekt der Energie erlaubte eine Analogisierung der Veränderung sowie die formale Gleichbehandlung von

---

[130] Vgl. diese Vorgehensweise auch mit derjenigen des Philosophen Nelson Goodman: *The Structure of Appearance*, Cambridge, MA: Harvard University Press 1951. Goodman argumentierte, dass es einem frei stehe, Verwandtschaftsbeziehungen zwischen Affen mit rechtwinklig sich kreuzenden Linien darzustellen; wichtig sei die Transparenz und die kohärente Anwendung der Regeln des Systems sowie eine mögliche Beantwortung der Fragestellung durch das System. Globalkonzepte wie Wahrheit, Korrespondenz und Referenz erhalten in einer solchen Auffassung eine Nebenrolle und werden ersetzt durch Isomorphie, Akkuratheit und Einfachheit. Deshalb gibt es laut Goodman auch nicht einfach ‚seine Philosophie', sondern viele Philosophien. Goodman wurde in der Rezeption von Konstruktivisten geliebt und von Kritikern in die Ecke des Konstruktivismus gestellt, was er beides nicht gerade schätzte. Doch die gefürchtete postmoderne Beliebigkeit und Relativität lag Goodman, wie auch seiner späteren Mitautorin Catherine Z. Elgin, fern. Es ist nicht so, dass die „Weisen der Welterzeugung" nach Gutdünken gelingen können, sondern es geht immer darum, in diesen Welten diejenigen Dinge akkurat repräsentiert zu haben, die einem wichtig sind. Moralische Urteile sind von dieser auf unserer Erfahrung gründenden Konstruktion nicht ausgenommen; vgl. hierzu auch Goodman, Nelson / Catherine Z. Elgin: *Revisionen. Philosophie und andere Künste und Wissenschaften*, Frankfurt am Main: Suhrkamp Taschenbuch Verlag 1989 (erstmals 1988 Reconceptions in Philosophy and Other Arts and Sciences); weiter Goodman, Nelson: *Weisen der Welterzeugung*, Frankfurt am Main 1998 (4. Auflage, erstmals 1978: Ways of Worldmaking); ders.: „Science and Simplicity", in: Ders., *Problems and Projects*, Indianapolis: Bobbs-Merrill 1972, S. 337–346; ders.: „Some Reflections on my Philosophies", in: *Philosophiae Scientiae* (1997), Nr. 1, S. 15–20.

[131] Lotka, Elements, S. 44; ebd., S. 372 f. denkt Lotka über die Möglichkeit der Darstellung von „Science" oder „Ego" durch Koordinatensysteme nach.

[132] „Isomorphismus" ist kein Begriff, der in den *Elements* verwendet wird; er wird uns wieder begegnen in Kapitel 5, wenn es um die Verknüpfungen zwischen Ludwig von Bertalanffy und Lotka geht.

Molekülen, Tier und Mensch. Aus der quantitativen Beschreibung der „world by investigating both the number and the variety of living organisms" resultierte die „general demology"[133]. Diese Wissenschaft des Zusammenlebens verschiedener Arten in der gleichen Umwelt ergebe sich aus der methodischen Prämisse, die Populationsstatistik nicht auf die menschliche Spezies zu restringieren.[134] Mit „the body politic" bezeichnete Lotka das noch uneingelöste Versprechen der Quantifizierbarkeit der menschlichen Welt.

Lotkas Weltbeschreibung ist eine holistische, weil sie faktisch alle Lebensbereiche umfasst, eine monistische, da sie alle Phänomene auf ein Prinzip zurückführt, und eine quantifizierte, weil sie alle Veränderung zu mathematisieren verspricht. Vor diesem Hintergrund wird die These bekräftigt, dass Lotka die von Boltzmann vermisste Mathematisierung der Energetik[135] nachlieferte. Auf dem Weg dahin liess Lotka jedoch kein metaphysisches Verdachtsmoment aufkommen und hielt sich an dasjenige, was in Reichweite der (exakten) Wissenschaft lag. Weder begann er sein „Programm" mit einer Erleuchtung oder einer pathetischen Geste der ‚Heilsverkündung', noch stellte er sich als Vorreiter einer neuen Idee wie Ostwald dar, deren durchschlagende Wahrheit die anderen erst noch begreifen müssten. Wie im obigen Abschnitt über den „produktiven Nicht-Fachmann" ausgeführt, hätte sich Lotka eine solche Geste aus wissenschaftssoziologischen Gründen gar nicht leisten können, es entsprach aber auch nicht seiner Herangehensweise.

Die Moral und die Religion waren in den *Elements of Physical Biology* nicht absolut abwesend. Die kursorischen Bezugnahmen auf Gott als Definitionsgeber des Phänomenologischen oder ein Zitat aus der St.-James-Bibel, der Vergleich zwischen dem Feuer in der katholischen Kirche mit demjenigen der Gaswerke und der Olympischen Spiele sprechen aber eher für Lotkas fast schon humoristischen Umgang mit Religion.[136] Das sahen wir auch in seiner Aphorismensammlung, die jedoch in der Monographie keinen Niederschlag fand. Lotka liess die Mathematik sprechen. Der moralische Appell an die Menschheit ergab sich aus der Einsicht in die verwickelten Energiebezüge zwischen Mensch und Umwelt und sollte in ein Bewusstsein für den (steuerbaren) „body politic" münden. Und diese Steuerung ist keine, die sinnvollerweise durch Individuen bewerkstelligt werden kann und auch nicht soll. Die Interrelationen sind zu berücksichtigen. In Harmonie mit der Natur soll die Evolution sich abspielen, wie Lotka zum Schluss seines Hauptwerks mit Verweis auf die Stoiker bemerkt: „‚O Universe, whatsoever is in harmony with thee, is in harmony with me.'"[137]

---

[133] Lotka, Elements, S. 164.

[134] Vgl. AJL-Papers, Box 31, Folder 1: „Unfinished Articles", S. 3.

[135] Boltzmann, Ein Wort an die Energetik.

[136] Lotka, Elements, S. 218f. („Behold how great a matter a little fire kindleth. St. James"), vgl. Fussnoten ebd.

[137] Lotka, Elements, S. 434.

Energie

Wie in Kapitel 1 erläutert, war die Energie für Ostwald einzige Substanz und monistisches Erklärungsmodell. Er gewann dieses Prinzip aus einer Mischung von Eingebung und alltagspraktischer Beobachtung, welche in allen Belangen eine energiesparende Funktion erfüllen und pragmatische Verbesserungen bewirken sollte. Innerhalb der Physik suspendierte das monistische Prinzip Energie die Differenz zwischen Materie und Kraft; für chemische Theorien wurde die Postulierung von Atomen verzichtbar; innerhalb der Naturphilosophie löste sie den Widerspruch zwischen Vitalismus und Mechanismus auf; bezüglich der Erkenntnistheorie beförderte sie ein naturwissenschaftliches Primat; für die Industrie, den Beruf und Alltag versprach sie ökonomische und ressourcenschonende Verbesserungen; in sozialen und juristischen Fragen stellte sie Antworten in Aussicht. Diese Auffächerung der Ziele der Energetik ist logische Folge eines monistischen Prinzips, das antritt, die Welt zu erklären. Die Vielseitigkeit der Ostwald'schen Energetik bot dementsprechend viele Anschlusspunkte und mindestens ebenso viele Angriffsflächen.

Der ubiquitär eingesetzte Energiebegriff war Basis für Lotkas physikalische Biologie. Er verstand aber nicht genau das Gleiche unter Energie wie Ostwald bzw. die beiden Wissenschaftler bedachten bei der Verwendung des Begriffs nicht dieselben Dinge. Durch die anschliessenden Ausführungen werden zwei Ziele verfolgt: Erstens wird eruiert, an welchem Punkt sich Ostwalds und Lotkas Wege bei der Interpretation der Energie trennten. Zweitens wird gezeigt, wie Lotka die Energetik auf Basis von Boltzmanns Thermodynamik neu auslegte. Damit wird deutlich, dass die Energetik nur einen Teil des Gebäudes ausmachte, welches Lotka die physikalische Biologie nannte, und wie es ihm gelang, darin dem Menschen eine besondere Position zuzudenken.

Lotka geht von einem offenen System aus, der Welt, die täglich eine Portion Sonnenlicht erhält, was das Wachstum (und damit die Evolution, die Veränderung) überhaupt in Gang bringt. Von den Pflanzen über die Tiere hin zum Menschen fungieren die Organismen als Energietransformatoren, die die Energie in verschiedenen Formen aufnehmen, verwenden und wieder abgeben. Das ist ein thermodynamisches Modell, es gibt einen so genannten Input und einen Output sowie dazwischen einen Wirkungsgrad der Maschine. Letztlich sind alle Lebewesen in einer Nahrungskette durch die Energietransformationen miteinander verknüpft.[138] „And lastly, the entire body of all these species of organisms, together with certain inorganic structures, constitute one great world-wide transformer. It

---

[138] Lotka, Elements, S. 325–335.

is well to accustom the mind to think of this as one vast unit, one great empire. The World Engine."[139]

Bis hierhin, so könnte man sagen, blieben sich die Vorstellungen von Energie bei Ostwald und Lotka gleich. Ostwalds „Güteverhältnis" für die Kultur war eigentlich nichts anderes als der möglichst zu optimierende Wirkungsgrad einer Maschine unter energetischen Gesichtspunkten. Unter dieser Voraussetzung beschrieb Ostwald auch, so haben wir ebenfalls in Kapitel 1 gesehen, eine Vorstellung der metabolischen Verflochtenheit der Organismen, worauf sich Lotka wiederum explizit in seinem unveröffentlichten Manuskript berief. Die Grundlegung des Prinzips Energie verlief aber bei beiden komplett anders.

Referenzbegriff blieb bei Ostwald die Arbeit als Movens aller Prozesse, die er analog zu den verschiedenen Energieformen (chemische, mechanische, elektrische, Wärme, Licht)[140] interpretierte. Das heisst er setzte mit der Arbeit einen Begriff der energetischen Investition und des darauf folgenden energetischen Durchsatzes. Ostwald kritisierte, dass die Mechanik nicht zwischen vorwärts und rückwärts laufenden Prozessen unterscheiden könne.[141] Nach dem Ersten Hauptsatz der Thermodynamik bleibt die Energie erhalten, in welche Form sie auch umgewandelt wird. Der Schmetterling, wie Ostwald in seiner berühmt-berüchtigten Rede vor versammelter Gesellschaft Deutscher Naturforscher und Ärzte 1895 deklarierte, werde jedoch nie mehr zur Raupe: „Die Nichtumkehrbarkeit der wirklichen Naturerscheinungen beweist also das Vorhandensein von Vorgängen, welche durch mechanische Gleichungen n i c h t darstellbar sind, und damit ist das Urteil des wissenschaftlichen Materialismus gesprochen."[142] Bekanntlich verfolgte Ostwald diesen Pfad weiter und stellte die Sinnesempfindungen an den Anfang der Energetik. Unmittelbar, „geheimnisvoll offenbar" sei seit einem halben Jahrhundert die energetische Weltanschauung, mit deren endlicher Entdeckung die Versammelten nun gesegnet würden: „wir selbst sind die Glücklichen, und die hoffnungsvollste wissenschaftliche Gabe, die das scheidende Jahrhundert dem aufdämmernden reichen kann, ist der Ersatz der mechanistischen Weltanschauung durch die e n e r g e t i s c h e."[143] Das trug ihm Kritik ein und war auch der Punkt, worin sich Lotka von der Ostwald'schen Energetik entfernte.

---

[139] Lotka, Elements, S. 331. („The World Engine" ist der Zwischentitel zu einem neuen Abschnitt.)

[140] Ostwald, Die Energie und ihre Wandlungen; ders., Die Energie; ders.: *Die Mühle des Lebens*, Leipzig: Theod. Thomas Verlag 1911.

[141] Ostwald, Überwindung des wissenschaftlichen Materialismus, S. 230.

[142] Ostwald, Überwindung des wissenschaftlichen Materialismus, S. 230 (Hervorhebung im Original).

[143] Ostwald, Überwindung des wissenschaftlichen Materialismus, S. 231 (Hervorhebung im Original).

Um das genau zu verstehen, muss noch einmal etwas zurückgeblendet werden: Ostwald verzichtete für seine Energetik auf die Postulierung von Atomen oder Molekülen. Auf dieser Mikroebene jedoch hatte Boltzmann die Gültigkeit des Zweiten Hauptsatzes der Thermodynamik beweisen können. Seit 1877 hatte er daran gearbeitet, die Irreversibilität wahrscheinlichkeitstheoretisch zu begründen und erhob letztlich den Zweiten Hauptsatz der Thermodynamik – auf der Basis der Annahme von Atomen – erfolgreich zu einem Naturgesetz.[144] Er belegte, dass die statistische Wahrscheinlichkeit, den Ort von Atomen vorauszusagen, kontinuierlich abnimmt. Oder in anderen Worten, spontane Prozesse in geschlossenen Systemen können nur in einer Richtung ablaufen. Damit war zweierlei gewonnen: Zum einen hatte er damit die Wirksamkeit von Atomen plausibilisiert, zum anderen hatte er die These bestätigt, dass die Entropie ('Unordnung') stetig zunimmt, auch wenn keine Wärmeabgabe erfolgt (so bei der Wärmeleitung oder der Diffusion von Gasen). Damit wurde die Thermodynamik als Teil der Mechanik verstehbar.[145]

Als Energetiker verwarf Ostwald die ontologischen Prämissen der mechanischen Physik samt ihren Modellen.[146] Mit dem Philosophen Ernst Mach (der Ostwalds *Annalen der Naturphilosophie* eröffnete), liesse sich sagen, dass das mechanistische Weltbild eine historische Kontingenz ist, wovon die Atomtheorie bloss eine Hypothese, ein Symbol für die Repräsentation von Phänomenen sei und keine reellen physikalischen Partikel bezeichne.[147] Vor diesem Hintergrund musste Ostwald faktisch zwingend den wissenschaftlichen Materialismus verwerfen. Dies aus triftigem Grund: Mit der Absage an den Atomismus blieb das Feld der Thermodynamik ausserhalb der Mechanik und theoretisch der Chemie vorbehalten. Ein eigenes thermodynamisches Programm zu erarbeiten, war das Ziel seiner physikalischen Chemie.[148]

Ostwald sah das Problem, dass die klassische Mechanik keine Unterscheidung zwischen einer Vorwärts- und einer Rückwärtsbewegung machen kann, aber berief sich nicht auf den Zweiten Thermodynamischen Satz, um die These der Irreversibilität zu bekräftigen. Er setzte die Energetik als neues Prinzip an den

---

[144] *Ludwig Boltzmann, 1844–1906. Eine Ausstellung der Österreichischen Zentralbibliothek für Physik*, Wien 2006, S. 34 und 56; Boltzmann, Ludwig: „Der zweite Hauptsatz der mechanischen Wärmetheorie" (Vortrag, gehalten in der feierlichen Sitzung der Kaiserlichen Akademie der Wissenschaften am 29. Mai 1886), in: Ders., *Populäre Schriften*, Leipzig: Johann Ambrosius Barth 1905, S. 25–50; ders.: *Über die Beziehung zwischen dem zweiten Hauptsatz der mechanischen Wärmetheorie und der Wahrscheinlichkeitsrechnung respektive den Sätzen über das Wärmegleichgewicht* (in: *Sitzungsberichte d. k. Akad. der Wissenschaften zu Wien 1877*), Nachdruck in: Wissenschaftliche Abhandlungen Bd. II (1875–1881), hg. v. Fritz Hasenöhrl, Leipzig: Johann Ambrosius Barth 1909, S. 164–232.

[145] Harman, Energy, Force, Matter, S. 4 f.

[146] Harman, Energy, Force, Matter, S. 151 f.

[147] Harman, Energy, Force, Matter, S. 153.

[148] Harman, Energy, Force, Matter, S. 147.

Anfang einer Erklärung und blieb damit auf der Ebene des Energieerhaltungssatzes, wonach Energie bloss in andere Formen umgewandelt, nicht aber verloren
gehen kann, d. h. in einer nicht mehr verwertbaren Form vorhanden ist. Stütze
war ihm die Übersetzung der Energie in einen ökonomischen Wert im Sinne des
erwähnten Güteverhältnisses.[149] Das energetische Programm zur Grundlegung
einer Thermodynamik war aber noch nicht ausgefeilt, es fehlte die Reflexion der
entropischen Prozesse.[150]

Der Physiker Max Planck griff in seiner Kritik genau diesen Punkt auf.[151] Nur
der Erste Hauptsatz der Thermodynamik werde durch die Energetik anerkannt,
aber sie könne die Irreversibilität von Prozessen nicht erklären. Letztlich unter-
miniere Ostwalds Vorstellung die Gültigkeit des Zweiten Hauptsatzes der Wär-
melehre. Plancks Ressentiments wegen der Tatsache, dass er mit seiner Meinung
ungehört blieb, während andere die Meriten für das gleiche Resultat erhielten,
sprechen fast aus jeder Zeile seiner Selbstbiographie. Erledigt wurde die Frage
von anderen, allen voran durch Boltzmann, dessen „Adjutant", wie Planck ver-
drossen schrieb, er zu sein die Ehre hatte. Boltzmann habe sich, wie nicht anders
zu erwarten, gegen Ostwald und die Energetiker durchgesetzt. Worauf Planck den
in der Wissenschaftsgeschichte, die sich mit sich selbst beschäftigt, viel zitierten
Satz hinzufügt: „Eine neue wissenschaftliche Wahrheit pflegt sich nicht in der
Weise durchzusetzen, dass ihre Gegner überzeugt werden und sich als belehrt
erklären, sondern vielmehr dadurch, dass die Gegner allmählich aussterben".[152]

In Kapitel 1 wurde dargestellt, dass Ostwald beleidigt auf die Kritik Boltzmanns
und Plancks reagierte und den mathematischen Ausführungen des ersteren nichts
entgegnen konnte.[153] Seine Energetik war nicht mathematisch bewiesen, und er
hielt vorläufig daran fest, dass die Anwesenheit von Atomen nicht zwingend angenommen werden müsse. Schirmer erwähnt in seiner Würdigung, dass es Ostwald in Ablehnung des Atomismus zunächst nicht möglich war, Zwischenstufen
im chemischen Prozess, während denen der Katalysator eine vorübergehende

---

[149] Ostwald, Die Energie und ihre Wandlungen, speziell S. 198 f.

[150] Hier muss man allerdings erwähnen, dass Ostwald in eben genanntem Werk der mechanistischen Auffassung den Vorwurf machte, dass sie nur von reversiblen Prozessen ausgehe. Die Kritik
Boltzmanns ist dahingehend zu verstehen, dass die Energetik den Beweis für die Irreversibilität aber
ebenso wenig leisten kann.

[151] Planck, Max: *Max Planck. Wissenschaftliche Selbstbiographie*, Leipzig: Johann Ambrosius Barth
1970 (Lebensdarstellungen Deutscher Naturforscher Nr. 5, 5. Auflage, erstmals 1948).

[152] Planck, Selbstbiographie, S. 16 f. Für Details zu Planck und Boltzmann vgl. Seth, Suman: „Allgemeine Physik? Max Planck und die Gemeinschaft der theoretischen Physik, 1906–1914", in: Hagner / Laubichler, Der Hochsitz des Wissens, S. 151–184. Vgl. auch die Einleitung der vorliegenden
Arbeit an der Stelle zu „Moden" in den Wissenschaften.

[153] Hiebert, Erwin N.: „The Energetics Controversy and the New Thermodynamics", in: Duane
H. D. Roller (Hg.), *Perspectives in the History of Science and Technology*, Oklahoma: University of
Oklahoma Press 1971, S. 67–86, hier S. 77.

Verbindung mit anderen Stoffen eingeht, zu denken. Erst mit seiner Anerkennung der Atomistik circa 1908 wurde dies möglich.[154] Mit dieser Tatsache kann auch das Ausscheiden Ostwalds aus der Akademie in Leipzig neu betrachtet werden: Wenn er letztlich den Disput um fachbereichliche Vorherrschaft gegen den Atomismus verlor, so musste er auch die Idee eines eigenen, thermodynamischen Programms mit der physikalischen Chemie aufgeben. Dass die Energetik in ihrer letztlich metaphysischen Begründung verhaftet blieb und sich zunehmend auf das Feld der Naturphilosophie und weg von den exakten Wissenschaften bewegte, scheint so besehen nur logisch.

Wie geht Lotka mit den Einwänden gegen die Energetik um? Er präsentiert für die Definition des Lebens als kleinsten gemeinsamen Nenner die „evolution", die jeden Prozess auszeichne bzw. die Grundlage sei, dass überhaupt etwas stattfinde: *„Evolution is the history of a system undergoing irreversible changes."*[155] Oder auch umgekehrt, ausgehend von der Annahme, dass „reale Prozesse" immer irreversibel seien: „Hence, after all, history, real history, is always evolution".[156] Dies ist Lotkas Definition des Zweiten Thermodynamischen Satzes, die im ersten Schritt konform ist mit der Boltzmann'schen Begründung.[157] Auf die statistischen Modelle bezieht er sich in zweifacher Hinsicht: Einerseits bekräftigt er Boltzmanns Beobachtung, dass sich die Prozesse immer entropisch verhalten; damit sei die Mechanik mit der Thermodynamik harmonisiert worden.[158] Andererseits, so Lotka, sei Boltzmanns Aussage, dass sich alles von unwahrscheinlicheren zu wahrscheinlicheren Zuständen entwickle, falsch. Grundsätzlich sei die Irreversibilität ein relativer Term. Von daher stelle sich die Frage, welche Wahrscheinlichkeiten im Spiel und welche Energien involviert seien.[159] Diese Überlegungen werden zur Grundlage einer Reflexion über Irreversibilitäten.

Lotka wägt verschiedene Varianten des Phänomens ab. Für die Chemie denkt er an Maxwells Dämon, das Gedankenexperiment, welches die automatisch ablaufenden Mischprozesse für zwei Gase in Frage stellt: Der Dämon, der gegen den Zweiten Thermodynamischen Satz arbeite und entgegen der physikalischen Wärmeverteilung Moleküle sortiere, sei lediglich etwas für Skeptiker und deshalb vernachlässigbar. Natürliche Diffusionsprozesse vergleicht Lotka mit einem Sack voll Goldsand. Würde man den Inhalt verstreuen, hätte das keine physikalische Veränderung des Goldsandes zur Folge; theoretisch könnte er wiedergewonnen werden. Diese Option sei aber derartig aufwendig, dass trotz der theoretischen

[154] Schirmer, Ostwald und die Katalyse, S. 35.
[155] Lotka, Elements, S. 22–24, Zitat S. 24 (Hervorhebung im Original).
[156] Lotka, Elements, S. 26.
[157] Lotka, Elements, S. 30–40, Kapitel zu „The Statistical Meaning of Irreversibility".
[158] Lotka, Alfred James: „Two Models in Statistical Mechanics", in: *The American Mathematical Monthly* 31 (1924), Nr. 3, S. 121–126, hier S. 121.
[159] Lotka, Elements, S. 35.

Reversibilität das Verstreuen zu einem irreversiblen Prozess würde: „And *with this restriction placed upon my operations*, certain processes acquire an irreversibility which they do not possess apart from that restriction."[160] Makroskopische natürliche Prozesse könnten also theoretisch reversibel sein, sind es aber dennoch nicht, weil die zur Reversibilität notwendige Arbeit zu gross oder aber die Periode, die es benötigt, um zum Ursprungszustand zurückzukehren, zu lang ist.[161] Gerade das Beispiel mit dem Goldsand, so Lotka weiter, sei nicht etwa abwegig, sondern habe mit den natürlichen Vorgängen sehr vieles gemein. Die Natur verteile in dissipativen Prozessen die zum Leben notwendigen Materialien in alle Winde und die Hauptaufgabe des Organismus bestehe darin, diese wieder auf sich zu konzentrieren: „and one of the central problems which the organism has to solve in the struggle for existence, is the reconcentration, into his immediate environment and into his body, of valuable materials that have become scattered by agencies beyond his control."[162]

Wesentlich ist die doppelte Aussage dieses Zitates, die eine Irreversibilität von biologischen Phänomenen und damit einhergehend eine neue Aufgabe für den Organismus postuliert, welche theoretische Konsequenzen nach sich zieht. Zwischen der von Boltzmann mikroskopisch beschriebenen Irreversibilität, die den Zweiten Thermodynamischen Satz als Naturgesetz zu begründen vermochte und der makroskopisch theoretisch bloss vorhandenen Reversibilität steht nun der Organismus als offenes System oder allgemeiner die biologischen Prozesse, die mit diesen beiden Phänomenen zurande kommen müssen, um überleben zu können. Das bedeutet, dass auf der Ebene des Organismus oder der von Lotka so genannten „life-bearing systems" nicht einfach die Wahrscheinlichkeit die Richtung der Prozesse beschreiben kann. Für biologische Phänomene ist ein neuer mathematischer Zugang notwendig. Und zwar soll dieser eben gerade nicht nur die Extreme erfassen – am einen Ende der Skala den primitiven Organismus, der ohne Intelligenz oder andere Differenzierungsmöglichkeiten mit der vorhandenen Situation umgeht, am anderen Ende einen idealerweise perfekten Organismus, der mit geringstem Aufwand und maximaler Präzision seine Ziele erreicht.[163] Entscheidend seien die intermediären, mit den Wechselfällen der Umwelt verknüpften biologischen Prozesse, die durch eine neue Mathematik beschrieben werden müssten:

A method must be devised that shall duly take account of, and use as a fundamental datum for its deductions, the particular character, the particular degree of perfection of the

---

[160] Lotka, Elements, S. 36 (Hervorhebung im Original).
[161] Lotka, Elements, S. 31–33.
[162] Lotka, Elements, S. 36.
[163] Lotka, Elements, S. 36 f.

mechanical and psychic equipment or organziation by which each organism reacts more
or less selectively upon its environment.[164]

Beziehe man, so Lotka, die Funktionen und Möglichkeiten des „energy transformer" mit ein, dann wird die Wahl anstelle des Zufalls gesetzt. Der Organismus
wird zum „controller of events"; es gehe darum, „to introduce aimed collisions in
place of random encounters."[165] Damit hängt auch die Überlegung zusammen,
wie Lotka weiter ausführt, dass die Prozesse in einer zeitlichen Richtung ab-
zulaufen scheinen. Sein Konzept von Evolution beziehe sich auf Systeme, die nicht
periodisch zu ihrem Ausgangspunkt zurückkehrten, „but show a definite trend,
whereby yesterday and tomorrow are never alike".[166]

Die direkte Übertragung des thermodynamischen (im Sinne von Boltzmann
wahrscheinlichkeitstheoretischen) Denkens auf Probleme der organischen Evolution entspreche ungefähr dem Versuch, einen Elefanten mit der Lupe zu betrachten. Daraus resultiert die „Inadequacy of Thermodynamic Method", die zwar
in ihren Grundsätzen anerkannt wird, aber durch eine neue Herangehensweise
abgelöst werden soll, welche die biologischen Eigenschaften mitabbildet.[167] Zudem soll diese neue Methode das Problem lösen, dass die Daten über biologische
Phänomene nicht auf dieselbe Weise gewonnen und dargestellt werden können
wie Daten über chemische oder statistische Phänomene:

> It would seem, then, that what is needed is an altogether new instrument; one that shall
> envisage the units of a biological population as the established statistical mechanics envis-
> age molecules, atoms and electrons; that shall deal with such average effects as population
> density, population pressure, and the like, after the manner in which thermodynamics
> deal with the average effects of gas concentration, gas pressures, etc.; that shall accept its
> problems in terms of common biological data, as thermodynamics accepts problems stated
> in terms of physical data; and that shall give the answer to the problem in terms in which it
> was presented. What is needed, in brief, is something of the nature of what has been termed
> „Allgemeine Zustandslehre", a general method or Theory of State.[168]

Kingsland interpretiert diese Stelle so, dass sie Lotka die Formulierung eines
vierten thermodynamischen Gesetzes zuschreibt.[169] Was hier stattfindet, ist in

---

[164] Lotka, Elements, S. 37.

[165] Lotka, Elements, S. 37.

[166] Lotka, Elements, S. 38 f., 338. Was genau die Spezifik des irreversiblen Trends ausmache, müsse
eventuell die Quantenmechanik zeigen, siehe ebd., S. 39, Fussnote. Für einen weiteren Verweis auf die
Quantenmechanik in Zusammenhang mit diskontinuierlichen Phänomenen und dem Zeitindex siehe
auch ebd., S. 406 und AJL-Papers, Box 22, Folder 7.

[167] Lotka, Elements, S. 39.

[168] Lotka, Elements, S. 39 f. Lotka verweist für die Einführung dieses Begriffs auf J. R. Rydberg,
vermittelt durch einen Text von C. Benedicks: Benedicks, Carl: „Über das ‚Le Chatelier-Braunsche
Prinzip'", in: *Zeitschrift für physikalische Chemie* 100 (1922), S. 42–51, hier S. 49: Demnach sei das
stabile Gleichgewicht ein „von der Zeit unabhängiger, beweglicher Zustand, der sich nach einer zufälligen Verschiebung beliebiger Richtung wieder herstellt".

[169] Kingsland, Modeling Nature, S. 39. Lotka gibt selber Anlass zu dieser Interpretation, indem er

der Tat ein Weiterdenken mit der Thermodynamik in Bezug auf das organische Werden bzw. biologische Systeme. Es ist jedoch die einzige Stelle in den *Elements*, an der Lotka den Begriff „Allgemeine Zustandslehre" verwendet.[170] Aber aus diesem programmatischen Grund erklären sich das Kapitel über die statistische Mechanik, sein Nachdenken über den Zeitindex und seine Kritik an der globalen Irreversibilität und auch der Einsatz der Differentialrechnung. Die letztere bringt er in Anschlag, weil sie das für ihn entscheidende Phänomen abbilden kann: Der momentane Zustand ist – energetisch – immer abhängig von vorausgegangenen und eventuell auch zukünftigen.[171] Deswegen geht es auch eher um später so genannte Fliessgleichgewichte als ums Erreichen von maximaler Entropie. Die natürlichen Prozesse streben nicht zu einem höchsten Gleichgewicht, sondern zu einem „stationary state" oder „steady state"[172]. In den Worten von Lotka: um die Maximierung der Rate des Energieflusses innerhalb eines Systems.[173]

Lotkas Bemerkung im Vorwort, dass er „die ersten Ideen" für dieses Projekt in Leipzig gesammelt habe, ohne etwelche Namen von Lehrern zu nennen, erhält in diesem Zusammenhang eine besondere Bewandtnis: Ostwald und Boltzmann, bei denen Lotka die Gelegenheit hatte, Vorlesungen zu besuchen, waren Lieferanten von Ideen, die jedoch in der Adaptation erneuert und ergänzt wurden, was eine namentliche Nennung in der Danksagung nicht passend erscheinen liess. In der Weiterentwicklung seiner Leipziger Inspirationsquellen nahm Lotka jedoch eine Gewichtung vor.

Mit Boltzmann geht Lotka in einer Passage einig, dass der „life contest" primär aus dem Wettbewerb um vorhandene Energie bestehe.[174] Energie erhält dadurch einen Wert für die Organismen. Dies sei aber nicht gleichbedeutend mit der Aussage, dass ökonomischer Wert eine Form von Energie sei. Ostwald suggerierte aber genau diese letztere Variante, was inadäquat sei.[175] Das Argument gegen Ostwalds Ansicht findet er in der Mechanik: Während sich von einem mecha-

---

von einem eventuell neuen thermodynamischen Gesetz spricht; vgl. Lotka, Alfred James: „Natural Selection as a Physical Principle", in: *Proceedings of the National Academy of Sciences of the United States of America* 8 (1922), Nr. 6, S. 151–154, hier S. 153. Zur Kritik dieser Interpretation vgl. Sciubba, Enrico: „What Did Lotka Really Say? A Critical Reassessment of the ‚maximum power principle'", in: *Ecological Modelling* 222 (2011), Nr. 8, S. 1347–1353 (darauf werde ich in Kapitel 5 zurückkommen).

[170] Abgesehen von der Graphik zum Programm der physikalischen Biologie, siehe Lotka, Elements, S. 53.

[171] Lotka, Elements, S. 48 und 384.

[172] Lotka, Elements, S. 143 f.

[173] Dieses Konzept hat Lotka bereits 1922 ausgeführt, siehe Lotka, Alfred James: „Contribution to the Energetics of Evolution", in: *Proceedings of the National Academy of Sciences of the United States of America* 8 (1922), Nr. 6, S. 147–151 und ders., Natural Selection as Physical Principle.

[174] Lotka, Elements, S. 355; ders., Contribution to the Energetics of Evolution.

[175] Lotka, Elements, S. 356. Anschaulich zu Ostwalds Vorstellung einer stabilen Umrechnung von Geld- wie von Energiewerten beispielsweise Ostwald, Wilhelm: *Die Organisation der Welt*, Basel: Verlag des Weltsprache-Vereins „Ido" in Basel 1910, S. 5; ders.: „Energie", in: *Monistische Sonntagspredigten von Wilhelm Ostwald*, Nr. 11 (11.6.1911), S. 81–88, hier S. 87.

nischen Gesichtspunkt her genau sagen lasse, wie viel Energie durch einen Prozess gewonnen werde, sei dies nicht der Fall, wenn Energie als ökonomischer Wert betrachtet werde. Denn die Umwandlungsfaktoren eines ökonomischen Vorgangs – wie beim Schokoladenautomaten etwa – seien nicht konstant. Oder in anderen Worten: thermodynamisch kann genau bestimmt werden, wie viel Energie für einen Vorgang verwendet und nachher gewonnen oder freigesetzt wird, bei ökonomischen Vorgängen muss der Einsatz von Energie (Geld) nicht konstant mit dem erhaltenen Wert übereinstimmen.[176] Gegen eine ökonomische Vorstellung der Energie (man denke hier an das Güteverhältnis Ostwalds) spricht also die Unmöglichkeit der Identifizierung von generellen Gesetzen und das Ausbleiben der Mathematisierbarkeit; eine so genannte „biodynamics (social dynamics)“, wie sie Ostwald vorschlage, sei unmöglich.[177]

Es kann also eine zweifache Absetzungsbewegung konstatiert werden. Die explizite Bezugnahme auf Ostwalds Energetik, die in Lotkas unveröffentlichtem Manuskript von 1912 vorhanden war, ist einer kursorischen Kritik gewichen.[178] Boltzmann hingegen wurde für die statistischen Mikroeffekte herbeigezogen, die aber für Lotkas Zwecke als Beschreibungsebene nicht ausreichten.[179]

Oszillationen und Zyklen

Nach über 300 Seiten wendet sich der Verfasser von *Elements of Physical Biology* mit einer überraschenden Feststellung an seine Leserschaft: „We approach now the third and last stage in our enquiry, toward which all that has gone before may be said, in a way, to have been in the nature of preparation.“[180] Die Leserin und der Leser, die Lotka auf seinem Weg hin zu einer „physikalischen Biologie“, die sich um die exakte, sprich: mathematische Beschreibung von biologischen Systemen kümmert, gefolgt sind und zur Kenntnis genommen haben, dass auf der Basis von irreversiblen Energieveränderungen zwischen Massen sämtliche Prozesse im Anorganischen und Organischen beschrieben werden können, was anhand

---

[176] Lotka, Elements, S. 356; auch ders.: „Note on the Economic Conversion Factors of Energy“, in: *Proceedings of the National Academy of Sciences of the United States of America* 7 (1921), Nr. 7, S. 192–197.

[177] Lotka, Elements, S. 304 und 356.

[178] Das bedeutet aber nicht, dass Lotka Ostwald in der Frage der Irreversibilität von Prozessen nichts zugetraut hätte. In einem Brief aus dem Jahre 1927 an den deutschen Chemiker schrieb Lotka, dass ihm schon in Ostwalds Vorlesungen klar geworden wäre, wie die Frage der Irreversibilität zu beantworten sei. Sogar so klar, dass er auf eine Referenz auf Ostwald in den *Elements* verzichtet habe, was er aber in der zweiten Auflage nachholen werde. Brief von Lotka an Ostwald, 4.4.1927, ed. in: Schweitzer / Silverberg, Evolution und Selbstorganisation, S. 473 f.

[179] Lotka verweist auf Seite 355 der *Elements* auf einen Vortrag Boltzmanns aus dem Jahre 1886; vgl. Boltzmann, Der zweite Hauptsatz (1886).

[180] Lotka, Elements, S. 325.

von Forschungen zu Chemie, Bevölkerungswachstum, Epidemiologie, Lebenserwartung, Nahrungsketten, Ökonomie, Meteorologie, Geowissenschaften und
Radioaktivität diskutiert wurde, dieser Leser und diese Leserin fragen sich an jener Stelle unweigerlich, wofür das Ganze eine Vorbereitung gewesen sein soll. Was
fehlt noch, wenn alles zwischen (in und auf) Himmel und Erde als kontinuierliche
Veränderungen von Energieniveaus begriffen und mathematisch gefasst wird?

Nach den vorausgegangenen 325 Seiten, die von „Kinetics" und „Statics" handelten, widmet sich „the third stage" der „Dynamics" der Systeme. Die Massen
von Systemkomponenten gelten in ihren physikalischen Relationen als „energy
transformers"[181], oder auch als „biological units"[182], ausgestattet mit einem spezifischen „Apparat", durch den die Bewegung des Organismus mit der Umwelt
korreliert und das Verhalten an die Bedingungen angepasst wird[183], um letztlich
die für den Lebenserhalt notwendige Energie optimal aufzunehmen. Bei den
letzteren Phänomenen gehe es um die Dynamik und Energetik im Laufe der
Evolution „in the strict sense".[184] Spezifische organische Eigenschaften beeinflussen die Richtung des Prozesses, weshalb sie buchstäblich in Rechnung gestellt
werden sollten. Hier ist der Ort der speziellen Fähigkeiten des menschlichen
„energy transformer" mit Bewusstsein:

But, once we have carried our inquiries by the methods and from the viewpoint of physics
[…] it is natural, and it is proper, that we should give thought to certain aspects of the object
of our investigation, which do not, as yet, find a definitely assigned place – possibly never
will – in the scheme of physical sciences. Such is the phenomenom of consciousness […].[185]

Der „correlating apparatus" des Menschen, der so genannte Rezeptoren, Effektoren, Elaboratoren und Adjustoren umfasst, müsse untersucht werden, weil sie das
ausmachen, was das Bewusstsein ist.[186] Mobilität und Sinne sind hier die wichtigsten Stichworte. Wie oft der Organismus mit einer Energiequelle zusammentreffen
wird, hängt von seinen spezifischen Eigenschaften ab.[187]

In dieser Vorstellung kommen Oszillationen und Zyklen ins Spiel. Das Verhalten der Organismen zeichnet sich gerade dadurch aus, dass es nach einem
„steady state" strebt, einem fliessenden Gleichgewicht. Der Organismus wird
immer versuchen, dieses Gleichgewicht zu halten, eine Balance zu finden zwischen Energieverbrauch und Energieacquisition. Da die Übereinstimmung von
Input und Output bloss theoretischer Natur ist, wird ein System um den idealen

---

[181] Lotka, Elements, S. 325.
[182] Lotka, Elements, S. 339.
[183] Lotka, Elements, S. 338.
[184] Lotka, Elements, S. 321.
[185] AJL-Papers, Box 22, Folder 7.
[186] Lotka, Elements, S. 362.
[187] Lotka, Elements, S. 336–340 sowie S. 362–416, speziell S. 338 und 371.

Gleichgewichtspunkt oszillieren. Tritt eine Störung auf, so kann sich das System auf einem anderen, zweiten Gleichgewichtspunkt wieder einpendeln. Kurz, es geht um Gleichgewichte, die nie absolut erreicht werden (weil dies eine Form von Stillstand wäre): „Metabolic equilibrium, population equilibrium, and the like, are not true equilibria, in this narrower sense, but are steady states maintained with a constant expenditure, a constant dissipation, of energy."[188] Aufnahme und Abgabe von Energie weisen laut Lotka in der Natur oszillative Muster auf.

Damit sind auch Fragen nach der Regulierung und der Störung von Zyklen und Oszillationen aufgeworfen. Dies auf der Basis von notwendigerweise angenommenen Interdependenzen, die in ihrer Veränderlichkeit unterschiedliche Konsequenzen nach sich ziehen. Im Folgenden werden exemplarische Zyklen und Oszillationen vorgestellt, womit Lotka das wechselseitige Gefüge von Komponenten betont und daraus jeweils einen moralischen Anspruch an den Menschen ableitet. Das wird auch den Stellenwert einzuschätzen helfen, den Herbert Spencer für Lotkas Werk einnahm.

Lotka widmet der Analyse von verschiedenen möglichen Gleichgewichten (chemische, biologische, interspezifische) mehrere Kapitel. Als ein Beispiel für ein interspezifisches Gleichgewicht verhandelt er das Leben im Meer.[189] Zwei wichtige Konzepte tauchen in diesem Zusammenhang auf, die miteinander verwoben sind, die „food chains" und eine „general demology": Die marine Nahrungskette beginne mit den Planktonten und führe über Wasserorganismen verschiedener Grösse bis hin zur Fischerei und ökonomischen Nutzung. Diese Art von Studien gehörten in den Bereich des „economic biologist".[190] Die „generelle Demologie" wiederum definiert Lotka als „the quantitative study of the population of the several species of organisms living together in mutual interdependence through their food requirements, feeding habits, and in other ways".[191] Diese Definition ist deshalb wichtig, weil mit einer generellen Demologie laut Lotka die Analyse von wechselseitig abhängigen Populationsgrössen gemeint ist, wobei keine kategoriale Differenz zwischen tierischen und menschlichen Populationen oder chemischen Aggregaten aufgemacht wird. Die Durchlässigkeit von Lotkas Instrument wird sichtbar. Bemerkenswert ist, dass sich die Offenheit der Formulierung später gerade nicht in einer sich professionalisierenden amerikanischen Demographie durchgesetzt hat.[192] Doch die Voraussetzungen der generellen Demologie, die Analogisierung und die gegenseitigen Abhängigkeiten der Systemkomponenten,

---

[188] Lotka, Elements, S. 144.
[189] Lotka, Elements, S. 171–184: „Inter-Species Equilibrium – Aquatic Life".
[190] Lotka, Elements, S. 176.
[191] Lotka, Elements, S. 171.
[192] Darauf komme ich in Kapitel 5 zurück.

nehmen den Menschen – der sich ja auch als vermutlich einziges Wesen eine solche Theorie einfallen lassen kann – unwiderruflich in die Pflicht.

Eine besondere Verantwortung für den Menschen folgt ebenfalls aus der Analyse von natürlichen Zyklen. Lotka betrachtet offene Systeme, die von aussen (Sonnenlicht) alimentiert werden und worin fortgesetzte irreversible Prozesse ablaufen. Die Kreisläufe, die er beschreibt, funktionieren nur durch diese externe Wärmezufuhr, welche die während des Zyklus abgehende Energie substituiert. Der zum organischen Wachstum notwendige Stickstoff zum Beispiel, so Lotka, kann nur von wenigen Organismen direkt aus der Atmosphäre gebunden werden und einiges an Substanz gehe im natürlichen Zyklus verloren, weshalb seine Reservoirs klein seien.[193] Mit dem Menschen sei ein zusätzlicher Akteur auf die Bühne getreten, der seit dem 17. Jahrhundert und dem Guano-Transport aus Südamerika eine weltweite Umwälzung von Rohstoffen in Gang gesetzt habe. Die Erschliessung von Ressourcen wie den Salpeterbecken in Chile, die ganz Europa als Nitrat-Vorrat dienten, führten primär zu einer neuartigen Transporttätigkeit, pflügten aber letztlich die gesamte Gesellschaft um. Würde ein Ausserirdischer aus der Ferne das Treiben rund um die Salpeterbecken beobachten, dann sähe er einen „stream of human beings" einer emsigen Ameisenkolonie gleich rund um den entdeckten ‚Schatz' wuseln.[194] Das hochtechnisierte und hochkomplexe industrielle System sei in gewisser Weise eine sublimierte Kopie des „hustle and bustle" in der Natur, eine Reaktion auf Attraktionen, Tropismen und Determinanten, während die Gesamtumwälzung einem Maximum zustrebe, „enlarging the wheel of the mill of life".[195] Diese Entwicklung sei nicht einfach mit einer neuen Ära des industriellen Zeitalters zu beschreiben:

It represents nothing less than the ushering in of a new ethnological era in the history of the human race, a new cosmic epoch. In the short span of a dozen years – geologically speaking in an instant – man has initiated transformations literally comparable in magnitude with cosmic processes.[196]

---

[193] Dahinter verbirgt sich Justus von Liebigs Gesetz vom Minimum, das besagt, dass das Wachstum von der am geringsten vorhandenen Ressource limitiert wird, vgl. Lotka, Elements, S. 97, 213, 229; Substanzverlust durch Blätterfall, Verwertungsarten von Kohle und Torfentstehung oder Schlachthäuser vlg. ebd., S. 232, 234; „The Nitrogen Cycle" vgl. ebd., S. 229–245. Analoge Analysen gibt es zu den Kreisläufen von Wasser, ebd., S. 209–217, Kohlendioxid S. 218–228 und Phosphor S. 246–251.

[194] Lotka, Elements, S. 244.

[195] Lotka, Elements, S. 244 f. Die „Mühle des Lebens" findet sich auch bei Ostwald, der das Mühlrad als Metapher für den Kreislauf des Lebens einsetzt, während Lotka dieses Bild im Zusammenhang damit verwendet, dass das Leben zu einer ständigen Zunahme der Rate an total umgewälzter Energie strebt. Eine meines Erachtens wichtige Differenz, die bei Kingsland untergeht, die Lotkas und Ostwalds Mühlrad-Metapher parallel setzt, vgl. Ostwald, Die Mühle des Lebens; Kingsland, Modeling Nature, S. 39.

[196] Lotka, Elements, S. 241 f.

All die industriell bedingte Verschiebung und Dissipation von Stoffen (auf deren teilweise Aufzehrung man sich vorbereiten soll) müsste, wie Lotka im Kapitel mit der Überschrift „The Stage of the Life Drama" betont, auf irgendeine Weise ausgeglichen werden, wenn das etablierte „régime" Bestand haben solle.[197] Ob der Mensch fähig sei, den jetzigen Nahrungsstandard in Anbetracht der zunehmenden Bevölkerung zu halten, werde sich erst noch weisen. Eventuell würde so etwas entstehen wie eine Konsumaristokratie.[198] Der grosse Argumentationsstrang Lotkas zur Evolution als fortgesetzte Energiewechsel mündete also in eine Gegenwartsanalyse der industrialisierten Gesellschaften und in eine Zukunftsprospektion der Zivilisation. Wiederum taucht der „body politic" als durchdringendes Konzept auf: Die Interdependenzen zwischen Teilnehmern des Systems werden betont, was nicht nur metabolische Abhängigkeiten mit einschliesst, sondern auch sämtliche lebensweltliche, ökonomisch-sozialen Verflechtungen.

Das Postulat einer „Allgemeinen Zustandslehre" formuliert Lotka im Weiterdenken der theoretischen Grundlagen der Thermodynamik, die Eigenschaften der rhythmischen Oszillationen erarbeitet er analytisch und mathematisch[199], die qualitative Beschreibung der fluktuierenden Phänomene findet er jedoch bei Herbert Spencer. Dieser wird zum Referenzpunkt für die Beobachtung, dass Populationen in rhythmischer Abfolge zu- oder abnehmen: Durch die Anwesenheit von Feinden und rare Nahrungsressourcen wird eine Population unter den Durchschnittswert sinken, durch die Abwesenheit von Feinden und bei Vorhandensein von Nahrung hingegen wird die Grösse der Population über dem Durchschnittswert liegen.[200] Eine Referenz, die zum einen zu den epidemiologischen Beobachtungen passt, welche für Lotkas Formulierung der populationsdynamischen Gleichungen richtungsweisend werden, zum anderen verschränken sich hier die Konzepte der Oszillation mit demjenigen der Zyklen oder Kreisläufe. Oszillierende Phänomene, wie wir auch im nächsten Kapitel graphisch sehen werden, können als Fluktuationen im Laufe der Zeit dargestellt werden oder aber als zyklische Ellipsen rund um einen Gleichgewichtspunkt im Koordinatennetz.

Es kann hier nicht der Ort sein zu prüfen, ob Lotkas Spencer-Lektüre dessen Evolutionsvorstellung gerecht wurde oder nicht. Es muss hier auch nicht entschieden werden, ob mit Lotka der Rezeptionsgeschichte Spencers ein neues Kapitel hinzuzufügen wäre.[201] Spencer war und ist in der Rezeption umstritten, vor

---

[197] Lotka, Elements, S. 208.
[198] Lotka, Elements, S. 183.
[199] Vgl. Lotka, Elements, S. 61.
[200] Lotka, Elements, S. 61 f. Lotka bezog sich hier auf *First Principles* von Spencer, Kapitel 22, § 173, ohne Angabe der Auflage. Vgl. Spencer, Herbert: *First Principles*, New York: D. Appleton and Company 1896 (4. Auflage, erstmals 1862), S. 515.
[201] Einige Hinweise auf Lotkas Rezeption von Spencer finden sich in Kingsland, Modeling Nature, S. 39–45.

allem für seinen Begriff des „survival of the fittest" als Synonym für die „natural selection" nach Darwin, welchen letzterer in späteren Ausgaben der *On the Origin of Species* übernahm und der ein Einfallstor für sozialdarwinistische Ideen bot.[202] An dieser Stelle soll lediglich ermittelt werden, wie Lotka Spencer verstand und deswegen auch kritisierte.

Folgende Punkte möchte ich herausstreichen: Lotka rezipierte und interpretierte Spencer sehr selektiv. Dies kann man gerade an den bisher genannten Bezugnahmen feststellen. Spencers Definition des Lebens (Anpassung der internen an die externen Bedingungen) hielt er für unzureichend. Ebenfalls widersprach Lotka Autoren – zu denen er auch Spencer zählte –, die postulierten, dass die Evolution vom Homogenen zum Heterogenen fortschreite. Erstens hielt er dieses Prinzip für anthropozentrisch, zweitens bemerkte er, dass es nicht um die Evolution einer einzelnen Komponente, sondern immer um das ganze System gehe, die nicht dem einfachen Prinzip der stetigen Ausdifferenzierung folgt. Und drittens wäre die Richtung der Evolution damit zu wenig exakt definiert.[203] Das bedeutet, dass Lotka aus Spencers Evolutionsvorstellung nicht dessen gesamtgesellschaftlichen Entwicklungsentwurf (zunehmende, linear fortschreitende Heterogenität) herausgriff, sondern die Beschreibung von abwechselnder Aggregation / Integration und Dissolution / Zerstreuung.[204] Dies nannte Spencer ein „moving equilibrium". Auf einen Organismus wirken laut dem englischen Soziologen Kräfte, so dass eine ständige Re-Distribution der Materie stattfindet.[205] Jede Veränderung tendiere zu einem Ausgleich der Kräfte, d. h. jedes Aggregat befinde sich in einem beweglichen Gleichgewicht zwischen Bewegungen und Kräften.[206] In der Frage, wie Oszillationen in der organischen Evolution zustande kommen, dachte Spencer den Sinnesorganen eine wichtige Rolle zu.[207] Von den rhythmischen Phänomenen, die durch Kräfte von aussen ausgelöst werden ausgehend – und dies ist der meines Erachtens entscheidende Punkt für die nachfolgende Analyse von Lotkas Spencer-Interpretation – entwickelte Spencer den Begriff des „survival of the

---

[202] Spencer bot das Prinzip des „Überlebens des Bestangepassten" explizit als Begriff für Charles Darwins natürliche Selektion an; vgl. Spencer, Principles of Biology, S. 444–449.

[203] Vgl. Lotka, Elements, S. 22; zu Spencers Formulierung des Homogenen zum Heterogenen und seiner Vorstellung der auch kulturellen und anthropologischen Ausdifferenzierung vgl. Spencer, Principles of Biology, S. 156–174.

[204] Dies deckt sich auch mit einer (soziologisch) motivierten Re-Lektüre Spencers aus den 1980er Jahren, welche eine Rehabilitierung des sozialdarwinistisch interpretierten Spencer unternimmt; vgl. Turner, Jonathan H.: *Herbert Spencer. A Renewed Appreciation*, Beverly Hills u.a.: Sage Publications 1985, S. 33.

[205] Spencer, First Principles, S. 41 f.

[206] Vgl. z. Bsp. Spencer, First Principles, S. 447, S. 511–516 oder auch Spencer, Principles of Biology, S. 432.

[207] Spencer, Herbert: *The Principles of Psychology Vol. I*, New York: D. Appleton and Company 1883 (3. Auflage, erstmals 1855), zit. in: Lotka, Elements, S. 364 („Herbert Spencer, Principle[s] of Psychology, Chapter VII, Section 164").

fittest": Die Kräfte, so Spencer, die auf den Organismus wirken, können ihn aus dem Gleichgewicht bringen. Diejenigen Organismen würden jedoch überleben, welche das Gleichgewicht am besten halten können.[208]

Aufschlussreich ist nun, wie Lotka eine Passage aus Spencers *First Principles* heranzieht. Spencer dient ihm hier, um die Vorstellung von Kräften und antagonistischen Kräften, was sich in rhythmischen Phänomenen in der Natur niederschlage, zu untermauern.[209] Lotka geht mit Spencer konform, dass die Veränderungen von einer ständigen Umverteilung von Masse (ergo Energie) begleitet werden, und dass Aggregate einer Vielzahl von Kräften (ergo Energien) ausgesetzt sind, die sie auszugleichen versuchen. Sie halten sich, in den Worten von Spencer, in einem „moving equilibrium"; ein Fakt, so Lotka, den Spencer *„ad nauseam"* betont habe.[210] In Lotkas Begrifflichkeit könnte man für den beweglichen Beharrungszustand „steady state" einsetzen, für dessen Analyse die „Allgemeine Zustandslehre" zuständig ist.

Lotkas Zitat bricht aber genau dort ab, wo Spencer anfügte: „And this is the interpretation of the process which we call adaptation."[211] Dahinter steckt wiederum eine divergierende Interpretation von Evolution, die nicht ein individuell wirksames, natürliches Ausleseprinzip herausstellt: Spencer habe, so Lotka, als Erster „the adjustment of feelings to actions" beschrieben und dahingehend gedeutet, dass das Resultat der natürlichen Selektion davon abhänge, welche Organismen die Angleichung der Gefühle an die Aktionen besonders beherrschten.[212] Daraus resultiere ein „survival of the fittest" als das individuelle Ausbalancieren von Wünschen und Zielen. Dies jedoch ist laut Lotka ein verbesserungswürdiges „hedonistic principle".[213]

Dem individualisierten Bild vom Motor der organischen Evolution[214] stellte Lotka das menschliche Verhalten insgesamt gegenüber. Die „Anpassung der Gefühle an die Aktionen" wird in Lotkas Diktion zum kollektiven Unterfangen der menschlichen Zivilisation im Einklang mit der Natur. Ein Gleichgewicht zwischen Bedürfnissen und Aufwand zu finden, obliegt nicht dem Individuum allein, sondern muss mit den Bedürfnissen der Gemeinschaften austariert werden. „The life-struggle", wie Lotka in Anlehnung an Boltzmann in einem Artikel postuliert, ist der Kampf um vorhandene Energie[215]; nicht aber derjenige der Einzelper-

---

[208] Spencer, Principles of Biology, S. 444.

[209] Lotka, Elements, S. 283 f.

[210] Lotka, Elements, S. 262 (Hervorhebung im Original).

[211] Spencer, First Principles, S. 511.

[212] Lotka, Elements, S. 385 f.; Spencer, Principles of Psychology, Section 124, zit. in: Lotka, Elements, S. 386.

[213] Lotka, Elements, S. 430 und 432.

[214] Spencer, First Principles, S. 511.

[215] Lotka, Contribution to the Energetics of Evolution, S. 147.

son, sondern derjenige des Kollektivs, das den Energiefluss insgesamt im System möglichst optimal gestalten soll. Der individuelle „struggle for existence" wird in Lotkas *Elements* zum „battle of life *en bloc*"[216]. Die Evolution als fortgesetzte Veränderung umfasst das ganze System, worin der Mensch angehalten ist, nach bestem Wissen und Gewissen zu handeln, gestützt auf Techniken, Wissenschaft und Emotionen. „Just as man has learned, in the progress of ages, to *think logically*, to think in accord with reality, so he must yet learn to *will rightly*, that is, in harmony with Nature's scheme. We have here a thought that seems fundamental for a natural system of ethics."[217]

Den „Überlebenstest" haben die Menschen laut Lotka schon bestanden, nun liege die Garantie für das Wohlergehen in der „essential harmony with Nature".[218] Der Mensch wird in Lotkas Holismus durchaus als herausragendes Wesen dargestellt, das mit Fähigkeiten ausgestattet ist, die es vom Automatismus der natürlichen Selektion bis zu einem gewissen Grad entbinden. Fähigkeiten, die es räsonabel einzusetzen gilt.

Dieses Kapitel begann mit der Darstellung von Lotkas populärwissenschaftlichen Arbeiten, vor allem unter dem Gesichtspunkt des Pseudonyms. Ob dessen Wahl primär ökonomisch, inhaltlich, wissenschaftssoziologisch oder politisch motiviert war, kann nur vermutet werden. Seine Arbeiten für ein breiteres Publikum sind aber auch Abbild der Vielfalt von Themenbereichen, die er gleichzeitig zu bearbeiten fähig war. Den agnostischen Gestus, der auch seine populärwissenschaftlichen Arbeiten prägte, pflegte er auch in seinem Hauptwerk. Er band die physikalische Biologie strikte an die Mathematik zurück und liess keinen Raum für metaphysische Spekulationen. Darin und auch in der Tatsache, dass er die Energie als holistisches Konzept mathematisierte, unterschied er sich von seinem Vordenker Ostwald.

Aber wie sollte eine solche holistische Wissenschaft aussehen? Laut Harrington war sie ein „Sammelsurium"[219]. Die unterschiedlichen Ansätze für einen Holismus wollten zwar immer einer „organismic purposiveness or teleological functioning" Rechnung tragen. Nebst diesem kleinsten gemeinsamen Nenner nahmen sie jedoch verschiedene Gewichtungen vor, die auch kombiniert auftreten können: a) Der Atomismus und die Meinung, dass der Organismus bloss die Summe seiner Teile ist, sollte durch ein Verständnis der Funktion von phy-

---

[216] Lotka, Elements, S. 417 (Hervorhebung im Original).
[217] Lotka, Elements, S. 386 f.
[218] Lotka, Elements, S. 430.
[219] Wobei man hier sagen muss, dass die deutsche Ausgabe mit diesem Ausdruck stark von der englischen abweicht, wo von einer „family of approaches" gesprochen wird; vgl. dafür Harrington, Reenchanted Science, S. xvii.

siologischen Prozessen für den ganzen Organismus abgelöst werden. b) Der Idee eines psycho-physischen Parallelismus muss unbedingt widerstanden und Geist und Körper zusammengedacht werden. c) Prämisse ist, dass sich das Ganze nicht am Individuum studieren lässt, sondern organismische Prozesse stets als Teil eines grösseren Systems betrachtet werden müssen.[220] Lotka hätte dem dritten Aspekt eines holistischen Denkens zugestimmt, allerdings nicht von organismischen Prozessen, aber von Veränderungen in Aggregaten gesprochen. Im zweiten Punkt, dem psychophysischen Parallelismus, erkannte er ohnehin ein „pseudoproblem"[221] und den ersteren Aspekt hätte er abgelehnt, weil er keine anti-atomistische Sicht vertrat.

Das erklärt auch, weshalb Lotka in seinem Hauptwerk Ostwald nicht prominent erwähnte, sondern sich vorwiegend auf dessen Kritiker Boltzmann bezog. Wohl stützte er sich auf die statistische Mechanik Boltzmanns, hinterfragte aber die Entropie als globales Prinzip, weil er es mit offenen Systemen zu tun hatte. Anstelle von einer steten Zunahme der Energieabgabe sprach er von einer „Allgemeinen Zustandslehre". Diese sollte die spezifischen Eigenschaften der Organismen, welche für die Energieakquisition massgeblich sind, beschreiben und den Prozess der Evolution als „steady state" verstehbar machen. Ostwald fehlt, im Vergleich zu Lotkas Manuskript von 1912, als Referenz für die Interdependenzen von Organismus und Umwelt. Für die neue, intermediäre Sichtweise wurde Spencers Vorstellung der Oszillationen wichtig. Nur folgte Lotka nicht Spencers Prinzip des „survival of the fittest", das direkt an das Konzept der beweglichen Gleichgewichte bzw. Oszillationen geknüpft war. Anstelle des individuellen „Überlebens des Bestangepassten" setzte Lotka die kollektive Aufgabe der Zukunftssicherung.

Für Lotkas Rezeption von Ostwalds Energetik und Boltzmanns statistischer Mechanik sowie Spencers Evolutionsvorstellung kann eine ähnliche Geste festgehalten werden, welche sich mit einem ‚ja – aber‘ beschreiben lässt: In Lotkas physikalischer Biologie ist die Energie ubiquitäres Prinzip, aber nicht ein ökonomischer Wert wie bei Ostwald; die Entropie als maximales Prinzip (Boltzmann) ist als Gedankenkonstrukt wichtig, muss aber durch die Vorstellung des Fliessgleichgewichts abgelöst werden; die Evolution zeichnet sich durch oszillierende Phänomene aus (Spencer), woraus aber nicht ein individuelles Ausleseprinzip abgeleitet werden kann, sondern kollektive Verantwortung gefolgert werden muss.

Kann Lotka damit in einen „scientific humanism" eingegliedert werden, wie er rund um die Chicagoer Ökologen in den 1920er und 1930er Jahren entworfen wurde? Die amerikanische „community ecology" arbeitete sich zu der Zeit an organizistischen Modellen ab, an einer Biologisierung der Sozialität.[222] Stichworte

---

[220] Harrington, Reenchanted Science, S. xvii.
[221] Lotka, Elements, S. 402 f.
[222] Mitman, The State of Nature, S. 7.

waren die zunehmende, individuelle biologische Ausdifferenzierung analog zur kapitalistischen Arbeitsteilung; organischer Funktionalismus, der eine hierarchische, sinnvolle Kohäsion der Interdependenzen in einem Ganzen in Aussicht stellte, und eine mit der christlichen Ethik kongruente biologische Moral.[223] In jener Sprache des „'biosociological' approach" galt die Population als Modellorganismus zur Lösung von Problemen, mit der sich die Gesellschaft konfrontiert sah.[224]

Diese Übertragung von der Biologie auf die Soziologie wurde vielfältig kritisiert, sie führe zur Unterdrückung des Individuums und rede totalitären Ideen das Wort.[225] Gleichzeitig weist die Arbeit des amerikanischen Ökologen Warder Clyde Allee daraufhin, wie mit einer anti-hierarchischen Idee von Kooperation in Tiergemeinschaften versuchte wurde, die Vorstellung eines individualisierten Überlebenskampfes zu überwinden. In diesem Ansatz klingt auch Lotkas Spencer-Interpretation an, welche zugleich zu einer amerikanischen „antiwar biology", letztlich auch anti-deutschen Ökologie nach dem Ersten Weltkrieg zu zählen ist. Wiederum anders gelagert ist die Biologisierung der Gesellschaft, welche für die Chicagoer Ökologie wichtig war. „[N]ature was normative"; das Ziel die Harmonie und der Frieden, worin der Ökologe zum „healer" der Gesellschaft wird.[226] Darin lässt sich Lotkas physikalische Biologie schwerlich einpassen. Lotka hat sich nie als Ökologe verstanden; die Mathematik war sein Modell, sein Glaube an die Technik und Vernunft sehr ausgeprägt. Ihm schwebte keine Biologisierung der Gesellschaft, sondern eine Physikalisierung der Lebenswelt vor. Dieser Ansatz wird, wie Kapitel 5 untersucht, in der Ökologie nach dem Zweiten Weltkrieg, als organizistische Ideen stark unter Druck gerieten und der Trend in Richtung von ökologischem Engineering und Regulation ging[227], sinnfälliger. Für die 1920er Jahre jedoch und die Lancierung der physikalischen Biologie bietet sich für Lotka die Beschreibung als wissenschaftlicher Interventor an.

In seinem Weltentwurf sind auch die populationsdynamischen Gleichungen aufgehoben, die in den folgenden zwei Kapiteln im Zentrum stehen. Die wissenschaftshistorische Kontextualisierung und die Analyse der Genese der Lotka-Volterra-Gleichungen wird aufzeigen, was ihre Attraktivität und auch Spezifik ausmachte. Es wird auch deutlich werden, dass der identische Formalismus durch die Urheber unterschiedlich kontextualisiert und bewertet wurde. Gerade was das oben beschriebene Verständnis von Evolution bei Lotka anbelangt, fanden sie keine gemeinsame Sprache.

---

[223] Mitman, The State of Nature, S. 71.
[224] Mitman, The State of Nature, S. 143 f.
[225] Für dies und das Folgende vgl. Mitman, The State of Nature, S. 4–7.
[226] Mitman, The State of Nature, S. 7.
[227] Mitman, The State of Nature, S. 144.

Kapitel 3

Die Lotka-Volterra-Gleichungen

Holistisch, energetisch-monistisch, dynamisch und global-komplett – so gestaltet sich Lotkas Vorstellung von der Welt und den darin vorkommenden Prozessen; und zwar aller Prozesse, auf Mikro- wie auf Makroebene. Die physikalische Biologie ist eine mit der Thermodynamik weitergedachte systemische Beschreibung der Natur, unter besonderer Berücksichtigung der organischen Eigenschaften; sie beschreibt die irreversiblen Veränderungen in der Zeit, „the history of the system". Damit, so kann man mit dem in der Einleitung vorgestellten Modell der Entwicklung der Wissenschaften von Dyson sagen, schwamm Lotka nicht auf einer aktuellen Welle. Doch das Differentialgleichungssystem zur Beschreibung der Entwicklung zweier konkurrierender Arten scheint der Vorstellung von ‚Moden‘ in der Wissenschaft zuwiderzulaufen: Um zu zeigen, wie sich zwei Populationen in einem Wirte-Parasiten-Verhältnis über die Zeit entwickeln[1], führte Lotka ein Differentialgleichungssystem ein. Dieser kleine Ausschnitt aus den *Elements of Physical Biology* traf unter den Zeitgenossen auf breite Resonanz und erfreut sich bis heute grosser Popularität. Es nahm nicht nur bei Veröffentlichung eine Frage der Zeit auf, wovon auch die gleichzeitige ‚Entdeckung‘ durch Vito Volterra (1860–1940) zeugt, sondern hat seit Mitte der 1920er Jahre immer wieder Rezeptionskontexte gefunden.[2]

Mit folgendem Differentialgleichungssystem (heute: „Lotka-Volterra-Formeln" oder „Lotka-Volterra-Gleichungen") wird beschrieben, wie sich die Grössen zweier Populationen in der Zeit t verändern, wenn sich die eine Population von der anderen ernährt:

$$\delta X_1 / \delta t = r_1 X_1 - kX_1X_2$$
$$\delta X_2 / \delta t = KX_1X_2 - d_2X_2$$

X_1 meint die Anzahl der Nahrungslieferanten, X_2 diejenige der Konsumenten. (Alternativ lässt sich auch von der „Dichte" sprechen und der neueren Begriff-

---

[1] Der Beispielcharakter des Wirte-Parasiten-Verhältnisses für die Zu- oder Abnahme zweier beliebiger Aggregate in gegenseitiger Abhängigkeit in den *Elements* wird auch dadurch deutlich, dass Lotka in den beiden darauffolgenden Kapiteln Wachstumsfunktionen allgemein analysiert, siehe Lotka, Elements, S. 100–139.

[2] Auf die konkreten Rezeptionskontexte geht Kapitel 5 dieser Arbeit ein.

lichkeit angepasst von „Beutepopulation" und „Räuberpopulation".) Es wird angenommen, dass sich X_2 ausschliesslich von X_1 ernährt. Die erste Gleichung nun bedeutet für die Beutepopulation: Die Zu- oder Abnahme pro Zeit der Beutepopulation ($\delta X_1 / \delta t$) ist erstens abhängig von der spezifischen Geburtenrate r_1 (in r_1 sind bereits Vermehrung und Sterben von X_1 berechnet, r_1 kann auch als natürliche Wachstumsrate bezeichnet werden) und zweitens von der Reduktion durch die Feinde (kX_1X_2). Die zweite Gleichung bestimmt die analogen Parameter für die Raubtierpopulation: Die Zu- oder Abnahme pro Zeit der konsumierenden Population ($\delta X_2 / \delta t$) ist einerseits abhängig von der Zunahme durch den Verzehr eines Anteils der Beutepopulation (KX_1X_2) und abhängig von der spezifischen Sterberate (d_2 als natürliche Verminderung). Da die Anzahl der eliminierten Beutetiere (kX_1X_2) nicht eins zu eins der Raubtierpopulation angerechnet werden kann, ist die Rate, mit der die Beutetiere durch die Raubtiere reduziert werden (k) nicht gleich der Rate, mit der die Raubtiere profitieren (K). Durch das Differentialgleichungssystem kann berechnet werden, wie sich die Grösse der beiden Populationen in Abhängigkeit voneinander in der Zeit entwickelt.

Die Lotka-Volterra-Gleichungen zeigen eine mathematische Gesetzmässigkeit und ergeben – bei Einsetzen der Anfangswerte für die zwei Populationsgrössen und der Konstanten für die Geburten- und Sterberaten – stets ein exaktes Resultat. Sie sind qua Form immer gültig. Mit eindeutigen Anfangswerten kann eine eindeutige Voraussage gemacht werden.[3] Durch diesen Gesetzescharakter sind die Lotka-Volterra-Gleichungen eine Ausnahmeerscheinung in den biologischen Wissenschaften. Um dies zu verdeutlichen, werden im ersten Unterkapitel („Formalismen in der Populationsforschung") verschiedene statistische und mathematische Herangehensweisen für biologische und ökologische Fragestellungen vorgestellt. Hier wird sich zeigen, dass in einem gewissen Bereich der Biologie – vor allem der Biometrie und der Populationsgenetik – die Anwendung von statistischen und mathematischen Werkzeugen um 1900 weit verbreitet war. Die Ökologie hingegen, die sich erst während den 1920er Jahren als eigenständiger Wissenschaftszweig etablierte, fing gerade an, überhaupt Daten für ihre Forschung zu generieren. Zudem, so muss erwähnt werden, nahm der ökologische Begriff der Population in den 1920er Jahren erst allmählich Gestalt an.[4] Für den Zeitraum von 1890 bis 1920 ist dieser teils gleichzusetzen mit der Art, teils mit Aggregaten oder Gruppen.

Die wissenschaftshistorische Kontextualisierung veranschaulicht, mit welchen Fragen die biologischen und ökologischen Wissenschaften der Zeit beschäftigt

---

[3] Die Simulation des Differentialgleichungssystems und die Auswirkungen unterschiedlicher Anfangswerte (hier sogar zusätzliche) kann man beispielsweise auf folgender Website ausprobieren http://www.phschool.com/atschool/phbio/active_art/predator_prey_simulation/ (1.2.2016).

[4] Mitman, The State of Nature, S. 72.

waren und was in diesem Kontext die methodische und semantische Spezifität der Lotka-Volterra-Gleichungen ausmachte. Das zweite Unterkapitel („Mathematische Eigenheiten") unterstreicht die Besonderheit der Gleichungen als mathematische Gesetzmässigkeit im Vergleich zu einer Anwendung von statistischen Instrumenten in der Biologie und Ökologie.

Das dritte Unterkapitel („Die Mehrfachentdeckung") vollzieht die Genese der Lotka-Volterra-Gleichungen in den beiden Ursprungstexten nach. Dies betrifft für Lotka die Gleichungen innerhalb seiner Monographie *Elements of Physical Biology* von 1925, für Volterra dieselben Gleichungen in einem Aufsatz der *Memorie della Reale Accademia dei Lincei*[5] von 1926, ohne die Arbeit Lotkas zu kennen. Die Häufigkeit der Mehrfachentdeckungen[6] in der Geschichte der Wissenschaften lässt laut dem Wissenschaftssoziologen Robert K. Merton darauf schliessen, dass Wissenschaftler trotz etwaiger räumlicher und disziplinärer Distanz denselben sozialen und intellektuellen Kräften ausgesetzt sind.[7] Wenn die Wissenschaft durch sich überlappende intellektuelle Felder strukturiert sein soll, dann heisst das nichts anderes, als dass an unterschiedlichen Stellen auf dem Globus Forschende immer wieder einmal (zwingend) dieselben Themen wählen. Es geht um eine implizite Konsensbildung darüber, was die bearbeitungswürdigen Fragen in der Wissenschaft sind.[8] In diesem Kapitel wird deutlich werden, mit welchen unterschiedlichen Fragen, deren (Bei)Produkt dasselbe mathematische Resultat war, Lotka und Volterra beschäftigt waren.

Obwohl also ein gemeinsamer Wissensbestand existiert und die Wissenschaftler auch partiell darin übereinstimmen, was diesen Wissensbestand ausmacht, hat doch jeder Wissenschaftler eine eigene Perspektive. Das Paradoxon besteht darin, dass der *gemeinsame* Wissensbestand für jeden Wissenschaftler einen *anderen* Gehalt besitzt.[9]

---

[5] Volterra, Vito: „Variazioni e fluttuazioni del numero d'individui in specie animali conviventi", in: *Memorie della Reale Accademia dei Lincei* (1926), Nr. 6, S. 31–113.

[6] Ogburn / Thomas, Are Inventions Inevitable? Der Text von 1922 führt im Anhang 150 Mehrfachentdeckungen auf.

[7] Merton, Robert King: „Multiple Discoveries as Strategic Research Site", in: Ders., *The Sociology of Science. Theoretical and Empirical Investigations*, Chicago: University of Chicago Press 1973, S. 375; dargestellt nach Gläser, Jochen: *Wissenschaftliche Produktionsgemeinschaften. Die soziale Ordnung der Forschung*, Frankfurt am Main / New York: Campus Verlag 2006, S. 91.

[8] In eine solche Vorstellung von Wissenschaft, die auf die intellektuelle Struktur des Fragens abhebt, lassen sich meines Erachtens auch wissenschaftshistorische Eckpfeiler wie das „Paradigma" von Thomas S. Kuhn oder der „Denkstil" von Ludwik Fleck integrieren: Der Paradigma-Begriff von Kuhn kann als sehr starke innerwissenschaftliche Kohäsionskraft verstanden werden, welche „allgemein anerkannte wissenschaftliche Leistungen [beinhaltet], die für eine gewisse Zeit einer Gemeinschaft von Fachleuten massgebende Probleme und Lösungen liefern." Vgl. Kuhn, Wissenschaftliche Revolutionen, S. 10. Parallel dazu kann der „Denkstil" als kollektive, gerichtete Aufmerksamkeit interpretiert werden, vgl. Fleck, Ludwik: *Entstehung und Entwicklung einer wissenschaftlichen Tatsache. Einführung in die Lehre vom Denkstil und Denkkollektiv*, Frankfurt am Main: Suhrkamp Taschenbuch Verlag 1980 (erstmals 1935, mit einer Einl. hrsg. v. Lothar Schäfer und Thomas Schnelle), S. 124.

[9] Gläser, Wissenschaftliche Produktionsgemeinschaften, S. 88 f. (Hervorhebungen von Jochen Gläser.)

Sowohl die Ausgangsfrage für die Mathematisierung als auch die Einbettung der Gleichungen erfolgte auf unterschiedliche Weise. Lotka ging von einem Wirte-Parasiten-Verhältnis als Beispiel innerhalb der physikalischen Biologie aus, Volterra hingegen, inspiriert von Daten über Fischverkäufe, von einem so genannten Räuber-Beute-Verhältnis. Die Mathematisierung mündete jedoch in eine identische Formulierung zweier Gleichungen mit biologisch identischen Referenzen. Das vierte Unterkapitel („Das Ungleiche im gleichen Resultat") konzentriert sich auf die subtilen Differenzen in der jeweiligen Formulierung der Gleichungen: Lotka und Volterra elaborierten den Formalismus bis zu unterschiedlichen Graden weiter mathematisch, verknüpften sie auf je eigene Weise mit der Empirie und griffen in der graphischen Umsetzung der Gleichungen mitunter auf verschiedene Mittel zurück. In diesen Differenzen, so wird zum Schluss des Kapitels argumentiert, verbarg sich ein divergenter Erklärungsanspruch der Gleichungen. Ein Anspruch, der auch in der Prioritätsdiskussion, welche Inhalt des nachfolgenden Kapitels 4 ist, zum Tragen kam.

Formalismen in der Populationsforschung (circa 1890–1920)

Die originalen Publikationen zu den Lotka-Volterra-Gleichungen erfolgten chronologisch zwischen der Wiederentdeckung der mendelschen Vererbungsregeln rund um das Jahr 1900[10] und der konzeptionellen Verbindung derselben mit der Evolutionslehre Charles Darwins in der so genannten „modern synthesis" anfangs der 1940er Jahre. Während dieser Phase wurde heftig über die Hintergründe der Evolution, deren Motor laut Darwin die natürliche Selektion ist, debattiert. Insbesondere ging es um die Frage, „whether evolution proceeded in general by natural selection operation upon small variations, as Darwin believed, or by discontinuous leaps, as both Huxley and Galton believed."[11] Die eine Fraktion wollte mit Kreuzungsversuchen belegen, dass sich die von Darwin postulierten geringen Varietäten zwischen Organismen nicht über Generationen durchsetzten[12], was eine Stabilität zwischen den Generationen hervorhob.[13] Sir Francis Galton, wel-

---

[10] Zur neueren Diskussion, wie viele Neu-Entdecker es eigentlich gab vgl. z. B. Simunek, Michal / Uwe Hossfeld / Florian Thümmler / Olaf Breidbach (Hg.): „The Mendelian Dioskuri – Correspondence of Armin with Erich von Tschermak-Seysenegg, 1898–1951" (Studies in the History of Sciences and Humanities 27), Prag 2011.

[11] W. B. Provine: *The Origins of Theoretical Population Genetics*, Chicago: The University of Chicago Press 1971, S. 25.

[12] Vgl. Senglaub, Konrad: „Neue Auseinandersetzungen mit dem Darwinismus", in: Jahn (Hg.), Geschichte der Biologie, S. 558–579, hier S. 560.

[13] Vgl. Keller, Evelyn Fox: *Das Jahrhundert des Gens*, Frankfurt / New York: Campus Verlag 2001 (The Century of the Gene, Cambridge, MA / London 2000), S. 28 f.

cher in der zweiten Hälfte des 19. Jahrhunderts die Vererbung analysierte, prägte hierzu das „Gesetz der Regression"[14]. Dieses bedeutet, dass sich herausragende Eigenschaften (mentale oder physische) in einer Familie nicht etwa kontinuierlich verstärkten, sondern im Laufe der Generationen der durchschnittlichen Ausprägung der Eigenschaft anpassten.[15] Neue Arten können in dieser Vorstellung nur durch „drastische Veränderungen im Bauplan eines Lebewesens" entstehen.[16] Auf der anderen Seite beschäftigten sich Biometriker bzw. Populationsstatistiker mit den Auswirkungen der Variabilität und waren der Meinung, dass mit einer diskontinuierlichen oder saltationistischen Mutationsvorstellung die Evolution unerklärt bliebe.[17] Sie vertraten einen von Darwin beschriebenen Gradualismus, der die kleinen, kontinuierlich stattfindenden Veränderungen, die sich akkumulierten, für den Artentstehungsprozess verantwortlich machten.

Die Konsensbildung über die natürliche Selektion, d. h. die Akkumulation von individuellen Varietäten als adaptive Leistung an die Umwelt, wodurch neue Arten entstehen, begann erst in den 1930er Jahren.[18] Eine wichtige Mittlerposition zwischen den so genannten Mendelianern und Darwinisten nahm die Populationsgenetik ein. Die Prämisse der Populationsgenetiker war, dass es nicht zwingend einen Widerspruch zwischen Darwins Selektionstheorie und Mendels Vererbungsregeln geben muss. Mit den Arbeiten von Theodosius Dobzhansky Ende der 1930er Jahre[19] sowie den Werken von Julian Huxley und Ernst Mayr

---

[14] Weber, Architektur der Synthese, S. 37.

[15] Galton, Francis: *Hereditary Genius. An Inquiry into its Laws and Consequences*, London: Macmillan and Co. 1869.

[16] Weber, Marcel: „Genetik und Moderne Synthese", in: Philipp Sarasin / Marianne Sommer (Hg.), *Evolution. Ein interdisziplinäres Handbuch*, Stuttgart: Metzler 2010, S. 102–114, hier S. 104.

[17] Schulz, Begründung und Entwicklung der Genetik, S. 551, genannte Namen sind an dieser Stelle Karl Pearson, Walter F. R. Weldon und Georg U. Yule. Die Resultate der Paläanthropologie spielten in dieser Hinsicht für das 19. Jahrhundert eine wichtige Rolle, weil sie einerseits die Brücke zwischen der Geologie und der Biologie bildeten, andererseits die Frage aufwarfen, wo die – in einer gradualen Evolutionsvorstellung – so genannten Zwischenformen geblieben sind, welche durch Fossilien nicht bestätigt werden konnten, vgl. hierzu Sommer, Marianne: *Bones and Ochre. The Curious Afterlife of the Red Lady of Paviland*, Cambridge, MA / London: Harvard University Press 2007.

[18] Weber, Genetik und Moderne Synthese, S. 102. Weber setzt den Zeitraum zwischen 1930 und 1942, in dem sich ein Konsens über die Richtigkeit von Darwins Theorie der natürlichen Selektion herausgebildet habe.

[19] Vgl. Dobzhansky, Theodosius: *Die genetischen Grundlagen der Artbildung*, Jena: Verlag von Gustav Fischer 1939 (übers. v. Witta Lerche; basierend auf Vorlesungen an der Columbia Universität New York 1936). Für die Rolle der Statistik für die moderne Synthese vgl. Fisher, Correlation between Relatives; Brief von Karl Pearson an Ronald Aylmer Fisher, 21.10.1918, publiziert in: Pearson, Egon S.: „Studies in the History of Probability and Statistics. XX. Some Early Correspondence between W. S. Gosset, R. A. Fisher and Karl Pearson, with Notes and Comments", in: *Biometrika* 55 (1968), Nr. 3, S. 445–457; Sarkar, Sahotra (Hg.): The Founders of Evolutionary Genetics. A Centenary Reappraisal, Dordrecht u. a.: Kluwer 1992, S. xx; Provine, Theoretical Population Genetics, S. 130 f.

zu Beginn der 1940er Jahre wurden die lange Zeit vermeintlich unvereinbaren Ansätze in der „modern synthesis" harmonisiert.[20]

Dieses Unterkapitel wählt einen zugleich engeren und breiteren Fokus: Es stehen nicht Konzeptionen von Wachstum, Evolution, Artentstehung oder Vererbung im Zentrum, sondern einzelne Fragestellungen, welche anhand von Populationen unter Zuhilfenahme von Formalisierungstechniken[21] beantwortet werden sollten. Um dies zu illustrieren, werden für die biologischen Wissenschaften um 1900 Beispiele von Mathematisierungen der Variabilität herangezogen. Bei der Ökologie lag der Fall anders und der inhaltliche Schwerpunkt der Mathematisierung auf dem Metabolismus. Mit dem Konzept der Nahrungsketten, so möchte ich zeigen, tat sich ein möglicher Bereich zur Systematisierung und Quantifizierung auf. Durch die Untersuchung von metabolischen Abhängigkeiten wurden Populationen als Teil der Umwelt von anderen Populationen interpretierbar, die sich gegenseitig beeinflussen oder dezimieren. Hier wird der Ansatzpunkt der Ökologie deutlich und auch ersichtlich, dass diese Mathematisierung weit über den Metabolismus hinausweisen kann und Fragen zum Wachstum, der Konkurrenz und natürlichen Selektion einschliesst.

Mathematisierung der Variabilität

Die Quantifizierung erfasste die Biologie in der zweiten Hälfte des 19. Jahrhunderts und brachte Vermessungstechniken der Anthropometrie, Taxonomie und Kriminalistik in eine biologische Forschung[22], die bereits mit dem Durchschnittsmenschen der Sozialwissenschaften zu arbeiten begonnen hatte. Ein besonders anschauliches Beispiel bietet der Taxonom und Zoologe Friedrich Heincke, der von circa 1870 an damit beschäftigt war, während 25 Jahren zehntausende tote Fische zu vermessen und deren Schuppen zu zählen. Es entstand ein „statistisches Kollektiv, konstituiert durch die Variationen einzelner Messwerte"[23], woraus dann – nach Übertragung in eine Gauss'sche Glockenkurve – der „nor-

[20] Vgl. Mayr, Ernst: *Systematics and the Origin of Species*, New York: Columbia University Press 1942; Huxley, Julian: *Evolution. The Modern Synthesis*, New York / London: Harper & Brothers Publishers 1943 (Erstausgabe 1942). Selbstredend war damit die Diskussion nicht auf einen Schlag abgeschlossen, aber auf eine neue Grundlage gestellt, siehe z. B. die Bestandesaufnahme der Vorläufer und Folgen der „modern synthesis" in verschiedenen nationalen Kontexten: Mayr / Provine (Hg.), Evolutionary Synthesis, darin auch Lewontin, Richard C.: „Theoretical Population Genetics in the Evolutionary Synthesis", in: Mayr / Provine (Hg.), The Evolutionary Synthesis, S. 58–68, hier S. 59 f.
[21] Unter „Formalisierungstechniken" verstehe ich vorläufig alle denkbaren abstrahierenden, numerischen, statistischen und mathematischen Werkzeuge. Der Begriff wird im folgenden Unterkapitel „Mathematische Eigenheiten" ausdifferenziert.
[22] Jansen, Sarah: „Den Heringen einen Pass ausstellen. Formalisierung und Genauigkeit in den Anfängen der Populationsökologie um 1900", in: *Berichte zur Wissenschaftsgeschichte* 25 (2002), Nr. 3, S. 153–169.
[23] Jansen, Heringe, S. 160.

male Hering", der ‚Durchschnittshering' als höchster Punkt der Kurve mit exakt „55,5 Wirbeln"[24] abgelesen werden konnte. Ziel war es, aufgrund der typologisch identifizierten und ausgemessenen Fische auf lokale Varietäten innerhalb eines Schwarms zu schliessen. Daraus liessen sich die Wanderungsbewegungen eines Schwarms durch den Ozean eruieren, wovon wiederum abgeleitet werden sollte, ob die Fischerei lokale Schwärme nutzt und auch überfischt, oder ob der Grund für die leeren Netze in den Wanderungen der Fischschwärme lag.[25]

Mit derselben Fragestellung – Identifikation von Varietäten –, jedoch mit elaborierteren formalen Mitteln, forschten die Biometriker Karl Pearson und Walter Frank Raphael Weldon um 1900. Der entscheidende Unterschied im Vergleich zu Heinckes Forschungen bestand darin, dass sie nicht nur Daten sammelten und daraus Durchschnittswerte für verschiedene Kennzeichen ableiteten, sondern ausgewählte Merkmale korrelierten. Darwin war der theoretische Bezugsrahmen, in den Weldon und Pearson ihre neu gegründete Zeitschrift *Biometrika* einpassten. Dies in der festen Überzeugung, dass nur unter der Annahme von Varietäten eine natürliche Selektion gedacht werden kann, die für die Favorisierung gewisser Eigenschaften von Organismen zuständig ist und damit die Evolution überhaupt in Gang hält. Mittel der Wahl, um über den Effekt des selektiven Prozesses etwas auszusagen, so die programmatische Ansage der Zeitschriftengründer, war die Statistik: „The unit, with which such an enquiry must deal, is not an individual but a race, or a statistically representative sample of a race; and the result must take the form of a numerical statement".[26] Erst eine hohe Anzahl einer Varietät würde evolutionär wirksam, weshalb sich für dieses „mass-phenomena" die „mathematics of large numbers" geradezu aufdränge, ungeachtet der Ansichten über Selektion, Vererbung, Fruchtbarkeit: „we recognise that the problem of evolution is a problem in statistics, in the vital statistics of populations."[27] Diesen Ansatzpunkt entdeckten Weldon / Pearson bereits in Darwins Schriften. Der Evolutionist, so die Editoren nicht ohne Ironie, müsse im weitesten Sinne ein „registrargeneral", ein „Oberstandesbeamter", für alle Lebensformen werden. Möglichen Vorbehalten gegenüber der Symbolik der Mathematik und der einhergehenden

---

[24] Jansen, Heringe, S. 164.

[25] Heincke bediente sich bei der Suche nach lokalen Varietäten unterschiedlicher Zugänge: Die Linné'sche Taxonomie wurde ergänzt mit den formalisierten Messungen, wie sie Alphonse Bertillon zur Identifikation von Verbrechern vorgeschlagen hatte, sowie durch die probabilistische Bestimmung menschlicher Rassen im Sinne von Adolphe Quételet und Francis Galton; Heincke, Friedrich: *Die Varietäten des Herings. Zugleich ein Beitrag zur Descendenztheorie*, Kiel, o. J. (circa 1890) (Separatabdruck aus dem Jahresbericht der Commission zur wissenschaftlichen Untersuchung der deutschen Meere in Kiel). Die wissenschaftshistorische Darstellung dazu: Jansen, Heringe. Zu Quételet und der Geschichte der Statistik vgl. das folgende Unterkapitel.

[26] Weldon, W. F. R. / Karl Pearson / C. B. Davenport (Hg.): „Editorial: (I.) The Scope of Biometrika", in: *Biometrika* 1 (1901), Nr. 1, S. 1 f.

[27] Weldon, W. F. R. / Karl Pearson / C. B. Davenport (Hg.): „Editorial: (II.) The Spirit of Biometrika", in: *Biometrika* 1 (1901), Nr. 1, S. 3–6, langes Zitat S. 3.

Entfernung von den natürlichen Gegebenheiten wird das Argument entgegen-
gehalten, dass eine Zusammenarbeit zwischen Biologen und Mathematikern und
ein wechselseitiges Korrektiv erwünscht sei, wozu diese Zeitschrift eine Platt-
form biete. Gleichzeitig war die Herausgeberschaft auch an der Fortentwicklung
von statistischen Methoden interessiert, worin sie der Mathematik besonderen
Erkenntnisgewinn zutraute.[28]

Konkret führten Weldon und Pearson Vermessungen an 7000 jungen weiblichen Krabben und 1000 adulten Krabben desselben Ortes durch. Zum einen
konnten sie dadurch die Anzahl der jungen und der ausgewachsenen Krabben
vergleichen, zum anderen bestimmte phänotypische Merkmale mit der Anzahl
der vorhandenen Tiere korrelieren. Die in Graphen abgebildeten Messdaten liessen darauf schliessen, dass eine gewisse Varietät an jungen Krebsen als Auslese-
kriterium für die natürliche Selektion funktionierte.[29] In Pearsons und Weldons
Beispiel war dies die frontale Breite der Krabbe. Bei den Jungtieren wies diese
Messung eine Normalverteilung auf, hingegen fanden sich unter den Adulten
prozentual mehr Krabben, die höhere Werte hatten.

In den bisherigen Beispielen haben wir gesehen, dass mit Statistik – im Sinne
von Datenerhebungen und Durchschnittsrechnung, graphischer Abbildungen
und ersten Korrelationen – die Varietäten innerhalb von Populationen untersucht
wurden. Diese Forschungen setzten am Phänotyp an und analysierten das tote
oder lebendige Tier. Folgt man der Darstellung von John Lussenhop über den
Planktonforscher und Zeitgenossen von Heincke, Victor Hensen, dann vollzog
sich in den biologischen Wissenschaften im Übergang zum 20. Jahrhundert ein
„intellectual change"[30]: Die Zufälligkeit wurde aus ihrem aussernatürlichen Status
gehoben und zu einer Eigenschaft der Natur erklärt. Was die Biologie anbelangt,
so sieht Lussenhop diese Neuerung bei Darwin initiiert, der seine Aufmerksamkeit auf die morphologische Variationsmöglichkeit gerichtet hatte. Um aber in

---

[28] Weldon et al., The Scope of Biometrika, S. 1; Weldon et al., The Spirit of Biometrika, S. 5.

[29] Weldon, W. F. R. et al.: „Report of the Committee, consisting of Mr. Galton (Chairman), Mr.
F. Darwin, Professor Macalister, Professor Meldola, Professor Poulton, and Professor Weldon, „for
Conducting Statistical Inquiries into the Measurable Characteristics of Plants and Animals." Part I.
„An Attempt to Measure the Death-Rate Due to the Selective Destruction of Carcinus Moenas with
Respect to a Particular Dimension (Drawn up for the Committee by Professor Weldon, F. R. S.)",
in: *Proceedings of the Royal Society of London* 57 (1895), S. 360–379; Weldon, W. F. R.: „Remarks on
Variation in Animals and Plants. To Accompany the First Report of the Committee for Conducting
Statistical Inquiries into the Measurable Characteristics of Plants and Animals", in: *Proceedings of the
Royal Society of London* 57 (1895), S. 379–382.

[30] John Lussenhop: „Victor Hensen and the Development of Sampling Methods in Ecology", in:
Journal of the History of Biology 7 (1974) Nr. 2, S. 319–337, für den folgenden Abschnitt S. 336. Diese
Arbeit wird bei Jansen als eine der wenigen genannt, die sich – im Vergleich zur Geschichte der Ex-
perimentalisierung der Biologie – mit der Mathematisierung derselben beschäftigt, dazu siehe Sarah
Jansen: „*Schädlinge". Geschichte eines wissenschaftlichen und politischen Konstrukts 1840–1920*, Frank-
furt/New York: Campus Verlag 2003, S. 146.

der Biologie den Zufall oder die Wahrscheinlichkeit formal in Rechnung stellen zu können, mussten erst noch die statistischen Werkzeuge entwickelt werden, die nicht die Variabilität von Individuen, sondern von Populationen zu untersuchen erlaubten.[31] Das nächste Beispiel, die so genannte Hardy-Weinberg-Regel, soll veranschaulichen, wie in den biologischen Wissenschaften mit mathematischen Techniken der Genpool von Populationen untersucht wurde. Hier wurde ein viel höherer Abstraktionsgrad erreicht, was auch mit dem Gegenstand, dem Genotyp, zusammenhing.

Die Seltenheit von mathematischen Formeln in der Biologie hänge, so Smith, vor allem damit zusammen, dass man gewöhnlich über die Gesetze, die die Biologie bestimmen, zu wenig weiss, um eine Ausgangsformel aufzustellen. Habe man aber einen Gegenstand gefunden, der sich formalisieren lasse, sei es nicht schwierig, ein brauchbares mathematisches Resultat zu den darin behandelten biologischen Problemen zu bekommen. Ein klassisches Beispiel dafür sei die Populationsgenetik, die, auf den Vererbungsgesetzen beruhend, eine der Physik ähnliche Struktur des mathematischen Schliessens erreicht habe.[32] Der englische Mathematiker Godfrey Harold Hardy (1877–1947), bekannt für sein Interesse an der reinen Mathematik[33], nahm sich ein populationsgenetisches Problem vor, also genau jenen Bereich, der nach Smith am regelhaftesten ist. Im Jahre 1908 veröffentlichte er, wie er erwähnte, als „Nicht-Experte" („I have no expert knowledge") einen kurzen Text zur relativen Häufigkeit von erblichen Merkmalen.[34] Vorausgegangen war dieser Arbeit die Diskussion zwischen verschiedenen Exponenten der Biologie, ob sich die Mendel'schen Vererbungsregeln auch an menschlichen Populationen ablesen liessen.[35] Diese Frage basierte auf folgender Überlegung: Würden die Mendel'schen Gesetze zutreffen, dann müsste ein rezessives Merkmal ganz einfach über die Generationen hinweg verschwinden, weil sich ein dominantes Merkmal im Verhältnis 1:3 vererbt. Offensichtlich aber

---

[31] Vgl. Lussenhop, Development of Sampling Methods, S. 337. Fortschritte in diese Richtung macht Lussenhop bei Karl Pearson und und bei Ronald Aylmer Fisher aus.

[32] Smith, Maynard J.: *Mathematical Ideas in Biology*, Cambridge u. a.: Cambridge University Press 2008 (reprint der Erstausgabe von 1968), S. 2 f.

[33] Davis, Philip J./Reuben Hersh: *Erfahrung Mathematik*, Basel/Boston/Stuttgart: Birkhäuser Verlag 1985 (mit einer Einl. v. Hans Freudenthal, a. d. Amerik. v. Jeannette Zehnder; erstmals 1981 „The Mathematical Experience"), S. 78–89. Die Verfasser ziehen an dieser Stelle zum Thema der „Nützlichkeit" der Mathematik Hardy heran, der leidenschaftlich betonte, wie überflüssig seine Arbeit nach praktischen Massstäben sei. Zu Hardys Zelebrierung der ‚Nutzlosigkeit' seines Faches vgl. Hardy, Godfrey Harold: *A Mathematician's Apology*, Cambridge: Cambridge University Press 1940.

[34] Hardy, Mendelian Proportions.

[35] William Bateson (1861–1926) war sich zwar mit vielen anderen Biologen um die Jahrhundertwende einig, dass Variation der Schlüssel zur Evolution sei, vertrat aber dezidiert die Idee, dass sich die Evolution diskontinuierlich abspiele. Damit distanzierte er sich zum Beispiel von Walter Frank Raphael Weldon, mit dem er bis zu dessen Tod (1906) in heftigstem Streit lag; siehe hierzu ausführlich Provine, Theoretical Population Genetics, S. 35–55.

verschwinden sie nicht, weshalb unterstellt werden konnte, dass die Mendel'schen Postulate mangelhaft waren.[36] Hardy nun zeigte auf, dass diese Schlussfolgerung auf einer (mathematischen) Fehlüberlegung basierte. Ein dominantes Merkmal muss nicht im Laufe der Zeit die ganze Population vereinnahmen, sondern von der zweiten Generation an etabliert sich eine über alle weiteren Generationen hinweg stabile Verteilung. Diesen „very simple point"[37], von dem er hoffte, dass die Biologen sich damit vertraut machen würden, belegte Hardy mit einer mathematischen Formel.

Entgegen dieser Intention fand Hardys Arbeit unter Zeitgenossen kaum Beachtung, wie auch diejenige des in Stuttgart praktizierenden Arztes Wilhelm Robert Weinberg (1862–1937) nicht, der auf dasselbe mathematische Resultat nur ein Jahr später stiess. Im Vergleich zu Hardys zwei Spalten langem Text in *Science* lag mit Weinbergs Beitrag eine ganze, in drei Teilen abgefasste Abhandlung *Über Vererbungsgesetze beim Menschen*[38] vor. Weinberg bettete seine Beiträge in die grossen biologischen Fragestellungen der Zeit ein: Es gehe darum, die Resultate der Biometriker zu prüfen oder genauer, die Möglichkeit des Auffindens von Vererbungsgesetzen mittels Statistik neu zu überdenken, denn die Biometriker hätten mit Prämissen gearbeitet, die durch die Arbeiten von Wilhelm Johannsen (1857–1927) in Frage gestellt worden seien. Der Hintergrund zu dieser Forderung war folgender: Wilhelm Johannsen, auf den die Unterscheidung zwischen „Phänotyp" und „Genotyp" zurückgeht[39], unternahm Kreuzungsversuche von Selbstbefruchtern (so genannte „reine Linien"). Resultat war, dass sich kleine Varietäten nicht vererben.[40]

---

[36] Diese Diskussion wird sehr verkürzt dargestellt in: Schulz, Begründung und Entwicklung der Genetik, hier S. 551 f.; siehe auch Provine, Theoretical Population Genetics, S. 134.

[37] Hardy, Mendelian Proportions, S. 49.

[38] Weinberg, Wilhelm: „Über Vererbungsgesetze beim Menschen. I. Allgemeiner Teil, Einleitung", in: *Zeitschrift für induktive Abstammungs- und Vererbungslehre* 1 (1909), S. 377–392; ders., „Über Vererbungsgesetze beim Menschen. I. Allgemeiner Teil, Schluss", in: *Zeitschrift für induktive Abstammungs- und Vererbungslehre* 1 (1909), S. 440–460; ders., „Über Vererbungsgesetze beim Menschen. II. Spezieller Teil", in: *Zeitschrift für induktive Abstammungs- und Vererbungslehre* 2 (1909), S. 276–330.

[39] Johannsen, Wilhelm: *Elemente der exakten Erblichkeitslehre*, Jena: Verlag von Gustav Fischer 1909 (dt. wesentlich erw. Ausgabe in fünfundzwanzig Vorlesungen), S. 123, 125. Johannsen bezog sich an dieser Stelle auf Quételet und formulierte in Anlehnung an dessen „Typus", dass die Phaenotypen bei „Variationsreihen die Zentren [sind], um welche die Varianten sich gruppieren". Der Begriff ‚Genotyp' war laut Johannsen „völlig frei von jeder Hypothese" und bezeichnete nur, dass die Eigenschaften durch „trennbare und selbständige ‚Zustände', ‚Grundlagen', ‚Anlagen' – kurz, was wir eben Gene nennen wollen – bedingt sind." Die ‚Hypothesenfreiheit' des Begriffs Gens trat in der zweiten Hälfte des 20. Jahrhunderts immer mehr hinter den Begriffen „Programm", „Information" zurück. In der Formulierung von Johannsen war diese 1:1-Abbildung vom Geno- zum Phänotyp jedoch nicht angelegt; vgl. Keller, Century of the Gene. Das physiologische Korrelat der Gene oder der Mendel'schen Vererbungslehre war bis in die 1950er Jahre unbekannt; vgl. hierzu Junker, Thomas: „Charles Darwin und die Evolutionstheorien des 19. Jahrhunderts", in: Jahn (Hg.), Geschichte der Biologie, S. 356–385, hier S. 384.

[40] Dies stand allerdings nur vermeintlich im Widerspruch zur Darwin'schen Evolutionsvorstellung, weil Johannsens Resultat sich bloss auf homozygote Merkmale bezog; vgl. Schulz, Begründung und Entwicklung der Genetik, S. 549; Senglaub, Neue Auseinandersetzungen.

Johannsens Versuche mit den „reinen Linien" wurden in der Rezeption oft als Bestätigung der Arbeiten von Galton interpretiert d. h. als Bekräftigung der These, dass kleine erbliche Varietäten nicht über die Generationen hinweg kumuliert würden, sondern sich phänotypisch dem Durchschnitt annäherten.[41]

Weinberg erachtete Johannsens Kreuzungsversuche als einer von wenigen Zeitgenossen als nicht kompatibel mit den Galton'schen Theorien. Die grösste Differenz identifizierte er im unterschiedlichen Konzept von Bevölkerung: Galton gehe davon aus, dass die Bevölkerung ein Typus sei, von dem die Individuen mit ihren Eigenschaften abwichen, bei Johannsen hingegen sei die Bevölkerung „eine diskontinuierliche Reihe mehrerer erblicher Typen einer Eigenschaft": „Während also Galton eine unvollkommene Regression auf den Typus der Bevölkerung identifizierte, fand Johannsen eine vollständige Regression auf den Typus der Linie bzw. auf dessen temporäre Modifikation."[42] Entlang dieser Argumentationslinie entwickelte Weinberg seine Berechnungen über die Vererbbarkeit von Mehrlingsgeburten. Die Neigung dazu werde nach den Mendel'schen Gesetzen (d. h. innerhalb der Linie) vererbt, und sich nicht, wie es Galton darstellen würde, dem Bevölkerungsdurchschnitt im Laufe der Zeit anpassen.[43] Das heisst auch er votierte für eine stabile Verteilung von Merkmalen über Generationen hinweg.

Gemeinsam ist den mathematischen Ansätzen von Hardy und Weinberg, dass sie nur unter vielen Vorannahmen gültig sind. Bei Hardy waren dies die Prämisse, dass die stabile Verteilung der Merkmale nur zustande kommt, wenn man mit grossen Individuenanzahlen arbeitet, die Paarung als zufällig annimmt, die Geschlechter gleichmässig verteilt und alle gleichermassen fruchtbar sind. Diese Vereinfachungen plus „a little mathematics of the multiplication-table type" reichten, um die stabilen Verteilungen aufzuzeigen.[44] Bei Weinberg waren die Vorannahmen weniger explizit; einzige Voraussetzung war, dass die durchschnittliche Fruchtbarkeit immer dieselbe ist.[45] Im Fortgang seiner Ausführungen sieht man

---

[41] Was den Lesern allgemein entging, war die Bemerkung Johannsens, dass man es in den meisten Populationen überhaupt nicht mit reinen Linien zu tun habe; siehe zu diesem Kontext Schulz, Begründung und Entwicklung der Genetik, S. 549.

[42] Siehe hierzu Weinberg, Über Vererbungsgesetze beim Menschen. I. Allgemeiner Teil, S. 390 f., Zitate S. 391. Damit entpuppt sich Weinberg als einer der raren Leser von Johannsen, die dessen Ideen als Infragestellung des Galton'schen Regressionsgesetzes sahen. Im Allgemeinen sah die Rezeption der Kreuzungsversuche von Johannsen belegt, dass kleine individuelle Unterschiede ohne selektive Wirkung auf die Nachkommenschaft blieben.

[43] Weinberg, Vererbung beim Menschen. Wobei hier auch angemerkt werden kann, dass Weinberg Galtons Theorie wieder dahingehend in die eigene Untersuchung holte, indem er die Resultate der alternativen Vererbung (d. h. rezessive Formen können eine Generation überspringen) mit den Resultaten des Galton'schen Regressionsgesetzes zur Deckung brachte; siehe ebd. und Weinberg, Über Vererbungsgesetze beim Menschen. I. Allgemeiner Teil, S. 383.

[44] Hardy, Mendelian Proportions, S. 49.

[45] Weinberg, Über Vererbungsgesetze beim Menschen. II. Spezieller Teil, S. 276.

aber, dass auch er von einer zufälligen Paarung (Panmixie[46]) und sehr grossen Individuenzahlen ausging.[47]

Während Hardy sich darauf beschränkte, eine Prämisse mathematisch zu widerlegen, was den nüchtern formulierten Nebeneffekt hatte, die Kritik am Mendelismus zu entschärfen, ohne sich eine Intervention in die Debatte zwischen Mendelianern und Darwinisten jenseits der Reichweite der Mathematik zu erlauben, bezog Weinberg durchaus Position. Er traute grundsätzlich den Mendel'schen Kreuzungsversuchen mehr Erkenntnisgewinn als der Biometrie zu. Unter Anwendung von Algebra substanziierte er, dass die vom Biometriker Pearson so genannte Korrelation, die den Verwandtschaftsgrad bezeichnete, konsequenterweise aus den Kreuzungsversuchen nach Mendel folgte. Durch die Berechnung der Korrelationen werde nicht mehr erreicht als durch den direkten Vergleich der Mittelwerte, weshalb die „Korrelationen teilweise einen ziemlich unnötigen Ballast der Biometrik darstellen."[48] Weinberg betonte die Ähnlichkeiten ihrer Resultate: „Der Streit der Biometriker und Mendelianer über diese Frage ist [...] völlig gegenstandslos."[49]

Bis diese Mehrfachentdeckung als solche erkannt werden konnte, verstrichen fast vier Jahrzehnte, während denen, wenn überhaupt, die Rezeption innerhalb der Sprachregionen ihre getrennten Wege nahm.[50] Weinbergs Berechnungen wurden erst nach dessen Tod bekannt.[51] Der Genetiker Curt Stern schlug im Jahre 1943 vor, dem bis anhin bekannten „Hardy's law" den Namen Weinbergs hinzuzufügen.[52]

---

[46] Durch die Annahme der Panmixie, so Weinberg, „wird die relative Häufigkeit der einzelnen möglichen Kreuzungen lediglich vom Zufall beherrscht und sie lässt sich daher nach den Gesetzen der Wahrscheinlichkeit bestimmen", siehe Weinberg, Über Vererbungsgesetze beim Menschen. II. Spezieller Teil, S. 282.

[47] Weinberg, Über Vererbungsgesetze beim Menschen. II. Spezieller Teil, S. 276.

[48] Weinberg, Über Vererbungsgesetze beim Menschen. I. Allgemeiner Teil, S. 449. Dass damit auch noch ein viel weiter gehendes erkenntnistheoretisches Problem angesprochen ist, diskutiert Desrosières in seinem Buch über die Statistikgeschichte: Pearsons Idee der Korrelation war gerade dazu angetan, die Statistik vom Einbezug irgendwelcher externer Ursachen zu befreien. (Diese wiederum wollte Weinberg, siehe weiter oben, neu ins Spiel bringen.) Desrosières, Alain: *Die Politik der großen Zahlen. Eine Geschichte der statistischen Denkweise*, Berlin u. a.: Springer Verlag 2005 (aus d. Franz. v. Manfred Stern, erstmals 1993 „La politique des grands nombres"), S. 149.

[49] Weinberg, Über Vererbungsgesetze beim Menschen. I. Allgemeiner Teil, S. 449. Solche Aussagen Weinbergs deuten auf seine Rolle als Vorbereiter der „modern synthesis".

[50] Crow, James F.: „Hardy, Weinberg and Language Impediments", in: *Genetics* 152 (July 1999), S. 821–825, hier S. 821. Zur Rezeption der Gesetze von Hardy und Weinberg vgl. Punnett, Reginald Crundall: „Eliminating Feeblemindedness", in: *Journal of Heredity* 8 (1917), Nr. 10, S. 464 f.

[51] Auch Sewall Wright, ein weiterer Vorbereiter der „modern synthesis", soll mit der Formel gearbeitet haben, ehe er von Hardy und Weinberg erfuhr; siehe hierzu Crow, Hardy, Weinberg and Language Impediments, S. 821.

[52] Stern, Curt: „The Hardy-Weinberg Law", in: *Science (New Series)* 97 (1943), Nr. 2510, S. 137 f. Mit historiographischer Akribie zeichnete Stern die Publikationsdaten und einschlägigen Artikel nach; vgl. hierzu Neel, James V.: „Curt Stern (August 30, 1902–October 23, 1981)", in: *Biographical Memoirs* (National Academy of Sciences) 56 (1987), S. 443–474, hier S. 455. Zur Geschichte dieser Mehrfachentdeckung und vor allem Weinbergs Anteil daran vgl. Sperlich, Diether / Dorothee Früh (Hg.), *Wilhelm*

Für eine Charakterisierung der „Mathematisierung der Variabilität" sind mit den hier kurz vorgestellten Beispielen aus der biologischen Forschung rund um 1900 folgende Aspekte gewonnen: Erstens wurde sowohl mit dem Phänotyp als auch mit dem Genotyp gearbeitet. Zweitens kamen verschiedene Formalisierungstechniken, von der Vermessung über die Auswertung der Daten in Durchschnittswerten (Heincke) über Korrelationen hin zu Graphen vor (Pearson und Weldon). Während diese Methoden mit der Quantifizierung und Statistik verbunden waren, arbeiteten die Populationsgenetiker abstrakter. Die Erarbeitung ihrer mathematischen Gleichungen geschah ohne Messtechnik und war ohne Daten möglich. Es ging um die mathematische Umsetzbarkeit der Mendel'schen Regeln, die rechnerisch ermittelte Vererbbarkeit in Bezug auf einen idealen Genpool, worin keine zufälligen Mutationen vorkommen. Daran kann man drittens erkennen, dass die Biometriker und Populationsgenetiker bezüglich des Stichworts Variabilität unterschiedliche Ziele verfolgten. Die einen wollten die natürliche Selektion mit Daten untermauern, die anderen rechneten mit dominant-rezessiven Merkmalen, deren konkrete Ausgestaltung oder evolutionäre Wirkung zweitrangig war. Wie aber viertens vor allem bei Weinberg deutlich wurde, wies seine Arbeit bereits das Potenzial auf, die diskursive Kluft zwischen Mendelianern und Darwinisten methodisch zu überwinden.

Mathematisierung des Metabolismus[53]

Die Ausgangsfrage für Darwin in seinem massgeblichen Werk zur Entstehung der Arten war, was das Wachstum eindämme. Denn gemäss der Beschreibung von Thomas Robert Malthus folgt die Reproduktion einer Bevölkerung einer exponentiellen, die Nahrungsproduktion jedoch einer arithmetischen Kurve.[54] Vor dem Hintergrund dieser Überlegung stellte Darwin fest, dass es einen Kampf um Ressourcen gibt, welcher der geometrischen Progression der Organismen eine Grenze setzt.[55] In dieser Konkurrenz wird derjenige Organismus Nachkommen

---

Weinberg (1862–1937) – Der zweite Vater des Hardy-Weinberg-Gesetzes, Rangsdorf: Basiliskenpresse 2015 (Acta Biohistorica 15).

[53] Die folgenden Ausführungen beschäftigen sich nicht mit einer eventuellen Mathematisierung der Pflanzenökologie. Die Konzentration auf die Tierökologie passt aber zum historischen Befund, dass die Quantifizierung der Disziplin vor allem über die ozeanische Fauna stattfand; vgl. hierzu Jansen, Schädlinge, S. 146.

[54] Anonym [Malthus, Thomas Robert]: *An Essay on the Principle of Population, as It Affects the Future Improvement of Society. With Remarks on the Speculations of Mr. Godwin, M. Condorcet, and other Writers*, London: Printed for J. Johnson, in St. Paul's Church-Yard 1798; Malthus, Thomas Robert: *An Essay on the Principle of Population* (gekürzte Fassung), hg. v. Philip Appleman, New York / London: W. W. Norton & Company 2004, S. 19–26.

[55] Darwin, Entstehung der Arten, z. B. S. 361 und 368. Für die Tierwelt bemerkte Darwin, dass die lebenden Organismen nicht die Möglichkeit hätten, die Nahrung zu vermehren, sondern mit dem auskommen müssten, was es gibt.

haben, der durch irgendeine individuelle Variation in einem bestimmten Umfeld
einen Vorteil hat. Die von Darwin beschriebene natürliche Selektion ist ein Mechanismus, der auf diesen individuellen Differenzen beruht. Damit behauptete er
gleichzeitig, dass zwischen den untereinander fortpflanzungsfähigen Individuen
dennoch Verschiedenartigkeiten bestehen. In dieser Herangehensweise ist das
Konzept der Population bzw. der Abschied vom Konzept der Art als Identifikation
eines biologischen Typus angelegt.[56] Trüge die taxonomische Definition einer Art
diesen Unterschieden Rechnung, müsste bald für jedes Individuum eine eigene
Spezies eröffnet werden. Über die Ursachen der Varietäten konnte Darwin aber
bloss mutmassen.[57] Seiner Meinung nach spielte sowohl die Vererbung als auch
das Leben des Organismus unter bestimmten Bedingungen eine Rolle. Auch
das Lamarck'sche Argument des Gebrauchs und Nichtgebrauchs von Organen
liess er nicht unbeachtet, wobei er diese Faktoren stark an die Anforderungen
knüpfte, welche die Umwelt an die Bewohner stellt, d. h. den Einfluss klimatischer
Schwankungen und die Präsenz anderer Organismen. Das Vokabular von Mendel
hatte Darwin nicht zur Verfügung.

Für die Systematisierung und Quantifizierung der Nahrungsketten interessiert
nun eine bestimmte Passage in Darwins *On the Origin of Species*.

> Die für eine jede Art vorhandene Nahrungsmenge bestimmt natürlich die äußerste Gren-
> ze, bis zu welcher sie sich vermehren kann; aber sehr häufig hängt die Bestimmung der
> Durchschnittszahlen einer Tierart nicht davon ab, daß sie Nahrung findet, sondern daß sie
> selbst wieder einer anderen zur Beute wird.[58]

Die metabolischen Abhängigkeiten führen zu neuen Rollen für die Arten als
„Beute" und „Feind"– eine Relation, die sich als selektionierendes Element begreifen lässt. Damit ist auch eine ökologische Vorstellung aufgerufen: Tiere haben
eine Umwelt, worin sie Nahrung finden, die aber auch durch Raubtiere belebt
ist, die wiederum in ihrer Umwelt Nahrung suchen. Verschiedene Beispiele zum
Thema der Nahrungsketten werden illustrieren, wie die Verflechtungen zwischen
den Organismen seit dem ausgehenden 19. Jahrhundert allmählich systematisiert
und statistische Techniken erstmals für ökologische Fragestellungen angewandt
wurden.

Die Vorstellung von Nahrungsketten hatte zum Zeitpunkt der Veröffentlichungen von Lotka und Volterra bereits eine lange Tradition. „Fressen-und-Gefressen-
Werden" ist ein an Fischen veranschaulichter Topos, der seit der Antike existiert

---

[56] Mayr, Ernst: „Typologisches Denken contra Populationsdenken", in: Ders., *Evolution und die Vielfalt des Lebens*, Berlin / Heidelberg / New York: Springer Verlag 1979, S. 34–39.

[57] Vgl. Darwin, Charles: „Über die Entstehung der Arten", in: Ders., *Gesammelte Werke* (basier-end auf der 6. Auflage von 1872; erstmals „On the Origin of Species by Means of Natural Selection", London: 1859), Frankfurt am Main: Zweitausendeins 2006, S. 355–691, hier S. 371, 370–375, 390 f. und 398–402.

[58] Darwin, Entstehung der Arten, S. 407.

und lange schon in die politische und soziale Rhetorik Eingang gefunden hat.[59] Aber nicht nur die Metapher zirkulierte schon seit langem, sondern auch das biologische Untersuchungsfeld war um 1900 nicht neu. Schematisch aufgezeichnete Nahrungsketten als Linien zwischen Organismen gab es seit 1880.[60] Lorenzo Camerano, damals Assistent am Zoologischen Museum in Turin, übertrug die Abhängigkeiten zwischen Raubtieren und Beute auf ein Problem der Populationsgrössen und hantierte mit Pfeilen, Buchstaben sowie Minus- und Pluszeichen, um die Einfluss-, Zu- oder Abnahme einer Population zu symbolisieren. Was sich hier zwischen den Lebewesen in Bezug auf die Nahrung abspiele, so schloss Camerano, sei der Kampf ums Dasein („la lotta per la vita").[61] Bereits er machte darauf aufmerksam, dass sich die Umverteilungen zwischen den Populationen als zyklische Phänomene interpretieren liessen. Dementsprechend war sein deklariertes Ziel die Veranschaulichung von Gleichgewichten zwischen Organismen.[62] Wird das Gleichgewicht gestört, so Camerano, dann werde es durch die gegenseitigen Abhängigkeiten wiederhergestellt („reciproca disruzione"[63]). Camerano hat seine Untersuchungen zu den Nahrungsketten und den Störungen der Gleichgewichte nicht weiter ausgeführt und wurde auch von der Rezeption weitgehend übersehen.[64]

Zum Ende des 19. Jahrhunderts waren Nahrungsketten zunehmend als ökonomische Indikatoren interessant. Eingeläutet wurde diese Neugewichtung laut dem Ozeanographiehistoriker Eric L. Mills mit den Arbeiten des Deutschen Physiologen Victor Hensen, der 1889 eine Expedition durchführte, die allein auf die statistische Erforschung der Planktonvorkommen ausgerichtet war.[65] Unter

---

[59] Mieder, Wolfgang: *„Die großen Fische fressen die kleinen". Ein Sprichwort über die menschliche Natur in Literatur, Medien und Karikaturen*, Wien: Ed. Präsens 2003.

[60] Camerano, Lorenzo: „Dell'equilibrio dei viventi mercè la reciproca disruzione", in: *Atti della Reale Accademia delle Scienze di Torino* 15 (1879/80), S. 393–414. Ein Schnelldurchgang durch die Geschichte der food webs findet sich bei Egerton, Frank N.: „Understanding Food Chains and Food Webs, 1700–1970", in: *Bulletin of the Ecological Society of America* 88 (2007), S. 50–69.

[61] Camerano, Dell'equilibrio dei viventi, S. 403.

[62] Camerano, Dell'equilibrio dei viventi, S. 404.

[63] Camerano, Dell'equilibrio dei viventi, S. 409.

[64] Cohen, Joel E.: „Lorenzo Camerano's Contribution to Early Food Web Theory", in: Simon A. Levin (Hg.), *Frontiers in Mathematical Biology*, Berlin / Heidelberg / New York: Springer Verlag 1994, S. 351–359, hier S. 357.

[65] Mills, Eric L.: *Biological Oceanography. An Early History, 1870–1960*, Ithaca / London: Cornell University Press 1989; Hensen, Victor: „Einige Ergebnisse der Plankton-Expedition der Humboldt-Stiftung", in: *Sitzungsberichte der Königlich Preussischen Akademie der Wissenschaften zu Berlin* (1890), I. Halbband, S. 243–253. Im Jahre 1870, unter Beihilfe des agronomischen Ministeriums von Preussen, wurde die „Kommission zur wissenschaftlichen Untersuchung der deutschen Meere in Kiel" ins Leben gerufen. Das Mandat war, Informationen über die Tiefe, die Gezeiten, den Salzgehalt, die chemische Zusammensetzung der Nord- und Ostsee zu sammeln und Tiere und Pflanzen, die in Fischgründen anwesend waren, zu bestimmen und, im speziellen, sich auf die kommerziellen Fische in Hinblick auf Verteilung, Häufigkeit, Nahrung, Reproduktion und Wanderungen zu konzentrieren, siehe Mills, Biological Oceanography, S. 14.

seiner Leitung wurden auf dem Atlantik 126 Plankton-Fänge durchgeführt.[66] Die Auszählung des mit Vertikalnetzen gesammelten pelagischen Materials nahm über zwanzig Jahre in Anspruch.[67] Hensen sah seine These, die von Anfang an bestand[68], bereits im ersten Jahr nach der Expedition bestätigt: Die pelagischen Tiere seien im Ozean gleichförmig verteilt.[69] „Dies Blut der Meere"[70], wie er das Plankton auch nannte, sollte im Ozean eine homogene Verteilung der Nahrungsgrundlagen, eine ubiquitäre Möglichkeit zur Lebenserhaltung für die anderen Lebewesen – und letztlich auch für den Menschen als Endverbraucher – garantieren, wie dies das Blut für den Körper tut.[71]

Aufgrund dieser Annahme, die mit dem Resultat deckungsgleich war, wurde Hensen von seinem Zeitgenossen Ernst Haeckel, der sich ebenfalls mit Plankton beschäftigte, heftig kritisiert. Haeckel, der eine Plankton-Art in Hinblick auf Anatomie, Lebensfunktionen und evolutionäre Vielfalt untersucht und detailgetreu nachgezeichnet hatte, bemängelte ungenügende Erfahrung, irrige Schlüsse, eine „völlig nutzlose Methode" und unwissenschaftliches Vorgehen durch das Weglassen von widersprüchlichen Resultaten in Hensens Verfahren. Vor allem aber warf laut Haeckel Hensens Arbeit ein falsches Licht auf die wichtigsten Probleme der pelagischen Biologie[72]: Gerade weil das Plankton – wie auch Hensen an mehreren Stellen bemerkt habe – abhängig von Wetter, Tages- und Jahreszeit sowie Meeresströmungen sei, müsse man davon ausgehen, dass das Plankton „eine höchst variable und oscillante Grösse sei."[73] Besonders im Plankton offenbaren sich laut Haeckel die „interessanten und verwickelten Lebensbeziehungen der pelagischen

---

[66] Hensen, Victor: *Methodik der Untersuchungen*, Kiel / Leipzig 1895 (Ergebnisse der Plankton-Expedition der Humboldt-Stiftung Bd. 1.B), S. 8 f.

[67] Erste Ergebnisse veröffentlichte Hensen bereits im Jahre 1890, der letzte Band zur Dokumentation der Resultate erschien im Jahre 1922, Hensen verstarb zwei Jahre später; Hensen, Einige Ergebnisse der Plankton-Expedition.

[68] Bereits 1887 äusserte er diese Vermutung, die er durch erste Fahrten und Fänge und seine vorausgegangene Forschung über das Vorkommen und die Menge der Eier von Ostseefischen erhärtet sah, Hensen, Victor: *Über die Bestimmung des Plankton's oder des im Meere treibenden Materials an Pflanzen und Thieren*, Kiel: Schmidt & Klaunig 1887, S. 2, 22, 24.

[69] Hensen, Einige Ergebnisse der Plankton-Expedition, S. 243 f.

[70] Hensen, Victor: *Das Leben im Ozean nach Zählung seiner Bewohner. Übersicht und Resultate der quantitativen Untersuchungen*, Kiel / Leipzig: Verlag von Lipsius & Tischer 1911 (Ergebnisse der Plankton-Expedition der Humboldt-Stiftung Bd. 5.O.), S. 5.

[71] Der starke Bezug zur Physiologie wird auch in der Auszählungsmethode sichtbar, die Hensen analog zur Bestimmung der Anzahl von Blutkörperchen wählte, vgl. Hensen, Über die Bestimmung des im Meere treibenden Materials, S. 18. Zu Hensens Biographie vgl. Porep, Rüdiger: „Der Physiologe und Planktonforscher Victor Hensen. Sein Leben und sein Werk", in: *Kieler Beiträge zur Geschichte der Medizin und Pharmazie* 9 (1970), S. 96–120. Vgl. auch Tanner, Ariane: „Utopien aus Biomasse. Plankton als wissenschaftliches und gesellschaftspolitisches Projektionsobjekt", in: *Geschichte und Gesellschaft* 40 (2014), Nr. 3, S. 323–353, hier S. 330–335.

[72] Haeckel, Ernst: *Plankton-Studien. Vergleichende Untersuchungen über die Bedeutung und Zusammensetzung der Pelagischen Fauna und Flora*, Jena: Verlag von Gustav Fischer 1890, S. 10.

[73] Haeckel, Plankton-Studien, S. 90.

Organismen, ihre Lebensweise und Oeconomie", die als ökologische Probleme bezeichnet werden müssten.[74]

Mit diesen zwei Protagonisten kollidierten beispielhaft zwei verschiedene Herangehensweisen zur Erforschung ein und desselben Gegenstandes; der Disput zwischen Hensen und Haeckel ist symptomatisch für eine Situation, in der statistische Methoden mit klassisch naturhistorischen Methoden (Zeichnungen, Artenbestimmung, anatomische und morphologische Untersuchungen) konfligierten. In der Beurteilung Haeckels ergab sich aber eine interessante Verschiebung: Während es letztlich Hensen darum ging, über die ökonomischen Verhältnisse für den Menschen qua Ressourcen im Meer Aufschluss zu geben, sprach ihm Haeckel in dieser Hinsicht jeglichen Erklärungsanspruch ab. Haeckel ging es gerade nicht um das Aufzeigen einer Stabilität, sondern um eine Dynamik.[75]

Eine Episode aus der Geschichte der Entomologie veranschaulicht, zu welchem Zeitpunkt die erhobenen und in Tabellen dargestellten Daten über metabolische Relationen mathematisch ausgewertet wurden, um Aussagen zu machen, die über die beobachteten Individuen hinausgingen.[76] Das Rechnen, die Korrelation zwischen verschiedenen physikalischen, biologischen und milieutechnischen Aspekten übernahm, folgt man der Wissenschaftshistorikerin Sarah Jansen, Fritz Haber, der als „Vater des Gaskriegs" in die Geschichte einging.[77] Haber experimentierte während des Ersten Weltkriegs mit Insekten und Gas, wobei seine „Tödlichkeitsformel" die Quantität von eingesetzten Giftgasen mit der Expositionszeit und dem Gewicht der vergifteten Lebewesen in Beziehung setzte.[78] Die Elemente wurden zu vergleichbaren Mengen. Wie Jansen erläutert: „‚Läuse', ‚Katzen', ‚Menschen' sind hier nicht komplexe Einzigartigkeiten oder Individuen, sondern tödlich von Gas durchdrungene Körper oder einfach ‚G'."[79]

Dieses Beispiel aus der Schädlingsbekämpfung, einer metabolischen Verkettung mit negativen Folgen, verdeutlicht, wie sich physiologische und ökologische Forschung zu einer Kontrollwissenschaft über biologische Kollektive und Räume entwickelten. Besonders hervorzuheben ist, dass im Ansatz von Haber die ontologischen Differenzen zwischen den Entitäten verschwinden, sie werden als Massen und Faktoren behandelt, deren Dynamik durch einen künstlich eingeführten Umstand beeinflusst werden kann. Haber steht auch für einen Übergang in der entomologischen Forschung zwischen reiner Datenerhebung im ausgehenden 19. Jahrhundert, als das Rechnen oder die Extrapolation auf

---

[74] Haeckel, Plankton-Studien, S. 19.
[75] Ausführlicher dazu Tanner, Utopien aus Biomasse, S. 336–338.
[76] Jansen, Schädlinge, S. 157 f.
[77] Jansen, Schädlinge, S. 186.
[78] Jansen, Schädlinge, S. 186 f.
[79] Jansen, Schädlinge, S. 188.

die Zukunft noch nicht zwingend war, und einer neuen Phase, während der, wie Jansen sagen würde, der diskursive Druck, sich als Biologe mit der Mathematik zu beschäftigen, zugenommen hatte.[80] Damit aber, so Jansen weiter, diese mathematischen Gleichungen auch Experimentalsysteme organisierten und neue Realitäten und Objekte schufen, bedurfte es eines sinnstiftenden Kontextes.[81] Und, so würde ich vor dem Hintergrund des bisher Dargestellten betonen, es war noch eine Antwort auf die Frage nötig, welche Daten überhaupt für ökologische Fragestellungen einsetzbar waren.

Ökologische Datenkrise

Der Zoologe Charles Christopher Adams brachte die Situation der Ökologie zu Beginn des 20. Jahrhunderts mit dem ersten Satz seines Buchs auf den Punkt: „Ecology has no aim, but ecologists have."[82] Der Inhalt dieses Fachbereichs an sich war also nicht scharf umrissen, aber diejenigen, die sich als Ökologen verstanden, wussten, was zu tun sei. Nur allmählich, wie Adams fortfuhr, werde bewusst, dass die Biologie bei der Betrachtung der Aktivitäten der Organismen zwei Herangehensweisen kenne. Auf der einen Seite untersuche sie die Organe und Teile in ihren Relationen zueinander, wofür die Methoden der Physik und Chemie zuständig seien, auf der anderen Seite analysiere sie die Aktivität des ganzen Organismus in Bezug auf die Umwelt, worin eindeutig die Ziele des Ökologen lägen. Die Unterscheidung zwischen internen und externen Relationen führte Adams zwar auf Haeckels Ausführungen zur „Oecologie" aus dem Jahre 1866 zurück[83], aber seine Einführung zu „Ziel, Inhalt und Herangehensweise" der Ökologie von 1913 zeugt vom präparadigmatischen Zustand dieses Wissenszweiges, der sich erst in der Phase der Etablierung und Ablösung von der Physiologie befand. Auch diese Phase soll unter dem Aspekt der Formalisierungstechniken erläutert werden. Ein Vergleich zu einem innerbiologischen Diskurs kann die Verfassung der ökologischen Wissenschaften noch einmal verdeutlichen.

---

[80] Jansen, Schädlinge, S. 150.

[81] Jansen, Schädlinge, S. 189 f.

[82] Adams, Charles C.: *Guide to the Study of Animal Ecology*, New York: The Macmillan Company 1913, S. 1.

[83] Haeckel, Ernst: *Allgemeine Entwickelungsgeschichte der Organismen. Kritische Grundzüge der mechanischen Wissenschaft von den entstehenden Formen der Organismen, begründet durch die Deszendenz-Theorie*, Berlin / New York: Walter de Gruyter 1988 (Generelle Morphologie der Organismen. Allgemeine Grundzüge der organischen Formen-Wissenschaft, mechanisch begründet durch die von Charles Darwin reformirte Descendenz-Theorie Bd. 2; photomechanischer Nachdruck der Erstausgabe von 1866, Berlin: Verlag von Georg Reimer), S. 286: „Unter Oecologie verstehen wir die gesammte Wissenschaft von den Beziehungen des Organismus zur umgebenden Aussenwelt".

Der um 1900 aufkommende Diskurs der „Theoretischen Biologie"[84] drehte sich im Wesentlichen um drei Punkte: Erstens ging es um die Frage der Interpretation von empirischen und experimentellen Ergebnissen, zweitens um die Etablierung eines Systems genuin biologischer Prozesse und Objekte und drittens um die kritische Hinterfragung der epistemologischen und methodologischen Voraussetzungen der Biologie.[85] Die Frage nach der Interpretation von biologischen Daten kann gedeutet werden „als Reaktion auf eine schon um 1900 deutlich sichtbare Datenkrise, wobei einer zunehmend unüberschaubaren Menge an individuellen Beobachtungen und Resultaten eine sichtlich inadäquate konzeptuelle und theoretische Struktur gegenüberstand"[86]. Der allgemeine Befund, dass die Biologie einer Kanonisierung bedurfte, kann auch für die sich langsam formierende Ökologie rund um 1900 gelten. Nur lag bei der Ökologie das Problem noch tiefer: Sie konnte keine genuin ökologischen Gegenstände systematisieren, weil sie diese noch nicht identifiziert hatte. Eine ökologische Perspektive einzunehmen implizierte noch nicht eine eigenständige Disziplin.[87] Vorhandene Daten stammten aus unterschiedlichen Wissensfeldern, aber wie diese zur Beantwortung von ökologischen Fragestellungen zu verwenden wären, war offen.[88] Eine Datenkrise der noch nicht institutionalisierten Ökologie hatte nicht unbedingt mit der mangelnden Integrationsfähigkeit von unzähligen Einzelbeobachtungen zu tun, sondern ihr Beobachtungsgegenstand war überhaupt schwer zu eruieren. Das von Manfred Laubichler auch für die heutige Biologie diagnostizierte Charakteristikum „zu viele Daten und zu wenig Theorie"[89] müsste für die Anfänge der Ökologie lauten: zu wenige Daten und zu wenig Theorie.

Für die 1920er Jahre jedoch kann festgestellt werden, dass sich ein allmähliches „Selbst-Bewusstsein" der Ökologie herausbildete.[90] Es wurde in vier Teilbereichen geforscht – Pflanzenökologie, Tierökologie, Ozeanographie und Limnologie[91] –

---

[84] Vgl. Laubichler, Manfred: „Allgemeine Biologie als selbständige Grundwissenschaft und die allgemeinen Grundlagen des Lebens", in: Michael Hagner / ders., Der Hochsitz des Wissens, S. 185–206. Laubichler nennt als massgebliche Werke, die diesen Diskurs anschoben: Driesch, Hans: *Die Biologie als selbständige Grundwissenschaft. Eine kritische Studie*, Leipzig: Engelmann 1893; Reinke, Johannes: *Einleitung in die theoretische Biologie*, Berlin: Verlag von Gebrüder Paetel 1901, vgl. ebd., S. 185.

[85] Laubichler, Allgemeine Biologie, S. 186.

[86] Laubichler, Allgemeine Biologie, S. 186.

[87] Kingsland, Sharon E.: *The Evolution of American Ecology, 1890–2000*, Baltimore: The Johns Hopkins University Press 2005, S. 2.

[88] Adams, Study of Animal Ecology, S. v.

[89] Laubichler, Allgemeine Biologie, S. 205.

[90] McIntosh setzt diesen Prozess im Jahrzehnt vor 1920 an, Allee et al. eher zwischen 1920 bis 1930; siehe Allee, W. C. / A. E. Emerson / O. Park / T. Park / K. P. Schmidt: *Principles of Animal Ecology*, Philadelphia: W. B. Saunders & Co. 1949, S. 55; McIntosh, Robert P.: „Ecology since 1900", in: Egerton, Frank N. (Hg.), *History of American Ecology*, New York: Arno Press 1977, (reprint from Issues and Ideas in America, 1976) S. 353–372, hier S. 356.

[91] Egerton, Frank N.: „Introduction", in: Ders., History of American Ecology.

wobei die Pflanzenökologie, die meist von Pflanzengeographen betrieben wurde, tonangebend war[92]. Vom methodischen Gesichtspunkt her war die Meeresbiologie eins der ersten Forschungsfelder, worin statistische Methoden zur Erforschung von Nahrungsrelationen angewandt wurden.[93] Aber es fehlten, siehe die Arbeit von Hensen, zur erfolgreichen Auswertung der erhobenen Daten statistische Werkzeuge, insbesondere die Methode des Samplens[94], aber auch die Mittel der Korrelation und damit der schliessenden Statistik. Das hatte abermals damit zu tun, dass die Analyseebene der Population noch nicht ausgeprägt war und die Untersuchungen auf der Ebene des Individuums oder der Gemeinschaft stattfanden.[95]

Eine besondere Schwierigkeit lag darin, dass die Ökologie am Manko litt, keine so langen Beobachtungsräume abgedeckt zu haben, die der Geschwindigkeit und Dauer von ökologischen Prozessen entsprochen hätten. Es gab keine Kultur der systematischen Observationen, die jährlich (monatlich) wiederholt wurden. Entscheidende Impulse für die Elaborierung von Datensammlungen in einem definierten begrifflichen Rahmen gingen von Charles Eltons Arbeiten aus, die nur wenige Jahre nach der Publikation von Lotkas und Volterras Gleichungen erschienen. Elton ging in seinem Werk *Animal Ecology* von 1927 zwar von einer Ökologie als nicht näher definierter „scientific natural history"[96] aus. Die Feldforschung wurde in diesen konzeptionellen Rahmen integriert, und das Buch liest sich als Anleitung für seine Schüler als Daten sammelnde Beobachter in der Natur[97], die

---

[92] Trepl, Geschichte der Ökologie, S. 30.

[93] Durch Sarah Jansens Monographie wird der Eindruck bestärkt, dass die Geschichte einer „Mathematisierung der Biologie" bei der Meeresforschung anzusetzen hat; vgl. Jansen, Schädlinge, S. 146.

[94] Lussenhop, Victor Hensen and Sampling Methods. Das heisst, das Problem bestand eigentlich darin, entscheiden zu können, ob das gewählte Sample, die statistische Auswahl, gut ist oder nicht, oder in anderen Worten, ob das Sample repräsentativ ist oder nicht. Das trifft aber das Herz der statistischen Analyse: „Statistical theory deals with the relationship between samples and populations, and in this sense sampling embraces the whole of statistical inference." Vgl. Smith, T. M. F.: „Biometrika Centenary: Sample Surveys", in: *Biometrika* 88 (2001), Nr. 1, S. 167–194, hier S. 167. Das „sample" war Grundeinheit der Analyse, wie sie die Biometriker vorhatten. Smith stellt jedoch fest, dass bis 1947 die Methode, wie man ein gutes Sample machen kann, in der Zeitschrift *Biometrika* nicht reflektiert worden sei. Das Grundproblem beim Samplen ist ein doppeltes: Erstens muss man entscheiden, ob man selbst Parameter erhebt, um das Sample herzustellen (controlled sampling), oder ob man den Zufall walten lässt. Historisch allerdings war bis 1930 und Fishers Einführung der „randomization" die kontrollierte Herangehensweise ans Sampling dominierend. Zweitens muss das sample genügend gross sein, um überhaupt aussagekräftig zu werden. Fisher hat auch diese offene Frage 1930 beantwortet und die statistische Signifikanz durch die „analysis of variance" untermauert. Vgl. hierzu Fisher, R. A.: *Statistische Methoden für die Wissenschaft*, Edinburgh: Oliver and Boyd 1956 (12., neu bearbeitete und erw. Auflage, übers. v. Dora Lucka; Erstausgabe 1925: Statistical Methods for Research Workers).

[95] Mitman, The State of Nature, S. 72 („autecology" und „community analysis").

[96] Elton, Charles S.: *Animal Ecology*, New York: The Macmillan Company 1927 (with an introduction by Julian S. Huxley), S. 1. Die fehlende Definition monieren vor allem die Herausgeber der 2001 erschienenen Ausgabe von Elton, Charles S.: *Animal Ecology*, Chicago/London: The University of Chicago Press 2001 (with new introduction material by Mathew A. Leibold and J. Timothy Wootton; erstmals 1927), S. xxi.

[97] Das beginnt mit der Sprache: Der Ökologe, so Elton, kann sich nicht mit der Aussage „green woodpecker eating flies" zufriedengeben; er muss stets bemüht sein, möglichst genaue Aussagen zu

ihre numerischen Deskriptionen unter theoretischen Gesichtspunkten auswerten sollen. Es sei, so Elton, notwendig, die Tiere in ihrer natürlichen Umgebung zu studieren, nachdem Darwin den „remarkable effect of sending the whole zoological world flocking indoors, where they remained hard at work for fifty years or more"[98] gehabt hätte. Die neu eingeführten Begrifflichkeiten beziehen sich alle auf die Nahrungsrelationen und Populationsgrössen der beteiligten Tiere, um zu beantworten, was eine Tiergemeinschaft strukturiert.

Vier interdependente Konzepte führte Elton im Kapitel zur „Animal Community" ein, gewissermassen dem Herzstück des Buchs. Das erste Konzept ist das der Nahrungsketten, „food chains", die zusammengenommen in einer Tiergemeinschaft den „food cycle" bildeten.[99] Die Nahrungskette war Eltons Antwort auf die Frage, mit der sich der Beobachter im Feld konfrontiert sieht, wenn er eine grosse Anzahl von Tieren auf kleinem Gebiet antrifft:

It is natural to ask: ‚What are they all doing?' The answer to this is in many cases that they are not doing anything. All cold-blooded animals and a large number of warm-blooded ones spend an unexpectedly large proportion of their time doing nothing at all, or at any rate, nothing in particular. […] Animals are not always struggling for existence, but when they do begin, they spend the greater part of their lives eating.[100]

Dieser Ansatz bindet die Interaktionen zwischen Arten an die Nahrungsrelationen und den Metabolismus zurück. Nahrung sei die „burning question in animal society", und die ganze Struktur und die Aktivitäten der Tiergemeinschaft hingen von Fragen des Nahrungsangebotes ab.[101] Verknüpft damit ist das zweite ordnende Konzept, „size of food"[102], denn es könne festgestellt werden, dass, ausgehend von Herbivoren verschiedener Grösse, die Carnivoren an Grösse zunähmen.[103] Das Volumen der Nahrung wurde zum Korrelat der Körpergrösse der Tiere, die ihre Möglichkeiten zur Nahrungszufuhr physiognomisch begrenzt.[104] Jede Tiergemeinschaft wies laut Elton den Grundplan von Herbivoren, Carnivoren und abbauenden Organismen auf.[105] Um nun den jeweiligen Status des Tieres innerhalb einer Tiergemeinschaft zu bezeichnen, schlug Elton als drittes Konzept den Begriff der „Nische" vor: „It is therefore convenient to have some term to describe

---

machen, also: „Grünspecht frisst Borborus equinus" zum Beispiel; auch geht es um die Wiederholung der Beobachtungen nach genauen Rhythmen, zu gleichen Tageszeiten, entlang der gleichen Wege, um die Vergleichbarkeit der Daten, die ebenfalls nach bestimmten Kriterien notiert werden, zu erhöhen.
[98] Vgl. die *Introduction* in: Elton, Animal Ecology, S. 3.
[99] Elton, Animal Ecology, S. 55–59.
[100] Elton, Animal Ecology, S. 55 f.
[101] Elton, Animal Ecology, S. 56.
[102] Elton, Animal Ecology, S. 59–63.
[103] Elton, Animal Ecology, S. 56.
[104] Meistens, so Elton, würden die Möglichkeiten gar nicht voll ausgeschöpft und die Tiere zögen ein „optimum size of food" vor, siehe Elton, Animal Ecology, S. 60.
[105] Elton, Animal Ecology, S. 63.

the status of an animal in its community, to indicate what it is *doing* and not mere-ly what it looks like, and the term used is ‚niche'."[106] In Eltons Gebrauch erhielt der Begriff der Nische den Anstrich eines „Berufs" des Tieres[107], wobei das betreffende Berufsbild durch die Körpergrösse des Tiers und dessen Nahrungsgewohnheiten definiert wird.[108] Das vierte Konzept, das gewissermassen als Korollar aus den anderen drei folgte, ist „The Pyramid of Numbers"[109]. Diese gründete in der Ein-sicht, dass kleinere Lebewesen oftmals von Tieren gefressen werden, die grösser sind, und dass kleine Tiere sich schneller vermehren als grössere das tun können, wodurch die ersteren die zweiteren stützten.[110]

Die Formalisierungsbeispiele für die hier so genannte Populationsforschung aus biologischer und ökologischer Sicht zwischen circa 1890 bis 1920 förderten ver-schiedene Charakteristika zutage: Die Techniken der Systematisierung, Statistik und Mathematik hatten sowohl den Phänotyp wie auch den Genotyp zum Ge-genstand. Populationsstatistik (Biometrie) und Populationsgenetik waren jedoch mit den Auswirkungen von Varietäten innerhalb von Populationen beschäftigt. Erstere vermassen die Konsequenzen von individuellen Unterschieden am Tier, um die selektive Wirkung von Merkmalen zu beweisen, letztere prognostizier-ten Merkmalsverteilungen in idealen Populationen. Während diese Fragestel-lungen im grösseren Zusammenhang der Darwin'schen Evolutionslehre und der Mendel'schen Vererbungsregeln gesehen werden können, konzentrierten sich die ersten Systematisierungen innerhalb der Tierökologie auf die Folgen von metabo-lischen Abhängigkeiten.

Die Mehrfachentdeckung von Lotka und Volterra kann nun in diesem wissen-schaftshistorischen Kontext situiert werden: Als Nicht-Biologen und Nicht-Öko-logen etablierten sie eine mathematische Gesetzmässigkeit, welche Fragestel-lungen der Biologie und der Ökologie berührten. Methodisch setzten Lotka und Volterra wie die Biometriker am Phänotyp an (hier das Merkmal tot oder lebendig), etablierten aber eine Gesetzmässigkeit (wie die Populationsgenetiker) für die gegenseitige Abhängigkeit von zwei Arten. Sie streiften – wie explizit sie dies taten, wird später gezeigt werden – das Thema, welches Darwin in seiner Vor-stellung der Akkumulation von individuellen Varietäten aufgeworfen hatte. Die Differenzierung der Formen der Organismen wird durch die natürliche Selektion bewirkt, welche die an die Umwelt angepassten Individuen bevorteilt; und zu dieser Umwelt zählen auch die natürlichen Feinde, welche selektiv wirken. Gleich-zeitig wurden die von Haeckel so genannten Wechselbeziehungen zwischen den

---

[106] Elton, Animal Ecology, S. 63 (Hervorhebung im Original).
[107] Vgl. für diese Interpretation Trepl, Ökologie, S. 170, der sich wiederum auf Elton bezieht, der 1933 meinte, er suche nicht nach der Adresse eines Tiers, sondern wolle dessen Beruf kennen.
[108] Elton, Animal Ecology, S. 64.
[109] Elton, Animal Ecology, S. 68–70.
[110] Elton, Animal Ecology, S. 70.

Organismen und der Umwelt[111] in den Lotka-Volterra-Gleichungen in der allgemeinsten Fassung auf die metabolische Relation reduziert. Diese Interpretation fusst auf der Beobachtung, dass die Feinde einer Population Teil der Umwelt sind und auf der Behauptung, dass sich Populationen in ihrem Wachstum gegenseitig beschränken. Derart betrachtet können die Lotka-Volterra-Gleichungen als Mathematisierung einer Population-Umwelt-Beziehung verstanden werden, was eine ökologische Fragestellung ist. Die Gleichungen behaupten, die Auswirkungen von Nahrungsketten, die für die Ökologie in den 1920er Jahren entscheidend wurden, exakt voherzusagen. Mit diesem Erklärungsanspruch, der freilich ideale Populationen voraussetzte, traf die Mathematisierung auf eine in vielerlei Hinsicht unvorbereitete Ökologie, die den Referenzrahmen der Population überhaupt erst allmählich entdeckte. In den weiteren Ausführungen werden wir sehen, wie stark oder schwach Lotka und Volterra ihre Gleichungen in einen evolutionären oder ökologischen Kontext rückten.

Durch die korrekte mathematische Form der Gleichungen wird der Anspruch transportiert, eine phänomenologische Gesetzmässigkeit abbilden und voraussagen zu können. Wurden bislang die mathematischen Werkzeuge nicht differenziert behandelt, so soll im Folgenden die Mathematik als Formalisierungs- und Abstraktionsmittel von der Statistik abgegrenzt werden.

Mathematische Eigenheiten

Was bedeutet es, einen biologischen Gegenstand mathematisch darzustellen? Im obigen Abschnitt habe ich verschiedene Varianten von mathematischen Mitteln zur Beschreibung von biologischen Phänomenen vorgestellt. In diesem Abschnitt nun wird begründet, wie sich die Lotka-Volterra-Gleichungen durch ihren Gesetzescharakter von einer Anwendung der Statistik zum Aufzeigen von durchschnittlichen Regelmässigkeiten unterscheiden. Dies erlaubt anschliessend eine bessere Einordnung der Lotka-Volterra-Gleichungen in die mathematischen Symbolisierungstechniken.

Allgemein betrachtet haben Zahlen einen ausgesprochenen Vorteil gegenüber Prosa. Sie sind schnell transportier- und übermittelbar oder, mit dem Begriff von Theodore Porter, „strategies of communication"; eine Funktion, die sie auch mit Graphen und Formeln teilen.[112] Die meisten Zahlen werden nicht erhoben, um Gesetze der Natur nachzuweisen, sondern um eine komplette und akkurate Beschreibung der externen Welt zu liefern, die, numerisch verpackt, (fast) rund um

---

[111] Haeckel, Allgemeine Entwickelungsgeschichte, S. 286.
[112] Porter, Theodore M.: *Trust in Numbers. The Pursuit of Objectivity in Science and Public Life*, Princeton: Princeton University Press 1995, S. viii.

den Globus verständlich ist: „They [the numbers] are printed to convey results in a familiar, standardized form, or to explain how a piece of work was done in a way that can be understood far away."[113] Einer so genannten „Technologie der Distanz" wird mit Zahlen und einer mathematischen, hoch regulierten, fast schon uniformen Sprache Vorschub geleistet.[114] Daraus resultiert laut Porter eine, wenn auch schwache, Definition der Objektivität: „It implies nothing about truth to nature", sondern sei eher ein Merkmal dafür, dass die Wissenschaft gegen den Subjektivismus ankämpfe.[115]

Zur Geschichte der Wahrscheinlichkeitstheorie und Statistik – von den ersten Glücksspielen Mitte des 17. Jahrhunderts und den kommunalen und staatlichen Zahlenerhebungen im ausgehenden 18. Jahrhundert über Adolphe Quételets „l'homme moyen"[116] hin zu verschiedensten Anwendungsbereichen im 19. und 20. Jahrhundert (Physik, Psychologie, Agronomie, Medizin, Wahlprognosen und Sportresultate) – wurde schon häufiger geschrieben. Für diese Geschichte, so Alain Desrosières, der sich selbst mit der historischen Entwicklung der Statistik-geschichte befasst hat[117], gilt die „group Bielefeld" als State of the Art.[118] Anders als die gleichzeitig auch stattfindende internalistische Statistikgeschichtsschrei-bung[119] vermochte sie die klassische Trennung von innerwissenschaftlicher und externalistischer Wissenschaftsgeschichte zu überwinden[120]. Angeleitet wurde sie dabei von der Hypothese, dass die Statistik eine Antwort auf die Lücken im deter-ministischen Weltbild des 17. Jahrhunderts gewesen sei. Die Erfolgsgeschichte der Statistik erscheint damit vor dem Hintergrund eines gesellschaftlich wirksamen

---

[113] Porter, Trust in Numbers, S. viii und ix, Zitat S. ix.

[114] Porter, Trust in Numbers, S. ix.

[115] Porter, Trust in Numbers, S. ix.

[116] Quételet, Adolphe: *Sur l'homme et le développement de ses facultés ou Essai de physique sociale*, Paris: Librairie Arthème-Fayard 1991 (Neudrucklegung der Erstausgabe von 1835).

[117] Desrosières, Die Politik der großen Zahlen.

[118] Desrosières, Alain: „L'histoire de la statistique comme genre: styles d'écriture et usages sociaux", in: *Genèses* 39 (2000), S. 121–137, hier S. 137.

[119] Aus einer historischen Innenperspektive z.B.: Pearson, Karl: „Notes on the History of Correla-tion", in: *Biometrika* 13 (1920), S. 25–45; Pearson, Egon S.: *Karl Pearson: An Appreciation of Some Aspects of his Life and Work*, Cambridge: Cambridge University Press 1938; aktueller: Stigler, Stephen M.: *Statistics on the Table. The History of Statistical Concepts and Methods*, Cambridge, MA / London: Harvard University Press 1999.

[120] Folgende Klassiker (u. a.) nennt Desrosières, die allgemein zum Kanon gehören: Hacking, Ian: *The Emergence of Probability*, Cambridge / London / New York: Cambridge University Press 1975; Krüger, Lorenz / Lorraine J. Daston / Michael Heidelberger (Hg.): *The Probabilistic Revolution. Vol. 1: Ideas in History*, Cambridge, MA: MIT Press 1987; Krüger, Lorenz / Gerd Gigerenzer / Mary S. Mor-gan (Hg.): *The Probabilistic Revolution. Vol. 2: Ideas in the Sciences*, Cambridge, MA: MIT Press 1987; Daston, Lorraine: *Classical Probability in the Enlightenment*, Princeton: Princeton University Press 1988; Gigerenzer, Gerd / Zeno Swijtink / Theodore Porter / Lorraine Daston / John Beatty / Lorenz Krüger: *Das Reich des Zufalls. Wissen zwischen Wahrscheinlichkeiten, Häufigkeiten und Unschärfen*, Heidelberg / Berlin: Spektrum Akademischer Verlag 1999 (The Empire of Chance, Cambridge 1989). Zu internalistischer / externalistischer Wissenschaftsgeschichtsschreibung vgl. Hagner, Ansichten der Wissenschaftsgeschichte, S. 8–10.

Gefühls der zunehmenden Komplexität und Unkontrollierbarkeit des Lebens, verbunden mit der Erfahrung der Verstädterung und der Industrialisierung. Der programmatische Titel *The Taming of Chance* des Philosophen Ian Haking spielt auf dieses Unsicherheitsgefühl an und interpretiert die Statistik als Angebot einer wenigstens wahrscheinlichen Aussage über eine ungewisse Zukunft im Tausch gegen eine deterministische Wunschvorstellung, die ausgedient hatte.[121]

Was die Biologiegeschichte anbelangt, so nehmen die Arbeiten von Galton und Pearson einen festen Platz innerhalb der Erzählungen ein, um unter anderem darzustellen, wie das Chamäleon Statistik zwischen Staatswissenschaften und Biologie hin- und herwanderte, um da wie dort neue epistemische Objekte ins Leben zu rufen und die Disziplinen umzumodeln.[122] Im Vergleich zu dieser reichen und vielfältigen Aufarbeitung der Geschichte der Statistik (für Europa / die USA) steht eine Geschichte der Mathematisierung innerhalb der Biologie noch aus. Mit Ausnahme von gewissen Arbeiten zur Meeresbiologiegeschichte fand sie bisher wissenschaftshistorisch wenig Beachtung.[123] Operationalisierbarkeit und Voraussagekraft sind Kennzeichen einer biologischen Mathematisierung.[124] In den von Jansen herangezogenen Quellen, worauf sich diese Charakterisierung stützt, sind jedoch die Experimentalisierung und die Mathematisierung eng miteinander verknüpft. Die Genese der Lotka-Volterra-Gleichungen zeichnete sich aber gerade dadurch aus, dass sie ohne Experimente auskam.

Meines Erachtens ist es sinnvoll, auf einer semantischen Differenz zwischen Statistik oder einer für statistische Zwecke angewandten Mathematik auf der einen Seite und der mathematischen Formulierung einer Gesetzesmässigkeit auf der anderen Seite zu bestehen. Während die erst genannten Instrumente immer eine Voraussage bieten, die auf Wahrscheinlichkeiten oder probabilistischen Annäherungen beruht, liefert ein mathematisches Gesetz zuverlässig ein korrektes Resultat. Smith macht diese Differenz zwischen Mathematik und Statistik in einer Zusammenfassung der „mathematischen Ideen in der Biologie" im Jahre 1968 auf:

---

[121] Hacking, Ian: *The Taming of Chance*, Cambridge: Cambridge University Press 1990.

[122] Beispielhaft sei hier der bereits erwähnte Durchschnittsmensch, „l'homme moyen" des französischen Astronomen und Statistikers Adolphe Quételet genannt, der bei Francis Galton als Ausgangspunkt für das Ausmass der Abweichung wieder auftaucht. Quételet, Sur l'homme; Galton, Francis: *Natural Inheritance*, London / New York: Macmillan and Co. 1889.

[123] Jansen, Schädlinge, S. 146. Erwähnt werden an dieser Stelle Stauffer, Robert C.: „Haeckel, Darwin and Ecology", in: *Quarterly Review of Biology* 32 (1957), S. 138–144; Porep, Victor Hensen; Porep, Rüdiger: „Methodenstreit in der Planktologie. Haeckel contra Hensen", in: *Medizinhistorisches Journal* 7 (1972), S. 72–83; Lussenhop, Development of Sampling Methods; Sohn, Werner: „Wissenschaftliche Konstruktionen biologischer Ordnung im Jahr 1866: Ernst Haeckel und Gregor Mendel", in: *Medizinhistorisches Journal* 31 (1996), S. 233–274; Breidbach, Olaf: „Über die Geburtswehen einer quantifizierenden Ökologie. Der Streit um die Kieler Planktonexpedition von 1889", in: *Berichte zur Wissenschaftsgeschichte* 13 (1990), Nr. 2, S. 101–114. Die hier genannten Studien zur Planktonforschung behandeln allesamt statistische Probleme.

[124] Jansen, Schädlinge, S. 159.

It is widely assumed – particularly by statisticians – that the only branch of mathematics necessary for a biologist is statistics. I do not share this view. Statistics is necessary to biologists, because no two organisms are identical. But I have the feeling that statistics, and particularly that branch of it which deals with significance tests, has been over-sold. […]
In contrast, I am concerned in this book with those branches of mathematics – primarily differential equations, recurrence relations and probability theory – which can be used to describe biological processes.[125]

Bei Smith entscheidet die Wahl der Mittel über die Qualität der Mathematisierung. Erst wenn ein Gegenstand als Differentialgleichung erscheint oder anhand von Formeln theoretische Ableitungen aus Daten erfolgen, spricht er von einer mathematischen Beschreibung von biologischen Prozessen. Dass der Vorgang der Mathematisierung nicht als simpler Übertrag von mathematischen Instrumenten auf ein bisher nicht-mathematisches Gebiet charakterisiert werden kann, dessen sind sich die wenigen greifbaren Darstellungen zum Thema der Mathematisierung von (Einzel)Wissenschaft(en) zwar bewusst, gestalten aber ihre Exempel nicht selten genau nach diesem Schema. In den Sammelbänden von Paul Hoyningen-Huene und Bernhelm Booss dominiert eine Idee der Mathematisierung als zunehmende Kontrolle über Phänomene, was letztlich als positiv im Sinne von Fortschritt gedeutet wird.[126] Meistens fängt das Problem jedoch schon früher an, nämlich mit der Frage, was Mathematik überhaupt sei.[127] Solch grundsätzliche Fragen können an dieser Stelle nicht weiterverfolgt werden. Aber unter Beizug

---

[125] Smith, Mathematical Ideas in Biology, 2008 (1968), S. 1.

[126] Beispiele aus den Sammelbänden sind: Görner, Peter / Andreas Reissland: „Biologie und Mathematik" (nach einem vor der Mathematisierungskommission der Universität Bielefeld gehaltenen Vortrag), in: Bernhelm Booss / Klaus Krickeberg (Hg.), *Mathematisierung der Einzelwissenschaften*, Basel / Stuttgart: Birkhäuser Verlag 1976, S. 8–21, vor allem S. 15. Schwarz, Hans-Rudolf: „Die Einwirkung der Mathematisierung der Wissenschaften auf die angewandte und numerische Mathematik", in: Paul Hoyningen-Huene (Hg.), *Die Mathematisierung der Wissenschaften*, Zürich / München: Artemis Verlag 1983 (Interdisziplinäre Vortragsreihe der Universität und ETH Zürich, Sommer 1981), S. 11–34, vor allem S. 33. Mir ist bewusst, dass diese Titel geeigneter wären für eine historische Studie über die Darstellung der Mathematisierung in den Wissenschaften denn als Referenz der heutigen Diskussion. Interessant ist, dass vor allem um 1970 die „Mathematisierung" überhaupt erstmals als Titel von Büchern auftaucht und, wie im obigen Beispiel von Bielefeld, ganze Kommissionen zur Untersuchung des Standes der Mathematisierung der Wissenschaften ins Leben gerufen wurden. Weitere Beispiele aus diesem Zeitraum sind: Frey, Gerhard: *Die Mathematisierung unserer Welt*, Stuttgart u. a.: W. Kohlhammer Verlag 1967; Lüthy, Herbert: *Die Mathematisierung der Sozialwissenschaften*, Zürich: Die Arche 1970; Interdisziplinäre Arbeitsgruppe Mathematisierung (IAGM) (Hg.): *Berichte der Arbeitsgruppe Mathematisierung*, Kassel 1981. Diese Werke kümmern sich um den Charakter der Mathematisierung (Frey), die gesellschaftlichen Folgen derselben (Lüthy) und bieten einen Reader zu wissenschaftlichen Beispielen (IAGM).

[127] Diese Frage sprechen Hoyningen-Huene von philosophischer Seite, Davis / Hersh von mathematischer Warte und Heintz aus wissenschaftshistorischer Perspektive an; vgl. Hoyningen-Huene, Die Mathematisierung der Wissenschaften, S. 5; Davis / Hersh, Erfahrung Mathematik, S. xviii, 66–75; Heintz, Bettina: *Die Innenwelt der Mathematik. Zur Kultur und Praxis einer beweisenden Disziplin*, Wien / New York: Springer Verlag 2000, S. 12 f., 36–69.

von wissenschaftshistorischen Arbeiten soll eine Praxis der Mathematisierung beschrieben werden.

Der Standpunkt einer Spezialistin für die frühneuzeitlichen Naturwissenschaften, Sophie Roux, scheint für eine erste Systematisierung hilfreich. Roux pflegt zu schauen, bei welchen Tätigkeiten die Mathematisierung zum Zuge kommt, ohne vorauszusetzen, dass dies immer durch die MathematikerInnen selbst geschieht, denn deren Zuständigkeitsbereich lasse sich schon lange nicht mehr so einfach definieren. Sie unterscheidet drei Tätigkeiten: Quantifizierung, Formalisierung und Modellierung („la quantification, la formalisation, la modélisation").[128] Diese drei Formen gehören laut Roux zu einer Mathematisierung, welche sich nicht darin erschöpft, dass mathematische Instrumente in andere Disziplinen exportiert werden. Die Mathematisierung als Praxis gehe nicht von definierten Phänomenen aus, auf die Symbolismen angewandt werden; die Mathematik konstruiere ihrerseits wiederum die Gegenstände.

Die drei von Roux genannten Arten der Mathematisierung sind durch ihre jeweilige Relation zwischen Phänomenen und Formalismus charakterisiert. Die Quantifizierung umfasst die Klassifizierung, Systematisierung, auch Messung von Ereignissen, was mitunter durch Ziffern geschieht. Sind die Phänomene in eine arithmetische oder statistische Darstellungsform gebracht, können die Zahlen nicht in eine andere Beziehung gesetzt werden als zu ihrem empirischen Inhalt.[129] Die Formalisierung arbeitet mit dem vorgegebenen Instrumentarium der Symbolisierung (des griechischen und lateinischen Alphabets) und nicht mit den Daten der Empirie. Die Resultate der Formalisierung werden durch die regelhaften Umformungen der Symbolismen generiert, d. h. kraft ihrer Struktur kann eine Voraussage gemacht oder eine Beziehung zwischen Phänomenen entdeckt werden, welche eventuell für einen anderen Gegenstandsbereich verwendet werden kann.[130] Die Modellierung ist vor allem dadurch gekennzeichnet, dass sie auf eine Kontrolle und Operationalisierung von Phänomenen abzielt. Das Modell ist lokal verankert (nicht global wie die Sprache der Symbolismen) und fragmentarisch, gleichzeitig erlaubt es die Analogisierung von Prozessen qua mathematischer Form, wenn andere Prozesse – auch fragmentarisch dargestellt – in das Modell integriert werden können.[131] Zusammengefasst hat in der Quantifizierung Statistik sicherlich noch Platz, in der Formalisierung ist die vorausgehende Empirie nicht gefragt, während in die Modellierung zwar statistisch erhobene Daten eingehen können, das Modell jedoch unabhängig von den konkreten Daten funktioniert.

---

[128] Roux, Sophie: „Introduction. Pour une étude des formes da la mathématisation", in: Hugues Chabot / dies. (Hg.), *La mathématisation comme problème*, Paris 2011, S. 3–38, hier S. 20.

[129] Roux, Des formes de la mathématisation, S. 21, 25 f.

[130] Roux, Des formes de la mathématisation, S. 26.

[131] Roux, Des formes de la mathématisation, S. 30 f.

Es ist interessant zu sehen, dass die Lotka-Volterra-Gleichungen am ehesten der Formalisierung zuzurechnen sind, mit den beiden anderen Formen aber dennoch zu tun haben. Folgt man der Darstellung von Manfred Laubichler und Gerd Müller, dann zählen die Lotka-Volterra-Gleichungen zu einem klassischen Typ der Modellierung innerhalb der theoretischen Biologie.[132] Innerhalb der theoretischen Biologie unterscheiden sie vier verschiedene Herangehensweisen (die natürlich nicht immer haarscharf voneinander abgegrenzt werden könnten, deren Konturen aber erkennbar seien): Datenanalyse durch die Bioinformatik, konzeptionelle Arbeit der Philosophie der Biologie, Verknüpfung von Theorien sowie Generierung und Analyse von mathematischen oder computergestützten Modellen.[133] Dem letzteren Typ liessen sich die Lotka-Volterra-Gleichungen zuordnen. Modelle seien, so Philip Davis und Reuben Hersh in ihrem Klassiker *Erfahrung Mathematik*, auch Ausdruck einer zunehmend leistungsorientierten Mathematik. Der Begriff der Theorie sei durch denjenigen des Modells abgelöst worden, dessen Legitimation sich durch Erklärungspotenz ergibt. Es gehe, wie sie durchaus auch kritisch anmerken, nicht mehr um Wahrheit, sondern um Effizienz.[134] Die Idee, eine von der Betrachtung unabhängige ‚Realität‘ durch mathematische Instrumente abzubilden, ist durch den Anspruch abgelöst, mit mathematischen Modellen ein für gewisse Fragestellungen produktives und ergiebiges Mittel zur Hand zu haben, das je nach Kontext neu angepasst werden kann.

Diesen möglichen Aussensichten auf die Mathematik stellt die Wissenschaftssoziologin Bettina Heintz *Die Innenwelt der Mathematik* entgegen. Im gleichnamigen Buch geht sie von der Zunft der Mathematiker aus: „Im Mittelpunkt steht die Frage, wie Mathematiker und Mathematikerinnen zu Wissen gelangen und unter welchen Bedingungen es von der mathematischen Gemeinschaft akzeptiert wird.“[135] Primäres Interesse gilt dabei nicht der Frage, ob die Mathematik sich durch einen Realitätsbezug auszeichne und deswegen einen Sonderstatus im Wissenschaftskanon einnehmen soll oder ob eine konstruktivistische Sicht sich mit den epistemischen Besonderheiten der Mathematik vertrage.[136] Heintz möchte eine Soziologie der Mathematik vorstellen. Sie entwirft ein langes, systemtheo-

---

[132] Laubichler, Manfred / Gerd B. Müller: „Models in Theoretical Biology“, in: Dies. (Hg.), *Modeling Biology. Structures, Behaviors, Evolution* (The Vienna Series in Theoretical Biology), Cambridge: MIT Press 2007, S. 3–10, hier S. 6 f. Der Gebrauch des Begriffs theoretische Biologie im modernen wissenschaftlichen Kontext geht auf Paul Weiss und Ludwig von Bertalanffy zurück; der Begriff erschöpfte sich laut ihnen aber nicht in der mathematischen Formalisierung (wie heute oft), sondern umfasste ebenso die konzeptuellen Probleme und Grundlagen der Biologie, vgl. „Series foreword“, in: ebd.

[133] Laubichler / Müller, Models in Theoretical Biology, S. 6–8. Es werden an dieser Stelle keine Beispiele gegeben.

[134] Davis / Hersh, Erfahrung Mathematik, S. 68.

[135] Heintz, Die Innenwelt der Mathematik, S. 13.

[136] Heintz, Die Innenwelt der Mathematik, S. 10; diese Fragen werden wiederaufgenommen siehe ebd., S. 215 (Realität) und S. 233 (Konstruktivismus).

retisch gestütztes Argument, das die Mathematik als eine zunehmend symbolisch generalisierte Form der Kommunikation auffasst.[137] In der historischen Interpretation verzahnt sie die gesteigerte Formalisierung mit einer Krise der Objektivität.[138] Die Diversifizierung der Mathematik habe es mit sich gebracht, dass die Zunft der Mathematiker öfter auf normierte Sprache d. h. Formalisierung abstelle, um das soziale Geflecht zu strukturieren und zu erhalten. Wo die informelle Kommunikation nicht mehr möglich sei, garantiere die formale Sprache Kohärenz und Konsens.[139] Das zeichne, so Heintz, die moderne Mathematik aus.[140]

Hier schliesst sich der Kreis zum Anfang dieses Unterkapitels zu den „Mathematischen Eigenheiten": Bei Porter gelten die Statistik oder die Zahlen als Distanzen überwindendes Kommunikationsinstrument, bei Heintz die Formalisierung analog als innerwissenschaftlich stabilisierendes Kommunikationsmittel. In beiden Ansätzen scheinen Zahlen / Zeichen / Symbole als Instrumente, die der (Binnen)Verständigung im globalen Massstab förderlich sind. Die Referenz der mathematischen Symbole wird in diesen wissenschaftshistorischen Arbeiten nicht behandelt. Ihre Schwerpunkte liegen auf einer Analyse der Funktion von Mathematisierungen als zeitsparendes Verständigungsmittel, als innerwissenschaftlicher Kitt oder als Modell im Erkenntnisprozess einer Biologie, die sich mehr dem Leistungs- als dem Wahrheitsethos verschrieben hat.

Die Lotka-Volterra-Gleichungen erfüllen also die Bedingung von Smith für eine echte Mathematisierung der Biologie, weil sie mit der Differentialrechnung arbeiten. In der von Roux aufgemachten Dreiteilung wäre darunter eine Formalisierung zu verstehen, welche unabhängig von den konkreten Daten eine regelhafte Beziehung zwischen Entitäten aufzeigt und voraussagt. Die Lotka-Volterra-Gleichungen haben aber mit den anderen Formen auch zu tun: Um den phänomenologischen Gehalt der Gleichungen in ein Resultat für eine biologische Situation zu transformieren, sind Daten nötig. Gleichzeitig kann das Differentialgleichungssystem als Formalismus für eine Abhängigkeit zwischen zwei Entitäten verstanden werden; das macht den möglichen Modellcharakter, die vielseitige Einsetzbarkeit der Gleichungen aus.

Dass Lotkas und Volterras Mathematisierung perfekt als Kommunikationsmittel funktionierte, wird in Kapitel 4 sichtbar werden: Nach Volterras Veröffentlichung war Lotka sofort klar, dass hier ein identisches Konzept vorlag, weshalb er sich mit dem italienischen Mathematiker in Verbindung setzte.

---

[137] Heintz, Die Innenwelt der Mathematik, S. 234, 271.

[138] Heintz, Die Innenwelt der Mathematik, S. 273.

[139] Dass es zusammenhält, sei jedoch letztlich eine Glaubensfrage, wie Heintz ganz zum Schluss einen ihrer Interviewpartner zitiert, vgl. Heintz, Die Innenwelt der Mathematik, S. 275; Davis / Hersh sprechen die Rolle des Glaubens in der vermeintlich unhintergehbaren Mathematik ebenso an, siehe Davis / Hersh, Erfahrung Mathematik, S. 114.

[140] Heintz, Die Innenwelt der Mathematik, S. 274.

Die Mehrfachentdeckung

Was besagen eigentlich die Lotka-Volterra-Gleichungen? Im Folgenden wird die Genese der Gleichungen in den beiden Ursprungstexten nachvollzogen. Auf der einen Seite handelt es sich um die Unterkapitel „Treatment of the Problem by the Method of Kinetics" und „Annihilation of One Species by Another" in Lotkas *Elements of Physical Biology*; auf der anderen Seite um den Abschnitt „Due specie una delle quali si nutre dell'altra" in Volterras Aufsatz von 1926.[141] Die zwei Textgattungen unterscheiden sich erheblich. Lotkas Monographie kann als ein hauptsächlich in Prosa verfasster Text über die Umverteilungen der Materie in der organischen und anorganischen Natur unter Hinzuziehung von zahlreichen Statistiken und Sekundärliteratur beschrieben werden. Volterras Ausführungen fokussieren auf das Problem von zusammenlebenden Tierarten („specie animali conviventi"). Sein Aufsatz besteht mindestens zur Hälfte aus Formalismen, deren Herleitung mit kurzen Sätzen zwischen Gleichungen erläutert und deren rechnerische Umformungen kommentiert werden, während Hinweise auf andere Forschungen fast vollkommen fehlen. Genau genommen bezieht sich Volterra zweimal auf andere Wissenschaftler, entweder auf seinen Schwiegersohn, den Zoologen Umberto D'Ancona, oder aber auf Charles Darwin.[142]

Ausgangsfrage der beiden Wissenschaftler war, wie sich die Anzahl zweier Populationen verändert, wenn sich die eine Art von der anderen ernährt. Während heute die Bezeichnung „Räuber-Beute-Modell" oder die Rede von „predator-prey-model" gängig ist, sprachen Volterra und Lotka von „Due specie una della quali si nutre dell'altra"[143] oder „one species S_1 serves as food to another species S_2"[144]. Es wurden zwei Arten mit je einer eigenen Wachstumsrate betrachtet, wobei die erste der zweiten als Nahrung dient. Das bedeutet, die zweite Art ernährt sich ausschliesslich von der ersten. Wovon sich die erste Art, die so genannte Beutepopulation ernährt, war nicht Teil der Gleichung; bloss die Dezimierung

---

[141] Wo es zum Verständnis notwendig ist, werden noch weitere Abschnitte aus den *Elements* hinzugezogen; formal werden die Gleichungen jedoch in den genannten zwei Unterkapiteln eingeführt, siehe Lotka, Elements, S. 88–93; die Essenz der Gleichungen bei Volterra bezieht sich meines Erachtens auf folgende Seiten Volterra, Variazioni e fluttuazioni, S. 38–51.

[142] Umberto D'Ancona wird zweimal ohne Angabe seiner Arbeiten erwähnt; auf die 6. Auflage von *On the Origin of Species by Means of Natural Selection* von 1871 verweist Volterra mit der weiter oben vorgestellten Passage über die Reduktion einer Art durch die Nahrungsrelationen; vgl. Volterra, Variazioni e fluttuazioni, S. 31 und 50.

[143] Volterra, Variazioni e fluttuazioni, S. 38.

[144] Lotka, Elements, S. 77 (Hervorhebungen im Original). Lotkas weitere Begrifflichkeiten lauten „predatory species" (94, 135, 360) oder „predatory organisms" (359) beziehungsweise „food species or prey" (135) oder „prey" (340). An anderer Stelle spricht er von „nourriture" und „consommateur"; vgl. Brief von Lotka an Volterra, 2.11.1926, ed. in: Giorgio Israel / Ana Millán Gasca: *The Biology of Numbers. The Correspondence of Vito Volterra on Mathematical Biology*, Basel / Boston / Berlin: Birkhäuser Verlag 2002 (Science Networks – Historical Studies, Vol. 26), S. 280.

der ersten Population durch die zweite ging in die mathematische Formulierung ein. Da sich die zweite Art, die Raubtierpopulation, ausschliesslich von der ersten Art ernährt, verringert die Raubtierpopulation ihre eigene Ressource. Das Wohlbefinden der fressenden Population hängt also direkt davon ab, wie gross die Beutepopulation ist. Wenn die Raubtierpopulation alleine wäre, würde sie aussterben, während die Beutepopulation ihrerseits, wäre sie allein, ungebremst (unendlich) zunähme.

In einem Abschnitt „Law of Population Growth" etablierte Lotka eine grundlegende Gleichung für das Wachstum einer Population.[145]

$$\delta X / \delta t = F(X) \qquad \qquad \text{(Lotka, 1)}$$

X meint die Population. Wie sich die Individuenanzahl von X über die Zeit hinweg verändert, ist eine Funktion F von Populationsgrösse X. Dieselbe Gleichung diente Lotka auch dazu, die sich verändernden Massen in einem chemischen Prozess zu beschreiben: „In general the rate of growth $\delta X / \delta t$ of any one of these components will depend upon, will be a function of, the abundance in which it and each of the others is presented".[146]

Das ergab für den chemischen Zusammenhang folgende Wachstumsfunktion, wobei hier die Massezunahme einer chemischen Komponente m_1 eine Funktion der Massen m_1, m_2, m_3 ist; zusätzlich gelten die Parameter der Geschwindigkeit v und der Temperatur T.

$$\delta m_1 / \delta t = F(m_1, m_2, m_3; v, T) \qquad \qquad \text{(Lotka, 2)}$$

Nachdem Lotka diese Gleichung für die Beschreibung der Kinetik einer chemischen Reaktion formuliert hatte, übertrug er dieselbe auf die Probleme der Evolution, die er folgendermassen verstand:

Now it is this habit of thought, expressed in [this] equation, that is to be transplanted into the contemplation of problems of evolution in general, and organic evolution in particular; this point of view, this perspective, which regards evolution as a process of redistribution of matter among the several components of a system, under specified conditions.[147]

Prinzipiell definierte Lotka „evolution" als „die Geschichte eines Systems"[148], die sich durch progressive Veränderungen („redistribution") des Materials unter den Systemkomponenten auszeichnet[149]. Im Fortgang der *Elements* hob Lotka diese

---

[145] Lotka, Elements, S. 64.
[146] Lotka, Elements, S. 43.
[147] Lotka, Elements, S. 43. Dabei bezog er sich auf F. B. Jevons und dessen Werk „Evolution" von 1902, S. 72; Jevons beschrieb die „Evolution as the Redistribution of Matter and Motion", vgl. auch Lotka, Alfred James: „Contribution to the Energetics of Evolution", in: *Proceedings of the National Academy of Sciences of the United States of America*, Vol. 8, Nr. 6 (1922), S. 147–151.
[148] Lotka, Elements, S. 20.
[149] Lotka, Elements, S. 41.

Masse-Transformationen auf ein energetisches Level. Somit war die „evolution"
eines Systems abhängig von der Dynamik, d.h. davon, wie effektiv die einzelnen
Komponenten Energie akquirieren können. Vorerst einmal blieb Lotka bei einer
fundamentalen Gleichung für die „*Kinetics* of Evolution"[150], die genau gleich
funktioniert wie diejenige für die chemischen Aggregate[151]:

$$\delta\, X_1 / \delta\, t = F\,(X_1, X_2, \ldots; P, Q) \hspace{3cm} \text{(Lotka, 3)}$$

Hier wird die Veränderung der Masse X_1 in einem Zeitabschnitt $\delta\, t$ (oder die „ve-
locities of transformation") als Funktion der Masse X_1 und weiterer Massen X_2…
im System unter konstanten Bedingungen P, Q beschrieben.[152] Diese Gleichung
gilt sowohl für menschliche und tierische Populationen als auch für Moleküle.[153]

Davon ausgehend erläuterte Lotka, dass die Masseveränderungen eine Funktion beliebig vieler Einflussfaktoren sein können; es liessen sich in die Klammer
von F (X) weitere Faktoren wie „Topographie", „Klima"[154] einsetzen. Lotka quantifizierte diese Faktoren nicht, aber hielt den Formalismus potentiell offen. Gleichzeitig ist hier angedeutet, dass Lotka die Anwendbarkeit der Mathematisierung
nicht von Vornherein auf eine spezifische Fragestellung beschränken wollte. (Wie
in Kapitel 2 dargestellt, hat diese Idee auch mit seiner „general demology" zu tun.)

Volterra begann ebenfalls mit einer Betrachtung des Wachstums, konzentrierte
sich aber von Beginn an auf Tierpopulationen. Wie Volterra in verschiedenen
Texten erwähnte, wurde er durch seinen Schwiegersohn Umberto D'Ancona auf
dieses Thema gelenkt. Der Zoologe D'Ancona wertete die Zahlen über die Ver-
kaufsangebote der Fischmärkte von Triest, Fiume und Venedig zwischen 1910
und 1923 aus.[155] Anhand dieser Angebotszahlen zog er Rückschlüsse auf die

---

[150] Lotka, Elements, S. 51 (Hervorhebung im Original) und 57.

[151] Es wird sich zeigen, dass diese Gleichung nicht nur für chemische Aggregate oder für die
Kinetik der Evolution zuständig ist, sondern auch dafür, die Dynamik von „life-bearing systems" zu
beschreiben. Auf Seite 338 der „Elements" schliesst sich der Kreis zu den Überlegungen in den vorausgegangenen Buchteilen, die mit „kinetics" und „statics" überschrieben sind: Die Thermodynamik
ist unzulänglich, es geht um die spezifischen Fähigkeiten der „energy transformer", um Energie zu
akquirieren.

[152] Vgl. Lotka, Elements, S. 51.

[153] Die Analogie geht so weit, dass Lotka – zwar ebenfalls in Anführungszeichen gesetzt – von
„birth" und „death" der Moleküle spricht; vgl. Lotka, Elements, S. 157. An dieser Stelle findet der
Übergang vom chemischen zum biologischen Gleichgewicht statt.

[154] Lotka, Elements, S. 43. (Kingsland interpretiert diese Stelle so, dass in der Gleichung F_i (X_1,
X_2… X_n; P, Q) der Buchstabe P für Umwelt- und Q für „genetische Faktoren" stehe, was ich so nicht
beobachtet habe; vgl. Kingsland, Modeling Nature, S. 104.

[155] Volterra erwähnte diesen Zusammenhang in der ersten Fussnote in „Variazioni e fluttuazioni",
S. 31; diesen Bezug stellte er auch bei einer späteren Publikation her: Volterra, Vito: *Leçons sur la
théorie mathématique de la lutte pour la vie*, Paris: Gauthier-Villars 1931 (rédigées par Marcel Brelot),
S. 1. Welche Statistiken er genau vor sich hatte, ist nicht abschliessend eruierbar; es handelte sich
aber höchstwahrscheinlich um die vielen Statistiken, die D'Ancona 1926 publizieren konnte, siehe
D'Ancona, Umberto: „Dell'influenza della stasi pescereccia del periodo 1914–18 sul patrimonio
ittico dell'Alto Adriatico", in: *Regio Comitato Talassografico* Italiano, Memoria CXXVI (1926), S. 5–95.

Grösse von einzelnen Populationen der Meeresfauna. Dabei ging es, wie D'Ancona in einer Veröffentlichung von 1926 zeigte, um nichts Geringeres als die Frage der möglichen Überfischung der Meere. Durch den Ersten Weltkrieg und die fast durchgängige Sistierung der Fischerei, so D'Ancona, seien die Meerespopulationen, wissenschaftlich betrachtet, über einen langen Zeitraum und in einem grossen geographischen Gebiet einem „Experiment" ausgesetzt worden.[156] Man hatte für die Zeit nach der jahrelangen erzwungenen Pause für die Fischerei die grössten Fänge der Geschichte erwartet. Eine Vermutung, die sich bei Weitem nicht bewahrheitet hatte.[157]

Zum Zeitpunkt von D'Anconas Publikation über die Veränderungen in den Populationen der adriatischen Gewässer war Volterras Text in Drucklegung. In einem ersten Schritt betrachtete Volterra das Wachstum nur einer Population, unabhängig von jeglichen Einflussfaktoren. Er bestimmte die Anzahl der Individuen N nach der Zeit t durch die konstante Geburtenrate n („coefficiente di natalità") und die konstante Mortalitätsrate m („coefficiente di mortalità").[158]

$$\delta N / \delta t = n N - m N \qquad \text{(Volterra, 1)}$$

Die Geburtenrate und Mortalitätsrate fasste Volterra dann zusammen zur Wachstumsrate ε („coefficiente di accrecimento").[159]

$$\delta N / \delta t = \varepsilon N \qquad \text{(Volterra, 2)}$$

Durch eine kleine Umformung zeigte Volterra[160], dass es sich dabei um das exponentielle Wachstum handelt, das Malthus in Relation zur globalen Ressourcenverteilung gestellt hatte.[161] Die Wachstumsgleichungen von Lotka (allgemein gehaltene Wachstumsfunktion) und von Volterra (Wachstumsgleichung für eine Art) lassen sich parallelisieren. Wo Lotka von einer Veränderung in der Masse sprach, setzte Volterra den bekannteren Terminus der „Wachstumsrate" ein. Ausgehend davon sollte nun das Wachstum zweier Arten beschrieben werden, wenn die eine Art der anderen als Nahrung dient.

Volterra formulierte die Gleichungen für zwei Arten, die in eben erwähnter Abhängigkeit zueinander stehen, folgendermassen: Weil auf der einen Seite die erste Population, die Beutepopulation, in Abwesenheit der anderen Population unge-

---

[156] Wie D'Ancona vorher ausführte, hätten bisher die systematischen Datenerhebungen, die generalisierbar wären, gefehlt. Er entschuldigte sich für die Formulierung zum „meeresbiologischen Experiment", aber insistierte in diesem Fall auf der für wissenschaftliche Zwecke positiven Interpretation des Ersten Weltkriegs; siehe D'Ancona, Influenza della stasi peschereccia, S. 6.

[157] D'Ancona, Influenza della stasi peschereccia, S. 9.

[158] Volterra, Variazioni e fluttuazioni, S. 33.

[159] Volterra, Variazioni e fluttuazioni, S. 33.

[160] Volterra, Variazioni e fluttuazioni, S. 33.

[161] Hutchinson macht diesen Bezug von Volterras Gleichung zum „Malthus'schen Parameter" explizit; vgl. Hutchinson, Introduction to Population Ecology, S. 3.

hindert zunehmen würde, hingegen auf der anderen Seite die zweite Population, die Raubtierpopulation, in Abwesenheit der ersteren aussterben würde, erhalten die Wachstumsraten der zwei Populationen unterschiedliche Vorzeichen:[162]

$$\delta N_1 / \delta t = \varepsilon_1 N_1 \qquad\qquad \text{(Volterra, 3)}$$
$$\delta N_2 / \delta t = - \varepsilon_2 N_2$$

Wobei N_1 und N_2 die Populationsgrössen (in ganzen Zahlen) meinen, die sich in der Zeit t verändern; ε_1 bezeichnet die Reproduktionsrate von N_1, falls N_1 ungestört ist (also $\varepsilon_1 > 0$); $- \varepsilon_2$ ist die Sterberate von N_2, falls N_2 alleine ist (also $- \varepsilon_2$).

Bei Lotka wurde dieser Zwischenschritt formal nicht umgesetzt, aber das Ergebnis war das gleiche. Auch er nahm, ausgehend von der „fundamental equation for the kinetics of evolution" (Lotka, 3), nicht alle möglichen Massen (X_1, X_2, etc.) und Parameter mit, um das Wachstum einer Population zu beschreiben, sondern ging ebenfalls davon aus, dass die je arteigene konstante Geburtenrate und konstante Mortalitätsrate die einzigen wesentlichen Faktoren sind, um die Entwicklung der beiden Populationen in diesem Abhängigkeitsverhältnis zu formalisieren.

Diese individuellen Wachstumsgleichungen für zwei Arten (siehe Volterra, 3) sind einfach zu formulieren.[163] Auch das gewählte Instrument, die Differentialrechnung, ist naheliegend, weil es um (kleine) Veränderungen in der Zeit geht. Man will wissen, wie sich die Individuenanzahl zwischen zwei Zeitpunkten t_1 und t_2 verändert, d.h. die Populationsgrösse zu einem Zeitpunkt t_2 ist von der Populationsgrösse zu einem Zeitpunkt t_1 abhängig, diejenige zu einem Zeitpunkt t_3 von derjenigen zu einem Zeitpunkt t_2; jeweils stets multipliziert mit einer konstanten Reproduktions- oder Sterberate. Das Resultat einer Differentialgleichung gibt erst einmal einen Prozess an, die minimalen Veränderungen während unendlich vielen, infinitesimal kleinen Zeitintervallen.[164] Ziel mit der Auflösung des Differentialgleichungssystems ist immer die Angabe einer Kurve, die dann für jeden Zeitpunkt t eine Individuenanzahl der Populationen ablesbar macht.

In dieser Formalisierung waren aber implizit einige Vorannahmen getroffen, die auch für die Weiterentwicklung und Rezeption der Gleichungen entscheidend sind. Erstens wurde davon ausgegangen, dass Reproduktion und Sterben die einzigen relevanten Faktoren für die interne Entwicklung einer Population sind. Wei-

---

[162] Volterra, Variazioni e fluttuazioni, S. 38.

[163] Ein Student, der die Vorlesung zu „Systems Ecology" an der ETH Zürich im Frühjahrssemester 2010 besuchte, konnte diese aus dem Stegreif aufstellen. $\delta X_1 / \delta t = a X_1 - b X_1$ und $\delta X_2 / \delta t = c X_2 - d X_2$; wobei a und c die jeweilige Geburtenrate und b und d die jeweilige Sterberate bezeichnen.

[164] (D.h. es ergibt sich $d N_1 / d t$ als eine Antwort auf die Frage, wie schnell sich etwas verändert; die Auflösung der Gleichung ergibt eine Steigung / Tangente, das Differential zwischen $t_2 - t_1$. Gesucht ist die Kurve, die diese Gleichung erfüllt. Es gibt gar nicht so viele Gleichungen, die man als Kurven auflösen kann. Aber sofern man diese Kurve hat, kann man die Werte für die Anzahl ablesen.)

tere denkbare Faktoren wie Immigration oder Emigration wurden weggelassen.[165] Zweitens wurden unter der Annahme eines konstanten Umfeldes die Geburten- und Mortalitätsraten ebenfalls als konstant angenommen. Mögliche Faktoren, welche die Geburten- und Sterberate beeinflussen könnten (z. B. klimatische Veränderungen, saisonale Fertilitätsunterschiede), blieben unberücksichtigt.[166] Die dritte Voraussetzung war, dass die Populationen homogen sind. Es wurde postuliert, dass alle Organismen von der Geburt bis zum Tod reproduktionsfähig sind, und damit kein Unterschied gemacht zwischen weiblichen oder männlichen Individuen oder unterschiedlichen Alterskohorten.

Der Clou der Lotka-Volterra-Gleichungen lag nun darin, dass die zwei Wachstumsgleichungen für die Arten N_1 und N_2 miteinander verknüpft wurden. Wenn sich die Raubtierpopulation N_2 von der Beutepopulation N_1 ernährt, dann besteht die Veränderung in der Populationsgrösse aus einer populationseigenen Wachstumsrate und einer Dezimierungsrate durch die Raubtierpopulation. Lotka ging dieses Problem anhand eines Wirte-Parasiten-Verhältnisses an. Seine grundlegende Wachstumsgleichung interpretierte er als Exempel für „eine abhängige Variable"; der Fall aus der Epidemiologie illustriere „zwei abhängige Variablen"[167]. Wenn man, so Lotka, das einfachste Beispiel für eine Interdependenz von zwei Arten nehme, dann werde man postulieren, dass eine Art der anderen als Nahrung dient, d. h. dass die erste Population in die zweite Population transformiert wird. Bei diesen einleitenden Bemerkungen konnte Lotka auf sein Vorwissen durch die Arbeiten über die Ronald Ross'schen Gleichungen zur Malaria-Epidemie zurückgreifen.[168] Nach einer kurzen Präsentation der Herangehensweisen von Ross und W. R. Thompson[169] wollte Lotka die Fragestellung der Parasitologie

---

[165] Es geht bei der Immigration um die Frage, wie ‚Nachschub' entstehen kann, wenn nicht nur durch Reproduktion, und es geht auch um die Frage, welches Gebiet betrachtet werden soll bei mobilen Lebewesen; vgl. die Ausführungen in Kapitel 5.

[166] Diese Abstraktionsleistung wird von Volterra explizit gemacht und von Lotka als weiter zu bestimmende Parameter erwähnt.

[167] Lotka, Elements, S. 77: „Fundamental Equations of Kinetics (Continued) – Special Cases: Two and Three Dependent Variables", so lautet die Kapitelüberschrift.

[168] Lotka, Alfred James: „Contribution to the Analysis of Malaria Epidemiology. I: General Part", in: *The American Journal of Hygiene* 3 (1923), S. 1–37; ders.; „Contribution to the Analysis of Malaria Epidemiology. II: General Part (continued). Comparison of Two Formulae Given by Sir Ronald Ross", in: *The American Journal of Hygiene* 3 (1923), S. 38–54; ders.: „Contribution to the Analysis of Malaria Epidemiology. III: Numerical Part", in: *The American Journal of Hygiene* 3 (1923), S. 55–95; ders. / Francis R. Sharpe: „Contribution to the Analysis of Malaria Epidemiology. IV: Incubation Lag", in: *The American Journal of Hygiene* 3 (1923), S. 96–121. Seine erste Arbeit zu diesem Thema datiert aus dem Jahre 1912, siehe ders., „Quantitative Studies in Epidemiology", in: *Nature* 88 (1912), Nr. 2206, S. 497 f.

[169] Vgl. Lotka, Elements, S. 81–88. Ronald Ross: Mediziner und Epidemiologe; William R. Thompson leitete als Entomologe verschiedene Forschungsstationen und trieb die „biologische Kontrolle" von Parasiten voran.

mit der Methode der Kinetik angehen: „Treatment of the Problem by the Method of Kinetics".[170]

In einem Wirte-Parasiten-Verhältnis wird angenommen, dass die gesunde Wirtepopulation N_1 eine Wachstumsrate hat von b_1 (die Geburtenrate pro Kopf) minus d_1 (die Sterberate pro Kopf ohne Einfluss der Parasitenpopulation), zusammengefasst in r_1. Hinzu kommt nun, als Subtrahend, dass ein vom Parasiten betroffener Wirt stirbt; k ist die Sterberate der Wirtepopulation durch die Invasion der Parasiten. Wie viele Individuen der Wirtepopulation durch die Sterberate k wirklich sterben, ist abhängig von der Anzahl vorhandener Wirte und abhängig von der Anzahl vorhandener Parasiten, deshalb kN_1N_2. Die Geburt eines Parasiten wird mit dem Legen eines Eis im Wirt und dessen „ultimate killing" gleichgesetzt. Würde von jedem befallenen und umgekommenen Wirt ein Parasit schlüpfen, dann wäre der Ausdruck kN_1N_2 äquivalent mit der Zunahme der Parasitenpopulation. Nun wird aber angenommen, dass nur ein Teil der Parasiten (nach dem Tod des Wirts) schlüpft. kk' ist der Prozentsatz der geschlüpften Parasiten, was gleichbedeutend mit der Geburtenrate der Parasiten ist, gekennzeichnet mit K. d_2 referiert auf die konstante Sterberate der Parasiten. Daraus ergibt sich folgendes Differentialgleichungssystem:

$$\delta N_1 / \delta t = r_1 N_1 - kN_1N_2 \qquad\qquad \text{(Lotka, 4)}$$
$$\delta N_2 / \delta t = KN_1N_2 - d_2N_2$$

Werden diese Gleichungen integriert, zeigen sich konzentrische, elliptische Kurven (siehe Abbildung 3).

In heutiger Begrifflichkeit würde man von einem Phasenraum sprechen, in dem die potentiellen Zustände eines physikalischen Systems enthalten sind. Jeder Punkt auf einer Linie kann eine Konstellation angeben. Die konzentrischen Ellipsen illustrieren je eine mögliche Oszillation rund um einen Gleichgewichtspunkt. Für den Fall der zwei konkurrierenden Arten bedeutet dies, dass auf der x-Achse die Anzahl der Beutetiere und auf der y-Achse die Anzahl der Raubtiere aufgetragen sind. Die Abbildung lässt sich am leichtesten lesen, wenn man einen Punkt auf einer Ellipse auswählt und gegen den Uhrzeigersinn das jeweilige Verhältnis von Raubtier- und Beutepopulation abliest. Ein zyklischer oder periodischer Prozess, so Lotka, wird erkennbar.

Mit diesem Resultat sah sich Lotka in guter Gesellschaft. Der Vorsitzende des Bureau of Entomology of the United States Department of Agriculture, L. O. Howard, erklärte die „fluctuations in numbers" bei Insekten und ihren Parasiten: Wenn die Wirtepopulation zunimmt, tut dies die Parasitenpopulation auch, bis letztere die erstere anzahlmässig übersteigt und sich selbst reduziert bis zu einem

---

[170] Für dies und das Folgende vgl. Lotka, Elements, S. 88.

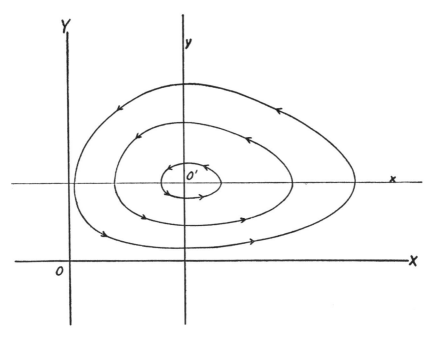

Abb. 3: Das Wirte-Parasiten-Verhältnis als Oszillation (Quelle: Lotka, Elements (1925), S. 90).

Punkt, wo sie erneut zunimmt.[171] Lotka generalisierte den aus dem epidemiologischen Beispiel generierten Befund und formulierte ein allgemeines, verbales Modell.[172] In Worten beschrieb er eine ökologische Beziehung zwischen zwei Populationen, die allgemein gilt, wenn Population S_2 die Population S_1 konsumiert und S_2 obligat von S_1 abhängig ist, d. h. an dieser Stelle findet der Übertrag des Wirte-Parasiten-Modells auf die Beschreibung der metabolischen Abhängigkeitsbeziehung zwischen zwei Arten statt.

Für die erste Art, die Beutepopulation, gilt:

Rate of increase of X_1 per unit of time	=	Mass of newly formed S_1 per unit of time	−	Mass of S_1 destroyed by S_2 per unit of time	−	Other dead or excretory matter eliminated from S_1 per unit of time

Die daraus abgeleitete Gleichung lautet:

$$\delta X_1 / \delta t = r_1 X_1 - k X_1 X_2 \qquad \text{(Lotka, 5.1 analog 4)}$$

---

[171] Howard, L. O.: „Revision of the Aphelininae of North America. A Subfamily of Hymenopterous Parasites of the Family Chalcididae", in: *Technical Series* (1897), Nr. 5, S. 48; zit. nach Lotka, Elements, S. 90 f.

[172] Für das Folgende siehe Lotka, Elements, S. 92 f.

Die anzahlmässige Veränderung der Populationsgrösse X_1 in einem Zeitintervall δt ist einerseits bestimmt durch die eigene Wachstumsrate r_1 (welche zusammengesetzt ist aus einer Geburten- minus der Sterberate). Andererseits ist die Veränderung von X_1 beeinflusst durch einen Dezimierungsfaktor k. Der Ausdruck $- kX_1X_2$ bezeichnet die Abnahme von X_1 durch den Einfluss von X_2. Wie viele Organismen von X_1 tatsächlich sterben, ist abhängig von der Grösse der eigenen Population und der Grösse von X_2 in einem Zeitintervall multipliziert mit einem konstanten Dezimierungsfaktor k. Der letzte Faktor des verbalen Modells wird weggelassen.

Für die zweite Spezies gilt:

Rate of increase of X_2 per unit of time	=	Mass of newly formed S_2 per unit of time (derived from S_1 as food ingested)	−	Mass of S_2 destroyed or eliminated per unit of time

$$\delta X_2 / \delta t = KX_1X_2 - d_2X_2 \qquad \text{(Lotka, 5.2 analog 4)}$$

Der Ausdruck KX_1X_2 bezeichnet die Zunahme der Population X_2. Diese ist direkt an die vorhandene Ressource X_1 geknüpft und abhängig von der eigenen Populationsgrösse X_2. Mit dem Ausdruck d_2 wird die Sterberate von X_2 als konstant gesetzt. Damit ist die Parallelität des Wirte-Parasiten-Verhältnisses und eines Konkurrenzverhältnisses, in dem die eine Art der anderen Art als Nahrung dient, erwiesen. Im Anschluss daran diskutierte Lotka, ob es für die jagende Population möglich sei, die Beutepopulation auszurotten.[173]

Die identischen Gleichungen für zwei Arten, wobei die erste der zweiten als Nahrung dient, finden sich bei Volterra:[174]

$$\delta N_1 / \delta t = (\varepsilon_1 - \gamma_1 N_2) N_1 \qquad \text{(Volterra, 4)[175]}$$
$$\delta N_2 / \delta t = (- \varepsilon_2 + \gamma_2 N_1) N_2$$

In Volterras Formalisierung gilt ε_1 als Zuwachsrate der Beutepopulation, falls sie ungestört ist und $- \varepsilon_2$ als Zuwachsrate der konsumierenden Population, falls sie alleine ist. γ_1 ist die Dezimierungsrate der Raubtierpopulation in Bezug auf die Beutepopulation und γ_2 der Anteil an erfolgreicher Destruktion der Raubtierpopulation, weshalb γ_2 gleichgesetzt ist mit der Zuwachsrate von N_2.

---

[173] Lotka, Elements, S. 93.

[174] Volterra, Variazioni e fluttuazioni, S. 38. Auch Volterra, Vito: „Variazioni e fluttuazioni del numero d'individui in specie animali conviventi" (erstmals in: Memorie del R. Comitato talassografico italiano, mem. CXXXI, 1927), in: Ders., *Opere matematiche. Memorie e note, volume quinto: 1926–1940* (publ. a cura dell'Accademia Nazionale dei Lincei col concorso del Consiglio Nazionale delle Ricerche Rom: Accademia Nazionale dei Lincei 1962, S. 1–111, hier S. 9.

[175] (In dieser Schreibweise sieht man den Zusammenhang der Destruktion durch die Raubtierpopulation besser: $- \gamma_1 N_2$ meint: wie ‚letal' die Raubtierpopulation ist und wie gross ihre Anzahl ist.)

Die beiden Gleichungen wurden also gekoppelt. Was genau gerät hier in Abhängigkeit voneinander, während die Geburten- und Sterberaten der Nahrungslieferanten und der Konsumenten als konstant und unabhängig von der Anwesenheit der anderen Art gelten? Wie viele Individuen der Beutepopulation mit einer konstanten Rate eliminiert werden, ist abhängig von der Anzahl beider Populationen. Oder in der Beschreibung von Volterra: Das Wachstum von N_1 nimmt ab, je mehr Individuen von N_2 vorhanden sind; ε_1 nimmt „proportional" zu N_2 ab, also mit dem Ausdruck y_1N_2. Die Wachstumsrate von ε_2 nimmt zu, je mehr Individuen von N_1 vorhanden sind; ε_2 nimmt „proportional" zu N_1 zu, also y_2N_1.[176] Für den Konsumenten wiederum bedeutet eine konstante Zuwachsrate, dass er mit einer konstanten Rate (Wahrscheinlichkeit) das Beutetier frisst, wenn er ein Beutetier antrifft.[177] Um das Differentialgleichungssystem aufzulösen, waren, sowohl bei Lotka wie bei Volterra, vier Konstanten und zwei Anfangswerte nötig.[178]

Eine Gegenüberstellung der Gleichungen von Lotka und Volterra (letztere mit einer kleinen Umstellung, um gleiche Vorzeichen zu erhalten), zeigt, dass sie identisch sind:

Lotkas Variante:

$$\delta X_1 / \delta t = r_1X_1 - kX_1X_2$$
$$\delta X_2 / \delta t = KX_1X_2 - d_2X_2$$

X_1 Beutepopulation
X_2 Räuberpopulation[179]
r_1 Wachstumsrate von X_1
k Sterberate von X_1 durch Räuberpopulation X_2
K Geburtenrate von X_2
d_2 Sterberate von X_2

Volterras Variante:

$$\delta N_1 / \delta t = \varepsilon_1N_1 - \gamma_1N_1N_2$$
$$\delta N_2 / \delta t = \gamma_2N_1N_2 - \varepsilon_2N_2$$

N_1 Beutepopulation
N_2 Räuberpopulation
ε_1 Reproduktionsrate ohne Räuberpopulation von N_1
γ_1 Dezimierungsrate der Räuberpopulation
γ_2 Geburtenrate von N_2
ε_2 Sterberate von N_2, falls keine Beutepopulation vorh.

Diese beiden Gleichungen ergeben, abhängig von den eingesetzten Ausgangsgrössen und den Wachstumsraten, immer eine Dynamik. Entweder stirbt die jagende Population gleich aus oder beide Arten sterben aus oder aber die Beutepopulation nimmt nach einer gewissen Zeit ungehemmt zu. In einem relativ kleinen Spektrum von Ausgangsgrössen ergeben sich zwei fluktuierende Kurven; aber eine Dynamik ist immer da.

---

[176] Volterra, Variazioni e fluttuazioni, S. 38.

[177] Wenn es sich biologisch zeigte, dass sich bei Zu- oder Abnahme der Population auch die Destruktionsrate veränderte, dann müsste man auch diese Rate als eine Funktion der Anzahl Individuen formulieren, was dann formal nicht mehr aufzulösen wäre.

[178] Smith, Models in Ecology, S. 20 zeigt zudem, wie in ihren Gleichungen vorausgesetzt ist, dass das Raubtier mit einer konstanten Rate bei Zusammentreffen mit dem Beutetier das Beutetier auch frisst. Und dass die Zeit, die das Raubtier dafür braucht, irrelevant ist.

[179] Der Kürze halber benutze ich hier die populäre Bezeichnung „Räuberpopulation".

Das Ungleiche im gleichen Resultat

Das mathematische Resultat war zwar dasselbe, aber dahinter verbargen sich unterschiedliche Konzeptualisierungen. Im Folgenden werden drei Aspekte der Differentialgleichungen diskutiert, um zu zeigen, wo die Urheber mit ihrer identischen Mathematisierung unterschiedliche Akzente setzten. Zuerst wird auf Differenzen in der Referenz eines spezifischen Terms eingegangen. Im vorhergehenden Abschnitt wurde angesprochen, dass die Pointe der Gleichungen in deren Verknüpfung liegt; dadurch wird die Dynamik zwischen den beiden Arten erst bildhaft. Dieses einfache ‚Fressverhältnis' schlägt sich in Konstanten für die Sterberate der Beute- und die Geburtenrate der Raubtierpopulation nieder. Diese Raten wurden jedoch von Lotka und Volterra mit unterschiedlichen Bedeutungen aufgeladen.

Eine Mathematisierung oder Formalisierung läuft immer Gefahr, sich von ihrem Ursprungsgegenstand zu entfernen. Diesem Problem widmet sich ein zweiter Punkt. Wenn die Gleichungen für etwas nützlich sein oder einen ‚Sachverhalt in der Natur' beschreiben sollen, dann müssen die Urheber einen Anwendungsbereich aufzeigen oder zumindest eine Verbindung zu empirischen Resultaten herstellen. Gerade bezüglich der Lotka-Volterra-Gleichungen war diese Frage dringlich, weil der Gegenstandsbereich – zumindest bei Lotka – nicht von vornherein eingeschränkt und von beiden Urhebern eine biologische Bedeutung behauptet wurde. Zuletzt werden die graphischen Umsetzungen der Gleichungen erläutert und als Prozess der Veranschaulichung von Mathematik diskutiert. Interessant wird es hier sein festzustellen, dass die heute allseits bekannten, phasenversetzt fluktuierenden Kurven für das so genannte Räuber-Beute-Modell bei Lotka und Volterra gar nicht prominent vorkommen.

Das höhere Auflösungsvermögen

Die erste Differenz verlässt die Ebene des Formalen und betrifft die Referenz. Es geht um die Bedeutung der miteinander verknüpften Koeffizienten k und K von Lotka und γ_1 und γ_2 bei Volterra. Oder in anderen Worten, um die Relationalität zwischen der Beute- und der Raubtierpopulation, die Verknüpfung der Anzahl der durch die Raubtierpopulation vernichteten Beutetiere mit dem (positiven oder negativen) Wachstum der Raubtierpopulation. Was der Beutepopulation durch ein Zusammentreffen der Kontrahenten verlustig geht, verleibt sich die konsumierende Population ein. Was bei der ersten verschwindet, wird jedoch nicht 1:1 auf die zweite übertragen, sondern nach einem bestimmten Verhältnis.

Lotkas Argumentation begann mit einem Wirte-Parasiten-Verhältnis: Wenn jeder vernichtete Wirt das Schlüpfen eines Parasiten bedeuten würde (in der

Annahme, dass der Parasit nur ein Ei pro Wirt legt), dann wäre k gleich gross wie K^{180}, also die Sterberate der Nahrungslieferanten wäre identisch mit der Geburtenrate der Konsumenten. Da aber nur aus einem gewissen Anteil von Eiern Parasiten schlüpften, multiplizierte er k mit einer weiteren Konstante k', was den Wert K als Geburtenrate der Konsumenten ergab. Volterra setzte ebenfalls y_1 nicht gleich mit y_2, weil der Anteil der gefressenen Tiere nicht mit der Zunahme der Raubtierpopulation gleichzusetzen sei.[181] Er benutzte zwar den gleichen Ausdruck für den Dezimierungsfaktor – γ_1 durch die jagende Population – „Sterberate" – führte aber ein evolutionäres Moment ein: – γ_1 sei eine Konstante für eine mögliche Abwehrfähigkeit der Beutepopulation, „l'attitudine a proteggersi della prima specie"[182]. Parallel dazu habe die Raubtierpopulation eine vielleicht mehr oder minder ausgeprägte „Angriffsfähigkeit"; γ_2 bezeichnete „i mezzi di offesa della seconda specie". Mit – γ_1 und γ_2 setzte Volterra nicht nur eine konstante Dezimierungsrate bzw. Reproduktionsrate, sondern schuf Interpretationsspielraum für mögliche adaptive Einflüsse, welche die Schutz- oder Aggressionspotenziale der Populationen verändern und damit die Raten erhöhen oder vermindern könnten.

An diese Überlegungen knüpfte Volterra im vierten Paragraphen seiner italienischen Schrift beim Zwischentitel „Questioni varie" an. Hier erreichte er ein höheres Auflösungsvermögen[183] mit seinen Gleichungen als Lotka, weil er angab, was alles in den Faktoren – γ_1 und γ_2 enthalten sein kann. Die Anzahl der Begegnungen der Individuen sei proportional zu N_1N_2, also könne man auch sagen, gleichbedeutend mit a N_1N_2, während a eine Konstante sei. Weiter sollen anstelle von ε_1 und – ε_2 (die Geburtenrate von N_1 und die Sterberate von N_2) λ_1 und λ_2 das positive oder negative Wachstum der beiden Arten beschreiben, wenn beide allein sind.[184] Die Einführung der neuen Terme λ_1 und λ_2 hatte den Vorteil, dass kein

---

[180] Dahinter steckt eine biologische Annahme: Aus wie viel Nahrung entsteht ein neues Lebewesen? Lotka und Volterra bestimmen die Populationsgrössen durch die Anzahl, man könnte aber auch von der Masse ausgehen. Sie gehen demnach davon aus, dass die Gewichtsunterschiede in den Populationen nicht gross sind (siehe konstant angenommene Reproduktionsrate, keine Berücksichtigung des Lebensalters etc.). Diese Annahme verschleiert aber die Tatsache, dass bei Abnahme der Raubtierpopulation – d. h. wenn zu wenig Nahrung vorhanden ist – ihre Masse auch abnimmt, was aber entscheidend für den ganzen Energiehaushalt der Individuen ist. (Ich danke Andreas Fischlin für diesen Hinweis.) Wir werden im Kapitel 5 sehen, dass in der empirischen Nachprüfung der Gleichungen gerade solche Momente – Reduktion der Körpergrösse durch Nahrungsmangel – eine Rolle spielen werden.

[181] Wenn man nur den Ausdruck $e_1 – \gamma_1 N_2$ von Volterra anschaut, dann kann man sagen, dass dieser Ausdruck eine Funktion von N_2 ist. Das hatte aber auf die Gleichungsformulierung keinen Einfluss, die ist gleich wie bei Lotka, die Geburten- und Sterberaten sind trotzdem konstant, vgl. Volterra, Variazioni e fluttuazioni, S. 38.

[182] Für dieses und das folgende Zitat: Volterra, Variazioni e fluttuazioni, S. 38.

[183] Diese Charakterisierung stammt von Manfred Laubichler; ich bedanke mich für das Gespräch am Flughafen Zürich im Mai 2010.

[184] Volterra, Variazioni e fluttuazioni, S. 51.

Vorzeichen von vornherein eine Zu- oder Abnahme der Population suggerierte. Wenn die Arten in dem oben beschriebenen Verhältnis (die eine Art ernährt sich von der anderen Art) zueinander stünden, dann seien die Begegnungen der zwei Arten für die erste Art unvorteilhaft, für die zweite vorteilhaft.[185]

Zwei weitere Koeffizienten μ_1 und μ_2 wurden definiert[186] und bezeichneten die günstigen oder ungünstigen Auswirkungen des Zusammentreffens der zwei (konkurrierenden) Arten.[187] Damit hatte Volterra abermals den Vorteil von zwei positiven Werten.[188] Volterra untersuchte in der Folge alle möglichen Varianten und Auswirkungen auf den Kurvenverlauf, wenn μ_1 und μ_2 negativ bzw. positiv sind.[189] Das heisst, er untersuchte, was passiert, wenn der Ausgang einer bestimmten Anzahl Begegnungen positiv oder negativ ausfällt. Das bedeutet, dass das einfache Räuber-Beute-Verhältnis potentiell noch in Bezug auf andere Formen des ökologischen Zusammenlebens hin untersucht werden könnte: also statt bloss Räuber-Beute (+ und –) auch Konkurrenz (– und –) oder Mutualismus (+ und +) und Beute-Räuber (– und +). Volterra hat also an dieser Stelle an eine möglichst breite Anwendung der Gleichungen für interspezifische Formen von Zusammenleben gedacht.

Volterra eröffnete mit der Erwähnung von variablen Angriffs- und Abwehrmöglichkeiten biologischen Interpretationsspielraum für zusätzliche Einflussfaktoren in Bezug auf die Folgen eines zufälligen Zusammentreffens von Beute- und Raubtierpopulation. Volterra referierte auf diesen Abschnitt seiner Schrift in einem Brief an Lotka mit dem Ausdruck „concept des rencontres des individus".[190] Es wird für das nächste Kapitel wesentlich sein, dies in Erinnerung zu behalten, weil Lotka das höhere Auflösungsvermögen, das sein Kontrahent damit und zusammen mit der Behandlung der Fälle bis zu n Arten erreichte, durchaus erkannte.

Volterras Text von 1926 war zu einem grossen Teil eine Kurvendiskussion. Es ging um die Gleichgewichtspunkte, die Maxima und Minima und die Perioden der Kurven. Aus den Kurven- und Mittelwertuntersuchungen konnte Volterra Schlüsse für das allgemeine Verhalten von konkurrierenden Arten ziehen.[191] Zum Beispiel zeigte er, dass eine Zunahme des Schutzes der Beutepopulation die Mittelwerte beider Populationen steigen lässt oder dass gleichmässige Destruktion beider Populationen eine Zunahme der Beutepopulation bewirkt. Von diesen

---

[185] „Inoltre gli incontri sono sfavorevoli alla prima specie (specie mangiata), mentre sono favorevoli alla seconda specie (specie mangiante)." Siehe Volterra Variazioni e fluttuazioni, S. 51.

[186] Volterra Variazioni e fluttuazioni, S. 51: „coefficienti incrementali d'incontro".

[187] Volterra, Variazioni e fluttuazioni, S. 50.

[188] Was Volterra hier macht, ist eine mathematische Hintergrundarbeit; durch die Umformung jedoch kann Volterra die Vorzeichen vorerst einmal weglassen.

[189] Volterra, Variazioni e fluttuazioni, S. 51–58.

[190] Brief von Volterra an Lotka, 20.11.1926, ed. in: Israel / Gasca, Biology of Numbers, S. 283.

[191] Volterra, Variazioni e fluttuazioni, S. 39 ff.

Untersuchungen über die Mittelwerte leitete Volterra drei Regeln (oder von ihm so genannte „Gesetze") ab:

– Es gibt periodische Fluktuationen beider Arten, zeitlich versetzt.
– Der durchschnittliche Mittelwert bleibt konstant.
– Wenn gleichmässige Störung auftritt, dann wird sich die Beuteart schneller erholen als die Raubtierpopulation.[192]

Die dritte Regel ist die entscheidende: Wenn die Beute- und die Raubtierpopulation gleichermassen durch äusseren Einfluss dezimiert werden, dann wird die Beutepopulation im Laufe der Zeit davon profitieren, während die Raubtierpopulation abnimmt.[193] Oder umgekehrt, fehlt eine gleichmässige äussere Störung, dann profitieren mit der Zeit die Raubtierpopulationen. Dieser Befund, so Volterra, stimme mit den statistischen Erhebungen D'Anconas überein. Während des Ersten Weltkrieges, als die Fischerei stark eingeschränkt war, konnte eine Zunahme im Angebot von Raubfischen auf den norditalienischen Fischmärkten festgestellt werden.[194]

Lotka hatte (siehe Lotka, 3) weitere mögliche Faktoren, die ins Gleichungssystem aufgenommen werden könnten, angedacht, setzte sie aber nicht ein. Die miteinander gekoppelte Sterberate der Beutepopulation und die Geburtenrate der Raubtierpopulation wurden als konstant angenommen und nicht, wie bei Volterra, mit möglichen evolutionären Faktoren aufgeladen. Die Reichweite der Gleichungen wurde durch Lotka also nur potentiell, bei Volterra jedoch formal-abstrakt vergrössert. Volterra ging von einem Modell aus, untersuchte es detailliert und importierte weitere Faktoren quasi als Störung des idealen Modells.[195] Mögliche verschiedene Fälle analysierte Lotka ebenso, nicht aber von Kurvenverläufen, sondern von (stabilen, meta-stabilen und instabilen) Gleichgewichtszuständen.[196] In einem Punkt waren sich die Protagonisten jedoch einig: Die Werte der Konstanten in ihren Gleichungen müssten erst noch durch die Biologie erhoben werden.

Das Verhältnis von Mathematik und Exmpirie

Wie verhielten sich ihre Forschungen konkret zur Empirie? Die einschlägigen Artikel von Volterra zu einem biologischen Themenkomplex handelten von den „Variazioni e fluttuazioni del numero d'individui in specie animali conviventi"

---

[192] Volterra, Variazioni e fluttuazioni, S. 49.
[193] Volterra, Variazioni e fluttuazioni, S. 49.
[194] Volterra, Variazioni e fluttuazioni, S. 50.
[195] Dieses Vorgehen wird in Bezug auf die Populationsgenetik beschrieben vgl. Sarkar, Sahotra: „The Founders of Theoretical Evolutionary Genetics: Editor's Introduction", in: Dies. (Hg.), *The Founders of Evolutionary Genetics. A Centenary Reappraisal*, Dordrecht u.a.: Kluwer Academic Publishers 1992, S. 1–22, hier S. 8.
[196] Lotka, Elements, S. 145–151.

und präsentierten „Una teoria matematica sulla lotta per l'esistenza"[197]. Im ersten dieser 1927 veröffentlichten Artikel fasste er mehrere Aufsätze aus dem Jahre 1926 zusammen und verdeutlichte seine Herangehensweise.[198]

Volterra ging davon aus, dass die Fluktuationen in der Individuenzahl vom Zustand der Organismen und den Umweltbedingungen abhängig sind. Um jedoch das Zusammenwohnen von Arten in der gleichen Umgebung mathematisch beschreiben zu können, wollte er das Phänomen auf Einzelaspekte reduzieren. Die damit einhergehende Entfernung von der Realität nahm er in Kauf, sofern sie im Gegenzug eine Approximation ermöglichte. Das „fenomeno puro interno" sollte betrachtet werden: „voracità" und „potenza riproduttiva", die Gefrässigkeit und die Reproduktion in einem Modell, bei dem sich die eine Art von der anderen ernährt. Von diesem besonderen wollte er später zum generellen Fall (zuerst drei Arten, dann vier, dann *n* Arten) kommen. Die mathematische Beschreibung beginne mit einer Hypothese in der Gestalt einer Gleichung. Die Übertragung des Phänomens in mathematische Begriffe sei eine Übersetzung, welche zu den Differentialgleichungen führe.[199] Darin sind Geburten- und Sterberate für jede Art kontinuierlich angenommen, was einen stabilen Wachstumskoeffizienten der Art ergebe (d. h. sowohl Lebensalter wie auch Körpergrösse könnten nicht berücksichtigt werden). Im nächsten Schritt wird die Interaktionsrate formalisiert, d. h. das Zusammentreffen der zwei Arten mit der Folge, dass ein Organismus der Beuteart gefressen wird. Wenn dieser Kalkül angewendet werde, könne quantitativ oder qualitativ überprüft werden, ob sich die Daten der Fischverkaufszahlen mit den mathematischen Resultaten korrelieren lassen.

Wie aus einem Buch von D'Ancona von 1939 hervorgeht, suchte Volterra also nicht in den Listen mit Fischangeboten nach ins Auge springenden Gesetzmässigkeiten, sondern destillierte das Problem und begann es mathematisch zu modellieren.[200] Volterra gab in seinen ersten Texten zum Räuber-Beute-Modell jeweils an, durch D'Ancona und dessen Fischereiforschung zum Thema inspiriert worden

---

[197] Volterra, Vito: „Una teoria matematica sulla lotta per l'esistenza" (erstmals in: *Scientia* XLI (1927), S. 85–102), in: Ders., *Opere matematiche. Memorie e note, volume quinto: 1926–1940*, Rom: Accademia Nazionale dei Lincei 1962, S. 112–124; ders.: „Variazioni e fluttuazioni del numero d'individui in specie animali conviventi" (erstmals in: Memorie del R. Comitato talassografico italiano, mem. CXXXI, 1927), in: Ders., *Opere matematiche. Memorie e note, volume quinto: 1926–1940*, Rom: Accademia Nazionale dei Lincei 1962, S. 1–111.

[198] Das Folgende orientiert sich an Volterra, Variazioni e fluttuazioni (1927), S. 1–4.

[199] Dass die Wahl auf die Differentialrechnung fiel, hat eventuell nicht nur mit dem Prozess zu tun, der hier beschrieben werden soll: Differentialgleichungen waren Volterras Spezialität. Vgl. Volterra, Vito: *Opere matematiche. Memorie e note*, Rom: Accademia Nazionale dei Lincei 1954–1962 (5 Bände, 1881–1940; pubblicate a cura dell'Accademia Nazionale dei Lincei col concorso del Consiglio Nazionale delle Ricerche).

[200] D'Ancona, Umberto: *Der Kampf ums Dasein. Eine biologisch-mathematische Darstellung der Lebensgemeinschaften und biologischen Gleichgewichte*, Berlin: Borntraeger 1939 (Abhandlungen zur exakten Biologie Heft 1; hg. v. Ludwig von Bertalanffy), S. 38 f.

zu sein. In den gesammelten Vorträgen von 1931 wiederum betonte er, dass er zum Resultat gekommen sei, ehe er die Statistiken von D'Ancona gesehen habe.[201] An derselben Stelle zitierte er eine kurze Zahlenreihe aus den Forschungen von D'Ancona, die belegten, wie die Raubfische während des Ersten Weltkrieges vom Ausbleiben der regelmässigen Befischung profitierten.[202] Volterra betonte also, dass er wohl auf die Fragestellung durch D'Ancona aufmerksam wurde, nicht aber ausgehend von der Statistik Schlüsse zog, für die nachträglich ein mathematischer Beweis gesucht wurde. Ihm lag daran, seine Gleichungen als deduktive Leistung und nicht als Erklärung für Statistiken darzustellen.

Der Briefwechsel zwischen Volterra und D'Ancona zeugt auch von dieser konsequenten Arbeitsteilung. Der Mathematiker wird beraten, welche biologischen Begriffe er wählen soll, um Missverständnisse zu vermeiden.[203] Der Zoologe wiederum verfügt mit der Mathematik über eine Möglichkeit zur formalen Beschreibung von biologischen Phänomenen; ihre Aussagekraft für die empirischen Erhebungen muss er aber freilich erst noch zeigen. Bei der Anwendung des Differentialgleichungssystems, die über einen eingeschworenen Kreis von mathematischen Kennern hinausgehen sollte, sah D'Ancona Schwierigkeiten. Er versuchte Volterra nach Kräften darin zu unterstützen, den „naturalisti" seinen Kalkül schmackhaft zu machen.[204] Und obgleich Volterra mit seinen Schlussfolgerungen (den drei Regeln über die interdependente Populationsentwicklung) die von D'Ancona gesammelten Statistiken nach eigenen Aussagen erhellte, legte der Meeresbiologe dem Mathematiker mehrfach mit Nachdruck ans Herz, dass er sich um konkrete Anwendungsbeispiele kümmern müsse, um eben genau die Fragen nach den interspezifischen oder umweltbedingten Gründen für Fluktuationen zu beantworten.[205] Dies zu tun, war aus Volterras Perspektive Sache des Biologen. Mit der formalen Richtigkeit der Gleichungen und dem Aufzeigen ihrer Relevanz hatte der Mathematiker seine Kunst ausgeschöpft. Verfolgt man Volterras edierte Briefwechsel, dann fällt dennoch sein Interesse am empirischen Nachweis seiner Gleichungen auf. Er setzte sich mit namhaften Biologen und Ökologen der Zeit in Verbindung, um in Sachen Fluktuationen von Populationen ins Gespräch zu kommen und bezüglich der empirischen Forschung à jour zu bleiben.[206] Die

---

[201] Volterra, Théorie mathématique de la lutte pour la vie, S. 3.

[202] Volterra, Théorie mathématique de la lutte pour la vie, S. 2 f. D'Anconas Text von 1926 enthielt fast 35 Seiten mit Statistiken, vgl. D'Ancona, Influenza della stasi peschereccia.

[203] So zum Beispiel im Brief von D'Ancona an Volterra, 28.1.1929, ed. in: Israel / Gasca, Biology of Numbers, S. 133. In diesem Brief geht es um die Begriffe „eredità" und „Nachwirkung".

[204] Brief von D'Ancona an Volterra, 28.3.1930, ed. in: Israel / Gasca, Biology of Numbers, S. 140.

[205] Brief von D'Ancona an Volterra, 10.2.1929, ed. in: Israel / Gasca, Biology of Numbers, S. 134.

[206] Volterra stand im Zeitraum von 1926 bis zu seinem Tod zum Beispiel mit Royal N. Chapman, Charles Elton, Georgii F. Gause, Vladimir A. Kostitzin, Jean Régnier, Georges Teissier, D'Arcy W. Thompson und William R. Thompson teils in regem Austausch, verfügte also über ein gutes Netz-

Biologen und Ökologen ihrerseits teilten Volterras Meinung, dass ihre Daten
mit seinen Formalismen harmonierten, erwähnten aber nicht selten, dass sie bei
Volterras mathematiklastigen Texten an ihre Grenzen stiessen.[207]

Lotka sah die Notwendigkeit der empirischen Nachprüfung gleichermassen.
Die Biologie müsse erst noch erläutern, in welcher Abhängigkeit die verschiedenen Faktoren der Gleichungen (vor allem das Wachstum der verschiedenen
Massen) zueinander stünden. Das könne durch Beobachtung, Experiment oder
„jede andere zur Verfügung stehende Methode" geschehen. Bis dahin existiere
zwar der berechtigte Verdacht, dass die Wachstumsformel bloss eine sterile Wiedergabe von Fakten sei, aber ehe man zum konkreten Fall schreite, seien aus der
Gleichung selbst so viele Informationen wie immer möglich zu gewinnen, d.h.
über zu vernachlässigende Faktoren der Gleichungen und die Gleichgewichtspunkte der Kurven.[208]

„To give a touch of concreteness to the discussion at this stage a very simple
example may be given to illustrate"[209], kann programmatisch für Lotkas *Elements*
und dessen Bezug zur Empirie gelesen werden. Wenn Lotka Daten lieferte, dann,
wie er in der Einleitung erwähnte, zur Illustration.[210] Anders aber als bei Volterra
kann man feststellen, dass er sich, sobald es um die konkrete Ausarbeitung des
Formalismus für das Wirte-Parasiten-Verhältnis ging, auf verschiedene andere
Wissenschaftler berief. Lotka bettete seine Überlegungen in die aktuelle For-
schungsliteratur ein und bot so indirekt Anhaltspunkte für die Anwendbarkeit in
der Medizin und Epidemiologie. Freilich aber verfolgte sein Werk einen anderen
Plan, als Anwendungsbeispiele für seine Wachstumsformel durchzudeklinieren.
Seine Wachstumsformel entsprang einer holistischen Vorstellung, die ganz allgemein die Applikation von physikalischen Prinzipien auf biologische Systeme[211]
favorisierte.

Wenn es darum ging, geeignetes Anschauungsmaterial für eine mögliche Mathematisierung unter dem Gesichtspunkt einer „Theory of State" zu finden, dann
geizte Lotka nicht mit Seitenzahlen. In den *Elements of Physical Biology* findet
sich eine Fülle von Tabellen über Bevölkerungszahlen, Lebenserwartung und
Nahrungsverbrauch, chemische Elemente des Bodens, der Atmosphäre und des
Ozeans, Grösse von Sonnenblumen und Fressvolumen von jungen Ochsen etc.

---

werk in den Bereichen Entomologie, Biologie, Zoologie, Mathematik, Ökologie; vgl. Israel/Gasca,
The Biology of Numbers.

[207] So zum Beispiel Charles Elton und Georgii F. Gause, siehe Brief von Gause an Volterra,
12.11.1932, ed. in: Israel/Gasca, The Biology of Numbers, S. 213f; Brief von Elton an Volterra,
30.12.1931, ed. in: ebd.; S. 205.

[208] Lotka, Elements, S. 57f.

[209] Lotka, Elements, S. 59.

[210] Lotka, Elements, S. ix.

[211] Vgl. Lotka, Elements, S. viii.

Lotkas Umgang mit der Empirie und den Daten war assoziative (und zugleich erschöpfend, also umfassend), um deren Verzahnungen und Ähnlichkeiten hervorzuheben. Sein Buch ging von einer starken Setzung aus, der Formulierung eines Programms, der „Physical Biology", für dessen Umsetzung er aber nur erste Anhaltspunkte oder auch „Elements" gab.

Letztlich verfolgten sowohl Lotka wie auch Volterra nicht den Pfad der Empirie oder des Experiments oder der Feldforschung. Beide pflegten sie einen mathematisch elaborierten Stil, der ohne konkretes Rechenexempel auskam. Bei Volterra kann insbesondere eine grosse Liebe zum mathematischen Detail und der eigenen Umformungs- und Beweisleistung festgestellt werden. Während der italienische Mathematiker aber praktisch ohne Verweis auf andere Forschungen arbeitete, sammelte Lotka eine Vielzahl von empirischen Belegen. Im vierten Kapitel komme ich auf ihre wechselseitige Behauptung, für die Fischerei Resultate beigesteuert zu haben, zurück und werde diese im Zusammenhang der Prioritätsdiskussion deuten.

Ellipsen und Kurven: die graphischen Umsetzungen der Gleichungen

Lotka und Volterra setzten keine konkreten Zahlen für die Ausgangsgrössen und die Konstanten in den Gleichungen ein, um die Folgen eines Räuber-Beute-Verhältnisses exemplarisch durchzurechnen. Aber beide zeichneten Kurven. Es ging um das Aufzeigen der zyklischen und periodischen Eigenschaften der Gleichungen. Lotka tat dies durch Integration der Gleichungen[212], Volterra führte eine eigentliche Kurvendiskussion durch. Beide gelangten zu einer Darstellungsweise, die konzentrische, ‚eiförmige' Kurven zeigt.[213]

Lotkas und Volterras graphischer Aufschreibeprozess unterscheidet sich wesentlich von demjenigen der selbstschreibenden Geräte in physiologischen Experimenten, wie sie von der Wissenschaftshistorikerin Soraya de Chadarevian vorgestellt werden.[214] Bei den Lotka-Volterra-Gleichungen sind es nicht die physiologischen Phänomene, die sich während der Untersuchung gleichsam selbst aufs Papier bringen und durch die instrumentelle Vermitteltheit zusätzlich einen physikalischen (deterministischen) Charakter erhalten.[215] Es handelt sich auch

---

[212] Lotka, Elements, S. 89.

[213] Lotka, Elements, S. 90, vgl. auch Abbildung 3 weiter oben; Volterra, Variazioni e fluttuazioni, S. 42.

[214] Chadarevian, Soraya de: „Die ‚Methode der Kurven' in der Physiologie zwischen 1850 und 1950", in: Hans-Jörg Rheinberger / Michael Hagner (Hg.), *Die Experimentalisierung des Lebens. Experimentalsysteme in den biologischen Wissenschaften 1850/1950*, Berlin: Akademie-Verlag 1993, S. 28–49.

[215] Chadarevian, Die Methode der Kurven, S. 176 und 179 f. Wobei die Probleme mit der Methode der Kurven, wie Chadarevian schreibt, von denselben, die sie in den 1860er Jahren propagiert hatten, ein Vierteljahrhundert später erkannt wurden. Die Begeisterung über die Authentizität der

nicht um eine von Edward R. Tufte vorgestellte, höchst effiziente, weil Informationen verdichtende, Darstellungsweise: „Graphical excellence is that which gives to the viewer the greatest number of ideas in the shortest time with the least ink in the smallest place."[216] Tufte denkt hier an statistische Erhebungen, die, visuell aufgearbeitet, rascher erfasst werden können. Diese Beobachtungen treffen für die Lotka-Volterra-Gleichungen nicht direkt zu. Wie weiter oben dargelegt, benötigte es für die Etablierung der Gleichungen und die Kurvendiskussion keine Daten. Die mathematische Statistik wurde auch nicht eingesetzt, um Daten zu vereinfachen. Die Kurven kamen nicht durch Eintragen von einzelnen Messdaten zustande.[217] Lotka und Volterra mussten aber wohl, was einige Zeit in Anspruch genommen haben wird, einzelne Ergebnisse für die zwei Populationen errechnen. Diese wurden dann auf ein Koordinatensystem aufgetragen. „Die Punkte wiederum sind Elemente einer Linie oder Kurve; indem sie miteinander verbunden werden, bringen sie die zugrunde liegende Gesetzmässigkeit zum Vorschein."[218] Hinter dieser Tätigkeit verbirgt sich das Induktionsproblem, da von einzelnen Daten ausgehend ein ganzer Graph gezeichnet wird. In der „Freihandhandkurve" wird dieses praktische und wissenschaftstheoretische Problem durch die zeichnende Hand überspielt.[219]

Wie der Historiker Jakob Tanner für Wirtschaftskurven schreibt, dienen Zahlen und Kurven in gewissen Wissenschaften dazu, ‚harte Tatsachen' zu schaffen und damit eine Objektivität zu suggerieren, welche letztlich die Wissenschaft legitimieren soll.[220] Bei den Lotka-Volterra-Gleichungen fand aber ein anderer Prozess statt. Die formale, explikationswürdige Gesetzmässigkeit stand am Anfang und es konnte nach Mitteln gesucht werden, diese einfacher auszudrücken und, vielleicht durch Kurven, anschaulicher zu machen. Wenn die Attraktivität der Mathematik (auch) darin liegt, dass sie einen komplexen Sachverhalt einfach und ‚schön' darstellen kann, dann kann die graphische Abbildung den ästhetischen Aspekt zusätzlich steigern. Aber auch dieser Aspekt scheint bei Lotka und Volterra nicht in erster Linie das Aufzeigen der Kurven motiviert zu haben.

Aufzeichensysteme wich einer Ernüchterung wegen ihrer Verschiedenartigkeit, was dann einen Standardisierungsschub der Geräte und Aufzeichnungspraktiken auslöste, siehe hierzu ebd., S. 180–182.

[216] Tufte, Edward R.: *The Visual Display of Quantitative Information*, Cheshire, Connecticut: Graphics Press 2001 (2. Auflage), S. 51.

[217] Wie zum Beispiel über Lamberts Messdaten ausgeführt: Vogelgsang, Tobias: „Johann Heinrich Lambert und sein Graph der magnetischen Abweichung", in: *Bildwelten des Wissens* 7 (2010), Nr. 2, S. 19–42.

[218] Vogelgsang, Johann Heinrich Lambert, S. 22.

[219] Vogelgsang, Johann Heinrich Lambert, S. 30–32.

[220] Tanner, Jakob: „Wirtschaftskurven. Zur Visualisierung des anonymen Marktes", in: David Gugerli / Barbara Orland (Hg.), *Ganz normale Bilder*, Zürich: Chronos Verlag 2002, S. 129–158, hier S. 129.

Visualisierungen haben in der Mathematik, wie Heintz beschreibt, meist eine heuristische Funktion.[221] Sie werden erst dann problematisch, wenn sie ihren erkenntnisleitenden Zweck verlassen und erkenntnisbegründend sein sollen.[222] Lotka und Volterra setzten die graphischen Darstellungen nicht als Beweise für ihr Differentialgleichungssystem ein. Wie oben beschrieben, las Lotka allein an der mathematischen Form schon einige Charakteristika und Resultate ab, die er durch andere Forschungen belegt sah.

Volterra ging in der Manier des Mathematikers vor und führte eine Kurvendiskussion durch. Natürlich mussten beide, um die konzentrischen Kurven zu zeichnen, einzelne Werte in die Gleichung einsetzen und die Resultate in einem Koordinatennetz auftragen.[223] Dies aber, so die These, nicht aus Gründen der Datenverdichtung oder der Schönheit, sondern um die – vielleicht bereits vermuteten oder bereits an der mathematischen Notation abgelesenen – Gesetzmässigkeiten der Gleichungen deutlicher zu machen. Oder, in anderen Worten: um unmittelbarer zu zeigen, welchen biologischen Zusammenhang die Gleichungen zu Tage fördern. Dass Lotka und Volterra trotzdem einem sehr mathematischen Denken verpflichtet blieben, erkennt man daran, dass die anschaulichste visuelle Umsetzung des Differentialgleichungssystems erst 1927 beiläufig publiziert wurde. An den zwei phasenversetzt fluktuierenden Kurven lassen sich die Eigenschaften der Gleichungen und ihre Aussagen über die Interdependenzen der Populationsgrössen am einfachsten ablesen. Die (auch heute) bekannteste graphische Darstellung (siehe Abbildung 4) findet sich nur bei Volterra.

Volterra linearisierte, was bei Lotka die Zyklen waren; er klappte gewissermassen die theoretisch unendlichen Umläufe einer Ellipse auf (vgl. Abb. 3). Die in Abbildung 4 gezeigten Graphen lassen sich einfach lesen: Zunächst nehmen die zwei Populationen zu, weil genügend Nahrung vorhanden ist (wobei die Ressource der Beutepopulation ideal angenommen wird). Nach einer gewissen Zeit schwingt die Kurve der Beutepopulation (N_1) ab, weil sie durch die prosperierende Raubtierpopulation dezimiert wird. Die Raubtierpopulation (N_2) wiederum erreicht noch ein Maximum, um dann ebenfalls abzunehmen, da ihr die eigene Ressource ausgeht. Bevor N_2 den Tiefststand erreicht, steigt N_1 bereits

---

[221] Heintz, Innenwelt der Mathematik, S. 214.

[222] Heintz, Innenwelt der Mathematik, S. 214. Die Wissenschaftssoziologin verweist hier auch auf Volkert, Klaus Thomas: *Die Krise der Anschauung. Eine Studie zu formalen und heuristischen Verfahren in der Mathematik seit 1850*, Göttingen: Vandenhoeck & Ruprecht 1986, S. xviii.

[223] Poerschke erläutert den Begriff Funktion im Sinne von Leibniz: „eine Beziehung zwischen y- und x-Werten in einem Kurvensystem, die als Kurvenpunkt eine Kurve bilden", siehe Poerschke, Ute: „Transfer wissenschaftlicher Funktionsbegriffe in die Architekturtheorie des 18. Jahrhunderts", in: Michael Eggers / Matthias Rothe, *Wissenschaftsgeschichte als Begriffsgeschichte. Terminologische Umbrüche im Entstehungsprozess der modernen Wissenschaften*, Bielefeld: transcript Verlag 2009, S. 193–211, hier S. 200.

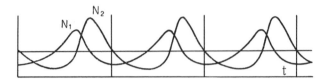

Abb. 4: Die phasenversetzt fluktuierenden Kurven
(Quelle: Volterra, Variazioni e fluttuazioni (1927/1962), S. 23).

wieder an, die Population kann sich erholen, weil nun weniger Feinde vorhanden sind. Mit zeitlicher Verzögerung erholt sich auch die Raubtierpopulation, die Kurve N_2 steigt an, bis zu einem Punkt, wo N_2 abermals zu sehr von N_1 profitiert und deshalb N_1 wieder abschwingt. Die zwei Kurven verlaufen phasenversetzt, fluktuieren periodisch und (theoretisch) unendlich. Die waagrechte Linie bedeutet, dass die von N_1 und N_2 begrenzten Flächen unter- und oberhalb der Linie gleich gross sind. Die Kurve von N_2 erreicht grössere Maxima und kleinere Minima.

Weiter oben wurde vor allem der mathematische Gestus betont, um die Visualisierung durch die Graphen zu plausibilisieren. Die Oszillationen (siehe Abbildung 3) finden sich in beiden Arbeiten. Grundsätzlich sind Oszillationen und Fluktuationen synonym verwendbar und auf beide Weisen dasselbe Resultat darstellbar. Die Wahl der Darstellungsweise jedoch und auch die Tatsache, dass Lotka keine theoretisch unendlichen Fluktuationen zeichnete, hatten meines Erachtens mit divergierenden Erklärungsabsichten zu tun.

Volterra lag daran, die mathematischen Eigenschaften der Gleichungen auch graphisch auszutesten. Lotka verfolgte ein anderes Anliegen: Er betonte mit der gewählten Graphik die Gleichgewichtspunkte und den Rhythmus sowie das zyklische Verhalten des Systems. Wir haben gegen Ende des Kapitels 2 gesehen, dass er sich in dieser Hinsicht an Spencer orientierte. Wenn die Evolution, laut dem Verfasser der *First Principles*, zwischen Aggregation und Dissolution stattfindet, wobei der lebendige Organismus seine Kräfte stets austarieren muss, dann verweist die von Lotka gewählte Graphik auf das Zusammenspiel der beiden Populationsgrössen, die sich gegenseitig in einer Balance halten. Lotkas Begriff der Evolution basierte auf einer Vorstellung von Oszillationen um angestrebte Gleichgewichtspunkte. Wird ein solches System gestört, kann es sich wieder um einen anderen Gleichgewichtspunkt stabilisieren. Deshalb wählte er die konzentrischen Ellipsen und nicht, wie Volterra unter anderem, die theoretisch endlos in der Zeit fluktuierenden Kurven (siehe Abbildung 4). Im Vergleich der graphischen Umsetzungen wird deutlich, dass es Lotka letztlich um die Gleichgewichte in solchen Systemen ging, Volterra hingegen alle möglichen Varianten von Kurvenverläufen prüfte und diese auch aufzeichnete.

In diesem Kapitel wurde dargelegt, wie zwei Nicht-Biologen und Nicht-Ökologen eine mathematische Gesetzmässigkeit zwischen zwei (ideal angenommenen) Populationen aufzeigten. In Bezug auf die Biologie, welche um 1925/26 bereits verschiedene Formalisierungstechniken kannte, die auch von Mathematikern und Medizinern vorangetrieben wurden, waren sie keine Ausnahme. Die Spezifität der Gleichungen lag jedoch in folgenden drei Punkten: Sie arbeiteten zwar am Phänotyp (wie die Biometriker), aber nicht probabilistisch, sondern exakt. Sie arbeiteten abstrakt (wie die Populationsgenetiker), aber die Gleichungen wiesen einen phänomenologischen Gehalt auf, der über die Mathematik hinauswies. Dies versuchte ich mit der Einbettung in biologische und ökologische Fragestellungen der Zeit zu illustrieren. Die Gleichungen operierten da, wo, evolutionstechnisch ausgedrückt, Konkurrenz herrscht und auch da, wo, ökologisch ausgedrückt, wechselseitige metabolische Abhängigkeiten von Organismen bestehen. In diesem Moment wurden beide Urheber der Gleichungen zu Interventoren, weil sie für ein noch wenig standardisiertes disziplinäres Feld, die Ökologie, ein Instrument zur exakten Voraussage von populationsdynamischen Prozessen avant la lettre boten.

Der Entstehungszusammenhang der Gleichungen veranschaulichte, dass Lotka und Volterra mit unterschiedlichen Fragestellungen beschäftigt waren, deren Resultat (unter anderem) die Gleichungen waren. Volterra sah seine Mathematisierung als Angebot, fischereirelevante Fragen oder die natürliche Selektion formal zu beschreiben. Dem stand Lotkas Analogisierung zwischen chemischen Aggregaten und tierischen Populationen gegenüber, wofür das Differentialgleichungssystem ein anschauliches Beispiel war. Damit unterwandert diese Darstellung auch in gewisser Hinsicht Mertons klassische Vorstellung vom Zustandekommen von Mehrfachentdeckungen: Die Schnittmenge der gleichen intellektuellen und sozialen Kräfte, die eine Mehrfachentdeckung plausibilisieren kann, war bei Volterra und Lotka ausreichend, aber nicht gross. Das belegt auch die Visualisierung der Kurven, die bei Lotka stark geprägt war von rhythmischen und zyklischen Vorstellungen über die Vorgänge in der Natur. Dass dahinter eine Konzeption von Evolution stand, die schlecht mit derjenigen von Volterra vereinbar war, wird im nächsten Kapitel noch deutlicher werden. Wenn bisher die Spezifität im wissenschaftshistorischen Kontext und Genese sowie Gehalt der Gleichungen im Vordergrund stand, soll das nächste Kapitel darstellen, wie sie von den Urhebern in der Interaktion eingesetzt wurden. Das Kommunikationsinstrument Mathematik funktionierte dabei einwandfrei: Obgleich mit so unterschiedlichen Fragen beschäftigt, war offenkundig, dass ein identisches Konzept vorlag, weshalb eine Kontaktnahme über Fragen der Priorität unvermeidlich schien.

Kapitel 4

Handeln mit Formeln

Bei genauerem Hinsehen, so der Molekularbiologe Gunther S. Stent, unterscheiden sich die meisten so genannten Mehrfachentdeckungen erheblich. Dennoch fasse man sie zu einer Entdeckung zusammen, weil sie einen „semantic overlap" aufwiesen und in ein „congruent set of ideas" übersetzbar seien.[1] Bezogen auf das praktisch gleichzeitig und unabhängig voneinander formulierte Differentialgleichungssystem würde sich sogar die Übersetzung in ein Set von kongruenten Ideen erübrigen: Liegen von zwei verschiedenen Personen zwei identische Formalismen vor, die mathematisch korrekt sind und deren Terme auf dieselben Objekte referieren, dann bedarf es keiner weiteren semantischen Ausführungen, um über die Tatsache einer Mehrfachentdeckung zu befinden. In einem solchen Fall liesse sich auch genau sagen, wer als Erster den Formalismus publizierte, wodurch sich ein Prioritätenstreit erübrigte. Dies ist jedoch eine Aussensicht, welche in der Namensgebung „Lotka-Volterra-Gleichungen" ihren Ausdruck findet, aber mit der Innensicht der Urheber nicht unumwunden übereinstimmen muss. Dass die Vorstellung von den Mathematikern als „Allzeit unparteiliche Gemüther"[2] naiv wäre, hat die Literaturwissenschaftlerin Andrea Albrecht ausgeführt. Formale Richtigkeit zieht nicht automatisch eine „Kontroversenresistenz"[3] nach sich. Auch wenn die Mathematik für sich genommen wahr ist, bleiben dennoch genügend Punkte übrig, über die gestritten werden kann. Es geht dann um Ergebnisse, Methode und Verfahren[4] sowie die Kontextualisierung der Mathematik. Und hier ist der Ort der Prioritätsdiskussion. Denn erst dann, wenn sich zwei oder mehrere Urheber als Beiträger zu einem kollektiven Wissensbestand wahrnehmen, ist es überhaupt angezeigt, sich über Prioritäten zu streiten:

Prioritätsstreitigkeiten setzen voraus, dass individuelle Wissensproduzenten annehmen, wichtige Beiträge zum kollektiv betriebenen Fortschritt des Wissens zu leisten. Nur wenn dieser Zusammenhang wahrgenommen wird – wenn also der kollektive Produzent eine

---

[1] Stent, Gunther S.: „Prematurity and Uniqueness in Scientific Discovery", in: *Scientific American*, Dezember 1972, S. 84–93, hier S. 91.

[2] Albrecht, Andrea: „,Allzeit unparteiliche Gemüther'? Zur mathematischen Streitkultur in der Frühen Neuzeit", in: *Zeitsprünge. Forschungen zur Frühen Neuzeit* 15 (2011), Nr. 2/3, S. 282–311.

[3] Albrecht, Allzeit unparteiliche Gemüther?, S. 282.

[4] Albrecht, Allzeit unparteiliche Gemüther?, S. 286.

entsprechende Identität hat – ist es überhaupt nötig und sinnvoll, auf seiner Priorität zu bestehen.[5]

Wie führten Lotka und Volterra die Prioritätsdiskussion? Wie handelten sie mit ihren Gleichungen? Was haben die Urheber als kollektiven Wissensbestand, für den sie einen Beitrag leisten wollten, identifiziert, darin aber unterschiedliche Gewichtungen vorgenommen?

Lotka stand vor, während und nach der Publikation seiner ersten Monographie unter grosser Anspannung. Das zeigte sich, wie in Kapitel 2 erläutert, nicht nur daran, dass er bei Annahme der institutionellen und finanziellen Unterstützung durch Pearl und die Johns Hopkins University einen Verlust an Eigenständigkeit und Individualität befürchtete, sondern auch daran, dass er letztlich aus Angst, ihm könnte bei weiterem zeitlichen Aufschub des Buchvorhabens jemand zuvorkommen, das Stipendium antrat.[6] Die Möglichkeit paralleler wissenschaftlicher Errungenschaften beschäftigte ihn sogar so sehr, dass er dafür einen bibliometrischen Algorithmus entwickelte. Dieses Berechnungsinstrument erlaubt Aussagen über die wissenschaftliche Produktivität durch die Korrelation von Verfassern und Anzahl Artikel mit dem Ziel „to determine, if possible, the part which men of different calibre contribute to the progress of science".[7] Einerseits konnte Lotka damit zeigen, dass die Dichte der Artikelpublikation recht konstant ist, ohne dass eine qualitative Vorauswahl der Autoren eines Fachgebietes ins Gewicht fällt.[8] Andererseits berührte der Algorithmus die Frage, mit welcher Wahrscheinlichkeit ein Wissenschaftler, der zu einem gewissen Fachbereich eine gewisse Anzahl Artikel veröffentlichte, damit rechnen muss, dass eine andere Person für dasselbe Wissensgebiet die gleiche Anzahl von Texten beisteuert. Mit der Mehrfachentdeckung der populationsdynamischen Gleichungen sollte sich im Jahr der Publikation des bibliometrischen Algorithmus eine solche Koinzidenz ereignen.

Das erste Unterkapitel („Mit Argusaugen") illustriert Lotkas Beunruhigung rund um die Publikation seines Hauptwerks anhand einer Auswahl aus der umfangreichen Korrespondenz zwischen ihm und dem Verlag Williams & Wilkins. Es wird dargestellt, wie er die Bewerbung, den Verkauf und die Rezension der *Elements of Physical Biology* beobachtete und zu kontrollieren versuchte. Im zweiten Unterkapitel („Even certain of the details …") wird die Korrespondenz zwischen

---

[5] Gläser, Wissenschaftliche Produktionsgemeinschaften, S. 236.

[6] Kingsland, Modeling Nature, S. 35.

[7] Lotka, Alfred James: „The Frequency Distribution of Scientific Productivity", in: *Journal of the Washington Academy of Sciences* 16 (1926), Nr. 12, S. 317–323, hier S. 317.

[8] Lotkas Quellen für die Berechnung waren zum einen der Decennial Index of Chemical Abstracts (1907–1916), worin er die Häufigkeit der Nachnamen beginnend mit „A" und „B" und die Anzahl der Artikel zählte und zum anderen der Namensindex der Auerbach'schen Geschichtstafeln der Physik (Anfänge bis 1900), wo jedoch, wie Lotka erwähnte, nur die herausragenden Arbeiten aufgeführt würden, was zusätzlich einen qualitativen Aspekt transportiere.

Lotka und Volterra im Anschluss an den am 16. Oktober 1926 erschienenen Artikel des italienischen Mathematikers in *Nature* analysiert. In Anbetracht der identischen Mathematisierung eines Räuber-Beute-Modells, das ohne Nennung seiner Arbeiten publiziert wurde, ergriff Lotka die Initiative. Hinter dieser Aktion verbarg sich jedoch nicht prinzipiell eine Selbstbehauptung als (erster) Urheber der Gleichungen, wie Lotkas Stellungnahme gegenüber *Nature* vermuten liesse. Die Analyse des privaten Briefwechsels mit Volterra[9] wird zeigen, dass Lotka gleichzeitig erfreut war über die Möglichkeit, mit dem italienischen Physiker und Mathematiker zu korrespondieren, und versuchte, ihn für seine Sache zu gewinnen. Es gelang ihm jedoch nicht, eine inhaltliche Diskussion über die physikalische Biologie anzuregen. Ganz im Gegenteil, wie das dritte Unterkapitel beschreibt („Jede Menge Fische und die Evolution"), sie versuchten mit den Stichworten „Fischerei" und „Evolution" ihr Differentialgleichungssystem zu kontextualisieren und fachliche Gebietsansprüche zu markieren. Es wird deutlich werden, dass sie zu einer konkreten praktischen Anwendung ihrer Gleichungen in der Fischerei wenig zu sagen hatten und dass der jeweilige Bedeutungshorizont von Evolution gross und variabel und kaum kompatibel war. Trotz dieses Befunds hielt die Konkurrenzsituation auch nach der Erledigung der eigentlichen Prioritätsfrage an. Verschiedene Quellenarten illustrieren im vierten Unterkapitel („Das Unbehagen dauert an"), dass sich Volterra schwer tat, Lotka gebührend zu würdigen. Lotka wiederum füllte viele Seiten in Notizheften oder lose Blätter, worin er Volterras Gedanken rezipierte und scharf kritisierte, um die eigenen ins rechte Licht zu rücken. Weitere Publikationen belegen, dass sie parallel daran arbeiteten, ihre Gleichungen weiter zu elaborieren, genauer: das Zusammentreffen der beiden Arten differenzierter zu formalisieren. Diese inhaltlichen Fortschritte standen jedoch im Kontrast zur Unversöhnlichkeit, mit der sie sich beide, noch Jahre nach der Mehrfachentdeckung, über dieselbe zu äussern pflegten.

Mit Argusaugen

Von der Korrespondenz zwischen Lotka und dem Verlag Williams & Wilkins sind für den Zeitraum von 1924 bis 1930 annähernd 130 Briefe erhalten. Grob lassen sie sich zwei Themenbereichen zuordnen: Werbung und Verkauf des Buchs einerseits und mögliche Rezensenten bzw. erfolgte Rezensionen andererseits. Die folgende Darstellung von einzelnen Korrespondenzen erlaubt es, für die Phase

---

[9] Im Nachlass von Alfred James Lotka ist (soweit meine Durchsicht ergab) nur ein einziger Brief, derjenige vom 2.11.1926 von Lotka an Volterra, vollständig vorhanden; eine Seite als Durchschlag und zwei Seiten handschriftlich, siehe AJL-Papers, Box 31, Folder 9. Im Nachfolgenden stütze ich mich auf die Edition von Volterras Briefwechseln in: Israel / Gasca, Biology of Numbers.

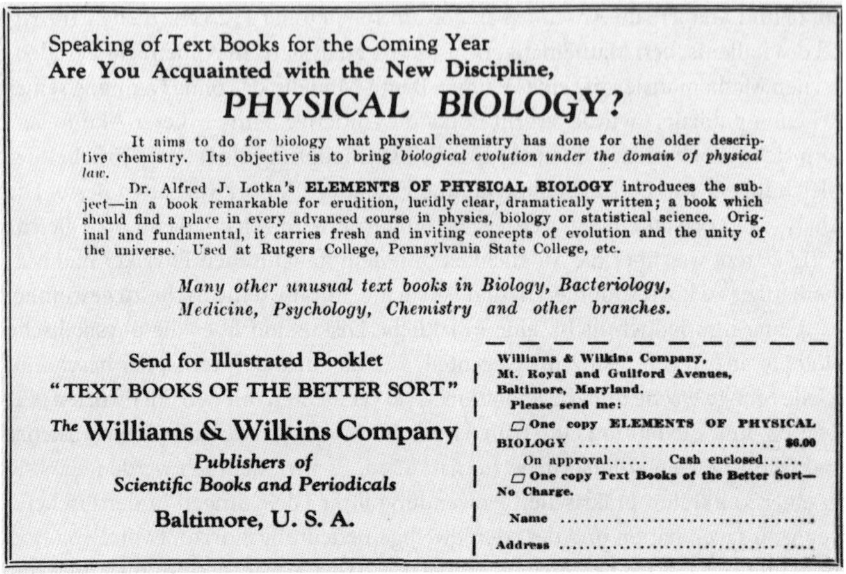

Speaking of Text Books for the Coming Year
Are You Acquainted with the New Discipline,

PHYSICAL BIOLOGY?

It aims to do for biology what physical chemistry has done for the older descriptive chemistry. Its objective is to bring *biological evolution under the domain of physical law.*

Dr. Alfred J. Lotka's **ELEMENTS OF PHYSICAL BIOLOGY** introduces the subject—in a book remarkable for erudition, lucidly clear, dramatically written; a book which should find a place in every advanced course in physics, biology or statistical science. Original and fundamental, it carries fresh and inviting concepts of evolution and the unity of the universe. Used at Rutgers College, Pennsylvania State College, etc.

Many other unusual text books in Biology, Bacteriology, Medicine, Psychology, Chemistry and other branches.

Send for Illustrated Booklet
"TEXT BOOKS OF THE BETTER SORT"

The **Williams & Wilkins Company**

Publishers of
Scientific Books and Periodicals

Baltimore, U. S. A.

Williams & Wilkins Company,
Mt. Royal and Guilford Avenues,
Baltimore, Maryland.
Please send me:
☐ One copy **ELEMENTS OF PHYSICAL BIOLOGY** **$6.00**
On approval...... Cash enclosed......
☐ One copy Text Books of the Better Sort—No Charge.

Name ....
Address ....

Abb. 5: Werbetext für Lotkas Monographie bei Williams & Wilkins
(Quelle: AJL-Papers, Box 13, Folder 3: Reviews, 1925–1949, ohne Datum).

rund um die Publikation von Lotkas Hauptwerk eine Art Psychogramm des Urhebers zu erstellen.[10]

Man kann vermuten, aber nicht abschliessend eruieren, inwieweit der Verfasser selbst die Formulierungen für Broschüren, Begleitschreiben und Affichen beisteuerte. Das Inserat (siehe Abbildung 5) nahm jedenfalls verschiedene Aspekte auf, welche Lotkas Intentionen, wie sie in Kapitel 2 erarbeitet wurden, widerspiegeln: Eine Innovation, eine neue Disziplin wird beworben. Die physikalische Biologie solle dasselbe für die Biologie leisten wie die physikalische Chemie für die Chemie. Hinweise auf „Belesenheit, Luzidität und dramatischen Schreibstil" des Autors bei der Präsentation fehlen nicht. Als wichtigster Aspekt wird das neuartige, ansprechende Konzept der Evolution und der Einheit des Universums herausgestellt. „A New Book Which Introduces a New Branch of Science" war auch die Überschrift einer sechsseitigen Broschüre, die das Buch anpries.[11]

Lotkas Sorge jedoch, dass der in Aussicht gestellte Ruhm und auch finanzielle Erfolg nicht ihm als Urheber der physikalische Biologie, sondern anderen, die Ähnliches erarbeitet oder ihn bei seinem Projekt unterstützt hatten, zufallen könnte, war gross. So betonte er gegenüber dem Verkaufsmanager von Williams &

---

[10] Vgl. auch Tanner, Publish *and* Perish, S. 156–160.
[11] AJL-Papers, Box 13, Folder 3, ohne Datum; vgl. auch die Wortwahl auf dem Schreiben, das dem Versand der Ansichtsexemplare beilag: Robert S. Gill, undated, AJL-Papers, Box 31, Folder 6.

Wilkins, dass er wenn immer möglich sicherstellen möge, das Buch für sich selbst sprechen zu lassen. Insbesondere war ihm ein Dorn im Auge, dass der Verlag das Stipendium von Pearl im Zusammenhang mit seinem Buch erwähnen wollte. Lotka bedauerte, dass er hier den Wünschen der Verleger nicht Folge leisten könne und erklärte sich: „I am quite opposed to the thought of placing myself under obligation for any sponsership. [...] my instincts are opposed to the expedient which you suggest. I trust that you will at least in some degree understand this feeling on my part.“[12] Dies mag auch der Grund gewesen sein, warum Pearl das gedruckte Werk nicht sofort erhielt. Einen Monat nach Erscheinen erinnerte der Verlag Lotka höflich daran, dass Pearl noch nicht im Besitz des Buchs sei, weshalb sie ihm abermals ein Exemplar zuschickten, welches er signieren und weiterleiten sollte.[13] Dennoch mag der zögerliche Versand des Buchs auch ein wenig erstaunen, denn Lotka genoss bei Pearl einen grossen Vertrauensvorschuss: Als Pearl Lotka ermunterte, an die Johns Hopkins University zu kommen, war er voll des Lobs gewesen und liess ihn wissen: „I think I know when a man has genius, and I also, I believe, fully realize how any thing that a university can do to aid the work of such a man is but meagre compensation for what he does for mankind.“[14] Nach Durchsicht des Manuskripts war er sehr zuversichtlich und traf auch den Arbeitgeber Lotkas, Louis I. Dublin, bei dem er sich über Lotkas Wohlergehen erkundigte.[15] Als die *Elements* einen Monat lang auf dem Markt waren, sagte Pearl dem Buch ein grosses Echo voraus: „I believe, as I have always told you from the beginning, it is going to make a wide and deep impression.“[16]

Schriftliche Reaktionen, die Lotka privat erreichten, bestätigten durchaus, dass seine Innovation wahrgenommen wurde. Der Assistant Professor Ira V. Hiscock (Yale University, Public Health) diskutierte mit anderen Akademikern Lotkas Buch und schrieb an den Autor: „I feel that you have rendered an important contribution to science.“[17] Von der Stanford University erhielt er Ermunterung in der Person von Alex Findley (Department of Chemistry), der betonte, wie sinnfällig die Widmung an Poynting sei und dass das Buch sowohl von Physikern wie von

---

[12] Brief von Lotka and Robert S. Gill, Verkaufsmanager von Williams & Wilkins, 3.1.1925, Box 12, Folder 6.

[13] Brief von Robert S. Gill an Lotka, 18.3.1925, AJL-Papers, Box 12, Folder 6.

[14] Brief von Pearl an Lotka, 18.4.1921, A.J. Lotka file, Raymond Pearl Papers, American Philosophical Society Archives, Philadelphia, zit. nach: Kingsland, Modeling Nature, S. 30.

[15] Brief von Pearl an Lotka, 30.3.1925, AJL-Papers, Box 12, Folder 5. (In Kontrast dazu steht ein Brief von Charles C. Thomas der Williams & Wilkins Company an Lotka vom 27.3.1926, worin er bedauerte, dass Lotka die Arbeit nicht befriedigend finde und an einen Wechsel denke, AJL-Papers, Box 32, Folder 6.)

[16] Brief von Pearl an Lotka, 30.3.1925, AJL-Papers, Box 12, Folder 5.

[17] Brief von Ira V. Hiscock an Lotka, 24.4.1925, AJL-Papers, Box 12, Folder 5; an ihn schickte Lotka offensichtlich ein Exemplar, siehe Brief von Robert S. Gill an Lotka, 4.1.1926, AJL-Papers, Box 31, Folder 6. Am 25.4.1925 antwortete Lotka, bedankte sich ausführlich und zeigte sich sehr erfreut, dass Hiscock eine Rezension für *Nation's Health* vorbereiten wolle, siehe AJL-Papers, Box 12, Folder 7.

Biologen geschätzt werden würde.[18] „I am sure that every thinking person who knows anything about Science must appreciate its aesthetic side", liess ihn Paul R. Heyl vom Bureau of Standards in Washington wissen.[19]

Dennoch trieb Lotka die Frage um, ob die Botschaft der Monographie auch bei den Rezensenten ankommen und richtig gewürdigt würde. Bereits vor Erscheinen des Buchs wurden mögliche Rezensenten diskutiert und Kontakte zum *Scientific American*, *The New York Tribune* und *The New York American* angedacht.[20] Ronald Ross bot an, eine Liste von valablen Personen durchzusehen. Aus einem Antwortbrief Lotkas an den englischen Mediziner gingen verschiedene Vorschläge von Rezensenten hervor, darunter ein gewisser Dr. G. Senter, der ihn von seinen Studententagen in Leipzig noch kennen könne.[21]

Für den Verlag stellte er eine Liste mit den Namen derjenigen Personen zusammen, die sein Buch bereits erhalten hatten oder noch erhalten sollten – je nach seinen Anweisungen mit oder ohne speziellen Gruss des Autors.[22] Aber er wog nicht nur persönliche Vertrautheit mit den anvisierten Personen gegen das mögliche Überreichen seines Buchs mit gedruckter Widmung ab, sondern stellte auch Überlegungen dazu an, mit welchen Personen es zum jetzigen Zeitpunkt besonders förderlich wäre, in Verbindung gebracht zu werden. Oder, negativ gewendet, mit welchen Wissenschaftlern er nicht assoziiert werden wollte. Bei J. B. S. Haldane, wie Lotka an den Verlag schrieb, würde er lieber auf die gedruckte Widmung verzichten, weil dieser gerade „Schlagzeilen gemacht" habe wegen einer Scheidung.[23] In Bezug auf den Ökonomen Irving Fisher war er sich nicht sicher, ob sich die Mühe lohnte, desgleichen mit den Herren Hartman (vom *Harper's Magazine*) oder Wiley, auf deren Meinung er letztlich nicht viel gab. Eigentlich, so kam er zum Schluss, seien Louis I. Dublin, Edwin W. Kopf, Alexander Findlay, Frederick G. Cottrell, George K. Burgess, Ronald Ross und Ira V. Hiscock die wichtigsten Kandidaten für eine Buchbesprechung. Bei einigen dieser Personen lässt sich eine berufliche oder inhaltliche Verbindung zu Lotka ausmachen: Dublin war aktuell Lotkas Vorgesetzter bei der Life Insurance Company, Kopf war ein Statistiker, der auch mit Dublin zusammen publizierte, Cottrell war zu der

---

[18] Brief von Alex Findley an Lotka, 2.4.1925, Box 12, Folder 5. Weitere Beispiele sind ein Brief des Statistikers Prescott, der zum „x-ten Mal" das sehr anregende Buch gelesen habe, und ein Brief von G. B. Pegram, eines Physikers an der Columbia University in the City of New York, der sehr gespannt sei auf alles, vgl. Brief von Ray B. Prescott an Lotka, 4.6.1926, AJL-Papers, Box 12, Folder 7; Brief von Pegram an Lotka, 9.3.1925, AJL-Papers, Box 12, Folder 5.

[19] Brief von Paul R. Heyl an Lotka, 25.9.1925, AJL-Papers, Box 12, Folder 7.

[20] Brief von Robert S. Gill an Lotka, 9.9.1924, AJL-Papers, Box 12, Folder 6. (Weiterer Brief zu diesem Thema: Lotka an Charles C. Thomas, 24.9.1924, AJL-Papers, Box 12, Folder 7.)

[21] Brief von Lotka an Ronald Ross, 4.4.1925, AJL-Papers, Box 12, Folder 7.

[22] Brief von Lotka an Robert S. Gill, 8.1.1925, AJL-Papers, Box 12, Folder 7.

[23] Brief von Lotka an Robert S. Gill, 8.1.1925, AJL-Papers, Box 12, Folder 7, Seite 1. Später hat er es sich offensichtlich anders überlegt und Haldane ein Exemplar samt persönlicher Widmung zukommen lassen; siehe Brief von Lotka an J. B. S. Haldane, 10.3.1925, AJL-Papers, Box 12, Folder 7.

Zeit Direktor des US Department of Agriculture in Washington (Fixed Nitrogen Research Laboratory) und arbeitete mit Burgess zusammen, den wiederum Lotka vom Bureau of Standards kannte, wo er selbst zwischen 1909–11 angestellt war, Ross' epidemiologische Arbeiten über die Malaria waren Lotka bestens bekannt.[24]

Unter den genannten Personen reagierte Kopf am schnellsten. In seiner Rezension von September 1925 hob er die breite fachliche Resonanz, die das Buch finden werde, hervor und lobte das „brilliante" und auch „rigorose" Vorgehen. Zudem betonte er, dass man sich glücklich schätzen könne, durch Lotka und dessen Verbindungen zu Poynting etwas von den „grossen Geistern" des letzten Jahrhunderts tradiert zu wissen.[25] Vermutlich nahm er mitunter auf Kopfs Kritik Bezug, als Lotka im September 1925 dem Verlag mitteilte, dass er mit zwei Rezensionen ganz zufrieden sei, wenn auch sie die Dinge nicht ganz so detailliert darstellten, wie er es gewünscht hätte.[26]

Ronald Ross wiederum machte ihn im Oktober 1925 auf eine anonyme Rezension der *Elements* in *Science Progress* aufmerksam[27] und bat bei dieser Gelegenheit um ein neuerliches Belegexemplar für eine eventuelle zweite Rezension in derselben Zeitschrift.[28] Während Lotka noch mit dem Verlag verhandelte, wie viele Exemplare an Ross geschickt und wer sie bezahlen sollte, sowie die Frage diskutierte, wie viele Rezensionen in derselben Zeitschrift sinnvoll wären[29], stellte sich heraus, dass die Buchbesprechung – deren Urheber mit grosser Wahrscheinlichkeit der Biometriker Arne Fisher war[30] – nicht begeisterte. Immerhin erwähnte der Kritiker wichtige Definitionen Lotkas und die grundlegende Wachstumsformel dieser „ambitious mechanical theory of evolution".[31] Dies aber, wie es schien, allein um deren Inhaltsleere zu behaupten: „Now, Dr. Lotka's theory of evolution seems, as far as it is verified at all by observation, to depend on the fact that certain collections of statistical data can be fitted by curves whose differential equations are of the same form as certain equations which describe

[24] Lotka an Gill, 8.1.1926, AJL-Papers, Box 12, Folder 7. Findlay war vermutlich Chemiker, Hiscock wirkte als Assistant Professor an der School of Medicine, Yale University.
[25] Kopf, Edwin W.: „Reviewed work: Elements of Physical Biology by Alfred J. Lotka", in: *Journal of the American Statistical Association* 20 (1925), Nr. 151, S. 452–456.
[26] Brief von Lotka an Charles C. Thomas, 18.9.1925, AJL-Papers, Box 12, Folder 7.
[27] Das lässt sich einem Brief von Lotka an Ross entnehmen, 15.10.1925, Box 12, Folder 7.
[28] Das kann man einem Brief von Lotka an Charles C. Thomas entnehmen, 15.10.1925, Box 12, Folder 7.
[29] Brief von Lotka an Charles C. Thomas, 15.10.1925, AJL-Papers, Box 12, Folder 7; Brief von Robert S. Gill an Lotka, 16.10.1925, AJL-Papers, Box 12, Folder 7; Brief von Lotka an Robert S. Gill, 20.10.1925, AJL-Papers, Box 12, Folder 7.
[30] Lotka hatte Fisher ein Exemplar zukommen lassen. Er beschwerte sich nach Erscheinen der Rezension beim Verlag über Fisher; Lotka an Robert S. Gill, 8.1.1926, AJL-Papers, Box 12, Folder 7.
[31] O. A.: „The Physics of Evolution (being a review of The Elements of Physical Biology)", in: *Science Progress* 20 (1925), S. 337–339, hier S. 337. Auffallend ist, dass der Rezensent bei der Inhaltsangabe des dritten Teils der *Elements* nicht die Überschrift Lotkas wählt („Dynamics"), sondern mehrfach „Energetics" nennt, vgl. hierzu ebd., S. 338.

irreversible changes in physics."[32] Ganz in diesem Sinne bestritt der Rezensent jegliche (gesetzhafte) Aussagekraft der Linien[33] und versah die Arbeit mit dem Attribut „ultra-speculative". Zwar verdiene die Masse an Wissen Bewunderung, suggestive Analogien würden jedoch inflationär gebraucht. Aber selbst das Lob für den breiten Wissenshorizont geriet sofort zum beiläufigen, wurde doch die Zeichnung Lotkas zum Schluss („Mon livre, c'est moi"[34]) beanstandet: Sie sei anmassend, wenn man sich vor Augen halte, dass der Autor zu einem Dutzend verschiedener Wissensbereiche von Physik bis Psychologie etwas zu sagen habe.[35]

Der Verlag liess Lotka wissen, dass solche Buchbesprechungen aus transatlantischen Animositäten entstünden, britische Kritiken von amerikanischen Büchern eine Tendenz hätten, „to ,damn with faint praise, assent with sullen leer'."[36] Mit derartigen Erklärungen fand sich Lotka selbstverständlich nicht ab und legte Ross nahe, dass es gegebenenfalls nötig sein würde, eine Stellungnahme zu veröffentlichen, „in order to prevent a wider spread of the same misunderstanding".[37] Ross bedauerte, dass die Kritik seinen Geschmack nicht getroffen habe, konnte Lotkas Unmut aber nicht ganz nachvollziehen. Ihm scheine der anonyme Rezensent dem Werk gut gesinnt gewesen zu sein, und überhaupt gehe er davon aus, dass eine kritische Auseinandersetzung nicht schaden könne: „In my opinion, the more these matters are thoroughly discussed, the better for science."[38]

Im gleichen Zeitraum, im Herbst 1925, erschien sie dann endlich, die erwartete und auch gefürchtete Besprechung von Pearl. Sie fiel sehr knapp aus, weil gleich vier Bücher in einem Aufwasch rezensiert wurden: ein „masterpiece" eines Cytologen, eine „tremendously painstaking review" zur Literatur über die organismischen Strukturveränderungen, ein populäres Buch über generelle Biologie und eben Lotkas *Elements*.[39] Zwei davon, erwähnte Pearl, seien „of first class importance", die anderen eher nützlich in unterschiedlichen Sphären und liess offen,

---

[32] O. A.: The Physics of Evolution, S. 339.

[33] O. A.: The Physics of Evolution, S. 339.

[34] Vgl. die Ausführungen in Kapitel 2.

[35] O. A.: The Physics of Evolution, S. 339. Der anonyme Rezensent vergleicht Lotka hier mit Francis Bacon, der gesagt habe „[I] have taken all knowledge to be my province", siehe Francis Bacon an William Cecil, 1st Baron Burghley, in: Spedding, James / Robert L. Ellis / Douglas D. Heath (Hg.), *The Works of Francis Bacon: Baron of Verulam, Viscount St. Alban, and Lord High Chancellor of England*, Bd. 8. New York u. a.: Hurd and Houghton 1870, hier S. 109.

[36] Brief von Robert S. Gill an Lotka, 22.10.1925, AJL-Papers, Box 12, Folder 7.

[37] Brief von Lotka an Ronald Ross, 11.1.1926, AJL-Papers, Box 12, Folder 10.

[38] Brief von Ronald Ross an Lotka, 29.6.1926, AJL-Papers, Box 12, Folder 7.

[39] Pearl, Raymond: „Some Recent Biological Texts", in: *Biologia Generalis* 1 (1925), Nr. 3/4/5, S. 1–4; auch in: AJL-Papers, Box 13, Folder 2, Box 13, Folder 3. Die anderen Bücher: Wilson, Edmund B: *The Cell in Development and Heredity* (3. verbesserte und erweiterte Auflage), New York: The Macmillan Co. 1925; Jackson, C. M: *The Effects of Inanition and Malnutrition upon Growth and Structure*, Philadelphia (P. Blakiston's Son & Co.) ca. 1925; Hogben, Lancelot T. / Frank R. Winton: *An Introduction to Recent Advances in Comparative Physiology*, New York: The Macmillan Co. 1924.

welches Buch er welcher Kategorie zuordnete.[40] Den Hauptanteil der Besprechung der *Elements* machte die blosse Wiedergabe von Kapitelüberschriften aus, im restlichen Text spurte Pearl die Bahnen der Rezeption kräftig vor:

Some of what Lotka has to say is of profound significance to the general philosophy of biology. Unfortunately it will not be appreciated by most biologists, because they will not only be unable technically to follow the mathematics, but also will be fundamentally opposed in certain respects to the general modes of reasoning followed. But there is growing up a younger generation of biologists especially in England and America, quite as much at home in mathematical matters as the physicist is, and it is by this group, in the main, that Lotka's book will be critically judged.[41]

Pearl sollte mit dieser Einschätzung in gewisser Weise Recht bekommen. Er erkannte die Unzeitgemässheit des Buchs, was auch die posthume Wiederauflage in einem veränderten Kontext bestätigen sollte (siehe auch die Ausführungen in Kapitel 5). Aus der Sicht von Lotka jedoch überliess mit Pearl ein bekannter Wissenschaftler das Urteil über die *Elements of Physical Biology* der Nachwelt. Und er machte hier eine Erfahrung, die sich noch einmal wiederholen sollte (siehe weiter unten bzgl. Wilson): Der Tonfall in der privaten Korrespondenz musste sich nicht unbedingt mit demjenigen decken, der von derselben Person in einer Rezension gewählt wurde.

Eine Rezension gefiel Lotka. William A. White (St. Elizabeth Hospital) widmete Lotkas Buch acht Seiten in der *Psychoanalytical Review*. Nicht nur zitierte er ausführlich aus Lotkas Vorlage, sondern setzte den Schwerpunkt auch anders als die bisherigen Rezensenten: „It is when he comes to the discussion of consciousness that his material becomes of immediate interest."[42] Wo andere Lotkas Argumentation schon längst nicht mehr folgten, hob White dessen Fähigkeit, die Dinge neu zu denken, hervor.[43] Der Holismus Lotkas präsentierte sich für White als eine Bewusstseinstheorie, die in den Relationen zwischen den Dingen erst aufscheine, woraus unbedingt eine Verantwortung „with all animate creation" folgen müsse.[44] Lotka bedankte sich persönlich beim Rezensenten.[45] Ebenfalls

---

[40] Pearl, Some Recent Biological Texts, S. 1.

[41] Pearl, Some Recent Biological Texts, S. 2.

[42] White, William A.: „Special Review: Physical Biology", in: *Psychoanalytical Review* 12 (1925), Nr. 12, S. 323–330, hier S. 326.

[43] White, Special Review, S. 327.

[44] White, Special Review, S. 328 f.

[45] Brief von Lotka an William A. White, 25.6.1926, AJL-Papers, Box 12, Folder 7. Lotka scheute gleichfalls keinen Aufwand, in ausführlichen Briefen auf Kritiken, die ihn direkt oder indirekt erreichten, zu antworten. So legte er Dr. O. L. Reiser des Department of Philosophy der Ohio State University dar, was man über die Wahrscheinlichkeit der Entwicklung komplexer Organismen ohne Annahme einer höheren Kraft sagen könne, oder rechtfertigte gegenüber Prof. I. S. Falk des Department of Hygiene and Bacteriology an der University of Chicago, dass die Bezugnahme auf die Ross'schen Malaria-Gleichungen durchaus Sinn hatte; vgl. Brief von Lotka an O. L. Reiser, 9.4.1925, AJL-Papers, Box 12, Folder 7; Brief von Lotka an I. S. Falk, 15.7.1925, AJL-Papers, Box 12, Folder 7.

wohlwollend war ein anonymer Schreiber in *Nature*, der betonte, Biologen und Mathematiker würden gleichermassen viel Anregendes in dem Buch finden.[46]

Die ursprünglich ausführliche Liste seiner Wunschrezensenten änderte Lotka im Jahre 1926 ab und verkürzte sie auf drei Namen: Dr. Briggs (Bureau of Standards) sei seines Wissens die einzige Person, welche die Physik auf biologische Themen angewandt habe; Edwin B. Wilson von der Harvard University hege dieselben Ideen ("of course, approaches the same idea") und F. G. Cottrell sei ein physikalischer Chemiker mit weitem Horizont ("physical chemist of broad mind"), weshalb sie geeignet seien – "exceptionally fitted to review my book".[47] Diese optimistische Sicht war jedoch begleitet von einer Befürchtung, die er gegenüber seinem zeitweiligen Co-Autor und Freund Francis S. Sharpe im gleichen Zeitraum äusserte: "I realize that the problem of finding a reviewer familiar with all the phases of the work touched on may be a matter of some difficulty."[48] Als Lösung schwebte Lotka vor, dass der Rezensent nicht das ganze Feld abdecken müsste. Entscheidend sei, wie er den Verkaufsmanager wissen liess, dass die oben genannten Personen "at the psychological moment" kontaktiert würden.[49]

Bei Edwin B. Wilson, dessen Rezension 1927 in *Science* erschien, hatte dies, trotz aller Vorkehrungen und Korrespondenzen[50], offensichtlich nicht im Sinne von Lotka geklappt. Anhand von *The Fitness of Environment*, *Winnie the Pooh*, *Die Ausdehnungslehre* und *Oedipus Tyrannus* wollte Wilson in seiner Rezension veranschaulichen, dass es unmittelbar erfolgreiche Bücher gebe, andere, die zu ihrer Zeit nicht verstanden und weitere, die sofort begeistert aufgenommen, aber erst begriffen würden, wenn sich in der Wissenschaft neue Perspektiven aufgetan hätten.[51] Zu welcher Gattung Lotkas "Physical Biology" gehöre, könne man jetzt

---

[46] O. A.: „Review: (untitled)", in: *Nature* 116 (1925), Nr. 2917, S. 461; vgl. auch AJL-Papers, Box 13, Folder 3. Weitere, in dieser Darstellung nicht berücksichtigte Rezensionen: O. A.: „(Review)", in: *The British Medical Journal* 1 (1926), Nr. 3413, S. 948; Carmichael, R. D.: „Review: (untitled)", in: *The American Mathematical Monthly* 33 (1926), Nr. 8, S. 426–428; Bohn, Georges: „Lotka (Alfred J.), Elements of Physical Biology (Review)", in: *Revue générale des sciences pures et appliquées* 37 (1926), S. 217 f.; vgl. auch AJL-Papers, Box 13, Folder 2.

[47] Brief von Lotka an Gill, 26.2.1926, AJL-Papers, Box 12, Folder 7.

[48] Brief von Lotka an F. R. Sharpe, 17.2.1926, AJL-Papers, Box 12, Folder 7.

[49] Brief von Lotka an Gill, 26.2.1926, AJL-Papers, Box 12, Folder 7.

[50] Lotka hatte selbst, mit Unterstützung des Verlags, die Rezension von Wilson in *Science* angeregt, dies aber auf derart insistente Art, dass er dem Vorwurf ausgesetzt war, eine Rezension erzwingen zu wollen. Siehe hierzu: Brief von Lotka an Charles C. Thomas, 22.9.1925, AJL-Papers, Box 12, Folder 7; Brief von Lotka an Robert S. Gill, 28.10.1925, AJL-Papers, Box 12, Folder 7. Am 9. November 1925 wendete sich Lotka an die Herausgeber von *Science*, um nach Platz für eine Rezension zu fragen; Lotka an J. McKeen Cattell, Editor, *Science*, 9.11.1925, AJL-Papers, Box 12, Folder 7; für die Begeisterung des Verlags vgl. Brief von Lotka an Charles C. Thomas, 23.11.1925, AJL-Papers, Box 12, Folder 7; am 14. Juli 1926 fragte Lotka bei den Editoren von *Science* nach, Brief von Lotka an Cattell, AJL-Papers, Box 12, Folder 7. Vom 29. September 1926 ist ein Brief von Lotka an Cattell überliefert, worin er sich gegen die Interpretation, er wolle eine Rezension erzwingen zur Wehr setzte, AJL-Papers, Box 12, Folder 7.

[51] Wilson, Edwin B.: „Review: (untitled)", in: *Science (New Series)* 66 (1927), Nr. 1708, S. 281 f., hier S. 281.

noch nicht sagen, wobei es zu bezweifeln sei, dass es sofort in den Kanon der wissenschaftlichen Literatur finden werde. Charakteristisch für das Buch sei, dass es eher mathematische Biologie darstelle als physikalische:

> There seems to be in the book almost none of the sort of thinking that a physicist does. I do not particularly object to the author's choice of a name for his book; it is all right if you understand it; I am merely trying to point out that what some might expect to find under the name is conspicuous by its absence.[52]

Lotka schien in dieser Phase nicht in alle aktuellen Diskussionen eingeweiht zu sein. Er erhoffte sich in der Person von Wilson von einem ,grossen Namen' Anerkennung, der aber gerade mit Pearl in Streit lag. Wilson war mit dessen Interpretation der logistischen Kurve nicht einverstanden und konnte Pearls Stil nicht ausstehen. Im Grunde ging es bei diesem Streit um die Frage, ob die von Pearl angewandte Kurve jegliches biologisches Wachstum erklären könne.[53] Oder, noch allgemeiner formuliert, ob die Mathematik einen festen Ort in Populationsprognosen hat, wovon Pearl überzeugt war. Wilson hingegen hielt diesen Standpunkt für „Shamanistic".[54] Eine ungünstige Ausgangssituation, um eine positive Kritik vonseiten Wilsons zu erhalten.

Lotkas allgemeiner Aktivismus stand in starkem Kontrast zu den Auskünften des Verlags betreffs der Verkaufszahlen. Schon wenige Wochen nach Erscheinen des Buchs Ende Februar 1925[55] liess Williams & Wilkins Lotka wissen: „The book ist doing very well."[56] Überhaupt schien der Verlag sehr angetan und vermeldete:

> „it has been one of our very great pleasures to develop THE ELEMENTS OF PHYSICAL BIOLOGY with you. I think that one of the very worth while things that we have done is to publish your book, and I am looking forward to its being made known to a substantial group of readers.[57]

Dennoch wuchsen Lotkas Bedenken über Verkauf und Aufnahme des Buches einmal derartig an, dass er sogar anerbot, zum Hauptsitz des Verlags in Baltimore zu reisen, um Werbemassnahmen zu besprechen. Darin wiederholte sich ein Aktivitätsmuster, das Lotka bereits vor Drucklegung entwickelt hatte. Mehrere Briefe zeugen davon, wie er gewillt war, alles, was das Werbematerial betraf –

---

[52] Wilson, Review, S. 282.

[53] Auf dieses Thema komme ich in Kapitel 5 abermals zu sprechen.

[54] Kingsland, Modeling Nature, S. 87–93, für das Zitat S. 88. Von 1923 an beschäftigte sich Wilson mit „vital statistics" in Harvard und geriet mit Pearl in Konflikt. Kingsland beschreibt ausführlich, wie Wilsons Antipathie (und dann auch Pearls) sich über die Jahre hinweg steigerte.

[55] Ein Brief von Anfang Februar 1925 stellte die fertig gebundenen Bücher in Bälde in Aussicht; Brief von Charles C. Thomas an Lotka, 5.2.1925, AJL-Papers, Box 12, Folder 6.

[56] Handschriftlich eingefügte Notiz in einem Brief von Charles C. Thomas an Lotka, 23.3.1925, AJL-Papers, Box 12, Folder 6.

[57] Brief von Charles C. Thomas an Lotka, 17.3.1925, AJL-Papers, Box 12, Folder 6 (Hervorhebung im Original).

Schriftsetzung, Zeitpunkt der Distribution, Zitationen von anderen Autoren – zu kontrollieren.[58] Bei diesem Ansinnen drückte er sich nicht immer diplomatisch aus und unterstellte dem Verlag ein dilettantisches Vorgehen bei der Bewerbung seines Werks und suggerierte, dass die Handlungen des Verlags wiederum unvorteilhaft auf die Wahrnehmung der Monographie zurückwirken könnten. Der Verlagsmanager antwortete indigniert:

> I would point out to you, however, that I believe your fears as to exaggerated statements are quite unfounded. There is as much difference in our advertising of the book and the advertising the Charlatan does for his as there is between the book itself and the production of the Charlatan. Men of science are sufficiently intelligent and quite sufficiently in touch with affairs in general to be able to recognize this difference. I think the fact is that it is over the heads even of most scientists.[59]

Vorwurfsvoll appellierte er an die Differenzierungsfähigkeit eines (echten) Wissenschaftlers und verschob die Problematik auf die Komplexität des Buchs. Der Verlagsmanager würde zwar die Unterstützung Lotkas beim Verfassen eines Verkaufstextes schätzen, ihn aber inständig bitten wollen, diesen nicht zu lange und halb so kompliziert wie gewohnt ausfallen zu lassen. Trotz des mitunter unwirschen Tonfalls stellte sich der Verlag unumwunden hinter das Buch: „The point that I am trying to make is that you seem to feel that the book is going very badly. On the contrary I think it is doing extremely well, all things considered."[60] Dies belegten auch die Absatzzahlen, welche der Verlag als ziemlich gut einstufte: „Among the first of our entire group" rangiere seine Monographie, teilte der Verkaufsmanager des Verlages, Robert S. Gill, 1926 mit.[61]

Eine ganze Reihe von Auszügen über die Tantiemen findet sich in Lotkas Nachlass.[62] Halbjährlich rapportierte der Verlag die Zahlen, die belegten, dass sich das Buch im Erscheinungsjahr über 400 Mal verkaufte, während weitere 200 Exemplare Ende 1925 noch zur Ansicht zirkulierten. Im Jahr 1926 wurden über 220 Verkäufe registriert, um dann zwischen 1927 und 1930 bei jährlich circa 140 Exemplaren zu stehen zu kommen, wobei man im zweiten Halbjahr 1929 durch eine Preisreduktion zusätzliche 150 Exemplare absetzen konnte.[63] 1941 waren

---

[58] Brief von Lotka an Robert S. Gill, 11.10.1924, AJL-Papers, Box 12, Folder 7; Brief von Lotka an Robert S. Gill, 7.9.1926, AJL-Papers, Box 31, Folder 6.

[59] Brief von Robert S. Gill an Lotka, 19.8.1926, AJL-Papers, Box 31, Folder 6.

[60] Brief von Robert S. Gill an Lotka, 19.8.1926, AJL-Papers, Box 31, Folder 6.

[61] Brief von Robert S. Gill an Lotka, 3.3.1926; AJL-Papers, Box 31, Folder 6.

[62] AJL-Papers, Box 12, Folder 8 und Box 32, Folder 6. Der Verkaufspreis lag zwischen 6.90 $ und 5 $ das Stück; siehe AJL-Papers, Box 13, Folder 3.

[63] Für das erste Halbjahr 1932 wurden 13 Verkäufe protokolliert; für Januar bis Juni 1934 verzeichnete der „Royalty Report" 24 Stück, als Vergleich im Jahre 1927 von Januar bis Juni 240 Exemplare; vgl. hierzu AJL-Papers, Box 31, Folder 6. Der Preisabschlag von 6 $ zu 2.95 $ ist in AJL-Papers, Box 13, Folder 3 dokumentiert. Von 1936 an kostete das Stück 2.50 $, 1937 wurden 36 Stück verkauft, 35 im Jahr 1938 und 23 im Jahr 1939, siehe hierzu Brief von Gill an Lotka, 29.2.1940, AJL-Papers, Box 12,

von der anfänglichen Auflage von 2400 Stück bis auf ein paar Dutzend alle auf-
gekauft, aber der Verlag nahm immer noch ab und an eine Bestellung entgegen.[64]
Mit dieser Bilanz war Williams & Wilkins äusserst zufrieden, denn normalerweise
würde man, wie Lotka mitgeteilt wurde, von Büchern dieser Sparte nur eine Auflage von 1500 drucken.[65]

Die Anerkennung des Verlags, der im gleichen Zeitraum die Idee eines zweiten
Buchs begrüsste[66], wie auch die guten Verkaufszahlen und privater Zuspruch
reichten nicht aus, um Lotka zu beschwichtigen. So konnte ihn auch die Nachricht
Anfang 1927, dass *Elements of Physical Biology* unter den 37 von der American
Library Association auserwählten besten Büchern des Jahres 1926 firmiere[67],
nicht beruhigen. Ganz im Gegenteil. Lotka muss auf diese Neuigkeit hin derartig in Hektik verfallen sein, dass ihn die Verleger noch am selben Tag wissen
liessen, dass die American Library Association ihre definitive Liste frühestens
am 11. Januar veröffentliche, weshalb es sich nicht zieme, vorgängig bereits die
Namen zu nennen.[68]

Diese kleine letzte Anekdote unterstreicht noch einmal den Aktivitätsüber-
schuss Lotkas in der Publikationsphase seiner ersten Monographie: Zu einer
grundlegenden Anspannung gesellte sich eine motivierte Betriebsamkeit und ein
Kontrollwille, der teilweise übers Ziel hinausschoss. Gleichzeitig war er jederzeit
bereit, die Hoffnung auf gute Resonanz gegen Resignation und Zerknirschtheit
einzutauschen. Diese ambivalenten Stimmungslagen waren kontinuierlich von
Ärger darüber begleitet, dass die Physiker als Rezensenten ausblieben.[69] Lotka
wird hier zu einem schönen Beispiel einer historischen Studie von Wissenschaft,
„als ob diese", wie der Wissenschaftshistoriker Steven Shapin ironisch in seinem
Buchtitel schrieb, von Menschen mit Körpern und Emotionen, die um Glaubwür-
digkeit und Autorität streiten, produziert würde.[70]

Folder 8. Von circa 1940 an erhielt Lotka keine Tantiemen mehr, siehe Lotka an Williams & Wilkins, 27.2.1940, AJL-Papers, Box 12, Folder 8.
[64] Brief von Robert S. Gill an Lotka, 30.3.1935, AJL-Papers, Box 12, Folder 8; Brief von Robert S. Gill an Lotka, 12.3.1941, AJL-Papers, Box 12, Folder 7.
[65] Brief von Robert S. Gill an Lotka, 30.3.1935, AJL-Papers, Box 12, Folder 8.
[66] Brief von Charles C. Thomas an Lotka, 17.1.1927, AJL-Papers, Box 31, Folder 6.
[67] Brief von Charles C. Thomas an Lotka, 5.1.1927, AJL-Papers, Box 31, Folder 6. Vgl. auch das gedruckte Zirkular des Verlags, AJL-Papers, Box 13, Folder 3; Williams & Wilkins führte Lotkas Werk auch unter den „Sales Leaders" im Werbematerial auf, vgl. ebd.
[68] Brief von Robert S. Gill an Lotka, AJL-Papers, 5.1.1927, AJL-Papers, Box 31, Folder 6. Die Liste desselben Jahres enthält auch so bekannte Namen wie John Dewey und Alfred N. Whitehead, vgl. AJL-Papers, Box 16, Folder 1.
[69] In einem Brief an den Physiker Merritt an der Cornell University beklagte Lotka, dass die Physiker nicht zu seinem Publikum zählten; vgl. Brief von Lotka an Ernest Merritt, 1.3.1927, zit. in: Kingsland, Modeling Nature, S. 34.
[70] Shapin, Never Pure.

„Even certain of the details are remarkably alike ...“:
Der Briefwechsel zwischen Lotka und Volterra

In dieser rund um die Publikation für Lotka sehr angespannten Situation fiel besonders ins Gewicht, dass Volterra Ende 1926 ein identisches Konzept veröffentlichte in Unkenntnis seiner Arbeiten. Auf zweieinhalb Seiten fasste Volterra für *Nature* unter dem Titel *Fluctuations in the Abundance of a Species Considered Mathematically*[71] seinen ausführlichen, vorgängig auf Italienisch erschienenen Text[72] (siehe Kapitel 3) zusammen. Durch den kurzen Artikel, gewissermassen das Destillat von 80 Seiten der mathematischen Erforschung von tierischen Populationen, wurde Lotka auf ihn aufmerksam und nahm umgehend mit ihm und dem Herausgeber von *Nature* Kontakt auf.

Mit Lotka und Volterra kamen am Jahreswechsel 1926/27 zwei sehr unterschiedlich aufgestellte Wissenschaftler in Kontakt. Lotka war zur Zeit des Briefwechsels in der Position des Supervisor of Mathematical Research bei der Life Insurance Company engagiert. Volterra hatte schon einige Höhepunkte seiner akademischen Karriere hinter sich. Nach dem Studium der Physik und Mathematik schloss er 1882 in Pisa die Doktorarbeit über Hydrodynamik ab[73], um im Alter von 23 Jahren am selben Ort als Professor für Mechanik engagiert zu sein. Für die gleiche Position wurde er 1892 zunächst nach Turin geholt, von 1900 an bekleidete er eine Professur für mathematische Physik in Rom. Seine grössten Leistungen innerhalb der Mathematik werden mit Begriffen wie „Volterra systems, Volterra series, Volterra operators, Volterra kernels, and Volterra functionals“ geehrt.[74] Nebst Aufsätzen zu Ballistik, Elastizität, Rotation und anderen physikalischen Problemen waren die Differentialgleichungen Volterras Spezialgebiet. Bekannt ist er aber nicht nur für seine Forschung innerhalb der Mathematik, sondern auch für seine wissenschaftsorganisatorischen Tätigkeiten. Er erweckte die Italienische Physikalische Gesellschaft zu neuem Leben und machte zusammen mit anderen Mathematikern Einsteins Relativitätstheorie in Italien bekannt; er war Mitglied (ab 1899) und Präsident der Accademia dei Lincei (1923–26) und Mitbegründer des Consiglio Nazionale delle Ricerche[75], was ihm in der Rückschau den Über-

---

[71] Volterra, Fluctuations in the Abundance of a Species.

[72] Volterra, Variazioni e fluttuazioni.

[73] Whittaker, Sir Edmund: „Vito Volterra, 1860–1940“, in: *Obituary Notices of Fellows of the Royal Society of London* 3 (1941), S. 691–729, hier S. 692 f.

[74] Goodstein, Judith R.: *The Volterra Chronicles. The Life and Times of an Extraordinary Mathematician, 1860–1940*, Providence, RI: American Mathematical Society 2007 (History of Mathematics Bd. 31), S. 1.

[75] Goodstein, The Volterra Chronicles, S. 1–3. Die Accademia dei Lincei wurde 1603 in Rom gegründet; der Consiglio ist ein nationales Förderinstrument für Naturwissenschaften. Zu Volterras wissenschaftsorganisatorischer Arbeit vgl. Simili, Raffaella (Hg.): *Scienza, tecnologia e istituzioni in europa. Vito Volterra e l'origine del Cnr*, Rom: Laterza 1993 (Biblioteca di Cultura Moderna 1037); Lin-

namen „Mr. Italian Science"[76] eintrug. Seine internationalen Kontakte reichten von Paris über London und St. Petersburg bis in die USA, die Schweiz und nach Schweden.[77] Zur Zeit der Publikation der Gleichungen war Volterra zudem Präsident der International Commission for the Scientific Exploration of the Mediterranean, ein Amt, das durch sein Engagement für das Comitato Talassografico Italiano (gegründet 1909), welches die italienische Ozeanographie international zu positionieren vermochte, sinnfällig war.[78] Seine nationale und internationale wissenschaftsorganisatorische Arbeit zeichnete der Versuch aus, Wissenschaft mit Ökonomie und Politik zu verbinden, der Spezialisierung entgegenzuwirken und Italien in wissenschaftlicher Hinsicht international zu öffnen. In Zusammenhang mit letzterem Aspekt ist auch die Association for Intellectual Cooperation zu sehen, welche Volterra nach dem Ersten Weltkrieg mitbegründete.[79]

So vielversprechend die wissenschaftliche Aufbauarbeit Volterras und anderer (jüdischer) Kollegen zwischen 1880 und 1920 war, so gründlich wurde diese durch den italienischen Faschismus und die nationalsozialistische Rassepolitik vernichtet. Die bekannte Accademia dei Lincei beispielsweise war seit 1925 Zielscheibe einer pro-faschistischen Wissenschaftspolitik gewesen.[80] Zwischen 1926 und 1928 enthob man Volterra seiner Ämter als Präsident der Accademia, des Consiglio Nazionale delle Ricerche und der International Commission for the Scientific Exploration of the Mediterranean.[81] Er blieb zwar Senator (Senato del Regno), wodurch er statuarisch geschützt war, stand jedoch seit jener Periode unter polizeilicher Überwachung.[82] Seine politischen Überzeugungen gab er auch nicht im Jahre 1931 auf, als von sämtlichen Fakultätsmitgliedern der Loyalitätseid auf die faschistische Diktatur Mussolinis eingefordert wurde, wodurch er auch seine Professur verlor.[83] Volterras reger Briefwechsel mit vielen namhaften

---

guerri, Sandra: *Vito Volterra e il comitato talassografico italiano. Imprese per aria e per mare nell'Italia Unita (1883–1930)*, Firenze: Leo S. Olschki 2005; zu seiner wissenschaftlichen Arbeit vgl. Accademia Nazionale dei Lincei (Hg.): *Convegno internazionale in memoria di Vito Volterra*, Rom 1992 (Rom, 8.–11. Oktober 1990); Paoloni, Giovanni / Raffaella Simili: „Vito Volterra and the Making of Research Institutions in Italy and Abroad", in: Roberto Scazzieri / dies. (Hg.), *The Migration of Ideas*, Sagmore Beach, MA: Science History Publications 2008, S. 123–150.

[76] Goodstein, The Volterra Chronicles, S. 3.

[77] 1904 wurde er ins Institut de France, 1908 in die Imperial Academy of St. Petersburg, 1910 in die Royal Society of London aufgenommen; siehe hierzu Paoloni / Simili, Volterra and the Making of Research Institutions, S. 127 f., 137.

[78] Paoloni / Simili, Volterra and the Making of Research Institutions, S. 129.

[79] Paoloni / Simili, Volterra and the Making of Research Institutions, S. 129 und 133.

[80] Goodstein, Judith R.: „The Rise and Fall of Vito Volterra's World", in: *Journal of the History of Ideas* 45 (1984), Nr. 4, S. 607–617, hier S. 612.

[81] Paoloni / Simili, Volterra and the Making of Research Institutions, S. 140 f.

[82] Guerraggio, Angelo / Giovanni Paoloni: *Vito Volterra*, Berlin / Heidelberg: Springer Verlag 2010 (erstmals Rom 2008), S. 128.

[83] Goodstein, The Rise and Fall, S. 615. Für einen genaueren Nachvollzug der Jahre 1925 bis 1932 siehe Paoloni, Giovanni (Hg.): *Vito Volterra e il suo tempo (1860–1940)*, Rom 1990 (Mostra storico-

Wissenschaftlern während den 1920er und 1930er Jahren spricht dafür, dass er weiterhin gut vernetzt war, auch wenn er in Italien fortan nicht mehr unterrichten konnte. Ob sich diese Korrespondenz nach seiner Zwangsemeritierung intensivierte und deshalb auch als Kompensation für eine zunehmende Isolation zu bewerten ist, kann nicht abschliessend entschieden werden.[84] Jedenfalls unterhielt er auch viele Kontakte ins Ausland, und es war ihm erlaubt zu reisen. Volterra verstarb 1940 in Rom.

In der Sekundärliteratur wird in Anbetracht von Volterras mathematischen Beiträgen zur Biologie aus dem Jahre 1926 oftmals erwähnt, dass er bereits in seiner Antrittsvorlesung in Rom davon sprach, die Mathematik auf die „biologischen und sozialen Wissenschaften" anzuwenden.[85] Er formulierte damals kein eigenes Forschungsprogramm, aber vertrat eine dezidierte Meinung über die gangbare Methode, dies Ziel zu erreichen: Sein Fach besitze für diese interdisziplinäre Aufgabe ein „strumento mirabile e prezioso" – ein wunderbares und kostbares Instrument.[86] Die Mathematik, ganz klassisch[87], hielt Volterra für den Schlüssel zu den versteckten Geheimnissen des Universums, entwickelt von den klügsten Köpfen, die je gelebt hatten; sie sei das passende Mittel, die disparaten Resultate in einer umfassenden Synthese unter Zuhilfenahme nur weniger Symbole zu vereinen.[88] Idealerweise stellte er sich messbare Gegenstände vor, wovon Gesetze abgeleitet und wodurch Hypothesen wiederum überprüft werden konnten. So entstünde ein rigoros-logisches Wissenschaftsgebäude, das dann den Test auf die Realität zu bestehen hätte. Kurz, derart habe man eine Wissenschaft mit mathematischem Charakter vor sich: „ecco, nei più brevi termini possibili, riassunto il nascere e l'evolversi di una scienza avente carattere matematico."[89] Um dieses Ziel zu erreichen, schlug Volterra die Infinitesimalrechnung vor, weil sich deren Resultat immer von vergangenen Zuständen ableite.[90]

---

documentaria), S. 163–182, darin finden sich Briefwechsel zwischen Volterra und Akademie-Mitgliedern / Kollegen zur Zeit des italienischen Faschismus.

[84] Für erste Hinweise vgl. Israel / Gasca, The Biology of Numbers, S. 58.

[85] So zum Beispiel in Borsellino, A.: „Vito Volterra and Contemporary Mathematical Biology", in: Claudio Barigozzi (Hg.), *Vito Volterra Symposium on Mathematical Models in Biology*, Berlin / Heidelberg / New York: Springer Verlag 1980, S. 410; Israel, Contribution of Volterra and Lotka, S. 42.

[86] Volterra, Vito: „Sui tentativi di applicazione delle matematiche alle scienze biologiche e sociali" (erstmals in: Annuario della R. Università di Roma, 1901–02, S. 3–28), in: Ders., *Opere matematiche. Memorie e note, volume terzo: 1900–1913*, Rom: Accademia Nazionale dei Lincei 1957, S. 14–29, hier S. 15.

[87] Vgl. Roux, Sophie: „Forms of Mathematization", in: *Early Science and Medicine* 15 (2010), S. 319–337, hier S. 319.

[88] Die Stelle lautet im Original: „Il matematico si trova in possesso di uno strumento mirabile e prezioso, creato dagli sforzi accumulati per lungo andare di secoli dagli ingegni più acuti e dalle menti più sublimi che sian mai vissute. Egli ha, per così dire, la chiave che può aprire il varco a molti oscuri misteri dell'Universo, ed un mezzo per riassumere in pochi simboli una sintesi che abbraccia e collega vasti e disparati risultati di scienze diverse." Volterra, Applicazione delle matematiche, S. 15.

[89] Volterra, Applicazione delle matematiche, S. 18.

[90] Volterra, Applicazione delle matematiche, S. 19 f.

Für den weiter unten analysierten Text Volterras von 1926 zur Mathematisierung von Populationskonkurrenz ist es besonders interessant zu sehen, welche Kapazitäten er bei seiner Antrittsvorlesung anderen Fachbereichen bei diesem interdisziplinären Mathematisierungsprojekt zutraute bzw. nicht zutraute. Was die Frage nach Tendenzen, Wettbewerb, Limiten und Gleichgewichten betrifft, so entdeckte er eine Ähnlichkeit zwischen Mechanik und Ökonomie:

> Wenn jemand, der die Mechanik pflegt, etwas weiter blickt, wird er gewahr, dass sich wie in seiner Wissenschaft genau so auch in der Ökonomie alles auf ein Zusammenspiel von Tendenzen und Limitierungen reduziert, wobei die letzteren die ersteren beschränken, was Spannungen verursacht. Daraus resultiert bisweilen ein Gleichgewicht, manchmal eine Bewegung, also eine Statik und eine Dynamik in der einen wie in der anderen Wissenschaft.[91]

Die Biologie hingegen, so Volterra, stecke noch in den Kinderschuhen und ihre Resultate kämen im Gewande der mathematischen Analogie oder der Statistik daher, was aber auch verständlich sei, wenn man nicht mehr darauf zähle, sämtliche physikalische Phänomene durch einen einfachen Mechanismus erklären zu können.[92] Die Geometrie und die Biometrie würden tendenziell in die richtige Richtung weisen.[93] In der Reihe vielversprechender wissenschaftlicher Ansätze erwähnte Volterra, wenn auch mit Vorsicht, die Energetik:

> Zusätzlich hinzuweisen auf die Hoffnungen, vielleicht auch die Träume der zukünftigen Anwendung von anderen Methoden, ähnlich derjenigen der Energetik zum Beispiel, die den Test in den Sozial- oder Biologiewissenschaften noch nicht bestanden haben, würde mich zu weit von meinem gewählten Terrain wegführen.[94]

Ein Vierteljahrhundert nach seiner Antrittsvorlesung verhalf Volterra der Biologie auf die Sprünge. Im kurzen Artikel in *Nature* nahm er auf kleinstem Raum die Gelegenheit wahr, Ziel, Zweck und Methode der Mathematisierung einer biologischen Frage zu beschreiben: „A consideration of biological associations, or

---

[91] Volterra, Applicazione delle matematiche, S. 20 (Übersetzung A.T.). „Se il cultore della meccanica procede innanzi, si accorge, che tanto nella sua scienza che in quella economica tutto si riduce ad un giuoco di tendenze e di vincoli, questi limitanti l'azione delle prime, che per reazione generano delle tensioni. Da questo insieme nasce talora l'equilibrio, talora il moto, d'onde una statica ed una dinamica e nell'una e nell'altra scienza."

[92] Volterra, Applicazione delle matematiche, S. 22 f.

[93] U.a. nannte er die Arbeiten von Schiaparelli als Beispiel für die Geometrie, weil er mit seiner Vorstellung von fixen Punkten und elastischen Kräften die Evolution erklären wollte; Pearson habe es aufgegeben, einen Mechanismus der Vererbung zu finden, sondern suche nach einer mathematischen Relation zwischen einem bestimmten Vorfahren und einem Nachkommen; ausserdem werden Galton und Quételet als Vorbilder genannt, durch deren Arbeiten sich die Nebel um die Konzepte Vererbung und Selektion gelichtet hätten; Volterra, Applicazione delle matematiche, S. 23–26.

[94] Volterra, Applicazione delle matematiche, S. 28 (Übersetzung A.T.). Die Stelle im Original: „L'accennarvi ancora le speranze, forse i sogni dell'avvenire coll'impiego di altri metodi, simili per esempio a quelli energetici, non ancora tentati in modo positivo nelle scienze sociali e biologiche, mi condurrebbe fuori del terreno in cui desidero rimanere." Volterra schloss seinen Vortrag mit dem „Wunsch" ab, dass die Strahlen des „glänzenden italienischen Geistes" immer leuchten mögen.

of the mutual interactions between two or more species associated together, has led me to certain mathematical results which may be set forth as follows."[95] Zwei Fälle betrachtete er, wovon uns der erste bestens bekannt ist: Eine Art ernährt sich von einer anderen. Die Integrale der zwei Differentialgleichungen – die nicht formal notiert werden – veranschaulichen die Funktionen mit gleichen Perioden, aber versetzten Phasen. Die interdependenten Zyklen der beiden Arten nannte Volterra Fluktuationen, „a process which may be called the ,fluctuation of the two species'."[96]

Davon leitete Volterra auch die bereits bekannten Regeln ab: I) Die Fluktuationen der zwei Arten sind periodisch, bloss abhängig von den Koeffizienten für Zunahme und Dezimierung sowie von den Ausgangsgrössen der Arten. II) Die Mittelwerte der beiden Arten tendieren zu konstanten Werten, solange die Koeffizienten für Zunahme und Abnahme sowie die Koeffizienten für Schutz und Angriff konstant bleiben. III) Wenn man die Individuen beider Arten gleichmässig und proportional zu ihrer Zahl reduziert, dann steigt der Mittelwert der „eaten species", während der Mittelwert der „eating species" abnimmt.[97] Das dritte von ihm so genannte Gesetz hob Volterra besonders hervor und verlieh ihm unter Berufung auf zwei – unterschiedlich bekannte – Autoritäten zusätzliches Gewicht:[98] Den deskriptiven Beleg dafür fand er in Charles Darwins Beobachtung, dass die Populationsbegrenzung nicht so sehr von den vorhandenen Ressourcen abhängig sei als vielmehr davon, ob eine Art Feinde habe. In *On the Origin of Species* sei analog der dritten Regel beschrieben, wie die gleichmässige Reduktion von Beute und Raubtier nicht etwa zu einer Abnahme der Beutetiere führe, sondern sie – auf lange Sicht – bevorteile. Die empirische Bestätigung derselben Gesetzmässigkeit sah er in den statistischen Studien seines Schwiegersohns.[99]

Verborgen in dieser Regelhaftigkeit war die Frage nach der Überfischung. Denn das Gesetz funktioniert nur bis zu einem gewissen Limit der gleichmässigen Reduktion der zwei Populationen. Volterra verwies auf dieses Optimierungsproblem und postulierte, dass es nun herauszufinden gelte, bis zu welchem Grad man die konkurrierenden Arten gleichmässig reduzieren, also ökonomisch verwerten könne, ohne die beiden auszurotten und gleichzeitig die höchsten Zuwachsraten zu erreichen. Im Anschluss daran spielte Volterra alle möglichen Fälle der je für

---

[95] Volterra, Fluctuations in the Abundance of a Species, S. 558.

[96] Volterra, Fluctuations in the Abundance of a Species, S. 558.

[97] Die so genannten „laws" sollten sich an den Figuren ablesen lassen: Law I und Law II an Fig. 2 und Law III an Fig. 1; vgl. Volterra, Fluctuations in the Abundance of a Species, S. 558 f.

[98] Volterra, Fluctuations in the Abundance of a Species, S. 559.

[99] Wir haben in Kapitel 3 gesehen, dass D'Ancona die Fischverkaufszahlen vor, während und nach dem Ersten Weltkrieg in Bezug auf die angebotenen Arten analysierte. Da konnte er feststellen, dass während des Ersten Weltkriegs und Ausbleibens der regelmässigen Befischung die Raubfische von dieser Situation profitierten. Umgekehrt heisst das, dass bei gleichmässiger Befischung die Beutetiere profitieren können.

eine Art vorteilhaften oder schädlichen Varianten durch (d.h. er wählte verschiedene Werte für die Ausgangsgrössen der Populationen und errechnete bzw. antizipierte den Kurvenverlauf). Die verschiedenen Fälle wertete er im Hinblick auf ihre evolutionäre Bedeutung aus:

All such cases can be classified in distinct types, and in each of these it is possible to follow the numerical variations of the two species by the help of formulae, or of diagrams to correspond. It is easy to see from these diagrams *which species is winning in the struggle for existence, and which of them is in process of extinction.*[100]

Die zweite von Volterra angekündigte Betrachtung betraf die „biological associations" – irgendeine Anzahl von Arten – im generellen. Er unterschied zwei Typen von biologischen Gemeinschaften, den konservativen und den dissipativen. Für den Fall mit drei Arten auf einer Insel – Pflanze, Herbivor und Carnivor – konnte Volterra aufzeigen, inwiefern die formale Unterscheidung in konservative und dissipative biologische Gemeinschaften sinnvoll war: Konservativ bedeutete für Volterra, dass die Reduzierung der einen Art einen direkten Zuwachs für die fressende Art nach sich zieht. Der Carnivor ist, konservativ betrachtet, durch den Herbivor von der Menge der Pflanzen abhängig. Wenn zu wenige Herbivoren vorhanden sind, stirbt er aus, während die Populationen der Pflanze und Pflanzenfresser mit periodischen Fluktuationen beschreibbar sind. Die Pflanzen allein müssen aber als dissipative Gemeinschaft betrachtet werden, weil sie sich auf der Insel nicht grenzenlos vermehren können. Dissipative Assoziationen zeigen demnach Fluktuationen, die sich langsam abschwächen oder aber asymptotisch verlaufen. Je nach biologischer Vorgabe würde das eine oder das andere Modell verlangt. Die prognostizierte Relevanz dieser Erkenntnisse bezog Volterra auf statistische Erhebungen, konkrete Fischvorkommen, fischereipolitische Implikationen, Darwins Beschreibung von Konkurrenz, den Kampf ums Dasein, die Medizin und die Epidemiologie.[101] Mit einem Satz, der der Hoffnung auf Anschlussstudien Ausdruck verlieh, beendete er seinen Beitrag: „Seeing that a great number of biological phenomena are characteristic of *associations* of species, it is to be hoped that this memory may receive further verification and may be of some use to biologists."[102]

Lotka reagierte postwendend. Nicht nur hatte er sofort gesehen, dass sich seine und Volterras Forschung ähnlich waren und eine identische Graphik verwendet wurde, sondern auch, dass der italienische Mathematiker keinerlei Vorarbeiten erwähnte. An *Nature* schickte er eine Stellungnahme und an Volterra ein Exemplar seines Buchs samt Brief: „j'ai traité le même problème par des méthodes alliées au[x] votres."[103] Er fügte hinzu, dass er geradezu glücklich über die Tatsache sei, bei

---

[100] Volterra, Fluctuations in the Abundance of a Species, S. 558 (Hervorhebung im Original).
[101] Volterra, Fluctuations in the Abundance of a Species, S. 560.
[102] Volterra, Fluctuations in the Abundance of a Species, S. 560 (Hervorhebung im Original).
[103] Lotka an Volterra, 2.11.1926, ed. in: Israel/Gasca, The Biology of Numbers, S. 280.

Volterra auch die allgemeinen Gleichungen mit mehr als zwei Arten vorzufinden. Der restliche Inhalt des Briefes ist im Gestus gehalten, Volterra für ein grösseres Projekt zu gewinnen. Zum einen deklarierte Lotka das übergreifende Ziel seiner ganzen Monographie: „Le but que je m'étais posé dès le commencement de mon enquête est de trouver une expression définitive pour la direction du processus de l'évolution."[104] Zum anderen führte er in wenigen Zeilen eine Handvoll anderer Wissenschaftler auf, welche sein Ansinnen auf unterschiedliche Weise unterstützten: Mac Mahon und den Begriff „evolution potential", Ronald Ross' Studien über Malaria[105] und die charakteristischen Gleichgewichtszustände, Herbert Spencer und William Stanley Jevons und den Begriff einer „valeur économique".[106] Vor diesem Hintergrund, so Lotka, sei ihm nun klar geworden, dass der Kern der Sache in den Energietransformatoren liege: Es gehe um die Dynamik eines Systems. Mit diesen Überlegungen, die ihm „ganz unfreiwillig" bei der Lektüre von Volterras Text eingefallen seien, hoffte er, Volterras Interesse zu wecken.

Volterra antwortete im Monat November zwei Mal. Im ersten Brief (damals lag ihm auch Lotkas Zuschrift an *Nature* vor) bedankte er sich für die „importante opera" und bedauerte, Lotkas Buch nicht eher gekannt und dementsprechend auch nicht zitiert haben zu können.[107] Dieses „schmerzliche Versäumnis" wolle er wiedergutmachen, wenn sein Aufsatz abermals gedruckt werde. Im zweiten kurzen Brief wurde Volterra etwas konkreter und merkte an, dass er jetzt erst sehe, dass sie eine gleiche Frage behandelt hätten: „Non mi era noto quanto si trova nella p. 90, da quale ora soltanto ricavo che una delle questioni da Lei trattate ed una di quelle che ho svolto nelle mie memorie coincidono."[108] Mit grösster Sorgfalt („con tutta la cura") werde er nun Lotkas Buch studieren, an dem er die grosse Quantität an Informationen aus unterschiedlichsten Sachgebieten schätze.[109]

---

[104] Lotka an Volterra, 2.11.1926, ed. in: Israel/Gasca, The Biology of Numbers, S. 281.

[105] Zusammen mit Francis R. Sharpe veröffentlichte Lotka mehrere Artikel über Malaria, worin sie die Gleichungen von Ross weiterentwickelten. Vor allem hoben sie auf die Formalisierung einer Malaria-Epidemie insgesamt ab und nicht nur auf die Gleichgewichte, wie dies Ross tat; ebenso analysierten sie die zeitliche Verzögerung, die sich durch die Inkubationszeit der Parasiten ergibt; hierzu siehe Kingsland, Modeling Biology, S. 102. Vgl. Lotka, Analysis of Malaria Epidemiology I, Lotka, Analysis of Malaria Epidemiology II; Lotka, Analysis of Malaria Epidemiology III; Lotka/Sharpe, Analysis of Malaria Epidemiology IV.

[106] Jede von diesen Spuren zu verfolgen, würde zu weit führen. Im Zuge der vorliegenden Arbeit kommen aber Ross und Spencer zur Sprache. Für erste Anhaltspunkte zur inhaltlichen Verbindung zwischen Jevons und Lotka vgl. Kingsland, Sharon E.: „Economics and Evolution. Alfred James Lotka and the Economy of Nature", in: Philip Mirowski (Hg.), *Natural Images in Economic Thought. „Markets Read in Tooth and Claw"*, Cambridge: Cambridge University Press 1994, S. 231–246.

[107] Volterra an Lotka, ohne Tag, November 1926; ed. in: Israel/Gasca, The Biology of Numbers, S. 282.

[108] Volterra an Lotka, ohne Tag, November 1926; ed. in: Israel/Gasca, The Biology of Numbers, S. 282.

[109] Volterra an Lotka, ohne Tag, November 1926, ed. in: Israel/Gasca, The Biology of Numbers, S. 282.

Lotka seinerseits weitete im nächsten ausführlichen Schreiben vom 1. Dezember 1926 den Rahmen der Ähnlichkeiten bedeutend aus. Hatte er zuerst von „demselben Problem" gesprochen, das er mit „verwandten Methoden" behandelt hätte („le même problème par des méthodes alliées"), so deutete er diese Parallelität nun als Zeichen für die in den wichtigsten Zügen kongruierende Forschung diesseits und jenseits des Atlantiks: „Even certain of the details are remarkably alike, I would like to think that this is a sign that we are moving in the right direction."[110] Dies schrieb er, nachdem er in der Zwischenzeit Volterras über 80 Seiten langen italienischen Text von 1926 mit dem Titel „Variazioni e fluttuazioni del numero d'individui in specie animali conviventi" zur Kenntnis genommen hatte.[111] Bei der Lektüre nun war dem Versicherungsstatistiker in New York eine weitere Verbindung zwischen seiner und Volterras Arbeit aufgefallen, nämlich die Mathematisierung des Zusammentreffens zweier Arten: „I believe that there is the starting point for some further developments."[112] In dieser Frage gehe es nicht nur um die Begegnungen der Arten, die man in Analogie zu den Kollisionen von Gasmolekülen definiere, sondern vielmehr spielten noch andere Mechanismen wie die Sinnesorgane und besondere Fähigkeiten der Organismen eine Rolle. Diese Aspekte zu mathematisieren, bringe wohl einen hohen Grad an Idealisierung und Konventionalisierung mit sich, was jedoch in der ersten Phase „of this very new science" nötig sei.[113] Überhaupt sei es angebracht – wenn man Fortschritte machen wolle –, dass man mit bescheidenen und grosszügig vereinfachten Beispielen anfange. Eine Ansicht, von der er annahm, dass Volterra sie teile: „From your monograph it appears to me that you entertain somewhat similar thoughts. Naturally, I should be greatly interested in a[n] expression of your views."[114]

Lotka sprach also die Notwendigkeit an, über die Thermodynamik hinauszudenken. Für dieses Anliegen sah er in Volterra und dessen Formalisierungen einen Mitstreiter. Nicht wissen konnte er, dass bereits ein Brief aus Italien unterwegs war, während er diese Zeilen schrieb. In dem einzigen längeren Schreiben nahm Volterra eine Position ein, der er keine weiteren Ausführungen mehr folgen liess: „j'ai compris la voie que vous avez suivie pour obtenir les équations dans le cas de deux espèces. C'est l'analogie du cas biologique avec la question chimique qui vous a guidé."[115] Er selbst distanzierte sich in aller Deutlichkeit von einer Analogie

---

[110] Lotka an Volterra, 1.12.1926, ed. in: Israel / Gasca, The Biology of Numbers, S. 285.

[111] Volterra, Variazioni e fluttuazioni. Dieser Text lag dem Vergleich für die Genese der Lotka-Volterra-Gleichungen in Kapitel 3 zugrunde. Wie Lotka im nachfolgenden Brief vom 13. Dezember 1926 schrieb, habe er durch das intensive Lesen eine gewisse Gewandtheit im Verständnis des Italienischen erreicht.

[112] Lotka an Volterra, 1.12.1926, ed. in: Israel / Gasca, The Biology of Numbers, S. 284.

[113] Lotka an Volterra, 1.12.1926, ed. in: Israel / Gasca, The Biology of Numbers, S. 285.

[114] Lotka an Volterra, 1.12.1926, ed. in: Israel / Gasca, The Biology of Numbers, S. 285.

[115] Volterra an Lotka, 20.11.1926, ed. in: Israel / Gasca, The Biology of Numbers, S. 283.

zur Chemie: „Pour ma part j'ignorais la question chimique".[116] Im Zuge seiner Beschäftigung mit der Arbeit von D'Ancona[117] habe er ebendiese Gleichungen aufgestellt, ein „concept des rencontres des individus" etabliert und den generellen Fall von *n* Arten behandelt. Auch die davon abgeleiteten drei Regeln stellte Volterra in einen fischereipolitischen Kontext: „je tâche d'obtenir les conditions les plus avantageuses pour la pêche."[118]

Wohl räumte er eine gewisse Überraschung darüber ein, dass sie beide in einem einzigen Fall auf dasselbe mathematische Resultat gekommen seien, umso mehr, als sie von ganz unterschiedlichen Gesichtspunkten an die Sache herangegangen seien: „Il est bien singulier que travaillant d'une manière indépendante partant de points de vue différents nous avons abouti dans le cas de deux espèces, aux mêmes équations."[119] Auch sprach er eine Vielzahl von Lotkas thematischen Interessen an, eine Stellungnahme dazu blieb jedoch aus: „Vous qui vous avez des idées si vastes et qui avez approfondi un domaine si étendu vous pouvez obtenir là dessus des résultats d'une grande portée. C'est ce que je vous souhaite de tout mon coeur."[120]

Lotka wollte sich durch Volterras Reaktionen seine Hoffnungen auf einen neuen Wissenschaftszweig nicht trüben lassen. Es mutet fast schon demütig an, wie er in seinem letzten Brief an Volterra bereit war, die guten Wünsche aus Italien zu memorieren und sie als Zuspruch und Motivation – die ihm eigentlich schon fast abhandengekommen waren – für sich zu deuten:

Your letter of November 20th has given me great pleasure. It has very definitely encouraged me to renew the work were I left off and try to push it further. I am inclined to think I see my way to further advances. Your very kind interest and good wishes are of material assistance to me in renewing my energies on a topic in which there has not always been much encouragement for my work and in which I had almost come to feel that I would not be able to do much more hereafter, but I feel differently since reading your letter.[121]

---

[116] Volterra an Lotka, 20.11.1926, ed. in: Israel/Gasca, The Biology of Numbers, S. 283. Die Sekundärliteratur widerspricht dieser klaren Aussage von Volterra: Israel und Kingsland betonen, dass sich Volterra für die „method of encounter", d. h. die Formalisierung des Zusammentreffens zweier Arten einen abgeschlossenen Gascontainer mit kollidierenden Molekülen vorgestellt habe; vgl. Kingsland, Modeling Nature, S. 110; Israel, Emergence of Biomathematics, S. 488 (jeweils ohne Angabe von Quellenorten). Bei meiner Lektüre ist mir die Analogie zum Gascontainer nicht begegnet. Offenkundig ist jedoch, dass Lotka und Volterra mit der Vorstellung einer Dichte von Populationen arbeiteten, woraus eine mehr oder weniger grosse Wahrscheinlichkeit des Zusammentreffens geschlossen werden kann. Dass man sie auf diese Interpretation beschränkte, hat aber vielmehr mit der Rezeption als mit den Originaltexten zu tun; vgl. hierzu auch Israel/Gasca: „Mathematical Theories versus Biological Facts. A Debate on Mathematical Population Dynamics in the 30s", in: Dies., The Biology of Numbers, S. 1–54, hier S. 52.

[117] Volterra an Lotka, 20.11.1926, ed. in: Israel/Gasca, The Biology of Numbers, S. 283.

[118] Volterra an Lotka, 20.11.1926, ed. in: Israel/Gasca, The Biology of Numbers, S. 283.

[119] Volterra an Lotka, 20.11.1926, ed. in: Israel/Gasca, The Biology of Numbers, S. 283.

[120] Volterra an Lotka, 20.11.1926, ed. in: Israel/Gasca, The Biology of Numbers, S. 284.

[121] Lotka an Volterra, 13.12.1926, ed. in: Israel/Gasca, The Biology of Numbers, S. 285 f. Anfang Dezember hatte Lotka bereits angeboten, den Wortlaut seiner Stellungnahme in *Nature* Volterras Wünschen anzupassen: „I trust that my brief note to Nature which the Editor tells me is submitting to

Der gleichzeitige Abdruck der Stellungnahmen von Lotka und Volterra in der ersten Januarausgabe von *Nature* 1927 stand am offiziellen Endpunkt der Bereinigung der Prioritätsfragen.[122] Anders als in den privaten Briefen statuierte Lotka[123] eingangs klar seine Priorität:

With regard to Prof. Volterra's interesting article [...] I may be permitted to point to certain prior publications on the subject, of which Prof. Volterra seems to be unaware. The general theory as well as a number of special cases have been set forth in „Elements of Physical Biology" [...].[124]

Die Prioritätsbehauptung bezog sich auf die generelle Theorie wie auf eine Reihe von Spezialfällen. Anschliessend dokumentierte Lotka ganze elf Stichworte mit Seitenangaben aus den *Elements* (u. a. Oszillationen, Anwendung in Fischerei, Darwin, Parasitologie, Formalisierung mit einer dritten Art[125]) und betonte damit mit Nachdruck, dass Volterra in ganz verschiedener Hinsicht Grund gehabt hätte, ihn zu zitieren. Zugleich lässt sich diese inhaltliche Aufzählung als ein eigentlicher Auswahlkatalog verstehen, um Gemeinsamkeiten von amerikanischen und italienischen Forschungskontexten zu fixieren.

In Volterras Replik erkennen wir seine bereits in den Briefen bezogene Position wieder: „To conclude, I recognize the existence of some common points in Dr. Lotka's work and my own, in which he has priority, but my work and his diverge in all the rest."[126] Schnittpunkte identifizierte Volterra in den Differentialgleichungen für zwei Arten und im identischen Diagramm der Integrale, welches die Periodizität im Falle der kleinen Fluktuationen aufzeige.[127] Darin anerkannte Volterra Lotkas Vorreiterrolle und entschuldigte sich für die Unkenntnis seiner Arbeiten: „In this I recognize his priority and am sorry not to have known his work, and therefore not to have been able to mention it."[128] Seine Eigenleistung sah er im Beitrag zur Meeresfischerei. Hierzu habe er als Erster Gesetze formuliert, welche die Kalkulation eines maximalen Fischerei-Ertrages erlaubten. Im Weiteren nahm er für sich die Begründung der generellen Theorie für das Verhalten nicht nur von

---

you may meet with your approval; but if there is anything about it that does not please you I shall, of course, be only too glad to comply with your desires in the matter." Siehe Lotka an Volterra, 1.12.1926, ed. in: Israel / Gasca, The Biology of Numbers, S. 285.

[122] Auch Israel spricht nicht von einem eigentlichen Streit, sondern vielmehr von Fragen um die Priorität, vgl. Israel, Giorgio: „Le equazioni di Volterra e Lotka: una questione di priorità", in: Oscar Montaldo / Lucia Grugnetti (Hg.), *Atti del Convegno su „La storia delle matematiche in Italia"*, Cagliari 1982, S. 495–502.

[123] Lotka an The Editor of *Nature*, 29.10.1926, AJL-Papers, Box 12, Folder 7. Dieser Brief wurde unverändert abgedruckt.

[124] Lotka, Alfred James: „Letter to the Editor", in: *Nature* 119 (1927), Nr. 2983, S. 12.

[125] Lotka, Letter to the Editor, S. 12.

[126] Volterra, Vito: „Letter to the Editor", in: *Nature* 119 (1927), Nr. 2983, S. 12 f., hier S. 13.

[127] Volterra, Letter to the Editor, S. 12.

[128] Volterra, Letter to the Editor, S. 12. Ebenfalls hielt Volterra fest, dass er die Arbeiten von Ronald Ross nicht gekannt habe.

zwei zusammenlebenden Arten, sondern auch von *n* Arten in Anspruch. Diese
Priorität strich er als Kernstück seiner Publikation heraus: „I think that the study
of the general case of the covivence of *n* different species […] and laws of fluctua-
tion which form the essential and the greatest part of my memory, is absolutely
new."[129] Damit gestand Volterra nur begrenzte Ähnlichkeiten zwischen seiner
und Lotkas Arbeit zu. Auf die erwähnte Liste von Lotka mit weiteren inhaltlichen
Parallelitäten ging er nicht im Detail ein: „The other observations mentioned in
the above letter refer to points which I have not treated".[130]

In Volterras Rhetorik war die Fischerei sein inhaltlicher Ansporn und die ver-
wandtschaftliche Verbindung zu einem Meeresbiologen seine inhaltliche Quelle.
Er erledigte die Prioritätsfragen professionell und eindeutig: Erst liess er sich
Zeit mit der Lektüre von Lotkas Buch, um dann eine unmissverständliche Antwort zu formulieren, die er nicht mehr modifizierte. Bezüglich des Formalen
gestand er Lotka die Priorität zu (die Mathematisierung im Falle zweier Arten
und die Darstellung davon) und stellte im ganzen Rest (Methode, Kontext) eine
Differenz zu den Arbeiten des ihm bislang unbekannten Naturwissenschaftlers
her. In diesem Sinne erwies sich Volterra tatsächlich als kontroversenresistent.
Aus der Sicht von Lotka erkennen wir aber in den von ihm vermuteten inhaltlichen Schnittmengen einerseits seinen Enthusiasmus über die Möglichkeit einer
Kooperation und andererseits die Verschiebung der Prioritätsdiskussion auf die
Kontextualisierung der Mathematik. Dies tat Lotka jedoch nicht, um Dissonanz,
sondern um Kongruenz herzustellen. In den aufgezählten Ähnlichkeiten verbar-
gen sich nur vordergründig weitere Prioritäten. Darin steckte natürlich auch die
Möglichkeit, Volterras Forschungsbeitrag unter einen neuen zukunftsträchtigen
Ansatz – den Lotka initiiert hatte – zu subsummieren. Auf solche Suggestionen
liess sich Volterra überhaupt nicht ein: Lotkas Ausführungen und Anregungen
zum Weiterdenken über den Prozess der Evolution, der Dynamik des Systems, der
Verbindungen mit Epidemiologie und Ökonomie fanden sich in keiner Weise in
Volterras Antworten, sei es privat, sei es öffentlich, gespiegelt.[131]

Jede Menge Fische und die Evolution

Es wurde deutlich, dass die Koinzidenz der identischen Differentialgleichungssysteme unbestritten war. Was jedoch die Methode und das Ziel der Mathemati-

---

[129] Volterra, Letter to the Editor, S. 12 f.

[130] Volterra, Letter to the Editor, S. 12.

[131] Nach der Prioritätsdiskussion sind vom privaten Briefwechsel nurmehr zwei Dankesschreiben
von Lotka an Volterra überliefert; diese deuten darauf hin, dass sich die beiden Wissenschaftler
ihre jeweils neuesten Publikationen zusandten; vgl. Lotka an Volterra, 23.1.1927 (oder 1928) und
19.1.1931, ed. in: Israel / Gasca, Biology of Numbers, S. 287 f.

sierung anbelangte, so divergierten die Ansichten der Urheber stark. Volterra insistierte in diesem Zusammenhang auf fundamentalen Differenzen, Lotka hingegen versuchte die Parallelanstrengungen hervorzuheben. Beide versuchten damit, den Wert und die Nützlichkeit ihres Differentialgleichungssystems für ganz bestimmte Wissensfelder zu reservieren. Zentrale Stichworte hierzu waren Fischerei und Evolution. Die nachfolgende Analyse ihrer Innovationsbehauptungen soll zwei Aspekte verdeutlichen: Erstens den mitunter rhetorischen Charakter der Besetzung dieser Wissensfelder, der im Kontrast stand zur konkreten Anwendbarkeit der Gleichungen. Und zweitens, dass sie unter Evolution gar nicht dasselbe verstanden.

Volterra präsentierte sich in seinem *Nature*-Text als Mathematiker, der durch das Differentialgleichungssystem populationsrelevante Regeln offerierte, die es Entscheidungsträgern erlauben sollten, die Erträge der Fischerei zu optimieren. Gleich viermal verwendete Volterra in einem Brief an Lotka den Begriff „Fischerei", um seine Leistungen in diesem Feld mit Nachdruck zu untermauern.[132] Dass Lotka ebenfalls die Fischerei thematisiert habe, stellte er in Abrede, sprach ihm also diesbezüglich einen Beitrag zu einer praktischen Anwendung ab. Lotka beeilte sich zu belegen, dass er ebenfalls die Fischerei im Auge gehabt hätte. Er tat dies, worauf er auch in seinem Brief an den Herausgeber von *Nature* hinwies, durchaus explizit. Auf Seite 95 der *Elements* wird beschrieben, dass eine rare Fischart eher ausstirbt, wenn sie von einer sehr verbreiteten (und deshalb auch ökonomisch interessanten) begleitet vorkommt. Oder in anderen Worten: Eine rare Art hat eher Chancen zu überleben, wenn sie sich nicht den Lebensraum mit einer ökonomisch wichtigen Art teilt, weil mit Netzen alle Arten gleichmässig reduziert werden.

Ist diese Passage nun geeignet, einen parallelen Beitrag zum Thema der Überfischung zu behaupten? Wenn vorausgesetzt ist, dass die Raubfische meist die kleinere Population stellen (also „rar" sind), dann beobachteten Lotka und Volterra das gleiche Phänomen: Bei gleichmässiger Befischung werden auf Dauer die jagenden Arten proportional stärker dezimiert und dementsprechend die Beutetiere auf lange Sicht profitieren. Aber darauf wollte Lotka gar nicht hinaus. Seine Überlegungen zu raren und verbreiteten Fischarten sollten nicht primär die zeitlichen Konsequenzen eines Räuber-Beute-Modells erhellen, sondern waren in die allgemeinere Thematik von Nahrungsrelationen eingebettet. Deshalb fügte er an die soeben dargelegte Überlegung auch ein Beispiel von einer jagenden Art auf, die zwei mögliche Nahrungsquellen hat. Hier konnte er zeigen, auch mathematisch, dass sich die Dezimierung ihrer bevorzugten Nahrungsquelle nicht negativ auf den Bestand der Raubtiere auswirken muss, wenn sie noch eine weitere Nahrungsquelle zur Verfügung hat.

---

[132] Brief von Volterra an Lotka, 20.11.1926, ed. in: Israel/Gasca, The Biology of Numbers, S. 283 f.

Differenzen in den Gewichtungen ihrer Resultate werden auch anhand von Lotkas Erörterungen des „Aquatic Life"[133] sichtbar. Eine Abbildung auf Seite 177 der *Elements* zeigt „The varied diet of the codfish", eine küstennahe Unterwasserszene, in der sich die Beutetiere des Kabeljaus tummeln. Nahrungsketten sind laut Lotka überall zu finden, wobei das Meer diesbezüglich eine besondere Rolle einnehme. Nicht nur könne die quantitative Erforschung der Meeresfauna Modellcharakter für die „generelle Demologie", wie sie Lotka vorschwebte[134], erlangen, sondern darüberhinaus Auskunft geben über die „intermediary link[s]" in der Nahrungskette zwischen Plankton und Mensch.[135] Fluchtpunkt von Lotkas Argumentation war nicht eine Übersetzung dieser Beobachtungen und Resultate in eine quasi-pragmatische Handlungsanweisung für Fischer oder Ökonomen, sondern genereller Natur. Auf einem ersten Level ging es um die Sensibilisierung dafür, dass es Nahrungsketten überhaupt gibt:

It has already been remarked, in dealing with the general kinetics of the type of systems here under consideration, that each component of the system appears as a link in a chain or a network of chains, receiving contributions from components (*sources*) above, and discharging material into other components (*sinks*) below.[136]

Diese Zusammenhänge zu sehen, sei die Aufgabe des „economic biologist"[137]. Auf einer zweiten Ebene ging es Lotka um das Konzept des Zyklus und die Einsicht, dass es nicht angehen könne, ständig zu ernten, ohne „Material" zu ersetzen.[138] Deswegen werde es für den Menschen notwendig, seine eigenen Ressourcen zu pflegen: „It becomes necessary for man to feed his food."[139] Dafür brauche es aber das Wissen, dass die vom Menschen direkt konsumierte Nahrung von vielen, gerade bei aquatischen Tieren, meist winzig kleinen Organismen abhänge.[140] Man kann anhand dieses kurzen Vergleichs zwischen Volterras für fischereirelevant erachteten Regeln und Lotkas Ausführungen zu den marinen Nahrungsketten unschwer erkennen, dass sie den Schwerpunkt innerhalb der Fischerei unterschiedlich legten. Volterra betonte durch die Gleichungen eine grundlegende Gesetzmässigkeit zwischen Raub- und Beutefischen, denen die Fischer ihre Fangintensität anpassen könnten. Lotka ging es um das Aufzeigen der überall wirk-

---

[133] Die ganze Kapitelüberschrift lautet „Inter-Species Equilibrium – Aquatic Life", siehe Lotka, Elements, Chapter XIV, S. 171–184.

[134] Lotka, Elements, S. 171.

[135] Lotka, Elements, S. 172; er verwies hier insbesondere auf die Arbeiten von Tiffany, der die Zusammensetzung der Mageninhalte von Maifischen auswertete und Rückschlüsse zog auf Algenvorkommen und Wasserzusammensetzung; vgl. Tiffany, Lewis H.: „Some Algal Statistics Cleaned from the Gizzard Shad", in: *Science* LVI (1922), Nr. 1445, S. 285 f.

[136] Lotka, Elements, S. 176 (Hervorhebungen im Original).

[137] Lotka, Elements, S. 176.

[138] Lotka, Elements, S. 179.

[139] Lotka, Elements, S. 180.

[140] Lotka, Elements, S. 181.

samen metabolischen Abhängigkeiten, die nach einem bewussten Austarieren von Ressourcennutzung und -ersatz verlangten. Der Anspruch eines direkt aus den Gleichungen ableitbaren praktischen Nutzens für die Fischerei war jedoch, sowohl von Volterra wie auch von Lotka, überzogen. Egon S. Pearson (1895–1980), Statistiker und Sohn von Karl Pearson, veröffentlichte 1927 in *Biometrika* einen Aufsatz über die Möglichkeit, Differentialgleichungen auf das Problem von Abhängigkeiten zwischen Arten anzuwenden, sprich: Er prüfte den empirischen Gehalt der Mathematisierung von Lotka und Volterra. Er kam zum Schluss, dass die Datenerhebungen von D'Ancona nicht zwingend die Differentialgleichungen und ihre Aussage über die Wechselwirkung zwischen Fischerei und Zu- bzw. Abnahme von Populationen belegten.

Was Volterra anbelangt, so war dieser, wie auch Kapitel 3 erörterte, an der weiteren Verfeinerung der Gleichungen und an den aus den mathematischen Eigenheiten gewonnenen Mustern und nicht an einer praktischen Umsetzung interessiert. Lotka befand, wie erläutert, dass die von ihm bereitgestellten Daten zur „Illustration" ausreichend Hinweise auf den empirischen Nutzen enthielten. Das heisst, wenn man die physikalische Biologie als Konzept akzeptierte, fand sich aufschlussreiches Material in der Epidemiologie, dem Bevölkerungswachstum, Stoffkreisläufen und auch der Kultur. Das Wirte-Parasiten-Verhältnis exemplifizierte die Dynamik, aber kein Anwendungsprogramm. Die wiederholte Erwähnung der Fischerei von Volterra und Lotka war im Zuge der Prioritätsklärung primär ein rhetorisches Instrument.

Diese Schlussfolgerung hätten freilich Volterra und D'Ancona nicht geteilt. Der Zoologe D'Ancona vertrat überzeugt die Aussagekraft der Statistiken und der Gleichungen, um die Zusammensetzung der marinen Raub- und Beutetiere zu eruieren.[141] Gleichzeitig zeugen seine und Volterras Texte aus den 1930er Jahren vom Versuch, die Mathematisierung konkurrierender Arten in einen grösseren thematischen Kontext, den „struggle for existence" zu rücken.[142] Lotka seinerseits setzte häufig den Begriff „evolution" ein und sprach vom „struggle for energy". Und damit komme ich zum zweiten Wissensbereich, den Lotka wie Volterra belegen wollten.

Die beiden einzigen Fussnoten von Volterra aus dem Text von 1926 sind in dieser Hinsicht ernst zu nehmen. Er verwies auf D'Anconas meeresbiologische Arbeiten und die Statistiken sowie auf Charles Darwin. Mit der Referenz auf Darwin schrieb er seine eigene Forschung in das Konzept der „lotta per l'esistenza" ein und bekräftigte seinen Anspruch, etwas zur Evolution zu sagen zu

---

[141] D'Ancona, Influenza della stasi peschereccia; ders.: „Ulteriori osservazioni sulle statistiche della pesca dell'Alto Adriatico", in: *Regio Comitato Talassografico Italiano* Memoria CCXV (1934), S. 3–27.
[142] Volterra, Théorie mathématique de la lutte pour la vie; D'Ancona, Der Kampf ums Dasein.

haben.[143] Diese möglichen evolutionären Faktoren müssten aber, so Volterra, erst noch experimentell bewiesen werden, ehe man deren Wert bestimmen könne.[144] Grundsätzlich zeigen die Lotka-Volterra-Gleichungen eine Interdependenz zwischen zwei Arten in einem metabolischen Abhängigkeitsverhältnis auf. In der einfachsten formalen Fassung ergibt sich die Regulierung bzw. das Muster der zwei fluktuierenden Kurven rein aus der Anzahl der vorhandenen Individuen einer Population. Sie veranschaulichen eine Regelhaftigkeit auf höchst abstraktem Niveau, die von allen Umweltfaktoren absieht (die weiteren mathematisch-geometrischen, höchst komplizierten Elaborierungen durch Lotka und Volterra jetzt einmal beiseite gelassen). Nun lässt sich aber erstens sagen, dass die Raubtiere ein Teil der Umwelt der Beutetiere sind, womit die Gleichungen einen ökologischen Sachverhalt betreffen. Zweitens ist die Nahrung und Konkurrenz um dieselbe auch Bestandteil des Wettbewerbs zwischen Arten. Diese beiden Punkte haben wir bereits bei Darwin gesehen. Die dahinterstehende Frage war, was das Wachstum restringiere. Es geht um die Frage, was den „check" der Populationskurve ausmacht.[145] Der Feind einer Art kann der reduzierende Faktor sein. Der Verlauf der Kurven von Lotka und Volterra kann also dahingehend interpretiert werden, dass sie den wechselseitigen „check" in diesem spezifischen Abhängigkeitsverhältnis (eine Art ernährt sich von der anderen) darstellen.[146]

Zum Schluss von Kapitel 3 sahen wir, dass Volterra die Mathematisierung in einer spezifischen Hinsicht weitertrieb. Er fragte sich, was das Konkurrenzverhältnis zwischen den Arten über den Metabolismus hinaus beeinflussen könnte. Wenn er hier eine zusätzliche Verfeinerung des formalen Zugangs versuchte, dann ging es ihm letztlich darum, die vererbten oder erlernten Faktoren in die Berechnung miteinzubeziehen. Sein Zugang zur Evolution bildete sich in den von ihm in die Gleichungen eingebrachten evolutionären Faktoren wie der Abwehr- oder Angriffsfähigkeit von Organismen ab. Das heisst, seine Mathematisierung fand an dem Ort statt, wo Darwin die individuellen Varietäten identifizierte, durch welche in der Konkurrenz der Arten überhaupt erst die natürliche Selektion stattfindet. Volterra hat auch – was er gegenüber Lotka nicht ins Feld führte – Differential- / Integralrechnung eingesetzt, um Vererbungsphänomene zu mathematisieren.[147]

---

[143] Volterra, Variazioni e fluttuazioni, S. 50. Volterra verwies auf die 6. Ausgabe der *On the Origin of Species*.

[144] Volterra: Variazioni e fluttuazioni, S. 51.

[145] Höhler, The Law of Growth, S. 48; vgl. auch Kingsland, Modeling Nature, S. 50.

[146] Crombie, A. C.: „Interspecific Competition", in: *The Journal of Animal Ecology* 16 (1947), Nr. 1, S. 44–73, hier S. 48. Der Verfasser stellte sowohl Lotkas als auch Volterras und D'Anconas Arbeiten (und Gauses, siehe Kapitel 5) in diesen Zusammenhang.

[147] Volterra, Vito: „Sur la théorie mathématique des phénomènes héréditaires" (erstmals: Journal de mathématiques pures et appliquées, 9e sér., t. VII (1928), pp. 249–298), in: Ders., *Opere matematiche. Memorie e note, volume quinto: 1926–1940*, Rom: Accademia Nazionale dei Lincei 1962, S. 130–169; ders.: „Alcune osservazioni sui fenomeni ereditari" (erstmals in: Rend. Accad. dei Lincei, ser. 6a,

Ungelöst blieb aber die Frage, wie die Konstanten der Gleichungen, in welche Vorteile von gewissen Individuen gegenüber anderen Individuen einfliessen könnten, überhaupt biologisch bestimmt werden müssten. Der Begriff Evolution referierte bei Volterra auf einen noch durch die Biologie zu eruierenden Faktor innerhalb einer Gleichung, dessen mathematische Auswirkungen berechnet und wovon eventuelle Rückschlüsse auf die Wirksamkeit der natürlichen Selektion und somit der biologischen Evolution in Aussicht gestellt wurden. Volterras Texte waren sehr formal gehalten und verzichteten auf Bezugnahmen auf den zeitgenössischen Diskurs der Evolutionstheorie und der Vererbungslehre; vielmehr ging es darum, die Möglichkeiten eines mathematischen Instruments hinsichtlich biologischer Regelhaftigkeiten auszuloten. In diesem Sinne kann er als Mitbegründer einer Biomathematik gesehen werden, eines hoch formalisierten Stranges, der sich der mathematischen Beschreibung der Phänomene verschrieben hat.[148]

Der Evolutionsbegriff von Lotka wiederum hatte mit den Varietäten zwischen Organismen oder der Vererbung gar nichts zu tun – ebenso wenig wie mit morphologischen oder embryologischen Phänomenen der Entwicklung). Wohl behandelte er en passant die Unterschiede innerhalb einer Art, die von ihm so genannte „intra-group evolution".[149] Aber schon die kleinere Schriftsetzung der ausführlichsten Passage über Vererbung lässt darauf schliessen, dass es sich hier um einen Exkurs und nicht um das Hauptargument handelte. Früh in seinem Buch machte er die Differenz auf zwischen einer Betrachtung der „Evolution" einer Art und der „Evolution" zwischen verschiedenen Arten, wobei er auf letztere Variante fokussierte:

This division of the general problem of organic evolution into two aspects has certain practical advantages, and it will be convenient to have names to designate the two separate aspects or domains of evolution. We shall accordingly speak of *inter-group* evolution on the one hand, when referring to changes in the distribution of the matter of the system among several component groups; and we shall speak of *intra-group* evolution when referring to changes in the distribution of matter within the group, among its statistical types, however defined.[150]

Lotka bewegte sich grundsätzlich auf der Ebene der „inter-group evolution", also der Aggregate oder Gruppen. Ihn interessierte die Dynamik zwischen den Populationen und nicht, wie eine Art entsteht oder sich Vererbung abspielt oder

---

vol. IX (1929), pp. 585–595), in: Ders., *Opere matematiche Memorie e note, volume quinto: 1926–1940*, Rom: Accademia Nazionale dei Lincei 1962, S. 190–199.

[148] Für einen ersten Überblick vgl. Waterman, Talbot H. / Harold J. Morowitz (Hg.): *Theoretical and Mathematical Biology*, New York / Toronto / London: Blaisdell Publishing Company 1965.

[149] Lotka, Elements, S. 44 f., 52, 122–127. (Dass das eine ohne das andere nicht zu denken ist, kann aber auch daran abgelesen werden, dass Lotka in seinem Register bei der „inter-group evolution" auf den Eintrag „intraspecies evolution" verweist.)

[150] Lotka, Elements, S. 45.

irgendeine Mathematisierung derselben aussehen könnte. Evolution innerhalb der physikalischen Biologie Lotkas ist „die Geschichte eines Systems", also die Veränderung innerhalb der Zeit. Diese wird an den Energieverschiebungen abgelesen und nicht an den genetischen Grundlagen. Systeme versuchen, Energieaufwand und -ertrag im Gleichgewicht zu halten. Wenn es einen „struggle for existence" gibt, so haben wir auch zum Schluss des Kapitels 2 gesehen, dann dreht sich dieser laut Lotka um die Energie.

Aber: Wenn man an eine ‚Vererbung' innerhalb der Gleichung auf formaler Ebene denkt bzw. wenn man – wie in den Lotka-Volterra-Gleichungen – davon ausgeht, dass vorausgegangene Ereignisse einen Einfluss auf den Jetztzustand haben, dann haben beide mit einem hereditären Faktor gearbeitet und diesen in ihre Formalisierungen einbezogen.[151]

Lotkas Definition von Evolution umfasste alle Systeme, letztlich die gesamten Errungenschaften der Industrialisierung und die ganze Welt als soziales System. Evolution als Begriff ist bei Lotka ein holistisches Konzept. Wenn Lotka davon sprach, diesen Begriff erhellen zu wollen, konnte er gar nicht dasselbe wie Volterra meinen. Eine programmatische Differenz lag ihren Auffassungen zugrunde: Volterra dachte an die biologische Evolution, Lotka an die physikalische und letztlich an die zivilisatorische.[152]

Vor dem Hintergrund des weiter oben betrachteten Briefwechsels mag es nun weniger verwundern, dass Volterra eine abwehrende Haltung gegenüber den Ideen von Lotka einnahm. Umso erstaunlicher scheint es dann umgekehrt, dass Lotka proaktiv auf eine Kooperation zur Etablierung eines neuen Forschungszweiges hinzuarbeiten versuchte. Gleichzeitig deutet aber auch gerade die parallele Einbettung des Differentialgleichungssystems darauf hin, dass sie sich denselben Wissensbereichen widmeten und darin eine Vorreiterrolle spielen wollten. Der folgende Abschnitt erläutert, dass sich die durchaus vorhandenen inhaltlichen Differenzen nicht in einer endgültigen Beilegung der Prioritätsdiskussion niederschlugen. Letztere schwelte, wenn auch kaum öffentlich ausgetragen, weiter.

---

[151] Iannelli, Mimmo / Andrea Pugliese: *An Introduction to Mathematical Population Dynamics along the Trail of Volterra and Lotka*, Berlin: Springer Verlag 2014, S. 39 f. (Allerdings ist diese jüngste Darstellung in anderen Belangen (Datierung von Quelltexten) sehr ungenau.)

[152] Vor dem Hintergrund dieser Beobachtungen wird auch die Textauswahl der Editoren Scudo und Ziegler, um „The Golden Age of Theoretical Ecology" zu veranschaulichen, sinnfällig: Sie stellten im Jahre 1978 Texte zusammen, die für Mathematisierungsleistungen an der Schnittstelle zwischen Ökologie und Evolution stehen. Es kommen darin keine Ausschnitte aus Lotkas *Elements* vor, sondern Texte von ihm und vor allem von Volterra und anderen, die spezifisch auf die Mathematisierung von biologischen Phänomenen (logistisches Wachstum, Malaria, Nahrungswettbewerb, Vererbung) eingehen; vgl. Scudo, Francesco M. / James R. Ziegler (Hg.): *The Golden Age of Theoretical Ecology: 1923–1940. A Collection of Works by V. Volterra, V. A. Kostitzin, A. J. Lotka, and A. N. Kolmogoroff*, Berlin u. a.: Springer Verlag 1978.

Das Unbehagen dauert an

Die Souveränität und Reserviertheit, die Volterras Briefe kennzeichneten, täuschen darüber hinweg, dass auch er verunsichert war. Er fragte D'Arcy Wentworth Thompson, der ihm zum Artikel in *Nature* verholfen hatte, um Rat wegen der Mehrfachentdeckung.[153] Thompson bestärkte Volterra in der Ansicht, dass Lotka keinen wesentlichen Beitrag zur generellen Theorie geleistet habe: „Quant à lui, il reconnaîtra sans doute (parce que c'est indisputable) que, partant par la même route, vous y êtes allé beaucoup plus loin que lui."[154] Eine Behauptung, die er gar nicht abschliessend verifizieren konnte, denn es gelang ihm nicht – was Volterra wiederum begzüglich der versäumten Zitation beruhigen konnte – die *Elements of Physical Biology* durch seinen Bibliothekar zu beschaffen.[155] Der Bekanntheitsgrad Lotkas, so Thompsons implizite Botschaft, sei ohnehin gering. Nicht zuletzt deshalb erwartete er keinen echten Prioritätenstreit und beschwichtigte: Prioritätsfragen seien zwar immer ein bisschen unangenehm, aber die jetzt involvierten Personen einander gut gesinnt. Thompson ermahnte Volterra diesbezüglich: „M. Lokta a fait quelque chose, il en a tout le mérite – et vous ne le lui disputez pas!"[156] Bei Lotka handle es sich bestimmt um einen integren Menschen, der sicherlich keine bösen Absichten hege. Diese Charaktereigenschaften seien in dessen (vermuteter) Profession bereits angelegt: „Il est mathématicien, – il s'ensuit donc qu'il appartient aux gens comme il faut!"[157] Thompson bemühte sich also, die Mehrfachentdeckung auf ihren mathematischen Anteil zu reduzieren und vertraute in dieser Hinsicht auf das allzeit unparteiliche Gemüt, das, so das Stereotyp, dem Mathematiker eigen sein soll. Aus diesem Rahmen fällt heraus, dass Volterra gegenüber Thompson das wissenschaftliche Kollektiv entstehen liess, auf dessen Anzeichen Lotka gehofft hatte. In seinem privaten Briefwechsel hielt er genau das fest, was Lotka enthusiasmiert prognostiziert hatte: „tous les deux avons contribué et contribuerons à developper une branche nouvelle de la science."[158]

Trotz diesen Differenzmarkierungen hatte Volterra also die Ähnlichkeiten der Forschungsrichtung durchaus gesehen. Ein Eindruck, den er aber in weiteren Veröffentlichungen, die Gelegenheit geboten hätten, auf Lotka zu verweisen, tunlichst vermied. Erwähnte er Lotka in Fussnoten, so fielen sie knapp aus, und es ist mehr als fraglich, ob sie dazu angetan waren, Lotkas Wunsch nach Anerkennung

---

[153] Volterra an D. W. Thompson, vermutlich 21.11.1926, ed. in: Israel / Gasca, The Biology of Numbers, S. 357 f.

[154] D. W. Thompson an Volterra, 26.11.1926, ed. in: Israel / Gasca, The Biology of Numbers, S. 358 f. (orthographische Korrekturen A. T.)

[155] D. W. Thompson an Volterra, 26.11.1926, ed. in: Israel / Gasca, The Biology of Numbers, S. 358.

[156] D. W. Thompson an Volterra, 26.11.1926, ed. in: Israel / Gasca, The Biology of Numbers, S. 358.

[157] D. W. Thompson an Volterra, 26.11.1926, ed. in: Israel / Gasca, The Biology of Numbers, S. 359.

[158] Volterra an D. W. Thompson, 28.11.1926, ed. in: Israel / Gasca, The Biology of Numbers, S. 359.

zu stillen. Nicht nur waren jeweils Ronald Ross' Arbeiten den Publikationen von Lotka vorangestellt, sondern Volterra nutzte die Fussnoten auch dazu, seine Innovation, die sich letztlich auf die gesamte Schrift von 1926 erstrecke, herauszustreichen.[159] Dass die Angelegenheit so einfach nicht war, belegt aber ein weiterer Brief Volterras aus dem Jahre 1935: Darin erläuterte er dem russischen Mathematiker Vladimir A. Kostitzin, mit dem er über formale Fragestellungen zu korrespondieren pflegte, die Chronologie der Mehrfachentdeckung und erklärte, wofür er selbst als Erster stehe. Nichts, so Volterra, hätte man durch die Darstellung von Lotka gewonnen, es benötigte der Formalisierung der gegenseitigen Abhängigkeit zweier Arten, was er selber geleistet habe.[160] Kostitzin antwortete, dass er nicht an die Notwendigkeit glaube, diese Geschichte erneut aufrollen zu müssen. Und überhaupt solle er für Lotka ein gewisses Verständnis haben, der alles in dieses Buch gesteckt habe und es jetzt stiefmütterlich behandelt sehe:

> Pour lui la biologie mathématique – c'est toute sa vie scientifique, sa seule raison d'être, la seule justification de son existence. Comment voulez-vous qu'il ne soit pas un peu courroucé, lorsqu'il voit ses travaux, pourtant si récents, négligés et oubliés injustement? [...] Lotka sait très bien qu'il mérite mieux que ça, et il a raison.[161]

Er empfehle Volterra dementsprechend dringend, Lotka in seiner nächsten Publikation grosszügig zu erwähnen: „Je crois que si dans votre prochaine publication, en grand seigneur scientifique que vous êtes, vous le citerez avec sympathie, vous ferez une bonne action et mettrez fin à une situation qui n'a aucun besoin d'être envenimée."[162]

Aber nicht nur Volterras Briefe sprechen für eine fortdauernde Anspannung. Beide Wissenschaftler bemühten sich, weitere Artikel und Bücher zum Thema nachzuliefern und standen unter erheblichem Publikationsdruck.[163] Lotka war mit dem Verlag in Verhandlung über eine japanische, eine deutsche und eine

---

[159] Volterra, Variazioni e fluttuazioni, S. 2 und 25, Zitat S. 2: „Però le leggi generali [...], i vari casi svolti negli altri paragrafi [...], come pure tutte le altre parti della mia Memoria [...] sono nuove e per la prima volta trattate."

[160] Brief von Volterra an Vladimir A. Kostitzin, 13.11.1935, ed. in: Israel / Gasca, The Biology of Numbers, S. 232 f.

[161] Brief von Vladimir A. Kostitzin an Volterra, 31.12.1935, ed. in: Israel / Gasca, The Biology of Numbers, S. 233.

[162] Brief von Vladimir A. Kostitzin an Volterra, 31.12.1935, ed. in: Israel / Gasca, The Biology of Numbers, S. 233.

[163] Dies belegen auch weitere Publikationen mit den ähnlichen Titeln „Théorie analytique des associations biologiques" von Lotka 1934 und Volterra ein Jahr später „Les associations biologiques du point de vue mathématique", welche in der gleichen Reihe erschienen: Lotka, Associations biologiques (1934); Volterra, Vito / Umberto D'Ancona: *Les associations biologiques au point de vue mathématique*, Paris: Hermann et Cie, Editeurs 1935 (Exposés de biométrie et de statistique biologique, publié sous la direction de Georges Teissier).

italienische Übersetzung seines Buchs[164], wobei er letztere für besonders gerecht-fertigt hielt wegen der Koinzidenz mit Volterras Arbeit.[165] Er nahm sich vor, Volterras Arbeiten zu rezensieren.[166] Er füllte Papierbogen um Papierbogen mit Notizen zu den Schriften des italienischen Mathematikers, um ein für allemal sämtliche Zweifel auszuräumen und klarzustellen, worin seine Eigenleistung bestand. Die meist handschriftlichen Notizen zeugen von einer emotional auf-geladenen Situation[167], die durch eine Publikation Volterras im Jahre 1931[168] zu-sätzlich angeheizt wurde, weil sich Lotka darin ungerecht behandelt fühlte. Das hielt er in seinen Rezensionsnotizen auch fest: „While the mathematical portions of this work are above reproach – for this the author's name is sufficient guar-antee – what must be regarded as defect, is a certain lack of generosity in failing to give adequate acknowledgement of prior publications in the same field."[169] Während aus dieser Passage schon fast ein unverhohlener Ärger spricht, deuten andere Notizen wieder auf die wechselnden Gefühlslagen Lotkas in Bezug auf die Mehrfachentdeckung. Resignativ hielt er an einem Punkt fest, dass sich seine und Volterras Arbeiten an einem gewissen Punkt zu ähnlich geworden seien, weshalb sich die individuellen Leistungen nie mehr voneinander unterscheiden liessen.[170] An anderer Stelle wiederum erlaubte er sich, pathetisch von der „satisfaction that comes with scientific collaboration"[171] zu träumen und über die grossen Distanzen zwischen New York und Rom, die kein Hindernis für grosse Geister gewesen seien, zu sinnieren:

---

[164] Brief von Lotka an Robert S. Gill, 7.9.1927, AJL-Papers, Box 12, Folder 7. Offenbar war man zu diesem Zeitpunkt mit einem japanischen Herausgeber im Gespräch, die Idee für eine deutsche Edition äusserte Lotka im genannten Brief. Gill antwortete, dass er eine deutsche Übersetzung befürworte und dass bereits ein japanischer Übersetzer beim Verlag vorbeigekommen sei, vgl. Brief von Robert S. Gill an Lotka, 9.9.1927, AJL-Papers, Box 12, Folder 7. Ebenso stehe einer italienischen Edition, sofern man einen Verlag und einen geeigneten Übersetzer fände, nichts im Wege, siehe Brief von Robert S. Gill an Lotka, 23.11.1927, AJL-Papers, Box 12, Folder 7. Lotka traute sich genügend Kenntnisse zu, um eine eventuelle Übertragung ins Italienische zu kontrollieren, siehe Brief von Lotka an Robert S. Gill, 26.11.1927, AJL-Papers, Box 12, Folder 7.

[165] Brief von Lotka an Robert S. Gill, 17.11.1927, AJL-Papers, Box 12, Folder 7.

[166] Lotka hatte sich mehrere Dossiers mit Volterras Texten oder betreffenden Artikeln zusam-mengestellt, siehe AJL-Papers, Box 31, Folder 8–10.

[167] AJL-Papers, „Notes for Review of Volterra's Book" (vermutlich nach 1931), Box 23, Folder 6; „Professor Volterras recent memoir …", Box 31, Folder 8 und 9.

[168] Volterra, Théorie mathématique de la lutte pour la vie. Diese Vorlesungen hielt Volterra im Winter 1928/29 am Institut Henri Poincaré in Paris. Volterra erwähnte Lotka darin mit den *Elements* und betonte, dass Lotka analogisch zwischen Chemie und Biologie vorgegangen sei, zwar den Fall zweier Arten und der Fluktuationen dargestellt und die Inkubationszeit in seinen epidemiologischen Arbeiten über Malaria mitberücksichtigt, diese aber geometrisch dargestellt habe, während er un-abhängig davon dasselbe Resultat, aber mathematisch genereller formuliert habe; vgl. ebd., S. 4, 206.

[169] „Notes Towards Review of Volterra's Book", maschinengeschrieben, undatiert AJL-Papers, Box 23, Folder 6.

[170] Maschinengeschriebenes Manuskript, Fragment, S. 9–11, hier S. 9, AJL-Papers, Box 24, Folder 1.

[171] „Various articles", ohne Datum, handschriftlich, mit Bleistift eingefügte Notizen auf einer Seite eines Notizbuchs mit dem Vermerk „omit this page", AJL-Papers, Box 22, Folder 7.

To know that a distance of three thousand miles has not formed a separating barrier for the indirect contacts of minds working independently on the same material of fact provided in the book of knowledge characteristic of our particular period, is an interesting and pleasing reflection.[172]

Einmal attestierte er dem italienischen Wissenschaftler, dass sich seine Mathematik durch „great elegance" auszeichne[173] und er eine interessante graphische Darstellung der Kurven gefunden habe[174]. Dann wieder hielt er Volterras Methode, die direkt aus den Differentialgleichungen die verschiedenen Szenarien für die Populationen herausliest, im Vergleich zur eigenen für beschränkt: „This is the method followed by Volterra. Or, the same conclusions may be drawn from the solution obtained by Lotka's method. This latter seems to have the advantage of giving a more complete and extended view of the general course of events."[175] Wichtigster Unterschied, den Lotka immer wieder hervorhob[176], um sich von Volterra abzusetzen, bestand darin, dass Volterra ‚nur' die Kinetik, er selbst aber die Dynamik behandelt[177] und diese auch weiterentwickelt habe.[178] Das heisst also, dass er für sich in Anspruch nahm, als einziger über die bislang klassischen Gesetze der Mechanik hinausgedacht zu haben.

Die Rezension von Volterras Arbeiten erschien nie. Eine Tatsache, die wiederum Lotkas Ambivalenz unterstreicht: Einerseits waren ihm, wie er privat betonte, diese Streitigkeiten zutiefst zuwider[179], andererseits war die Diskussion mit Volterra nicht die einzige, die er anregte.[180] In der Auseinandersetzung mit dem italienischen Mathematiker entschied er sich letztlich gegen eine Rezension und damit gegen einen expliziten Eingriff in die Rezeption (eventuell war dafür schon zu viel Zeit verstrichen). Eine Form der öffentlichen Reaktion bestand darin, seinen Kontrahenten in Fussnoten zu erwähnen[181], eine andere darin, den Forschungsinhalt mit neuen Mitteln voranzutreiben.

---

[172] „Various articles", ohne Datum, handschriftlich, Notizbuchseite mit dem Vermerk „omit this page", Box 22, Folder 7.

[173] „Various articles", ohne Datum, Notizbuch, AJL-Papers, S. 20, Box 22, Folder 7.

[174] „Various articles", ohne Datum, maschinengeschriebenes Manuskript, Box 22, Folder 7. Lotka meinte hier die am Ende von Kapitel 3 abgebildete Graphik der zwei fluktuierenden Kurven.

[175] „Various articles", ohne Datum, maschinengeschriebenes Manuskript, AJL-Papers, S. 20, Box 22, Folder 7.

[176] Brief von Lotka an Joseph J. Thompson, 14.10.1927, AJL-Papers, Box 12, Folder 7.

[177] „Various articles", ohne Datum, maschinengeschriebenes Manuskript, S. 10, Box 22, Folder 7.

[178] „Various articles", ohne Datum, handschriftlich, S. 14a, 10, AJL-Papers, Box 22, Folder 7.

[179] Brief von Lotka an Karl Friederichs, 6.3.1931, AJL-Papers, Box 31, Folder 9: „though my time is much occupied, and I much prefer to work out new results rather than haggle over the priority of authorship of work accomplished and disposed of."

[180] Weitere, hier nicht berücksichtigte Diskussionen um Prioritäten betreffen die Korrespondenz zwischen Lotka und dem Bevölkerungsstatistiker Robert R. Kuczynski und dem Ökonomen Gabriel A.D. Preinreich, vgl. AJL-Papers, Box 14, Folder 4; AJL-Papers, Box 5, Folder 10.

[181] Lotka, Alfred James: „Contact Points of Population Study with Related Branches of Science", in: *Proceedings of the American Philosophical Society* 80 (1939), Nr. 4, S. 601–626, hier S. 617. Diesen

Lotka biss sich in der Folge an der so genannten théorie des rencontres fest. Die erweiterte Mathematisierung des Zusammentreffens der zwei konkurrierenden Arten schien ihm vielversprechend und, wie weiter oben gezeigt, ausbaubar, worin er Volterra in nichts nachstehen wollte. Es handelte sich hierbei um die detailliertere Mathematisierung des ersten Terms der Gleichung für die Raubtierpopulation. Was von der Beutepopulation verschwindet, ist abhängig von der Anzahl der Raubtiere (kN_1N_2). Da dieser Teil, der durch die Raubtiere konsumiert wird, nicht eins zu eins der Raubtierpopulation zuzurechnen ist, sondern nur ein bestimmter Anteil auch wirklich bei der (Masse der) jagenden Population ankommt, gilt für deren Geburtenrate der Faktor kk'. Was beeinflusst nun die Grösse des Anteils, der an die konsumierende Population übergeht?

Lotka dachte sich das Aufeinandertreffen der zwei Arten topographisch. Die „Relation of the Transformer to Available Sources", wie sich das entsprechende Kapitel der *Elements* nennt, hebt auf die Mobilität der tierischen Organismen ab.[182] Ein „energy transformer", der seinen Bedarf durch heterogen verteilte Ressourcen deckt, muss beweglich sein.[183] Die Korrelation zwischen der Bewegung des „transformer" und der Topographie des Systems kann positiv (Nahrung erreichen) oder negativ (Gefahren vermeiden) sein.[184] Jede Art versucht, so Lotka, ihre Ziele im Wettbewerb um Energie und Sicherheit akkurat zu gestalten, wovon der Erfolg oder Misserfolg und damit der Gang der Evolution abhänge: „The dynamics of evolution thus appears essentially as the statistical dynamics of a system of energy transformers, each having a characteristic vulnerability, a characteristic versatility and accuracy of aim."[185] Der biologische Ort, wo diese Korrelation hergestellt wird, nennt sich in den *Elements* „apparatus". Dieser umfasst die Sinne und die speziellen Fähigkeiten (Rezeptoren, Adjustoren, Kommunikatoren) eines Individuums. Das so genannte „picture of the life conflict" ist dann, dass sich Organismen in einer Topographie bewegen und „Kollisionen" mit ihrer Umgebung und anderen Organismen erfahren.[186]

Damit hatte Lotka indirekt den Term kN_1N_2 der Gleichung mit neuem semantischem Gehalt aufgeladen. Auf der Basis dieser Ausführungen in den *Ele-*

Text nahm er als Gelegenheit wahr, die Arbeiten von Volterra, Gause sowie D'Ancona in Verbindung mit seinen *Elements* ins rechte Licht zu rücken – und in Fussnoten Volterras Ansatz gründlich in die Schranken zu weisen, vor allem auch, weil dessen Arbeiten Eigenschaften von Differentialgleichungen aufzeigten, nicht aber biologische: „What Volterra has discovered is not a property of biological systems, but a property of a certain set of equations".

[182] Lotka, Elements, S. 336–361.

[183] Lotka, Elements, S. 336. Im Vergleich dazu sei es sinnvoll, dass die Pflanze ein sesshafter und passiver Organismus ist, weil ihre Ressourcen – wie z.B. Sonnenlicht – gleichverteilt sind.

[184] Lotka, Elements, S. 337 f.

[185] Lotka, Elements, S. 338.

[186] Lotka, Elements, S. 358.

ments füllte Lotka viele (handgeschriebene) Seiten[187] und kritisierte gleichzeitig Volterras Ansatz. Es hat den Anschein, als wäre die ursprünglich geplante Rezension von Volterras Arbeit allmählich in einer weiteren Elaborierung der eigenen Gedanken aufgegangen. Im Jahre 1932 erschien der Aufsatz *Contribution to the Mathematical Theory of Capture*.[188] Eine Kritik an Volterra kann allenfalls in eine Fussnote des Textes hineingelesen werden, ansonsten ging es Lotka um die Fortentwicklung der Berechnung weiterer Faktoren, die das Zusammentreffen der beiden Arten bestimmen.[189] Durch gezeichnete Ellipsen und Cosinus-Kurven ermittelte Lotka, in welchem Näherungskreis zur Beute sich ein Raubtier zum Zeitpunkt der Sichtung befinden muss, um erfolgreich zu sein. Diese mit Bogen überzogenen, stilisierten Felder, worin sich Raubtiere und Beute aufhalten und deren Angriffs- oder Fliehkreise sich mehr oder weniger überschneiden, könnten dann noch mit idealisierten Fluchtmöglichkeiten ergänzt werden, wodurch sich eine neue Sterbe- bzw. Erfolgsrate ergebe. Derart liessen sich verschiedene weitere Aspekte formalisieren. Zum Beispiel könne gesagt werden, dass ein gewisser Anteil der Verfolgerpopulation bei Eintritt ins Gesichtsfeld der Beute diese auch sieht und sich deshalb nicht mehr nach stochastischem Muster, sondern entlang einer „curve of pursuit" bewege.[190] Ob der Verfolger überhaupt eine Beute wahrnehme, hänge von den Eigenschaften der Umwelt und der Beutepopulation ab, d.h. von Kolorierung, Mimikry oder Tarnung.[191] Diese eventuell evolutionären Faktoren seien der Berechnung des Zusammentreffens jedoch untergeordnet. Die so genannte Verfolgung spiele sich nach messbaren Geschwindigkeiten in bestimmten Einzugsbereichen von topographischen Schutzmöglichkeiten für die Beute ab.[192]

---

[187] AJL-Papers, Box 17, Folder 1.

[188] Lotka, Alfred James: „Contribution to the Mathematical Theory of Capture. I. Conditions of Capture", in: *Proceedings of the National Academy of Sciences of the United States of America* 18 (1932), Nr. 2, S. 172–178.

[189] Lotka, Mathematical Theory of Capture, S. 172. Lotka reklamierte hier Priorität und erwähnte dazu Texte aus den Jahren 1920, 1923 und 1925. Gemeint waren vermutlich: Lotka, Alfred James: „Analytical Note on Certain Rhythmic Relations in Organic Systems", in: *Proceedings of the National Academy of Sciences of the United States of America* 6 (1920), Nr. 7, S. 410–415; ders.: „Contribution to Quantitative Parasitology", in: *Journal of the Washington Academy of Sciences* 13 (1923), Nr. 8, S. 152–158; ders.: „The Empirical Elements in Population Forecasts", in: *Journal of the American Statistical Association* 20 (1925), S. 569. Ein Umstand, der Giorgio Israel entgangen zu sein scheint, der sich seinerseits in einem Aufsatz darüber wundert, dass Lotka nicht ältere Texte als die *Elements* zur Begründung seiner Priorität heranzog; Israel, Emergence of Biomathematics, S. 497. Zudem deckte Lotka Volterra komplett ein mit seinen Artikeln: Eine handschriftliche Liste umfasst 16 Titel, die er Volterra habe zukommen lassen, „Sent to Volterra", handschrifliche Liste, AJL-Papers, Box 31, Folder 8. Interessant ist auch, dass Lotka im unveröffentlichten Manuskript von 1912 Ostwald erwähnte, als er über das Zusammentreffen von Tieren nachdachte; vgl. Lotka, Zur Systematik der stofflichen Umwandlungen, S. 70.

[190] Lotka, Mathematical Theory of Capture, S. 173.

[191] Lotka, Mathematical Theory of Capture, S. 173.

[192] Lotka, Mathematical Theory of Capture, S. 176.

Bezogen auf die Ausgangsfrage – welche Faktoren beeinflussen die Masse, die bei der Raubtierpopulation ankommt – wird deutlich, dass Lotka anders als Volterra keine evolutionären oder hereditären Aspekte miteinbezog. Wie viel Masse effektiv konsumiert wird, ist in Lotkas Version der „theory of capture" abhängig von der energetischen Austarierung der Ressourcen von Individuen, die sich in einer topographisch heterogenen Umgebung mit physikalischen Merkmalen bewegen. Methodisch wurde dadurch das Programm der physikalischen Biologie durch die Geometrie ergänzt.

Noch über 20 Jahre nach der Mehrfachentdeckung und mehrere Jahre nach Volterras Tod führte Lotka diesen Punkt in einem langen Brief an einen Freund aus: „I have already made it elsewhere, but this is *the* right place to make it and fully document it."[193] Als alleiniger Innovator in Bezug auf die Gleichungen interpretiert zu werden, stehe ihm wohl nicht zu, aber für die physikalische Biologie sei dies legitim. Eine Tatsache, von der er glaube, sie noch einmal mit jemandem teilen zu müssen.[194] Lotka monierte, dass Volterra aus den Gleichungen unzulässige Schlussfolgerungen über die „action in biology" gezogen und sich in sein thematisches Einzugsgebiet vorgewagt hätte:

Actually they [the conclusions] are purely the results of the rather arbitrary fundamental assumptions in the equations representing the struggle between prey and predator species. There is no doubt whatsoever that these equations are in high degree an idealisation of the actual facts, and that if you represented these facts more exactly, these equations would not apply, *ergo*, his conclusions would not follow.

Moreover, and this is particularly important, there are fundamental *physical* principles involved in the action of organisms, and if on the authority of a man of Volterra's eminence the impression is given that we have solved the problems of applying these principles […] it tends to appear that a problem has been solved, which actually has not even been broached – for nowhere in Volterra's work is there any mention of the physical action of organisms, the fact that they are energy transformers of a very special kind drawing free energy from the sun etc. etc.[195]

Man wird das Gefühl nicht los, dass Lotka durch diesen Brief im Jahre 1948 eine Zeugenschaft herstellen wollte, um noch einmal und für alle Zeiten irgendwo zu dokumentieren, was die Originalität seiner „physical biology" im Vergleich zu Volterra ausmachte. Zur brieflichen Ersatzhandlung für eine Rezension werden Lotkas Zeilen vollends, weil er eigentlich angefragt worden war, D'Anconas Buch

---

[193] Brief von Lotka an Frank R. Sharpe, 12.6.1948, 5 Seiten, handschriftlich, AJL-Papers, Box 1, Folder 2, erste Seite (Hervorhebung im Original).

[194] Wobei Lotka die Basis für diese Interpretation an anderer Stelle wieder brüchig werden lässt: Ein handschriftliches Manuskript von annähernd dreissig Seiten nimmt einen Text von Volterra als Aufhänger für das Nachdenken über Energie-Komponenten eines Systems, AJL-Papers, Box 31, Folder 8.

[195] Brief von Lotka an Frank R. Sharpe, 12.6.1948, 5 Seiten, handschriftlich, AJL-Papers, Box 1, Folder 2 (Hervorhebungen im Original).

von 1939, das Volterras Ideen einem breiteren Publikum bekanntmachen sollte, zu besprechen.

Lotkas Kontrollwille angesichts der Veröffentlichung seiner ersten Monographie kannte fast keine Grenzen. Mit grossem zeitlichen Aufwand kümmerte er sich um Werbung, Rezensenten und reagierte bei aus seiner Sicht inadäquater Beschreibung des Inhalts. Dieser Aktivismus drückte sich auch in der Berechnung der Wahrscheinlichkeit von wissenschaftlichen Beiträgen zum gleichen Themengebiet im gleichen Publikationsorgan aus. In dieser Situation war die Publikation von Volterra mit dem identischen Differentialgleichungssystem geradezu eine Bestätigung für Lotkas Alarmiertheit. Mit seinem Brief an die Zeitschrift *Nature* und seiner Korrespondenz mit Volterra löste er eine Prioritätsdiskussion aus. Diese verlief jedoch, was die direkte Kommunikation anbelangt, asymmetrisch: Aus sicherer Professorenwarte konnte Volterra auf die Tatsache der Mehrfachentdeckung reagieren, während die Beweislast der Koinzidenz bei Lotka lag und blieb. Die Marginalität gereichte Lotka hier nicht zum Vorteil, indem er etwa zum ‚Innovator von den Rändern her‘ gekürt worden wäre, sondern eher zum Nachteil.[196] Das Interesse des Mathematikprofessors in Rom hätte für Lotka einen grösseren Stellenwert gehabt als umgekehrt für Volterra der Austausch mit einem Versicherungsstatistiker in New York. Volterra bemerkte zugleich, dass er in dieser asymmetrischen Wissenschaftskommunikation[197] die Rolle desjenigen einnehmen konnte, der Lob verteilen, Wünsche aussprechen und es sich leisten konnte, über Lotkas weiterführende inhaltliche Überlegungen hinwegzusehen.

Lotka schwankte bei seinen Prioritätsbehauptungen und in der Kommunikation mit Volterra zwischen Enthusiasmus, Hoffen und Bangen. Letztlich fand er jedoch in den Briefen von Volterra unangenehm bestätigt, was er auch aus den Rezensionen herauslesen konnte: Sein Werk enthielte viele Anregungen, auf die man mit Musse zu einem späteren Zeitpunkt zurückkommen werde. Der Versuch, einen transatlantischen Austausch über einen neuen Wissenszweig aufzubauen, misslang. Sein „Programm der physikalischen Biologie" war noch nicht ausgereift und wäre durchaus anpassungsfähig gewesen. Gerade dieser Haltung, dieser Offenheit in der Formulierung, der thematischen Ausrichtung und der praktischen Anwendung begegnete Volterra mit Widerwillen. Denn darin schwang auch mit, dass seine Arbeiten in Lotkas holistischen Weltentwurf integriert werden könnten. Sich auf die Kontextualisierung der Gleichungen einzulassen, hätte Volterras

---

[196] Zur Kritik an der Marginalität als Garantie für Genialität oder Grund, abgeschrieben zu werden siehe Gieryn / Hirsh, Marginality and Innovation, S. 101 f.

[197] Diese Asymmetrie wird auch in der Anzahl der überlieferten Briefe betreffs der Mehrfachentdeckung ersichtlich: Von den erhaltenen Briefen gingen fünf an die Adresse von Volterra und drei – im Vergleich kürzere – an Lotka.

Eigenleistung schmälern können. Um dies zu vermeiden, und auch, weil sein Interesse primär den mathematischen Feinheiten galt, engte Volterra die Parallelität ihrer Arbeiten auf das Formale ein. Die Energetik als mögliche Hoffnungsträgerin, die Volterra in seiner Antrittsvorlesung in einem Nebensatz erwähnt hatte, schien ihn in einer konkreten Umsetzung von Lotka nicht zu interessieren. Den an selber Stelle geforderten Test auf die Anwendbarkeit von energetischen Herangehensweisen sah er auch nicht in Lotkas physikalischer Biologie bestanden. In seinen Briefen ging er auf diese Thematik gar nicht ein.

Mehr als in anderen Korrespondenzen schärfte Volterra gegenüber Lotka seine eigenen Ziele und Absichten. Anstelle von wissenschaftlicher Resonanz stellte Volterra durch seine Abgrenzungsversuche thematische Dissonanz her und versuchte den „semantic overlap" auf ein Minimum zu begrenzen. In Volterras Interpretation erscheinen die Formalismen für die zwei Arten als kontextbefreite Koinzidenz im wissenschaftlichen Tun von zwei Forschern. Eine derart strikte Trennung war einem wissenschaftssoziologischen Gefälle geschuldet, hatte aber auch einen inhaltlichen Hintergrund: Lotkas letzte Erklärungsabsicht galt dem Zivilisationsprozess, Volterras hingegen der mathematischen Fassung von biologischen Phänomenen. Wenn sie ihre Bezugnahmen auf Darwin erwähnten, dann hatte Volterra Recht, wenn er bemerkte, dass sie darunter nicht dasselbe verstanden.

Die von Volterra in den Briefen vehement vertretenen Differenzen zu Lotkas Zielen brachten aber nur eine oberflächliche Bereinigung der Prioritätsfragen. Die zwei Wissenschaftler blieben Konkurrenten, weil sei dennoch das Gefühl hatten, zu einem ähnlichen Wissensbereich beizutragen. Sie hatten nicht nur einen mathematischen Formalismus veröffentlicht, sondern diesen auch mit weiteren Zielen verknüpft. Besonderen Ausdruck fand die Konkurrenzsituation in den wechselseitigen Behauptungen, fischereipolitische oder evolutionstheoretische Leistungen erbracht zu haben. Während diese Behauptungen der wissensterritorialen Exploration geschuldet waren, standen Lotka und Volterra mit der parallelen Ausarbeitung der théorie des rencontres bzw. der theory of capture in direktem Wettbewerb.

Diese Situation beschäftigte beide Wissenschaftler, keiner konnte die Mehrfachentdeckung auf sich beruhen lassen. Während Volterra konstant Mühe hatte, Lotkas Leistungen gebührend zu würdigen, vollzog sich in Lotkas Position eine interessante Wandlung: Auf das offensive und von Volterra abgelehnte Angebot zur Kooperation erfolgte zuerst der resignative Rückzug, dann eine intensive Auseinandersetzung mit den Texten des Italieners sowie eine immer stärkere, persönliche Innovationsbehauptung. Darin erkennt man, dass Lotka zunehmend die Differenzen zu Volterra akzeptierte, diese aber ummünzte in eine Eigenleistung. Diese bestand darin, über die Mechanik des 19. Jahrhunderts hinausgegangen zu

sein und mit den Energietransformatoren und der physikalischen Biologie eine
Perspektive geschaffen zu haben, die weit über eine Analyse von Differentialgleichungen hinausging.

Ob nun eine théorie des rencontres von Volterra oder eine theory of capture
von Lotka, beide Ansätze versuchten, die Gleichungen mit neuen, mathematisch
bzw. geometrisch definierten Faktoren anzureichern, um evolutionäre, physikalische oder topographische Einflüsse auf das Verhalten der zwei Arten in der
Berechnung berücksichtigen zu können. Damit haben die Autoren jedoch nicht
eine Theorie der Kollisionen von der Chemie bis zur Biologie entwickelt – diese
findet man in der einschlägigen Ökologie- und Biologie-Literatur nicht. Wohl
gab es in den 1930er und 1950er Jahren, wie wir in Kapitel 5 sehen werden, verschiedene Bemühungen, die Gründe für Fluktuationen experimentell zu untersuchen, nicht aber unter Zuhilfenahme der im Sinne von Lotka oder Volterra
erweiterten Gleichungen. Im Zentrum stand die Frage, was Fluktuationen in
Populationen verursacht.

Kapitel 5

Fluktuationen, System und Dynamik:
Die Rezeption der *Elements of Physical Biology*

In einem Postskriptum zu einem teilweise verloren gegangenen Brief setzte sich Lotka mit der Reputation seiner *Elements* auseinander: Die Tatsache, dass Volterras Artikel nur ein Jahr später erschien, lege die Interpretation nahe, dass seine eigene Arbeit der Zeit nicht voraus war („not really ahead of its time"). Andererseits, erwog Lotka, könnte man dies auch dahingehend deuten, dass er mit seinen *Elements* gerade zur rechten Zeit gekommen sei („in the nick of time"). Insgesamt habe er aber stärkere Resonanz erwartet: „Lastly, the book has, after all, had a good reception, though (I modestly admit it), not nearly in full proportion to its deserts."[1]

Lotka hatte durchaus ein Gespür für die Rezeption seines Werks. Auch er sah, dass die Gleichungen auf ein grösseres Echo stiessen als der Inhalt des Buchs. In der nachfolgend präsentierten Rezeption seines Hauptwerkes wird die von ihm selbst konstatierte Kluft zwischen einer Resonanz auf das Differentialgleichungssystem und der zeitgenössischen Auseinandersetzung mit der physikalischen Biologie sichtbar. Das Differentialgleichungssystem war zwar integraler Bestandteil des energetischen Weltbildes, sein Vorteil lag aber darin, dass es sich kontextbefreit rezipieren bzw. in einen neuen Zusammenhang stellen liess. Die Lotka-Volterra-Gleichungen, so haben wir in den zwei vorangegangenen Kapiteln gesehen, sind nicht einfach nur formal schlüssig, sondern sie zeigen qua Mathematik eine Gesetzmässigkeit auf: „Every formalization of mathematics raises questions that reach beyond the limits of the formalism into unexplored territory."[2] Ganz allgemein ausgedrückt veranschaulichen sie die regelhafte gegenseitige Abhängigkeit zweier Mengen (im Sinne von Ausgangsgrössen) im Laufe der Zeit. So verstanden können die Lotka-Volterra-Gleichungen eine beliebige reziproke Abhängigkeit zweier Grössen und die dadurch entstehende Dynamik illustrieren, wenn man von allen anderen Einflussfaktoren absieht. In diesem Kapitel werde ich jedoch nicht weiterverfolgen, wie die durch die Gleichungen veranschaulichte Abhängigkeit (Angebot-Nachfrage) für ökonomische Fragestellungen interessant

---

[1] Brief, Fragment, AJL-Papers, Box 14, Folder 7.
[2] Dyson, Scientist as Rebel, S. 803.

war[3] oder in welch vielfältigen Fachbereichen sie auch heute noch Anwendung finden[4]. Der entscheidende Punkt bei Lotkas und Volterras Formulierung der Gleichungen war meines Erachtens, dass sie mit einem phänomenologischen Gehalt aufgeladen waren, der eine eindeutig ökologische Referenz hatte. Im ersten Unterkapitel „Fluktuierende Kurven, Hefe und Pantoffeltierchen" wird dieser Rezeptionsstrang aufgearbeitet. Was strukturiert Tiergemeinschaften? Oder anders und näher an den Gleichungen gefragt: Bewirken die Populationsgrössen allein die Dynamik, d. h. reguliert idealiter nur das Fressverhalten der Raubtiere die Populationsgrössen? Besonders interessierte die Zeitgenossen, ob die Diskrepanz zwischen der mathematischen Triftigkeit und der empirischen Dürftigkeit der Gleichungen überwunden werden konnte. Verschiedene Versuche der experimentellen Überprüfung werden vorgestellt, bis 1973 der labortechnische Nachweis der (theoretisch) endlos fluktuierenden Populationskurven gelang.

In der nachrichtentechnologischen Zweiteilung von analog-digital wären die schnell übermittelbaren Gleichungen der digitale Anteil der Monographie, die physikalische Biologie als Mathematisierung der Lebenswelt jedoch eine analoge Nachricht. Besonderes Augenmerk unter den so genannten „to whom it may concern messages" wurde weiter oben der Analogisierung von Chemie, Epidemiologie und Demographie geschenkt. Sie wird durch die energetische Herangehensweise gewährleistet und ist Prämisse, aber auch Ziel der Mathematisierung. Die Darstellung des zweiten Rezeptionsstranges widmet sich dieser mathematisch basierten konstruktivistisch-systemischen Analogisierungsleistung, welche in einen energetischen Holismus führt. Das Unterkapitel „Mathematische Gleichschaltung: ein sozialwissenschaftliches Problem" untersucht Lotkas Position in der sich allmählich etablierenden amerikanischen Demographie. Seine Analogisierung und Mathematisierung verlief quer zu den unter amerikanischen

---

[3] Lotka hat sich durch seine Darstellungen von Ressourcenzyklen, Mobilität, Fleischkonsum etc. stark mit ökonomischen Fragen beschäftigt; sein Buch kann auch als Versuch, die Ökonomie zu mathematisieren, interpretiert werden, vgl. hierzu Kingsland, Economics and Evolution. Lotkas Auseinandersetzung mit der Ökonomie – oder auch sein Beitrag dazu – müsste meines Erachtens einerseits an seiner Korrespondenz mit Harro Bernardelli ansetzen, der den Zusammenhang zwischen der Altersstruktur und der Konjunktur in Burma analysierte und ein einschlägiges Grundlagenwerk zur Ökonomie publizierte, andererseits an den von Lotka gesammelten Notizen zu den Arbeiten von Arthur Hanau zum so genannten Schweinezyklus (Analyse der deutschen Schweinepreise zwischen 1896–1914 und 1924–1927), den periodischen Schwankungen von Nachfrage und Preisen bezüglich Schweinefleisch, vgl. hierzu AJL-Papers, Box 5, Folder 7; Bernardelli, Harro: *Die Grundlagen der ökonomischen Theorie. Eine Einführung*, Tübingen: Mohr 1933; Hanau, Arthur: „Die Prognose der Schweinepreise" (2., erw. und nach den neuesten Zahlenmaterial erg. Auflage des Sonderhefts 2), in: *Vierteljahreshefte zur Konjunkturforschung* (Sonderheft 7), 1928.

[4] Eine Sammlung der aktuellen Anwendungen der Lotka-Volterra-Gleichungen lässt sich durch eine Google-Abfrage leicht eruieren. Von der Mathematik, Chemie, Ökologie und Biologie über Systemphysik, Evolutionsbiologie, Psychologie bis hin zu Spiel- oder Chaostheorie, Multimedia sowie Simulation und Graphik findet eine breite Palette von Fachbereichen Anregungen und methodische Grundlagen in diesen Gleichungen.

Sozial- und Bevölkerungswissenschaftlern heftig geführten Diskussionen über die Frage, ob die logistische Kurve von Pearl / Reed als biologisches Gesetz für alle Organismen gelten könne.[5] In diesem Kontext manifestieren sich Lotkas Argumente für eine „generelle Demologie" mit global gültiger Mathematik, die weder einem biologistischen Determinismus noch einem sozialhygienischen Aktivismus das Wort redete.

Diese Haltung, der innerhalb der amerikanischen Bevölkerungswissenschaft kein Erfolg beschieden war, behielt Lotka bis zu seinem Tod im Jahre 1949 bei. Erst posthum wurde sie anschlussfähig: „mathematically inclined social scientists shared Lotka's ambition to include human social behavior within the compass of science and were fascinated by his mathematical analysis of energy flows in equilibrium systems."[6] Nach seinem Tod stellte sich auch heraus, dass es Initiativen gegeben hatte, für ihn einen Lehrstuhl für „Biophysik" an der University of Chicago einzurichten.[7]

Zusammen mit den Arbeiten von ähnlich orientierten Ingenieuren, Mathematikern und Physiologen wie Norbert Wiener und W. Ross Ashby sollte dieser Ansatz das Rückgrat der Kybernetik und der Systemwissenschaften bilden.[8] In diesem Zusammenhang steht das dritte Unterkapitel, das Lotkas Rezeption durch den theoretischen Biologen Ludwig von Bertalanffy analysiert („Gestalten von Systemen: Bertalanffy und Lotka"). Insbesondere gilt es, eine Interpretation aus der neueren Bertalanffy-Forschung kritisch zu beleuchten, die zwischen den beiden eine direkte wissenschaftsgenealogische Verwandtschaft betont.[9] Eine Analyse der expliziten Bezugnahmen Bertalanffys auf Lotka sowie die Prüfung der Herleitung ihres jeweiligen Systembegriffs werden die geradlinige Vererbungsmetapher in Frage stellen. Zeigen wird sich aber eine bei Lotka und Bertalanffy unabhängig voneinander gefundene Formulierung der Möglichkeiten und Grenzen der Thermodynamik in Bezug auf eine Beschreibung des Lebendigen. Gleichfalls finden sich bei beiden Wissenschaftlern die Begriffe „steady state" oder „Fliessgleichgewicht".

---

[5] Zur Erklärung der logistischen Kurve vgl. die Einleitung und weiter unten.

[6] Crowther-Heyck, Hunter: *Herbert A. Simon. The Bounds of Reason in Modern America*, Baltimore: The Johns Hopkins University Press 2005, S. 66.

[7] Antwortbrief von Kaempffert an Spiegelman, 7.2.1950: „Lotka never knew it, but I was told by one of the department heads, whose name I have unfortunately forgotten, that on the strength of his work alone, he was seriously considering the establishment of a chair of biological physics which Lotka was to occupy."

[8] Crowther-Heyck, Herbert A. Simon, S. 67.

[9] Pouvreau, David / Manfred Drack: „On the History of Ludwig von Bertalanffy's ‚General Systemology', and on its Relationships to Cybernetics. Part I: Elements on the Origins and Genesis of Ludwig von Bertalanffy's ‚General Systemology'", in: *International Journal of General Systems* 36 (2007), Nr. 3, S. 281–337, speziell S. 320 f.

Die verschiedenen Aspekte von Lotkas physikalischer Biologie – das Differentialgleichungssystem, die Analogisierung und Mathematisierung der Lebenswelt, das Denken in Systemen – kamen in der Rezeption durch die Systemökologie zusammen. Im vierten Unterkapitel „Dynamisierte Umwelten: systemökologische Modelle" wird beschrieben, welche innerökologischen Begrifflichkeiten notwendig waren, um den systemischen, konstruktivistischen und dynamischen Ansatz, der sich auch bei Lotka findet, in eine Systemökologie zu integrieren.[10] Anhand der programmatischen Arbeit des Systemökologen Howard T. Odum am Anfang der 1970er Jahre wird deutlich, wie eine energetisch-holistische Idee, kombiniert mit einer reduktionistischen Herangehensweise und einem global-moralischen Anspruch, wie bei Lotka beobachtet werden konnte, in der Systemökologie gut aufgehoben war.

Fluktuierende Kurven, Hefe und Pantoffeltierchen: Die Lotka-Volterra-Gleichungen im Labor

Die Mehrfachentdeckung von 1925/26 traf, wie in Kapitel 3 dargestellt, auf eine Tierökologie, der „ein artikuliertes eigenes konzeptionell-theoretisches Rahmenwerk" fehlte.[11] Mit ihren Gleichungen mathematisierten Lotka und Volterra aber einen wichtigen Bereich der Ökologie: wechselseitige Beeinflussungen zwischen einer Art und ihrer Umwelt, zu der auch der Konkurrent gehört. Das Differentialgleichungssystem verweist, auch anschaulich in der Graphik, auf rhythmische Fluktuationen zweier voneinander abhängiger Arten. Theoretisch sollten die versetzt sich verfolgenden Kurven der Raubtier- und der Beutepopulation unendlich das gleiche Muster aufweisen. Die Vorstellung von interdependenten Populationen, deren Grössen fluktuieren, war in den 1920er Jahren nicht neu. Die Beschreibung dieses Abhängigkeitsverhältnisses sahen wir bereits bei Charles Darwin und Wilhelm Ostwald, ausserdem die Vorstellung von Oszillationen zwischen denselben Entitäten bei Herbert Spencer. Mit den Arbeiten von Lotka und Volterra wurde das Konzept Fluktuation in Bezug auf Tierpopulationen fester etabliert. Aber ob die Gleichungen konkrete ökologische Beobachtungen unterstützten, war erst noch zu beweisen. Eigneten sie sich überhaupt dazu?

---

[10] Für Grundlagen und Klassiker der Systemökologie: Odum, Howard T.: *Environment, Power, and Society*, New York/London/Sydney/Toronto: Wiley-Interscience 1971; Patten, Bernard C. (Hg.): *Systems Analysis and Simulation in Ecology (Vol. I)*, New York/London: Academic Press 1971; Shugart, H. H. / R. V. O'Neill (Hg.): *Systems Ecology* (Benchmark Papers in Ecology 9), Stroudsburg, PA: Dowden, Hutchinson & Ross 1979; Odum (H. T.), Systems Ecology.

[11] Trepl, Ludwig: *Geschichte der Ökologie vom 17. Jahrhundert bis zur Gegenwart*, Frankfurt am Main: Beltz Athenäum 1987, S. 160 f.

In der zweiten Hälfte der 1920er Jahre führte, wie weiter oben dargestellt, Elton mit „Nahrungskette" und „Nische" grundlegende ökologische Begriffe ein, ging deskriptiv-systematisch vor, wandte Mathematik nicht an, begutachtete sie aber kritisch und sah in ihr ein gewisses Potenzial. In seiner Rezension von Lotkas „Associations biologiques" aus dem Jahre 1934 reflektierte er das Verhältnis von Ökologen und Mathematikern:

> Like most mathematicians, he [Lotka] takes the hopeful biologist to the edge of a pond, points out that a good swim will help his work, and then pushes him in and leaves him to drown. Hence the reviewer's difficulty in criticising the mathematical section. [...] The importance of the method is this: if we know certain variables, mostly desired by ecologists and in some cases already determined by them, we can predict certain results which would *not* normally be predictable or even expected by ecologists. The stage of verification of these mathematical predictions has hardly begun: but their importance cannot be under-estimated [...].[12]

Elton datierte Lotkas erste Überlegungen zu Interdependenzen zwischen Arten auf das Jahr 1920[13], als es jedoch noch an Statistiken für Wildtiere fehlte, um die Theorie zu testen. Seither habe sich eine weit verstreute Gruppe gebildet, die an einem halben Dutzend Orten auf der Welt die Organisation und Dynamik der Tierpopulationen untersuchten. In diesem Thema erkannte Elton „the central one of animal ecology"[14], weil damit Fragen der ökonomischen Biologie verbunden waren – Epidemien und Seuchen, Fischerei und Walfischerei, Pelzhandel und anderes.

Gestützt auf deskriptive Methoden versuchte Elton die Schwankungen in Tierpopulationsgrössen mit externen Faktoren, d. h. durch die Instabilität der Umwelt zu erklären. Ein harter Winter beispielsweise würde eine Art bevorteilen, worauf sich ihre Nahrungskadenz erhöhe, was sich wiederum auf eine andere Art negativ auswirke.[15] In dieser Beschreibung erkennen wir zumindest den ersten Teil des Kurvenverlaufs der Lotka-Volterra-Gleichungen. Bemerkenswert ist aber, dass Elton zwar Tiergemeinschaften durch die Nahrungsrelationen strukturiert sah, aber dennoch das Klima als primären Auslöser von Fluktuationen anführte.[16] Er

---

[12] Elton, Charles S.: „,Eppur si muove' (reviewed works: Théorie analytique des associations biologiques. Part I: Principes, 1934 by Alfred James Lotka; On the Dynamics of Population Vertebrates, 1934 by S. A. Severtzoff", in: *The Journal of Animal Ecology* 4 (1935), Nr. 1, S. 148–150, hier S. 149 (Hervorhebung im Original). Elton war zu dem Zeitpunkt eine wichtige Stimme in der Ökologie, in späteren Jahrzehnten habe er sich aber zunehmend marginalisiert; siehe hierzu: Davis, Mark A. / Ken Thompson / Philip Grime: „Charles S. Elton and the Dissociation of Invasion Ecology from the Rest of Ecology", in: *Diversity and Distributions* 7 (2001), Nr. 1/2, S. 97–102.

[13] Elton bezog sich hier vermutlich auf folgenden Text: Lotka, Rhythmic Relations in Organic Systems.

[14] Elton, Eppur si muove, S. 149.

[15] Elton, Animal Ecology, S. 130, 134, 141.

[16] Vgl. für den klimatischen Fokus auch Elton, Charles S.: „Periodic Fluctuations in the Number of Animals. Their Causes and Effects", in: *Journal of Experimental Biology* 2 (1924/25), S. 119–163.

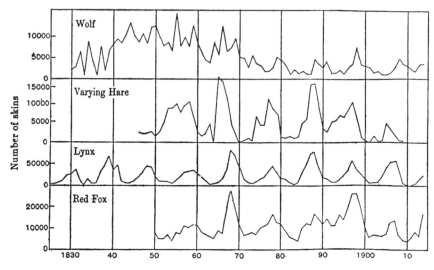

Abb. 6: Fluktuationen in Populationen von kanadischen Säugetieren
(Quelle: Elton, Animal Ecology (2001 [1927]), S. 136).

postulierte rhythmische Fluktuationen analog den saisonalen Schwankungen, wobei diese, wenn keine herausragenden Veränderungen vorlagen, ein eingespieltes Gleichgewicht zwischen Herbivor und Carnivor nicht störten.[17] Dieses Erklärungsmodell spiegelt sich auch in Eltons Visualisierung von Daten wieder: Die Populationsgraphen für die Wölfe, Schneeschuhhasen („varying hare"), Luchse und Rotfüchse wurden als eigenständige Kurven aufgezeichnet (siehe Abbildung 6). Für Elton war es offensichtlich nicht zwingend, die über die Nahrungsrelationen sich ergebende Interdependenz der ausgewählten Säugetiere durch das Überblenden der Kurven zu veranschaulichen.[18]

Ebenfalls auf der deskriptiven Ebene war die Forschung des Forstwissenschaftlers und Biologen Duncan A. MacLulich angesiedelt.[19] Er kritisierte zwar ausgiebig den schlampigen Umgang mit der ohnehin mangelhaften Datenlage[20], war

---

[17] Elton, Animal Ecology, S. 141.

[18] Weitere Beispiele für die Beschreibung von Fluktuationen einer Art sind: Elton, Charles S. / Mary Nicholson: „The Ten-Year Cycle in Numbers of the Lynx in Canada", in: *The Journal of Animal Ecology* 11 (1942), Nr. 2, S. 215–244; Elton, Charles S.: *Voles, Mice and Lemmings. Problems in Population Dynamics*, Weinheim: J. Cramer 1942 (reprint; erstmals 1942, Oxford); Russell, E. S.: „Fishery Research. Its Contribution to Ecology", in: *Journal of Ecology* 20 (1932), Nr. 1, S. 128–151.

[19] MacLulich, Duncan A.: *Fluctuations in the Numbers of the Varying Hare (Lepus Americanus)*, Toronto: The University of Toronto Press 1937. MacLulich spricht ebd., S. 5 davon, dass der „varying hare" seinen Namen auch wegen den flukturierenden Beständen erhalten habe, zoologisch geht die Bezeichung aber darauf zurück, dass der Schneeschuhhase die Farbe seines Fells den Jahreszeiten anpasst: im Sommer rostbraun, im Winter weiss; vgl. o. A.: „Zoology", in: *The American Naturalist* 18 (1884), Nr. 10, S. 1050–1059, hier S. 1055.

[20] MacLulich, The Varying Hare, S. 7–9.

sich aber mit Elton einig, dass Emigration, Predation und menschlicher Einfluss nicht die Fluktuationen hervorrufen.[21] Gemäss der logistischen Kurve wachse eine Population an, bis sich der limitierende Faktor graduell bemerkbar mache; wenn die Population ein Maximum erreiche, dann „balanciere der Druck gegen das Wachstum die Tendenz zum Wachstum aus".[22] Elton wie MacLulich arbeiteten mit Daten(erhebungen) und beendeten ihre Überlegungen zu den Gründen für Schwankungen in Populationsgrössen mit dem Verweis auf einen selbstregulativen Faktor in den beteiligten Arten, ohne mit den Lotka-Volterra-Gleichungen zu arbeiten. Unbeantwortet blieb damit, was die im Wechsel stattfindende Zu- und Abnahme der Populationsgrössen bewirkte oder worin dieses (selbst)regulative Moment bestehen sollte.

Auch Lotka und Volterra waren auf der Suche nach diesem Faktor. Mit weiteren mathematischen Elaborierungen formalisierte Volterra das Zusammentreffen der zwei Arten unter evolutionären Gesichtspunkten, während Lotka eine geometrisch begründete theory of capture ausarbeitete. Beide Ansätze wurden von der Ökologie nicht als Theorie für die Interaktion zwischen Arten, sei es als evolutionäre oder topographische, assimiliert. Ihre Bemühungen sprechen aber für ihr Bewusstsein, dass die Dichte allein (d. h. die Anzahl der Individuen) für die Beschreibung der Dynamik zwischen zwei Arten nicht ausreichte.[23] An diesem Punkt setzte die empirische Überprüfung der abstrakten Mathematik an. Dabei machte sie nicht von den Möglichkeiten der deskriptiven, eventuell statistisch ausgewerteten Feldforschung Gebrauch, sondern vom Experiment. Der Untersuchungsgegenstand wurde ins Labor verlegt, mit gezüchteten Populationen eine räumlich begrenzte und kontrollierbare Situation geschaffen, womit das Problem der Tierökologie, dass ihre Gegenstände mobil sind, punktuell gelöst war. Im Folgenden werden experimentelle Settings zwischen 1934 und 1973 vorgestellt, welche die Versuche veranschaulichen, die wesentlichen Parameter der Gleichungen zu isolieren oder zu manipulieren.[24]

---

[21] MacLulich, The Varying Hare, S. 88.

[22] MacLulich, The Varying Hare, S. 113 f. (Übersetzung A. T.)

[23] Das bemerkte auch Volterra, siehe den Briefwechsel mit dem französischen Pharmazeuten Jean Lucien Régnier; vgl. Régnier to Volterra, 19.9.1938, ed. in: Israel/Gasca, The Biology of Numbers, S. 329. Aus der Antwort von Régnier an Volterra ging hervor, dass die Nahrung allein oder die Intoxikation nicht die Begrenzung ausmachen könne.

[24] Die weiteren Entwicklungen auf theoretischer Ebene während der 1930er Jahre waren vor allem durch die Kooperation zwischen dem Entomologen Alexander J. Nicholson und dem Physiker Victor A. Bailey geprägt; vgl. Nicholson, Alexander John: „Supplement: the Balance of Animal Populations", in: *The Journal of Animal Ecology* 2 (1933), Nr. 1, S. 131–178; Bailey, Norman T. J.: „On the Interaction between Several Species of Hosts and Parasites", in: *Proceedings of the Royal Society of London* 143 (1933), Nr. 848, S. 75–88; für die Darstellung der Nicholson-Bailey-Forschung vgl. Kingsland, Modeling Nature, S. 116–123.

Georgii Frantsevich Gause und ein vorläufig gescheitertes Experiment

Der russische Biologe Georgii F. Gause versuchte während der 1930er Jahre den Nachweis der zwei miteinander gekoppelten Kurvenverläufe. Die Abhängigkeit von Populationen, so hielt er mit Verweis auf Pearl in einem Aufsatz von 1932 programmatisch fest, sei die zentrale Frage in der Ökologie.[25] Da sich die Feldforschung schwer tat, einzelne Faktoren zu isolieren, schlug Gause experimentelle Studien vor. Die „significant variables of environment", welche analog zur Statistik funktionierten, interessierten ihn.[26] Von einer grossen bekannten Anzahl dieser Indikatoren versprach sich Gause „to represent to ourselves the organism as a whole."[27]

Im Jahr 1934 erschien schliesslich sein massgebliches Werk über die experimentellen Studien unter dem Titel *The Struggle for Existence*, bemerkenswerterweise beim selben Verlag wie Lotkas *Elements of Physical Biology*. Pearl steuerte ein Vorwort mit fast schon deklamatorischem Charakter bei: Wenn es je eine Idee gegeben habe, die danach schrie, experimentell überprüft und entwickelt zu werden, dann sei es Darwins Idee des Kampfes ums Dasein. Eine junge Generation von Biologen, zu der auch Gause zähle, so Pearl weiter, nehme Populationsfragen als genuin biologische Probleme wahr und realisiere, dass der „struggle for existence and natural selection […] matters concerning the *dynamics of populations*, birth rates, death rates, interactions of mixed populations, etc." seien.[28] Es lässt sich hier unschwer eine wechselseitige Stabilisierung der wissenschaftlichen Interessen von Gause und Pearl in den Jahren 1932/34 feststellen. Gleichzeitig teilten sie die Affinität zur Experimentalisierung, die der Formalisierung vorauszugehen habe. In fast überraschtem Ton führte Gause seine Untersuchung mit der Feststellung ein, dass „the struggle for existence only began to be experimentally studied after the ground had been prepared by purely theoretical researches"[29]. Der „Kampf ums Dasein" sei ein biologisches Problem, das sich nur via Experimentalisierung und „not at the desk of a mathematician" lösen lasse. Mathematische Theorien könnten von Biologen ohne äusserst sorgfältige empirische Verifikation kaum akzeptiert werden.[30] Prämisse von Gauses Experimenten war, dass die komplexen

---

[25] Gause, Georgii F.: „Ecology of Populations", in: *Quarterly Review of Biology* 7 (1932), Nr. 1, S. 27–46, hier S. 27. Zu diesem Zeitpunkt untersuchte Gause primär den Einfluss der Temperatur auf das Wachstum, Resultate siehe ebd., S. 43.; damals war er im Laboratorium von Vernadsky tätig, vgl. Kingsland, Modeling Nature, S. 151.

[26] Analogisiert wurde beispielsweise die Plastizität einer biologischen Art mit der statistischen Standardabweichung, siehe hierzu Gause, Ecology of Populations, S. 34 und 36.

[27] Gause, Ecology of Populations, S. 36.

[28] Vorwort von Raymond Pearl, in: Gause, Georgii F.: *The Struggle for Existence*, Baltimore: Williams & Wilkins 1934, S. v–vi, hier S. v. (Hervorhebung im Original).

[29] Gause, Struggle for Existence, S. 10.

[30] Gause, Struggle for Existence, S. 59.

Beziehungen zwischen Organismen in der Natur die „elementary processes of the struggle for existence" zur Grundlage hätten.[31] Elementare Prozesse der Form, dass sich eine Art von einer anderen ernähre oder aber, dass ein Wettbewerb um den begrenzten Raum stattfinde. Die erste Versuchsanordnung überprüfte den Kurvenverlauf des Wachstums einer Art. Mit Hefe in einer Nährlösung bestätigte Gause die Annahme von Pearl, dass das Wachstum als das biotische Potenzial durch die „environmental resistance" begrenzt werde.[32] Im Falle der Hefe im Reagenzglas waren dies beim Wachstum entstehende Abfallprodukte, insbesondere der Alkohol, der die Zunahme der Hefepopulation von einer gewissen Phase an abbremste, d. h. die Veränderung im Medium bewirkte die Abflachung der Kurve im Sinne von Pearls „S-shaped-curve".[33] Dasselbe Phänomen beobachtete Gause, wenn er die Massen von zwei verschiedenen Hefearten, die unabhängig voneinander wuchsen, nach gegebenen Zeitintervallen wog.[34]

In einem zweiten Experiment erprobte Gause, was passierte, wenn er Pantoffeltierchen mit Wimpertierchen, die sich vorzugsweise von den ersteren ernähren, mischte.[35] Mit dieser Versuchsanordnung standen die Gleichungen von Lotka und Volterra auf dem Prüfstand: Die beiden Wissenschaftler, so erläuterte Gause, hätten gezeigt, dass die Gegebenheiten in einem System von zwei Arten, in dem die eine der anderen als Nahrung dient, zu periodischen Oszillationen führten, wenn die Umweltbedingungen als konstant angenommen wurden. Die Oszillationen entstünden allein durch das System. Zu diesem Resultat seien sie durch die Analyse von Differentialgleichungen gelangt; eine Analyse, die behauptete, dass eine stark dezimierte Beutepopulation nie ganz verschwinden werde und eine stark hungernde Raubtierpopulation ebenso nie aussterbe.[36] Gauses zweites Experiment sollte diese Fluktuationen idealerweise beweisen. Resultat war jedoch, dass die Anwesenheit von Wimpertierchen und Pantoffeltierchen als Ressource der ersteren in derselben Nährlösung zur schnellen Dezimierung und Ausrottung der Beutepopulation führte.[37] Gause erklärte sich die Nichtübereinstimmung mit den Lotka-Volterra-Gleichungen damit, dass die Mathematisierung die Fähigkeiten des Predators nicht miteinbezögen, sondern allein auf die numerischen Aspekte abstellten.[38]

---

[31] Gause, Struggle for Existence, S. 2.
[32] Gause, Struggle for Existence, S. 34.
[33] Gause, Struggle for Existence, S. 72 f.
[34] Gause entschied sich gegen ein Auszählen der Organismen und für ein Wiegen der Massen. Er sprach in diesem Zusammenhang auch von der Biomasse; siehe hierzu beispielsweise Gause, Struggle for Existence, S. 65, 67 für mass, S. 91 und 99 für biomass.
[35] Gause, Struggle for Existence, S. 114 ff.
[36] Gause, Struggle for Existence, S. 116.
[37] Gause, Struggle for Existence, S. 118.
[38] Gause, Struggle for Existence, S. 120.

Ein drittes Experiment Gauses erweiterte den theoretischen Idealfall von Lotka und Volterra, indem nicht nur die Dichte allein über den Kurvenverlauf der Populationsgrössen entscheiden sollte, sondern topographische Aspekte simuliert wurden. Ähnlich dem, was Lotka auf theoretische Weise in seiner theory of capture machte, wurde für die Beutepopulation ein mögliches Versteck eingebaut, welches in einer andersartigen Nährlösung bestand. Dies mit dem Ergebnis, dass das ehemals logistische Wachstum völlig erratisch wurde und die Raubtierpopulation sofort ausstarb.[39]

Bis zu diesem Punkt zeigten Gauses Experimente auf, dass weder die Dichte allein noch ein topographischer Faktor die Fluktuationen der zwei konkurrierenden Populationen bzw. das Schwanken um ein biologisches Gleichgewicht belegen konnten. Entweder starben die Beute- oder die Raubtierpopulation nach wenigen Zyklen aus. Ein viertes Experiment führte ein weiteres mögliches Kriterium ein. In diesem Falle öffnete Gause das System, weil er als Experimentator die Immigration erlaubte, also gewissermassen künstlich für einen Populationsnachschub sorgte. Dadurch konnte er zwar zwei aufeinanderfolgende Fluktuationen beider Arten beobachten, jedoch war es diffizil, den Zeitpunkt der Immigration und die adäquate Anzahl der beigefügten Organismen zu bestimmen. Auch stellten sich die zwei Fluktuationen nur ein, wenn von den zwei Arten bereits eine grosse Anzahl vorhanden war, ansonsten übernahm die Immigration einfach die Wiederherstellung einer bereits ausgestorbenen Art, wodurch ein einzelner neuer Zyklus stattfinden konnte.[40] Gause fasste zusammen:

The above given example shows that in Paramecium [Pantoffeltierchen] and Didinium [Wimpertierchen] the periodic oscillations in the numbers of the predators and of the prey are not a property of the predator-prey interaction itself, as the mathematicians suspected, but apparently occur as a result of constant interferences from without in the development of this interaction.[41]

Die implizite Behauptung der Lotka-Volterra-Gleichungen, dass die Dynamik allein durch die Ausgangsgrössen der Populationen entsteht, sah Gause nicht bestätigt. Vielmehr kam er zum Schluss, dass die Gleichungen eine zu starke Vereinfachung vornahmen und höchstens einen biologischen Sachverhalt veranschaulichten, wenn man massive Eingriffe von aussen zuliess.[42] Gause blieb

---

[39] Gause, Struggle for Existence, S. 120–123.

[40] Gause, Struggle for Existence, S. 125–127.

[41] Gause, Struggle for Existence, S. 128. Und mit diesem Befund sah er sich in guter Gesellschaft mit Severtzov und Jensen. Allerdings ist zu bemerken, dass Gause ein Jahr später abermals zum Thema publizierte und die Lotka-Volterra-Gleichungen als Formalismen direkt an den Experimenten mass; an jener Stelle ging er mit den Mathematikern nicht so hart ins Gericht; Gause, Georgii F.: *Vérifications expérimentales de la lutte pour la vie*, Paris: Hermann et Cie, Editeurs 1935 (Actualités scientifiques et industrielles 277, Exposés de biométrie et de statistique biologique IX, hg. v. Georges Teissier).

[42] Für dieses Resultat vgl. auch Gause, Georgii F.: „Experimental Analysis of Vito Volterra's Mathematical Theory of the Struggle for Existence", in: *Science (New Series)* 79 (1934), S. 16 f.

dabei, dass die Prozesse des Wettbewerbs zwar zu quantitativen Gesetzen passten, die involvierten Faktoren aber sehr kompliziert seien und oft nicht mit den Voraussagen der relativ simplen mathematischen Theorie harmonierten.[43] In der jetzigen Form würden die Gleichungen auf derart wenige Anfangsgrössen zutreffen, dass sie im statistischen Fehlerbereich lägen und deshalb als Resultat nicht erscheinen könnten.[44] Zum Schluss seiner Analyse gab er jedoch die Richtung an, in der man weiter experimentieren sollte: Die Intensität des Fressverhaltens der Raubtierpopulation sollte von einem bestimmten Punkt an von aussen beeinflusst werden. Erst dann wäre es möglich, in einem grösseren Spektrum von angenommenen Anfangsdichten der Populationen die klassischen Oszillationen der Lotka-Volterra-Gleichungen zu erhalten.[45]

Gauses Negativergebnisse hatten einen, zwar von ihm nicht wörtlich formulierten, konzeptionellen Nebeneffekt; das Prinzip der „competitive exclusion": Wenn sich zwei Arten den Raum und die Nahrung teilen und eine Art einen geringfügigen Vorteil erringt, dann wird sie die Nische komplett besetzen. Es ist einfach zu sehen, dass das „competitive exclusion principle" über die Lotka-Volterra-Gleichungen hinausgeht, indem auch die Nahrung der Beutepopulation, welche in der mathematischen Formulierung vernachlässigt wird, miteinbezogen ist. Im Umkehrschluss bedeutete das Prinzip aber auch, dass zwei konkurrierende Arten koexistieren können, wenn sie unterschiedliche Segmente der Umwelt besetzen. Ganz allgemein erlaubte dieser Grundsatz, anzunehmen, dass das in der Mathematik nur idealisiert beschriebene Konkurrenzverhalten zweier Arten in der konkreten Raum- und Ressourcensituation regelhaft ist.[46]

In der Kontinuität dieses Gedankens sind verschiedene Arbeiten der 1950er und 60er Jahre zu sehen. Es ging jeweils darum, diejenigen Faktoren zu isolieren, die für die plötzliche Zunahme oder die Ausrottung einer Art verantwortlich sind. Dies auch im Kontext verschiedener Erfahrungen von Epidemien und Schädlingsbekämpfung.[47] Berühmt geworden sind in dem Zusammenhang die Experimente

---

[43] Gause, Struggle for Existence, S. vii.

[44] Gause, Struggle for Existence, S. 136.

[45] In der Fortführung von Gauses Experimenten steht folgende Arbeit: Utida, Syunro: „Cyclic Fluctuations of Population Density Intrinsic to the Host-Parasite System", in: *Ecology* 38 (1957), Nr. 3, S. 442–449.

[46] Der Ökologe Garrett Hardin datierte 25 Jahre nach Gauses Experimenten die ‚Geburtsstunde' des „competitive exclusion principle" auf ein Symposium der British Ecological Society im Jahr 1944. Hardin kritisierte das Prinzip als dogmatisch und auch brutal. Auf empirischer Ebene hielt er fest, dass unklar sei, ab wann zwei Arten genau die gleiche Nische besetzten. Der Test auf das „competitive exclusion principle" könne nicht feststellen, welche Faktoren zum Aussterben der einen Art führten, zumal die zwei konkurrierenden Arten auch abwechselnd ausstürben, was bereits Gause gezeigt habe; vgl. Hardin, Garrett: „The Competitive Exclusion Principle", in: *Science (New Series)* 131 (1960), Nr. 3409, S. 1292–1297.

[47] Für eine aktuelle, in ihrem Langzeitcharakter (1945 bis heute) hervorstechende Arbeit über die Gründe der Fluktuationen in der Populationsgrösse des Lärchenwicklers im Oberengadin, vgl. Turchin, Peter et al.: „Dynamical Effects of Plant Quality and Parasitism on Population Cycles of Larch

des amerikanischen Biologen und Entomologen Carl B. Huffaker aus dem Jahre 1958.[48] Er simulierte ganze Ökosysteme von Beutetieren und Schädlingen, um die Verbreitung der Populationen im Laufe der Zeit zu testen. In von ihm so genannten „universes" von aufgereihten Orangen baute er physikalische Barrieren oder Hilfen ein, um die Mobilität der Arten zu beeinflussen (so durch das teilweise Abdecken der Orangen mit Paraffin oder das Aufstellen von Stäbchen für die Verbreitung durch die Luft). Nachweisen konnte er damit vor allem, dass nicht von einer homogenen Situation, in der Beute und Jäger leben, auszugehen ist, sondern von einem „fleckenhaften" Terrain („patchiness"), in dem an unterschiedlichen Orten gleichzeitig verschiedene Grade der Zu- und Abnahme erreicht werden. Ebenfalls sehr bekannt für die Frage der Validität der kompetitiven Exklusion ist der Text des Ökologen Evelyn G. Hutchinson aus dem Jahr 1961. Das „Plankton-Paradox", wie er es nannte, unterwanderte die Regel der „competitive exclusion" gründlich, weil Abertausende von verschiedenen Plankton-Arten, welche sich alle dieselbe Nische teilten, überleben könnten.[49]

Gauses Experimente sowie Huffakers und Hutchinsons weitere Tests und inhaltliche Anknüpfungen eint die Idee, die Struktur von Tiergemeinschaften empirisch oder konzeptionell erklären zu wollen. Sie verstanden die distributionalen Muster von Arten als einfache Folge von kompetitiven Interaktionen zwischen benachbarten Spezies. Hier erkennt man einen Grundsatz der Populationsökologie, wie sie sich in der Zeit nach dem Zweiten Weltkrieg entwickelte: Weg von einer organismischen Auffassung, welche den letztlich sozialen Organismus in hierarchischen Strukturen von Arbeitsteilung und Kooperation dachte, hin zu einer funktional ergründbaren, dynamischen Zusammensetzung durch die Kompetition zwischen Populationen.[50] Zur Etablierung der Wissenszweige Populationsökologie und Populationsdynamik trugen die Lotka-Volterra-Gleichungen bei.[51] Der folgende Abschnitt illustriert nun, wie der experimentelle Nachweis der kontinuierlichen Fluktuationen, d. h. der stabilen Koexistenz zweier konkurrierender Arten Anfang der 1970er Jahre gelang.

Budmoth", in: *Ecology* 84 (2003), Nr. 5, S. 1207–1214; vgl. auch Fischlin, Andreas: *Analyse eines Wald-Insekten-Systemes. Der subalpine Lärchen-Arvenwald und der Graue Lärchenwickler Zeiraphera diniana Gn.(Lep., Tortricidae)*, Zürich 1982 (Dissertation ETH Zürich).

[48] Huffaker, Carl B.: „Experimental Studies on Predation. Dispersion Factors and Predator-Prey Oscillations", in: *Hilgardia* 27 (1958), Nr. 14, S. 343–383.

[49] Hutchinson, G. Evelyn: „The Paradox of the Plankton", in: *The American Naturalist* 95 (1961), Nr. 882, S. 137–145. Das Paradox kann sich auch einstellen, weil es dennoch winzige Unterschiede (wie Körpergrösse oder Mobilitätsunterschiede) oder auch Formen von Symbiose gibt. Zur ausführlichen Diskussion seines Plankton-Paradoxes vgl. Hutchinson, G. Evelyn: *The Ecological Theater and the Evolutionary Play*, New Haven / London: Yale University Press 1973 (4. Auflage, erstmals 1965), S. 45–52.

[50] Mitman, The State of Nature, S. 141.

[51] Die Monographie von Kingsland steht für die Vorgeschichte und den Nachvollzug dieser Entwicklung; vgl. Kingsland, Modeling Nature. Für eine frühe Nennung der „dynamics of animal population" steht Elton, Charles S.: *The Ecology of Animals*, London: Methuen 1968 (erstmals 1933), S. 3.

Leo S. Luckinbill und die mageren Beutetiere

Die logische Richtigkeit eines Gleichungssystems und demnach auch die Gültig-keit der Gesetzesbehauptung kann unstrittig sein, nicht aber ihre empirische Notwendigkeit.[52] Mit den Experimenten des Zoologen Leo S. Luckinbill im Jahre 1973 kam das Differentialgleichungssystem aus seinem modellhaften Status end-gültig heraus. Luckinbills Testreihen rollten die Frage, was denn überhaupt die Dynamik zwischen Populationen reguliere, noch einmal neu auf. Dazu wählte er die gleichen Arten wie Gause, Didinium (Wimpertierchen) und deren Nah-rung Paramecium (Pantoffeltierchen). Die bislang ergriffenen Massnahmen – Immigration, Verstecke und physikalische Komplexität –, um die Oszillationen nachzuweisen, griffen laut Luckinbill zu kurz. Als Hauptargument führte er das Plankton ins Feld, womit die Frage nach der Koexistenz in einem komplett homo-genen Umfeld neu aufgeworfen worden sei.[53] Eine gängige Erklärung für dieses Phänomen, so Luckinbill, sei die Beobachtung, dass es ab einem gewissen Selten-heitsgrad der Beute schwieriger für das Raubtier wird, seine Nahrung zu finden, während dennoch auf beiden Seiten genügend Exemplare vorhanden sind, um als Population zu überleben.[54] Nähme man diese Hypothese an, so liesse sich erklären, weshalb es in den engen räumlichen Verhältnissen des Labors nicht zu einer Koexistenz und deswegen zu Gauses Resultaten gekommen sei:

The confinement of prey in the small arenas necessary for laboratory study may make it impossible for prey to become so scarce that predators can't find them. This suggests that coexistence might be accomplished in a small system by reducing frequency of contact between predator and prey.[55]

Luckinbill postulierte also, dass die Bewegungsfreiheit wichtig und mit der Kon-taktfrequenz korreliert ist. Um das ‚Sich-rar-Machen‘ einer Art in den beschränk-ten Räumlichkeiten eines Labors zu simulieren, wendete er einen Trick an. In einem ersten Experiment verringerte er die Kontakte zwischen den Arten, indem er die Bewegungen der Tiere durch Zugabe von Methyl Cellulose verlangsamte. Wenn Luckinbill derart die „frequency of encounter" reduzierte, dann resultierten zwei Oszillationen, die dann aber abbrachen, die Raubtierpopulation starb jeweils aus.[56] Diese Versuchsanordnung erlaubte folgende Schlüsse: Erstens, dass sich die abnehmende Grösse der Beutepopulation (Paramecium) durch den Einfluss der Raubtierpopulation (Didinium) erklären liess und zweitens, dass ohne die Zugabe

---

[52] Keller, Making Sense of Life, S. 77.

[53] Luckinbill, Leo S.: „Coexistence in Laboratory Populations of Paramecium Aurelia and Its Pred-ator Didinium", in: *Ecology* 54 (1973), Nr. 6, S. 1320–1327, hier S. 1321. Bei dieser Überlegung stützte sich Luckinbill explizit auf den oben erwähnten Aufsatz von Hutchinson.

[54] Luckinbill, Coexistence, S. 1321.

[55] Luckinbill, Coexistence, S. 1321.

[56] Luckinbill, Coexistence, S. 1323.

von Methyl Cellulose die Resultate von Gause erreicht würden, d.h. die Beute stürbe sofort aus. Zu zwei Oszillationen sei es deshalb gekommen, weil Didinium mit einer zeitlichen Verzögerung reagierte und deshalb die zunehmende Beute gar nicht mehr so stark zu reduzieren vermochte. Aber bei der finalen Oszillation war dann die Reduktion zu gross, so dass Didinium nicht mehr genügend Nahrung finden konnte.[57] Koexistenz, die kontinuierlichen Fluktuationen, ohne dass eine Art aussterbe, so demonstrierten die bisherigen Versuche, könne also nicht nur davon abhängig sein, dass der Predator nicht sämtliche Beutetiere fangen könne. „Perhaps the answer lies in the overall productivity of the predator-prey system."[58]

Luckinbill identifizierte die Nahrung als wesentlichen Faktor für das ganze System, aber in spezifischer Hinsicht: Denn nicht nur das Vorhandensein derselben war entscheidend, sondern in der Folge davon auch die Grösse der Versuchstiere. Reichlich Nahrung ergibt dicke Paramecium, die sich schneller fortpflanzen. Der Konkurrent braucht weniger Aufwand und eine geringere Anzahl, um wieder eine Teilung vorzunehmen. Das bedeutet nun aber, dass die Beute auf dem Dichtehöhepunkt im Verhältnis drastischer reduziert wird, da der Raubtierpopulation für einen Fortpflanzungszyklus drei anstelle von acht gefressenen Paramecium genügen. Daraus schloss Luckinbill, dass eine Verbesserung der Nahrungsbedingungen für die Beute von einem gewissen Punkt an sogar einen negativen Effekt hat: Je grösser das einzelne Beutetier, desto massiver der Einfluss der fressenden Population auf die Beutepopulation. Das zugehörige zweite Experiment endete damit, dass die Population der Beutetiere unter Erhöhung der Nahrungsressourcen nach Erreichen der grössten Klimax (nach drei Oszillationen) ausstarb. Aus diesem Experiment nun folgerte Luckinbill, dass der Einfluss der fressenden Population abgeschwächt werden könnte, wenn man bei zunehmender Anzahl der Beutetiere deren Nahrung verringere, denn dies würde ihre Körpergrösse verkleinern und die konsumierende Population müsste mehr Energie für mehr Fänge von Beutetieren aufwenden, um sich fortpflanzen zu können. Das Resultat des dritten Experiments waren sieben Oszillationen, d.h. sieben Mal zwei sich verfolgende, fluktuierende Kurven bzw. 100 Generationen der Beutepopulation Paramecium.[59] Damit war Luckinbill zufrieden und fügte an, dass das System nicht von alleine gestoppt habe, sondern beendet wurde.

Der empirische Beleg der fluktuierenden Kurvenverläufe, die aus den Lotka-Volterra-Gleichungen so elegant folgten, erforderte also den Einbezug einer Reihe von experimentaltechnischen Interventionen, die in den Gleichungen nicht abgebildet sind. Die Nahrung der Beute, die von Lotka und Volterra in der Abstraktion und Idealisierung weggelassen wurde, erwies sich als der Knackpunkt. Die Beu-

---

[57] Luckinbill, Coexistence, S. 1323 f.
[58] Luckinbill, Coexistence, S. 1324.
[59] Luckinbill, Coexistence, S. 1325.

tepopulation wurde im Experiment von Luckinbill ausreichend alimentiert, aber nur bis zu einem gewissen Zeitpunkt, weil ansonsten der Körperumfang eines Beutetieres zu gross geworden wäre, mit der für die Beute negativen Folge, dass sich das Raubtier seinerseits reproduktionstechnischen Aufwand ersparte. Falls das Modell das experimentelle System abbilden möchte, so folgerte Luckinbill, müsste es eine „food limitation" einbauen. Das wiederum „seems incompatible with the mathematical model of predator-prey interactions proposed by Lotka and Volterra (1925)."[60] Erstens habe er bewiesen, dass der Predator „unsuccessful as the sole regulatory agent of the prey population" ist. Dies hätte wiederum zweitens zur Folge, dass nicht nur inter-spezifische Faktoren entscheidend sind, sondern auch intra-spezifische Faktoren aufseiten der Beutetiere wie aufseiten der Konsumenten berücksichtigt werden müssten. Sowohl die Menge der Nahrung für die Beutetiere als auch deren Körpergrösse müssten neu formalisiert werden, während es gleichzeitig auch falsch sei anzunehmen, dass der Hunger der Konsumenten, wie in den Lotka-Volterra-Gleichungen suggeriert, unstillbar sei.[61] Luckinbills Experimentalanordnung konnte also den Kurvenverlauf der Lotka-Volterra-Gleichungen nachweisen, modulierte aber die Ausgangssituation derart, dass die Gleichungen wiederum ungeeignet waren, die Testresultate zu untermauern.

Lotka und Volterra haben durch ihre Arbeiten ökologische Forschung befördert und beobachtet, waren aber nicht in die konkrete empirische Forschung involviert. Der Ökologe Adams interessierte sich zwar für Lotkas Arbeit. Sofort nach Erscheinen der *Elements* schrieb er ihm und schlug vor, der Ecological Society beizutreten: „I note in your book you do not seem to be in touch with the ecologists, many of whom are particularly interested in your point of view. I think that you would find it pleasant to belong to the Ecological Society".[62] Lotka trat der Vereinigung bei[63], es ist aber nicht bekannt, dass er seine weiteren Arbeiten in einen spezifisch ökologischen Kontext gestellt hätte.

---

[60] Luckinbill, Coexistence, S. 1326.

[61] Vgl. hierzu auch Gatto, Marino: „On Volterra and D'Ancona's Footsteps: The Temporal and Spatial Complexity of Ecological Interactions and Networks", in: *Italian Journal of Zoology* 76 (2009), Nr. 1, S. 3–15, hier S. 7.

[62] Brief von Adams an Lotka, 31.3.1925, AJL-Papers, Box 12, Folder 7. Ebenfalls war er mit dem Physiker Bailey in Kontakt, der seinerseits zusammen mit dem australischen Entomologen Nicholson die Fluktuationen von zwei Arten unter dem Aspekt des Gleichgewichts untersuchte und auf anderem Weg zum gleichen theoretischen Resultat wie Lotka und Volterra gelangte; vgl. hierzu Lotka an Bailey, 30.6.1949, AJL-Papers, Box 30, Folder 9 (Bailey erwartete ungeduldig die Übersetzung des Buchs, das auf Französisch erschienen war; Lotka war zuversichtlich, kündigte aber an, dass die Übersetzung noch mit grundlegenden Überarbeitungen verknüpft sei).

[63] Kingsland, Modeling Nature, S. 26.

Nach dieser Analyse der Rezeption des Differentialgleichungssystems im Kontext von ökologischen Fragestellungen, steht jetzt der zweite Rezeptionsstrang im Vordergrund, der auf die physikalische Biologie abhebt.

Mathematische Gleichschaltung: ein sozialwissenschaftliches Problem

„Toward the social issues involved the writer has preserved a degree of indifference which from a social standpoint may be reprehensible, but which, it is hoped, has the redeeming grace of lending impartiality to his judgment."[64] Diese Aussage findet sich in den Notizen Lotkas, wo er sich mit der logistischen Kurve von Pearl / Reed auseinandersetzte. Die von Pearl behauptete Allgemeingültigkeit seiner Mathematisierung für Populationswachstum war in den amerikanischen Sozialwissenschaften und Bevölkerungswissenschaften um 1930 heftig umstritten. Zum gleichen Zeitpunkt war Lotka als Angestellter der Life Insurance Company vertraut mit der Diskussion über die mögliche und gleichzeitig fragliche Notwendigkeit zur Steuerung des Bevölkerungswachstums. Er kannte also diese Kontexte und war sich, siehe oben stehendes Zitat, seiner eigenen Indifferenz denselben gegenüber bewusst. Wie ich in diesem Abschnitt aber zeigen möchte, kann die Distanznahme zu diesen Fragen als typisch für Lotkas Ansatz interpretiert werden.

Die Frage nach der Vorhersagbarkeit des Bevölkerungswachstums und nach den begrenzenden Faktoren desselben war seit der Arbeit von Thomas Robert Malthus ein wiederkehrendes Thema.[65] In der Formulierung von Malthus waren bereits ein naturgesetzlicher und ein normativer Anteil enthalten: Das Bevölkerungswachstum folgt einer exponentiellen Progression, die Nahrungsmittelproduktion jedoch nur einer arithmetischen Gesetzmässigkeit. Daraus schloss Malthus, dass Hunger, Krieg und andere Verheerungen notwendige Beschränkungen des Bevölkerungswachstums seien; eine Tatsache, die insbesondere auch in Friedenszeiten politische Entscheidungsträger bedenken sollten, um nicht darauf zu

---

[64] AJL-Papers, Box 16, Folder 8, S. 6 f.

[65] Für den zeithistorischen Kontext und die Rezeption von Malthus' Essay bis ins 21. Jahrhundert mit bibliographischer Auswahl vgl. Appleman, Philip (Hg.): *Thomas Robert Malthus. An Essay on the Principle of Population. Influences on Malthus, Selections from Malthus' Work, Ninenteenth-Century Comment, Malthus in the Twenty-First Century*, New York / London: W. W. Norton & Company 2004 (2. Auflage, erstmals 1976: An essay on the principle of population: Text, sources and background, criticism). Wichtiger Rezeptionsschritt in Hinblick auf Pearl war Verhulst, Accroissement de la population; zur Rezeption von Verhulst, auf welche die Populationsökologie aufbaute vgl. Hutchinson, Introduction to Population Ecology, S. 1–40. Zur Geschichte des Bevölkerungsdiskurses vgl. Etzemüller, Thomas: *Ein ewigwährender Untergang. Der apokalyptische Bevölkerungsdiskurs im 20. Jahrhundert*, Bielefeld: transcript Verlag 2007.

verfallen, die Armen zu unterstützen.[66] Pearls quantitative Messungen und Korrelationen unter verschiedenen experimentellen Bedingungen zielten in diesem Zusammenhang auf die Etablierung eines Gesetzes von Populationswachstum ab.[67] Die so genannte logistische Kurve publizierte er 1920 zusammen mit Lowell J. Reed, dem Associate Professor of Biostatistics an der Johns Hopkins University.[68] Anschaulich war diese Kurve, weil sie zeigte, dass das Populationswachstum nicht einfach exponentiell gemäss einer geometrischen Reihe (wie bei Malthus) ansteigt, sondern – einem S gleich – nur bis zu einem oberen Limit.[69] Pearl ging davon aus, dass diese Kurve einem allgemeinen Gesetz für jegliches biologisches Wachstum folge. Damit schloss er aber den normativen und politischen Anteil der Bevölkerungsregulierung aus.

Die Kurve traf auf eine noch nicht institutionalisierte, in weiten Teilen von Sozialwissenschaftlern bestrittene amerikanische Demographie avant la lettre. In der Zwischenkriegszeit war das Thema der Population geprägt vom disziplinären „boundary-work"[70] zwischen Soziologie, Biologie, Anthropologie, Ökonomie und Psychologie. Die Gründung der International Union for the Investigation of Population Problems (IUSIPP) im Jahre 1928 und der Population Association of America im Jahre 1931 (PAA)[71] war fest verknüpft mit dem Ziel einer mehrfachen Abgrenzung der Populationswissenschaft von Nicht-Wissenschaft, von einer simplen Technik der Administration oder einem Instrument der Geburtenkontrolle und von Propaganda.[72] Die Statuten der IUSIPP hielten fest, dass sie sich strikt gegen moralische und politische Vereinnahmungen wende, vor allem was das Wachstum oder die Beschränkung der Population anbelange.

---

[66] Voss, Julia: *Charles Darwin zur Einführung*, Hamburg: Junius Verlag 2008, S. 187.

[67] Höhler, The Law of Growth, S. 50.

[68] Kiser, Clyde V.: „Lowell J. Reed (1886–1966)", in: *Population Index* 32 (1966), Nr. 3, S. 362–365.

[69] Pearl, Raymond: *The Biology of Population Growth*, New York: Alfred A. Knopf Inc. 1925.

[70] Ramsden, Carving up Population Science. Ramsden stützt sich da vor allem auf Gieryn, Thomas F.: „Boundary-Work and the Demarcation of Science from Non-Science. Strains and Interests in Professional Ideologies of Scientists", in: *American Sociological Review* 48 (1983), S. 781–795.; ders.: „,Boundaries of Science'", in: Sheila Jasanoff / Gerald E. Markle / James C. Peterson / Trevor Pinch (Hg.), *Handbook of Science and Technology Studies*, Thousand Oaks u. a.: Sage 1995, S. 393–443.

[71] Lotka war Präsident der PAA von 1938 bis 1939. Die Statuten der IUSIPP von 1932 finden sich auch in Lotkas Nachlass, AJL-Papers, Box 3, Folder 12.

[72] Ramsden, Carving up Population Science, S. 858. Die erstere, die IUSIPP, war eine internationale Vereinigung, die auch einen amerikanischen Ableger hatte, das American National Committee. Dieses verstand sich zunächst dezidiert unabhängig von der PAA, aber entschied dann, sich mit derselben zu verbinden; vgl. dazu Franks, Angela: *Margarete Sanger's Eugenic Legacy. The Control of Female Fertility*, Jefferson, NC: McFarland & Co. 2005, S. 136. (Wobei zu diesem Werk bemerkt werden muss, dass Franks unbedingt klar machen möchte, dass das population control movement in den USA nicht nur durch Eugeniker – im negativen Sinne – angeschoben, sondern auch durch diese durchgeführt wurde, siehe ebd., S. 145, wo z. B. Notestein als Eugeniker dargestellt wird. Ramsdens Herangehensweise halte ich für gewinnbringender, weil durch den Ansatz des „boundary work" mehr Differenzierungen eingefangen werden können.)

Pearls Rolle in diesem Kontext war vielschichtig. Grundsätzlich wollte er die Sphären von Politik und Wissenschaft getrennt wissen. Gleichzeitig verwies die logistische Kurve seiner Meinung nach auf eine allgemeingültige Gesetzmässigkeit.[73] Interpretierte man die logistische Kurve jedoch als Gesetz, dann folgte daraus, dass äussere (sozialpolitische, medizinische) Einflüsse nie stabilisierend, höchstens modifizierend wirkten.[74] Populationsdynamische Effekte spielten sich dann jenseits der Eingriffsmöglichkeiten von Sozialingenieuren ab, deren Geburtenkontrollen und Hygienemassnahmen obsolet erschienen.[75] Bevölkerungswissenschaftler entdeckten deshalb in Pearls logistischer Kurve ein grösseres ideologisches Element als in der Eugenik.[76] Ihr Ziel war es, die Sphäre der Bevölkerung für sich reserviert zu wissen, um Handlungsspielräume sicherzustellen.[77] Pearls oben erwähnte programmatische Trennung des Wissenschaftlichen und Politischen erwies sich in diesem Zusammenhang als Einfallstor für einen biologischen Determinismus. Für den amerikanischen Kontext hält der Wissenschaftshistoriker Edmund Ramsden fest: „The arenas of population and eugenics had suffered not from sociological, but from biological doctrine."[78]

Der Soziologe Dennis Hodgson beschreibt, wie der Fachbereich der Bevölkerungswissenschaften in den frühen Jahren rund um die Gründung der PAA durch vier verschiedene Gruppen geprägt war: von den Immigrations-Restriktionisten, den Eugenikern, den Geburtenkontrolleuren und den Populationswissenschaftlern.[79] Die ersten zwei Gruppen hatten genaue Vorstellungen davon, was die ‚guten' Immigranten oder der geeignete Nachwuchs zur Erhaltung des Wohlstands seien, weshalb sie als Pessimisten bezeichnet wurden. Die dritte Gruppe war optimistisch, indem sie in der zurückgehenden Fertilitätsrate eine mögliche Steigerung der Lebensqualität sah. Die letzte Gruppe, zu der auch Lotka gezählt werden kann[80], wünschte sich empirische Studien, welche die verschiedenen Statistiken aussagekräftig zusammenfassten.

Beteiligte Personen und Disziplinen, darin sind sich Hodgson wie Ramsden einig, lassen sich nicht als homogene Fachschaft beschreiben. Das wurde auch schon an der ersten Planungssitzung der PAA im Dezember 1930 an der New York University ersichtlich. Man fand sich im Büro von Henry Pratt Fairchild, seines Zeichens Professor für Soziologie und Vertreter von Immigrationsrestriktionen,

---

[73] Pearl, Biology of Population Growth, S. 22.
[74] Ramsden, Carving up Population Science, S. 880.
[75] Ramsden, Carving up Population Science, S. 888.
[76] Ramsden, Carving up Population Science, S. 880.
[77] Ramsden, Carving up Population Science, S. 889.
[78] Ramsden, Carving up Population Science, S. 888.
[79] Hodgson, Dennis: „The Ideological Origins of the Population Association of America", in: *Population and Development Review* 17 (1991), Nr. 1, S. 1–34, hier S. 5 f.
[80] Hodgson, Ideological Origins of PAA, S. 16.

ein. 13 Personen waren anwesend, darunter auch Alfred James Lotka, zusammen mit seinem Vorgesetzten Louis Dublin aus New York.[81] Die koedierten Arbeiten der beiden standen Fairchilds Überzeugungen gerade entgegen, weil sie der Befürchtung, Immigration erhöhe die Armut und die Kriminalität, durch Datenmaterial den Boden entzogen.[82] Die gleiche Argumentation wurde auch durch ihre „true rate of natural increase" gestützt.[83] Diese alterssensitive Berechnungsmethode zeigte, dass auf die geburtenstarken Jahrgänge im reproduktiven Alter eine geburtenschwache Generation folgen würde. Damit liefen die Vereinigten Staaten keiner unkontrollierbaren Situation entgegen, der man bloss durch Immigrationsbeschränkung Herr werden könnte, ganz im Gegenteil: „These analyses began a sea-change in population concerns: fears of overpopulation gave way to rising concern over depopulation."[84]

Auch wenn sich Lotkas Vorgesetzter Dublin, ein jüdischer Immigrant aus Litauen, Anfang der 1920er Jahre als Eugeniker bezeichnet und die „Qualität" der jüngsten Immigranten zur Debatte gestellt habe[85], gingen die Populationswissenschaftler gleichwohl, so Hodgson, nicht in der eugenischen Bewegung auf.[86] Sie zeichneten sich vielmehr durch eine bemerkenswerte Naivität aus, indem sie dachten, dass ihr wissenschaftliches Credo Objektivität garantiere: „Absorbed in deciphering population trends, however, they often appeared unaware of their own ideological presumptions. When biological Malthusianism fell into disrepute, this inattentiveness proved useful. Past associations were quickly forgotten."[87] Am Ende der 1930er Jahre hatte die amerikanische Demographie ihre heutige Form, weitgehend unabhängig vom biologischen Malthusianismus, mit der PAA als ein-

---

[81] Hodgson, Ideological Origins of PAA, S. 2. Hodgson erwähnt für dieses Treffen noch Margaret Sanger, Eleanor Jones, President of the American Birth Control League, Harry Laughlin vom Eugenics Record Office on Long Island, O. E. Baker, Geograph vom Department of Agriculture, Lowell Reed, P. K. Whelpton, Landwirtschaftsökonom von der Scripps Foundation. Man kann hier die Mischung von öffentlichen Ämtern, Forschungsstationen und Universitäten erkennen. Die Liste der Eingeladenen zur zweiten Konferenz veranschaulicht noch stärker, wie Eugeniker, Immigrationsrestriktionisten, Biologen wie Pearl, Exponenten der Industrie, der Regierung, der Akademia sich gleichzeitig einfanden; siehe hierzu PAA Archive, Box 7, File 123, zit. in: Hodgson, Ideological Origins of PAA, S. 2 f. und Fussnote S. 23 f.

[82] Hodgson, Ideological Origins of PAA, S. 18. Hodgson illustriert diesen Aspekt durch eine Diskussion zwischen Willcox und Fairchild. Notestein war ein Schüler von Willcox, der gegen die Immigrationsrestriktionisten argumentierte.

[83] Dublin / Lotka, On the True Rate, S. 328; vgl. auch AJL-Papers, Box 16, Folder 9.

[84] Hodgson, Ideological Origins of PAA, S. 18.

[85] Dublin, Louis I.: „Birth Control", in: *Social Hygiene* 6 (1920), Nr. 1, S. 5–16, hier S. 8 und ders.: *The Higher Education of Women and Race Betterment*, Baltimore: Williams & Wilkins 1923, S. 378; zit. nach Hodgson, Ideological Origins of PAA, S. 20 und mit dem Kommentar versehen, dass Dublin diese Aussage in der Rückschau hinterfragte.

[86] Hodgson, Ideological Origins of PAA, S. 19.

[87] Hodgson, Ideological Origins of PAA, S. 20. Aus Ramsdens Darstellung kann gefolgert werden, dass sich die amerikanischen Sozialingenieure in der Vorkriegszeit des Zweiten Weltkriegs durchaus eine positive Eugenik erhalten wissen wollten; vgl. Ramsden, Carving up Population Science.

zige exklusive Organisation.[88] Das Leitbild mit dem Verweis auf die „qualitativen
Aspekte" der Bevölkerung gilt noch heute und entfaltet seine Wirkung, wobei den
eugenischen Hintergrund derselben Aspekte keiner mehr bedenkt.[89]

Lotka wiederum suchte noch einmal nach einem anderen Weg. Er zeigte die
Pearl / Reed-Kurve und beschrieb, wie dieses Wachstumsgesetz einer Population
auf einen mehrzelligen Organismus übertragen werden könne.[90] Den Analogis-
mus überführte er jedoch nicht in einen biologischen Determinismus. Genauso
wenig verfolgte er das Ziel, den Sozialingenieuren und Eugenikern Handlungsspielräume für Bevölkerungsregulationen zu eröffnen. Mit dem Differentialgleichungssystem zu zwei interagierenden Arten präsentierte er ein Beispiel einer
wechselseitigen Regulierung. Diese funktioniert auf der Basis von energetischen
Austauschprozessen. Der das Populationswachstum bremsende „check", so kann
man aus Lotkas Hauptwerk folgern, war nicht mit einer logistischen Kurve beschreibbar, auch nicht mit einer thermodynamischen Gesetzmässigkeit. Das Instrument zur Beschreibung der irreversiblen Veränderungen als „Geschichte von
Systemen" musste erst noch etabliert werden. Mit der Nennung der „Allgemeinen
Zustandslehre" gab er erste methodische Hinweise.

Wie Fliessgleichgewichte durch Regulierung von aussen erreicht werden könnten, liess Lotka offen. Seine Antworten auf Bevölkerungsfragen bewegten sich
letztlich weitab von der konkreten politischen Umsetzung. Im Zusammenhang
mit den Immigrationsrestriktionisten haben wir gesehen, dass er dieser Strömung
ein analytisches Instrument entgegenhielt, das eine Bevölkerungsabnahme prognostizierte; dies jedoch ohne jegliches politisches Plädoyer, sondern gewissermassen die Zahlen für sich sprechen lassend. Dieser Gestus ist aus *Elements of Physical
Biology* bekannt: Daten sind illustrativ, beschrieben wird die ganze Lebenswelt,
möglichst quantitativ, aber es findet keine Übersetzung in die politische Sphäre
statt. Auch der „body politic" war ein quantitatives Werkzeug, das auffällig apo-
litisch präsentiert wurde.

Lotka als Agnostiker zu interpretieren, der sich primär auf die mathematische
Objektivität berief, deckt sich auch mit den Erinnerungen von Frank Notestein,
den wir schon als Nachlassverwalter von Lotka und als Begründer des Office of
Population Research in Princeton (NJ) kennen gelernt haben. Er hielt in einer

---

[88] Hodgson, Ideological Origins of PAA, S. 21.
[89] Hodgson, Ideological Origins of PAA, S. 22 f. http://www.populationassociation.org/about/con
stitution-bylaws/ (9.10.2015).
[90] Lotka, Elements, S. 69. Die Experimente mit den Fruchtfliegen, so kommentierte Lotka, würden
diese Kurve fast komplett illustrieren: „A very particular interest attaches to this example, inasmuch as
it forms, as it were, a connecting link between the law of growth of a population, and the law of growth
of the individual. A colony of unicellular organisms, regarded as a whole, is analogous to the body of a
multicellular organism. Or, to put the matter the other way about, a man, for example, may be regarded
as a *population of cells*." Siehe Lotka, Elements, S. 69 f. (Hervorhebung im Original).

Rückschau von 1970 fest, dass es in den frühen Jahren der PAA darum gegangen sei „to keep out all but the purest of the academically pure".[91] Das kann man auch als Rechtfertigung vor sich selbst in der biographischen Rückschau betrachten oder aber es veranschaulicht tatsächlich, dass es in dem weiten Feld der sich formierenden Demographie in den USA möglich war, über ‚biologischen Wert' nachzudenken, diesen mit mathematischen Formeln auszustatten, ohne dadurch einen biologistischen Determinismus zu behaupten und ohne daraus gesellschaftspolitische Schlüsse abzuleiten. Sein ehemaliger Kollege Lotka jedenfalls, so Notestein in der Rückschau auf die ersten Jahre der PAA, habe diesem Bild entsprochen:

> Somewhere in the middle of this group was the most intellectual of the lot, Alfred Lotka. He doubtless had reforming causes of some sort, but I never heard him express any interest other than in the intellectual side of the work. True, he was interested with Dublin in practical work, like the study of the money value of man, and the economics of preventive medicine with which their employer, the Metropolitan Life Insurance Company, was concerned. But his heart lay in *knowing*, not in doing something about it.[92]

Der Rückzug auf das, was sich quantitativ beschreiben lässt, war aber nicht einer grundlegend apolitischen Haltung geschuldet, sondern vielmehr dem Interesse, keinen ideologischen Interpretationen das Terrain zu ebnen. Dies kann noch einmal deutlicher anhand eines Textes aus dem Nachlass mit dem Titel *Physical Biology – The Biological Value of the Individual* illustriert werden.[93] Wir treffen hier wieder die typischen Ingredienzien der physikalischen Biologie an: die Analogisierung der verschiedenen Entitäten (Moleküle, Parasiten, Menschen), den analytisch-mathematischen Standpunkt sowie eine globale Moral. Kernfrage des Textes ist die Definition des „Werts" eines Individuums. Das „survival of the fittest", wie Lotka erwähnt, möchte er als objektiven Wert-Standard verstanden wissen.[94] Dies jedoch, wie auch zum Ende des Kapitels 2 aufgezeigt, nicht als Folge

---

[91] Notestein, Frank W.: „Reminiscences. The Role of Foundations, of the Population Association of America, Princeton University and the United Nations in Fostering American Interest in Population Problems", in: *Milbank Memorial Fund Quarterly* 49 (1971), S. 67–85, hier S. 70.

[92] Notestein, Frank W.: „Memories of the Early Years of the Association", in: *Population Index* 47 (1981), Nr. 3, S. 484–488, hier S. 485 (Hervorhebung im Original unterstrichen).

[93] AJL-Papers, Bilder Box 16, Folder 8, „the biological value". Das Typoskript ist undatiert, aber muss aus der Zeit seiner Anstellung bei der Life Insurance Company stammen, also frühestens von 1925.

[94] „This standard is objective in the sense that it is not dependent on the caprice of individual, subjective judgement; and furthermore, in the sense that it is applicable to value as related not to the human species alone, but as related to any biological species." Siehe AJL-Papers, Box 16, Folder 8, S. 1. Lotka referierte an jenem Ort auf einen eigenen Text aus dem Jahre 1911 (1914). Lotka muss sich wohl mit der von ihm vermerkten Jahreszahl 1911 (AJL-Papers, Box 16, Folder 8) vertippt haben, denn Zeitschrift, Nummer und Seitenzahlen sowie auch Thema verweisen auf Lotka, Alfred James: „An Objective Standard of Value Derived from The Principle of Evolution", in: *Journal of the Washington Academy of Sciences* 4 (1914), S. 409–418, 447–457, 499 f.

von individuell errungenen (biologischen oder sozialen) Vorteilen, sondern als kollektive Aufgabe im Einklang mit der Natur zur Erhaltung der menschlichen Zivilisation. Oder noch einmal anders formuliert: Egoismus und Hedonismus müssen zugunsten eines Blicks auf das Ganze weichen. In dieser neuen Perspektive, für welche die „physical biology" geeignet ist, soll das Thema des „biological value" neu aufgerollt werden.[95]

Methoden, die das einzelne Individuum herausstellen oder dasselbe abwertende Positionen schienen Lotka ungünstig. Gerade die Kurve von Pearl und Reed, wie er argumentierte, wies den Fehler auf, dass der „biologische Wert" eines neu hinzugekommen Individuums zwingend negativ sein müsse; dies gestützt auf die Analyse des Kalkulus, also darauf, wo formal zwingend die Minuszeichen gesetzt werden müssen, wenn ein neues Individuum zur Population stösst:

> These are clear cases of placing a negative value on a man. The practice of birth control is another example. In such cases the instinct of self-preservation, instead of working indirectly for the preservation of the species (as it does in most other instances), may conflict in greater measure or less to the interest of the species. Another set of instincts is here needed, superseding the instinct of self preservation. And where this set of instincts is deficient, the race is at a disadvantage in competition with those more adaptively endowed.
> These reflections are here offered entirely without bias.[96]

Lotkas inhaltliche Kritik an der Pearl / Reed-Kurve nahm die Minuszeichen im Kalkulus wortwörtlich und interpretierte sie friktionslos als negative Bewertung von neu hinzukommenden (immigrierenden) Individuen. Methodisch plädierte er für eine Sichtweise auf die ganze Art (Population). Diese klaren Positionsbezüge werden jedoch durch den Nachsatz abgeschwächt. Er verwahrte sich sozusagen prophylaktisch gegenüber jeglicher Übersetzung seiner Kritik an der mathematisch basierten negativen Fremdbewertung von Individuen und verzichtete gänzlich auf Vorschläge für eine realpolitische Umsetzung.

Es gelang Lotka in dieser verwickelten Situation – die von widersprüchlichen Zielen, gestützt auf mathematische Bevölkerungsprognosen, vagen eugenischen Ideen und restriktiver Migrationspolitik geprägt war – als einer zu erscheinen, der sich gesellschaftspolitisch nicht einmischt. Durch Zeitgenossen wurde die Vielschichtigkeit von Lotkas Botschaften auch ambivalent beurteilt. Einmal wird er wahrgenommen als Vertreter eines allgemeingültigen biologischen Gesetzes[97], dann gerade wieder als einer derjenigen, die ein Gegenbeispiel zu dieser Simplifi-

---

[95] Er ziehe diesen Ausdruck, wie er in einer Fussnote erwähnt, Begriffen wie „objektiver" oder „absoluter Wert" vor, „in order to prevent unprofitable controversy", siehe AJL-Papers, Box 16, Folder 8, S. 1. Die Wachstumsrate pro Kopf ist der biologische Wert und demnach auch ein objektiver Wert, siehe AJL-Papers, Box 16, Folder 8, S. 3.

[96] AJL-Papers, Box 16, Folder 8, S. 6 f.

[97] Wolfe, A. B.: „Is There a Biological Law of Human Population Growth?", in: *The Quarterly Journal of Economics* 41 (1927), Nr. 4, S. 557–594.

zierung geliefert hätten.[98] Eher als ein Advokat von Pearl[99] oder purer Analytiker war Lotka ein Verfechter einer dritten Position, einer integrierenden Betrachtungsweise: Menschliche wie tierische Populationen sollten in dem aufgehen, was er „general demology" nannte und was die unausweichlichen Interdependenzen zwischen allen Organismen aus ökonomischen, d. h. nahrungstechnischen Gründen umfasste.[100]

Die Analogisierung von tierischen wie menschlichen Populationen, trotz der Absage an die logistische Kurve als allgemeingültiges Gesetz, vertrat Lotka auch im Jahre 1938 in seiner Rolle als Präsident der Population Association of America. In seiner Abendvorlesung erinnerte er sogar an die Entscheidung der PAA gegen eine methodologische Analogisierung von Lebewesen: „When our Association [PAA] was founded, we duly weighed whether it should restrict itself to the study of human populations, or whether it should include also that of populations of living organisms generally. It was decided that the prime object of study, at least, should be human populations."[101] Dennoch plädierte er für das Zusammendenken von demographischen, ökonomischen und ökologischen Aspekten, welches eine breit verstandene „population study" erst ermöglichte.[102] Mit grosser Kontinuität vertritt hier Lotka seine Überzeugung einer offensichtlichen, gegebenen Verflechtung des Menschen mit der Umwelt und wiederholt die Grundsätze eines genuin ökologischen Ansatzes, der in einer „General Demography" aufgehoben sei: Analyse von Nahrungsketten im Allgemeinen wie auch der menschlichen Rolle im Speziellen basierend auf der Annahme von „aggregates of energy transformers" unter besonderer Berücksichtigung der technischen Entwicklungen.[103] Grossen Nachholbedarf sah Lotka im Wissen um diese Grundlagen, aber auch im Rückgängigmachen von den Fehlanpassungen der menschlichen Ziele, die am

---

[98] Hiller, E. T.: „A Culture Theory of Population Trends", in: *Journal of Political Economy* 38 (1930), Nr. 5, S. 523–550, hier S. 527. (Hiller kritisierte hier vor allem, dass es nicht nur um Fragen der food limitation gehe, sondern um kulturelle Aspekte, siehe ebd., S. 530 f.)

[99] Obgleich Ramsden ausführt, dass Pearl wie Lotka in Frage gestellt hätten, ob die Demographie sich nur menschlichen Populationen widmen sollte; Ramsden, Carving up Population Science, S. 859, als Referenz verweist Ramsden auf Lotka 1939, 1945; vgl. Lotka, Contact Points; ders.: „Population Analysis as a Chapter in the Mathematical Theory of Evolution", in: W. E. Le Gros Clark,/ P. B. Medawar (Hg.), *Essays on Growth and Form. Presented to D'Arcy Wentworth Thompson*, Oxford: Clarendon Press 1945, S. 355–385. Für das Postulat, dass sich die Populationsstatistik nicht nur auf menschliche Populationen beziehen soll vgl. auch AJL-Papers, Box 31, Folder 1.

[100] Lotka, Elements, S. 164, 171.

[101] Lotka, Contact Points, S. 611. Im Jahr 1989 wurde die zweite Hälfte dieser Rede publiziert und mit einem kurzen, einleitenden Kommentar versehen, o.A.: „Lotka on Population Study, Ecology, and Evolution", in: *Population and Development Review* 15 (1989), Nr. 3, S. 539–550 (Autorangabe auf jstor „Alfred Jones Lotka").

[102] Zunächst habe er den Titel „Contact Points of Population Study with Other Sciences" gewählt, sich dann aber für „Contact Points of Population Study with Related Branches of Science" entschieden, weil sich ihm die Frage aufgedrängt habe, ob Populationswissenschaft (schon) eine Wissenschaft sei, siehe hierzu Lotka, Contact Points, S. 601 f.

[103] Lotka, Contact Points, S. 610 f., 619.

Fundament der zivilisierten Menschheit rüttelten[104]. „Gibt es ein Gegenmittel?" fragte Lotka gegen Schluss seiner Rede. Wenn die Weisheit des Menschen sich gleich der Kurve der wissenschaftlichen Entwicklung – exponentielle Zunahme der technischen Neuerungen, Erfindungen und Erkenntnisse – entwickelte, „then Utopia, from an idle dream, would become a real presence."[105]

Wiederum führt der Blick aufs Ganze zu einem Appell an den Menschen als vernünftiges und verantwortliches Wesen, das intergenerationell verwoben ist durch lebensnotwendige Energieaustauschprozesse, gerade im industriellen Zeitalter. Und aufs Neue mahnte Lotka an, dass die besonderen Fähigkeiten des Menschen nur dann zum Ziele führten, wenn sie zum Wohle aller eingesetzt würden.[106] Die energetische Interpretation der Welt mündete in ein kollektiv-humanistisches Ideal der Zukunftsgestaltung.

Dieser Ansicht blieb Lotka bis zu seinem Tode treu.[107] Die Behandlung von Einzelfällen der generellen Demographie geschah mathematisch, basierend auf einer Quantifizierung, ohne aktuelle Bezugnahmen auf politische Themen, abgerundet aber mit einer pathetisch vorgetragenen Moral. Innerhalb seiner ‚Gleichschaltung' von Menschen wie Tieren unter dem Banner der Mathematisierung der Energieflüsse blieb genügend Raum für die speziellen Fertigkeiten des Menschen, seine Sinne, Emotionen und Ziele. Das bedeutete, keinen biologistischen Determinismus auf soziale Prozesse zu übertragen. Dies beinhaltete aber auch keine direkte Anleitung zur Regulierung oder Optimierung der mathematisch beschriebenen Prozesse. Damit sass er unter den Bevölkerungs- und Sozialwissenschaftlern, die sein berufliches Umfeld von 1925 bis zu seiner Pensionierung 1947 bildeten, zwischen allen Stühlen. So nimmt sich seine Rede vor der PAA und das Insistieren auf der generellen Demologie seltsam anachronistisch aus. Dies blieb nicht ohne Folgen für die Generierung eines Publikums für die physikalische Biologie. Erst in einem anderen historischen Kontext, nach dem Tod Lotkas, wurde sein Ansatz, die Integration des menschlichen Verhaltens in die Beschreibung und die Analogisierung von unterschiedlichen Systemen durch die Mathematisierbarkeit sinnfällig. Wichtigster Protagonist, der in dieser Hinsicht für die Rezeption von Lotka genannt wird, ist Ludwig von Bertalanffy. Im folgenden Unterkapitel werden die möglichen Rezeptionslinien zwischen dem österreichischen Biologen und Lotka analysiert.

---

[104] Lotka, Contact Points, S. 623.
[105] Lotka, Contact Points, S. 623–625, Zitat und Schlusswort S. 625.
[106] Siehe vor allem den Schlussteil von Kapitel 2 dieser Arbeit, vgl. Lotka, Elements, S. 430–432. Weitere Reflexionen zu Kooperation und „mutual benefit" finden sich in AJL-Papers, Box 16, Folder 1 und Box 29, Folder 9.
[107] Vgl. Lotka, Evolution as Maximal Principle; Lotka, Mathematical Theory of Evolution.

Gestalten von Systemen: Bertalanffy und Lotka

But we must here especially emphasize Lotka's influence; because if Bertalanffy is held as „father" of „general systemology", then one must hold Lotka for its „grandfather" – Bertalanffy acknowledging the latter as his main „precursor" and his dept being even more significant than he admits.[108]

Welche ideellen Kontinuitäten werden hier in der neueren Bertalanffy-Forschung durch David Pouvreau und Manfred Drack hergestellt? Durch den Systembegriff, die Synthetisierung, die Analogisierung von und Isomorphismen zwischen Wissenschaften weisen Lotkas „physical biology" und Bertalanffys „general system theory" Parallelen auf. Man könnte sogar hinzufügen, dass sie beide als Randfiguren der Wissenschaften bezeichnet werden können – aber um wissenschaftssoziologische Parallelführungen geht es den Autoren nicht. Reichen inhaltliche Überlappungen für das Zeichnen eines wissenschaftlichen Stammbaums? Für den konkret vorliegenden Fall möchte ich eine Rezeptionsgeschichte zu Lotka und Bertalanffy vorschlagen, welche weniger Linearitäten als Atmosphärisches zu Tage fördert. Dies kann nicht geschehen, indem der 1100 Seiten starken Ideengeschichte Pouvreaus über Bertalanffy[109] eine Alternative zur Seite gestellt wird. Im Folgenden beschränke ich mich auf zwei Themenfelder: erstens das Nachdenken über das Leben, die Entropie und den „steady state", zweitens das Bild, welches sich Bertalanffy von Lotka machte. Entgegen dem Eingangszitat möchte ich zeigen, dass es weniger um eine offensichtliche, aber von Bertalanffy zu wenig gekennzeichnete Rezeption von Lotkas Gedanken ging, als vielmehr um eine parallele Reflexion über die Grenzen der Thermodynamik und den Einsatz des Systembegriffs während der 1920er Jahre.

Der Organismus im „steady state"

Ludwig von Bertalanffy wurde 1901 in der Nähe von Wien geboren und studierte zunächst Philosophie und Kunstgeschichte. In seiner Dissertation über Fechner

---

[108] Pouvreau / Drack, Ludwig von Bertalanffy's ‚General Systemology', S. 320 f. Die Zuschreibung „Father of General Systems Theory" war auch untertitelgebend für die Monographie Davidson, Mark: *Uncommon Sense. The Life and Thought of Ludwig von Bertalanffy (1901–1972), Father of General Systems Theory*, Los Angeles: J. P. Tarcher 1983. Für dieselbe Bezeichnung siehe auch die Website des Bertalanffy Center for the Study of Systems Science (BCSSS) http://www.bertalanffy.org/bertalanffy/ (18.2.2013); das BCSSS ist dem Departement für Theoretische Biologie an der Universität Wien angegliedert und beherbergt am selben Ort den Nachlass von Ludwig von Bertalanffy. Im Folgenden für den Nachlass: BCSSS-Archiv.

[109] Pouvreau, David: *Une histoire de la „systémologie générale" de Ludwig von Bertalanffy. Généalogie, genèse, actualisation et postérité d'un projet herméneutique*, 2013 (Thèse pour l'obtention du titre de docteur de l'E. H. E. S. S. en Sciences Sociales, spécialité „Histoire des sciences" 2013, http://www. bcsss.org/research/publications/ (download 11.4.2013).

schlug er vor, biologische und psychologische Aspekte holistisch zu betrachten.[110] Dem in Wien vorherrschenden Positivismus und Empirismus traute er nicht zu, anhand von Einzelphänomenen das Ganze zu erfassen. Vor dem Hintergrund dieser Ansicht sind auch Bertalanffys Arbeiten zur theoretischen Biologie zu verstehen, welche von einem organismischen, nicht-mechanischen Prinzip im Wachstum und in der Differentiation von Organismen ausgingen. Dieses nicht-mechanische Prinzip wurde aber als allgemeines begriffen, das Gesetzen folgt, die auf alle Arten von Systemen zutreffen. Idealerweise galt es, diese Gesetze durch die logisch-mathematische Theorie zu erreichen, wodurch sie als generelle Systemgesetze gleichermassen auf die Human- und Sozialwissenschaften anwendbar würden.[111]

In einem wenig bekannten, auch nicht in der umfangreichen Arbeit von Pouvreau verwendeten Text aus dem Jahre 1929 mit dem Titel *Leben und Energetik*[112] ging Bertalanffy auf die Reichweite physikalischer Theorien ein. „Stimmen von physikalischen Koryphäen", referierte er, behaupteten, dass die Gesetze der Physik „an gewissen Punkten des Lebensgeschehens" durchbrochen würden.[113] Die Analyse dieser Vorgabe nahm Bertalanffy klassisch anhand der Energetik, im Sinne der thermodynamischen Grundsätze, vor. Beim Satz der Entropie, fuhr er fort, habe man berechtigte Gründe anzunehmen, dass „das Leben eine Durchbrechung der physikalischen Gesetzlichkeit bedeuten könnte".[114] Denn würde man dieses Prinzip durchdenken, müsste durch den bei jedem Prozess frei werdenden Anteil an nicht mehr verwendbarer Energie (Wärme) der „Wärmetod' des Universums" eintreten. Das Leben selbst scheine den „Kampf gegen die Entwertung der Energie" aufzunehmen.

Die mögliche Reserve des Organismus gegenüber den Gesetzlichkeiten der Physik wollte Bertalanffy jedoch nicht in einer vitalistischen Lesart ausgenutzt sehen. Die Argumentation fusste auf naturwissenschaftlichen Gesetzmässigkeiten:

> Eine Annahme vitalischer Dämonen im Lebendigen ist also auch von dieser Seite keineswegs gerechtfertigt; eine „Eigengesetzlichkeit des Lebens" in dem Sinne, daß in ihm die physikalischen Grundprinzipien durchbrochen würden, ist nicht vorhanden oder zumindest nicht nachgewiesen. [...] es würde nur sagen, daß das Lebensgeschehen durch die Gesetze der physikalischen Systeme nicht ausgeschöpft wird [...]. Für oder gegen die Möglichkeit einer solchen „Eigengesetzlichkeit" ist durch den Nachweis der Gültigkeit der physikalischen Grundprinzipien auch im Lebendigen nichts ausgemacht.[115]

---

[110] Bertalanffy, Ludwig von: *Fechner und das Problem der Integration höherer Ordnung*, Wien 1926 (Dissertation Universität Wien).

[111] Pouvreau/Drack, ‚General Systemology', S. 283.

[112] Bertalanffy, Ludwig von: „Leben und Energetik", in: *Unsere Welt. Illustrierte Zeitschrift für Naturwissenschaft und Weltanschauung* 21 (1929), S. 214–218.

[113] Bertalanffy, Leben und Energetik, S. 215.

[114] Für dies und das Folgende Bertalanffy, Leben und Energetik, S. 216.

[115] Bertalanffy, Leben und Energetik, S. 218.

Gesucht war also eine Eigengesetzlichkeit des Lebendigen, die mit den physikalischen Prinzipien nicht deckungsgleich ist, diese aber nicht aushebelt. In weiteren
Texten der ausgehenden 1920er Jahre[116] finden wir diese Position Bertalanffys
vor, und in der Rückschau stellte er wiederholt diese Phase als den Beginn seiner
(oft in einfache Anführungsstriche gesetzten) „'general system theory'"heraus.[117]

Das Argument, welches seine Idee von „steady states" stützte, war folgendermassen aufgebaut: Laut der vitalistischen Auffassung des organischen Wachstums (vertreten durch den deutschen Biologen Hans Driesch) müsste aus unterschiedlichen Anfangsbedingungen immer das Gleiche resultieren. Dieses Prinzip
der so genannten Äquifinalität würde laut Driesch durch eine dem Organismus
inhärente Kraft garantiert, die jenseits von physikalisch-chemischen Erklärungen
die Lebensvorgänge auszeichne.[118] Bertalanffy hielt dieser Auffassung entgegen,
dass Äquifinalität in geschlossenen Systemen keine Gesetzmässigkeit sei, d.h.
die Ausgangsbedingungen bestimmten immer den Endzustand, und wenn eine
Störung auftrete, resultiere etwas Anderes.[119] Das Lebendige nun als offenes System scheine auf den ersten Blick diese physikalische Regel zu verletzen, weil trotz
verschiedener Anfangsbedingungen und auf verschiedenen Wegen „in weitem
Umfang der gleiche Endzustand erreicht wird".[120] Um diese Tatsache zu erklären, kommt nun aber, so Bertalanffy, keine Äquifinalität zum Einsatz, sondern
der Begriff des „steady state" oder des „Fliessgleichgewichts", was sich aus den
Grenzen der konventionellen Physik ergebe.[121] Ein System im Fliessgleichgewicht

---

[116] Bertalanffy, Ludwig von: „Über die Bedeutung der Umwälzungen in der Physik für die Biologie
(Studien über theoretische Biologie II)", in: *Biologisches Zentralblatt* 47 (1927), S. 653–662; ders.: „Das
Problem des Lebens", in: *Scientia* XLI (1927), S. 265–274; ders.: *Kritische Theorie der Formbildung*,
Berlin: Borntraeger 1928 (Abhandlungen zur theoretischen Biologie, Bd. 27).

[117] Im Jahr 1928 habe er zum ersten Mal den organismischen Ansatz in der Biologie vorgestellt,
seither sei kein neues Argument dazugekommen, aber die bisherigen gestärkt worden. In der Weiter-
verfolgung dieses Pfades habe er die „theory of open systems and steady states" entwickelt, die aber
in den 1930er Jahren keine Resonanz gefunden habe. Zum Beispiel sei er 1937 von der University of
Chicago eingeladen gewesen, zu jener Zeit jedoch habe Theorie in der Biologie einen schlechten Ruf
gehabt, sodass sein Entwurf in der Schublade blieb. Für diese Hinweise aus der eigenen Rückschau,
siehe Bertalanffy, Ludwig von: *General System Theory. Foundations, Development, Applications*, New
York: George Braziller 1968, S. 6, 90. Das Aufzeigen der eigenen intellektuellen Kontinuität hatte
auch stark mit einem Prioritätsanspruch gegenüber der Kybernetik zu tun; siehe hierzu Bertalanffy,
General System Theory, S. 11 f., 17; vgl. auch Fritz Gessner an Ludwig von Bertalanffy, 29.12.1951,
BCSSS-Archiv, B 51 FGessner 8.

[118] Driesch, Hans: *Der Vitalismus als Geschichte und als Lehre*, Leipzig: Johann Ambrosius Barth
1905, vor allem S. 185 ff., auf S. 208 wendete er den aristotelischen Begriff „Entelechie" für die „Autonomie von Lebensvorgängen" an.

[119] Bertalanffy, Ludwig von: „Zu einer allgemeinen Systemlehre", in: *Biologia Generalis* XIX (1949),
Nr. 1, S. 114–129, hier S. 123.

[120] Bertalanffy, Zu einer allgemeinen Systemlehre, S. 123; auch ders., General System Theory, S. 40,
132.

[121] Bertalanffy, Zu einer allgemeinen Systemlehre, S. 122; ders.: *Biophysik des Fließgleichgewichts.
Einführung in die Physik der offenen Systeme und ihre Anwendung in der Biologie*, Braunschweig:
Friedrich Vieweg & Sohn 1953; ders., General System Theory, S. 39–41.

strebe nicht – wie die Thermodynamik vorgeben würde – möglichst schnell ein Maximum und demnach ein Gleichgewicht an, womit der Prozess abgeschlossen wäre. Sondern ein Organismus tendiere bloss zu einem Gleichgewicht zwischen Aktivität und Energieaufnahme:

The apparent „equilibrium" found in an organism is not a true equilibrium incapabel of performing work; rather it is a dynamic pseudo-equilibrium, kept constant at a certain distance from true equilibrium; so being capable of performing work but, on the other hand, requiring continuous import of energy for maintaining the distance from true equilibrium.[122]

Bertalanffy warb mit der Theorie des Fliessgleichgewichts aus der Thermodynamik heraus für eine Auffassung des Lebendigen als offenes System mit spezifischen Eigenschaften. Lotka hingegen brachte für seine Definition des Lebendigen keine Theorie der offenen Systeme in Abgrenzung zu den geschlossenen der Chemie oder der Thermodynamik in Anschlag. Als lebendig galten alle „life-bearing systems", die eine spezifische Struktur haben und mit der Umwelt reagieren, was sie über Energieaustausch tun, weshalb im Prinzip jede Struktur als lebendig gilt. Oder näher an Lotkas Worten formuliert: Anorganisches wie Organisches werden als strukturiertes System mit geometrischen und physikalisch-mechanischen Eigenschaften, die in Wechselwirkung mit der Umwelt stehen, interpretiert.[123] Die vitalistisch-mechanistische Debatte hielt er für ein Scheingefecht. Eine Maschine, so Lotka, habe zwar bis jetzt keine Selbstheilungskräfte bewiesen, aber es sei nicht ausgeschlossen, dass sie sich selbst reparieren oder fortpflanzen könne. Bis dahin sah er keinen Grund, eine neue Kraft oder Entelechie anzunehmen.[124] Lotkas Definition des Lebendigen war nicht an den Begriff des Organismus geknüpft[125], wir finden bei ihm kein Sich-Abarbeiten am Telos des Lebendigen, das für Bertalanffys Theoriefindung so wichtig war. Diese Differenz kam auch zum Ausdruck in Textstellen zum biologischen Wachstum: Bertalanffy ging von der Quantifizierung des Metabolismus und Wachstums des einzelnen Organismus aus, d. h. von der intraspezifischen Ebene.[126] Lotka setzte jedoch auf der Ebene der Population und der interspezifischen Phänomene an, die es im Hinblick auf ihren energetischen Umsatz zu quantifizieren galt. Er war nur ganz marginal mit Physiologie, Embryologie, Ontogenese und Morphogenese beschäftigt. Der

[122] Bertalanffy, General System Theory, S. 125.
[123] Lotka, Elements, S. 14.
[124] Vgl. auch die Ausführungen in Kapitel 2; vgl. Lotka, Elements, S. 11, 13. Vor allem folgender Text war für Lotka an dieser Stelle massgeblich: Warren, Howard C.: „A Study of Purpose. II Purposive Activity in Organisms", in: *The Journal of Philosophy, Psychology and Scientific Methods* 13 (1916), Nr. 2, S. 29–49; Warrens Buch von 1922 wies eine Ähnlichkeit mit Lotkas Titelgebung auf, vgl. Warren, Howard C.: *Elements of Human Psychology*, Boston u. a.: Houghton Mifflin Company 1922.
[125] Lotka, Elements, S. 19.
[126] Bertalanffy, Ludwig von: „Quantitative Laws in Metabolism and Growth", in: *The Quarterly Review of Biology* 32 (1957), Nr. 3, S. 217–231, hier S. 218.

einzelne Organismus interessierte Lotka wenig bzw. nicht in dem Sinne, wie Bertalanffy darüber nachdachte.[127]

Vor diesem Hintergrund kann eine Differenz zwischen Bertalanffys und Lotkas Steady-state-Begriff pointiert werden: Lotka setzte diesen Begriff, wenn er auch letztlich vage blieb, nicht aufgrund eines systemischen, sondern eines energetischen Verständnisses der Prozesse ein. Wohl nannte er das Konzept von *„Moving Equilibrium"* als unabdingbar für das Programm der physikalischen Biologie und plädierte für eine „true *dynamics*, both of the individual (micro-dynamics) and of the system as a whole (macro-dynamics)"[128], reservierte aber den Begriff des „steady state" nicht für das Lebendige oder den Organismus. Das Kapitel der *Elements* zu den „Moving Equilibria"[129] kümmert sich in erster Linie um chemische Reaktionen von radioaktiven Materialien, kommt von da aus auf die Stoffe zu sprechen, aus der die Erde und letztlich der Mensch geschaffen sind, führt beim kurzen Unterkapitel „Organic Moving Equilibria" hin zum System von Mensch und Nutztieren, was darin gipfelt, dass der Homo sapiens, in Anbetracht der immensen materiellen Überproduktion, grosse Anstrengungen vor sich habe, um eine Adjustierung ans Gleichgewicht zu erreichen. Lotka hat also keine abstrakte Theorie des „steady state" oder seiner „moving equilibria" entwickelt, sondern sah diese immer fest verwoben mit Prozessen, d.h. immer in Bezug auf die Masse- und die Energieumwälzungen. Lotkas Definition von System geschah indirekt, über die *„General Mechanics of Evolution"* als irreversible Energiewechsel zwischen Systemkomponenten.[130]

Eine weitere Differenz zwischen den beiden Herangehensweisen wird sichtbar, wenn die direkten Bezugnahmen Bertalanffys auf Lotka betrachtet werden. 1949 resümierte Bertalanffy selbst die Anfänge der Systemtheorie, in die er Lotka auf ganz bestimmte Weise (zusammen mit dem Gestaltpsychologen Wolfgang Köhler) einschrieb:[131]

Am nächsten kommt der hier angegebenen Zielsetzung Lotka (1925), dem wir einige Formulierungen entnehmen können. In der Tat behandelt Lotka einen allgemeinen (nicht wie

---

[127] Die von Pouvreau für den Zeitraum von 1933–1937 festgehaltene zweite Phase der Ausarbeitung der „systémologie générale" sei von einer Konzentration auf die individuelle, jedoch nicht von Erfolg gekrönte, „morphologie dynamique" geprägt gewesen; siehe Pouvreau, Une histoire de la ‚systémologie générale', S. 665. Gerade diese Phase jedoch scheint mir wichtig, um die Grossvater-Vater-Metapher in Frage zu stellen.

[128] Lotka, Elements, S. 51 f. (Hervorhebungen im Original).

[129] Lotka, Elements, S. 259–279.

[130] Lotka, Elements, S. 49 (Hervorhebung im Original).

[131] Die Texte von Köhler, auf die Bertalanffy referierte: Köhler, Wolfgang: *Die physischen Gestalten in Ruhe und im stationären Zustand. Eine naturphilosophische Untersuchung*, Erlangen: Verlag der philosophischen Akademie 1924; ders.: „Zum Problem der Regulation", in: *Wilhelm Roux' Archiv für Entwicklungsmechanik der Organismen* 112 (1927), Nr. 1, S. 315–332. Der Strang der Gestaltpsychologie soll an dieser Stelle nicht weiterverfolgt werden, da eine etwaige Rezeption von Lotka in diesem Feld nicht behandelt wird.

bei Köhler, auf physikalische Systeme beschränkten) Begriff des Systems, wobei allerdings bei ihm als Statistiker die merkwürdige Sachlage auftritt, daß er zwar Lebensgemeinschaften u. dgl. als Systeme auffaßt, den Einzelorganismus aber als eine Summe von Zellen.[132]

Bertalanffy sah Lotka als Statistiker, der sich primär mit Fragen zu Populationen beschäftigte. Zur Tradition der mit der statistischen Mathematik arbeitenden Fachschaft gehörte auch, dass man vom einzelnen Organismus abstrahierte. Verwundert zeigte sich Bertalanffy darüber, dass bei Lotka Gemeinschaften als Systeme, jedoch der einzelne Organismus als Summe von Zellen betrachtet werde. Lotkas Text ist aber kohärenter als es in Bertalanffys Darstellung scheinen mag. Denn er sprach davon, dass der mehrzellige Organismus als Ganzes, als „undivided system"[133], betrachtet werden solle und grundsätzlich die Evolution nicht wie bei den Biologen eine der Art sei. Er machte die bereits erwähnte Unterscheidung zwischen „intra-group" und „inter-group evolution", wobei ihn letztere mehr interessierte. Beide Spielarten jedoch befanden sich auf der Ebene der Population, einmal innerhalb der unter dem Aspekt der Reproduktionsmöglichkeit zusammengefassten Art, einmal auf der Ebene der Wechselbeziehungen zwischen Arten. Die betrachteten Interaktionen fanden nicht im einzelnen Organismus (oder Körper) statt, sondern immer in Bezug auf ein Aussen (das System, die Umwelt). Der Begriff „Zelle" kommt in Lotkas Buch nur an wenigen Stellen vor und wird nicht zu einem analytischen Instrument.[134] Das „Ganze" als Konzept wurde von Lotka unablässig eingesetzt: Die Evolution „as a whole" solle betrachtet werden, „it is the system as a whole that evolves".[135] Das Mass des Wachstums einer „group as a whole" werde untersucht oder die Welt als „world engine as a whole" verstanden, kurz: „world-as-a-whole".[136] Seine Begriffsverwendung motivierte sich aus funktionalen Betrachtungen zwischen Subsystemen und nicht aus teleologischen Überzeugungen. Begriffe wie Ganzheit (‚wholeness'), holistisch oder organismisch benutzte Lotka nicht.

Bertalanffy stellte Lotka als Wissenschaftler dar, der zwar den Systembegriff breit anwandte, aber dennoch nicht alles (vor allem nicht den einzelnen Organismus) zu erfassen vermochte. Mögliche ‚Vordenker' des Systembegriffs erwähnte er, um letztlich ihre Absichten als ungenügend zu qualifizieren.[137] Dieser Gestus

---

[132] Bertalanffy, Zu einer allgemeinen Systemlehre, S. 115.

[133] Lotka, Elements, S. 70, 158.

[134] Lotka, Elements, S. 11 f., 70, 76. (S. 11 f. verhandeln die so genannten „germ cells".)

[135] Lotka, Elements, S. 16 (Fussnote) bzw. 135; S. 22, 158, 277, 345 etc.

[136] Lotka, Elements, S. 64, 335, 357.

[137] In ähnlicher Weise verfuhr er auch mit Köhlers Vorlage; siehe dazu Ludwig von Bertalanffy an Friedrich Keiter, 9.11.1949, BCSSS-Archiv, B49 FKeiter 3; Ludwig von Bertalanffy an David Krech, 15.10.1950, BCSSS-Archiv, B50 DKrech 2. Mir ist bewusst, dass meine Darstellung der Verbindungen zwischen Bertalanffy und Köhler von derjenigen von Pouvreau, der viele Seiten darauf verwendet, die Parallelitäten zwischen Gestalttheorie und Systemtheorie aufzuzeigen (Une histoire de la ‚systémologie générale'), abweicht. Mein Punkt hier ist: Die konkreten Bezugnahmen sind spärlich, was aber nicht

kann dahingehend interpretiert werden, dass er seine Eigenleistung herausstreichen wollte, womit er auch der unzureichenden Würdigung anderer Autoren überführt wäre. Zu dieser Interpretation müsste aber unbedingt angefügt werden, dass sich Bertalanffy als Alleinkämpfer fühlte und auch als solcher stilisierte: „Mein Schicksal scheint zu sein, dass ich anderen Leuten gewoehnlich um eine Nasenlaenge voraus bin; deshalb passe ich so schlecht unter die orthodoxen Wissenschaftler."[138]

Bertalanffys Differenzmarkierungen bezüglich Lotka als Statistiker, der von Populationen ausging und den Begriff des Ganzen nicht konsequent auch auf den einzelnen Organismus anwandte, scheinen mir wichtig. Denn auf fast wortwörtlich gleiche Weise, wie er sich 1949 auf Lotka bezog, sollte Bertalanffy 1968 die Vorarbeiten abermals erwähnen, dieses Mal einfach mit den geringfügigen Zusätzen, dass „Lotka's *classic* (1925)" der Zielsetzung einer Systemtheorie am nächsten gekommen sei und man diesem Werk „*basic* formulations" entnehmen könne.[139] Er hatte also während knapp 20 Jahren, die für die Elaborierung seiner Theorie entscheidend waren, seinen Verweis auf Lotka nicht wesentlich verändert. Offensichtlich hat sich Bertalanffy einmal eine Referenz auf Lotka zurechtgelegt und diese nicht mehr modifiziert.

Die hier analysierten Bezugnahmen Bertalanffys auf Lotka scheinen mir nicht dazu geeignet, eine dicke Rezeptionslinie zwischen den beiden Autoren zu ziehen, wie es Pouvreau und Drack tun, die sich auf dieselbe Stelle kaprizieren, um von Lotka als „main precursor" von Bertalanffy zu sprechen.[140] Ihrer Darstellung liegt offenbar ein Verständnis eines friktionslosen Wissenstransfers zugrunde. Eine Ansicht, die die Verfasser in ihrer Suche nach den „wissenschaftlichen, philosophischen und ideologischen Dimensionen"[141] von Bertalanffys Theorie auf die Spitze treiben und eine wahre Flut von ideentechnischen Querverbindungen zu anderen Forschungen anbieten, wodurch bald sämtliche grossen Namen des intellektuellen Abendlandes vor dem Leser vorbeidefilieren. Ein Effekt, der sich wohl im Schreiben über Wissenschaftler, die eine Synthese versuchten, bald einstellen kann, womit man aber Gefahr läuft, durch die schiere Wucht von inhaltlichen Verbindungen keine Gewichtungen mehr vornehmen zu können.[142]

---

ausschliesst, dass Bertalanffy sehr wohl vieles von Köhlers Ansichten atmosphärisch aufnahm. Eine solche Rezeptionsgeschichte lässt sich aber nicht mit der Auflistung von retrospektiv identifizierten Ähnlichkeiten bewerkstelligen.

[138] Ludwig von Bertalanffy an Fritz Gessner, 12.11.1951, BCSSS-Archiv, B 51 FGessner 6. Nur wenigen Leuten traute er in dieser Phase zu, „die Implikationen meines Systems zu kapieren", darunter Aldous Huxley, siehe Bertalanffy an Fritz Gessner, 28.10.1949, BCSSS-Archiv, B 49 FGessner 3.

[139] Bertalanffy, General System Theory, S. 11 (Hervorhebungen A.T.).

[140] Pouvreau / Drack, Ludwig von Bertalanffy's ‚General Systemology', S. 321.

[141] Pouvreau / Drack, Ludwig von Bertalanffy's ‚General Systemology', S. 284.

[142] Enttäuschend wird diese Darstellung vor allem an dem Punkt, wo Pouvreau und Drack zwar festhalten, Bertalanffys Bezüge zum Nationalsozialismus seien sowohl „in Bezug auf die Entwicklung

So wird bei Pouvreau Lotkas Arbeit zur „Offenbarung" („revelation") für Bertalanffy sowohl in Bezug auf ein organismisches Programm in der Biologie als auch für die Möglichkeit einer Systemtheorie.[143] Im Anschluss daran wird auf die Parallelitäten zwischen Lotka und Bertalanffy in Bezug auf Differentialgleichungen referiert.[144] Bertalanffy habe Lotkas Werk 1937 in Chicago, vermittelt über den russischen Mathematiker Nicolas Rashevsky, wahrgenommen.[145] Nicht zuletzt dadurch sei es für Bertalanffy möglich geworden, den Nutzen von Systemeigenschaften auf allen Ebenen zu formulieren.[146]

Im Jahre 1939 war Bertalanffy jedenfalls schon bestens über die Arbeiten von Volterra – und in kleinerem Masse über Lotka – informiert.[147] Damals erschien die Abhandlung von Umberto D'Ancona über die Differentialgleichungen von Volterra im ersten Heft der Reihe *Abhandlungen zur exakten Biologie*, herausgegeben von Bertalanffy, der das Vorwort beisteuerte.[148] Das Buch, welches als „bio-

---

seiner Ideen als auch für die Richtung, die einige seiner Arbeiten genommen hätten, nicht vernachlässigbar" (Übersetzung A. T.), den Beleg dieser Verknüpfungen aber nicht als Aufgabe ihres Textes betrachten, siehe: Pouvreau / Drack, Ludwig von Bertalanffy's General Systemology', S. 284. Sie fügen an: „It suffices to say that he relates his philosophy of biology to Nazism in 1934 and 1941 and becomes a member of the NSDAP in 1938; and that this behavior is essentially an opportunistic one." Eine Interpretation, die auch nicht bei Pouvreau (Pouvreau, Une histoire de la ‚systémologie générale') in seiner 1100 Seiten starken Arbeit über Bertalanffy von 2013 hinterfragt wird, obschon er dort interessante Quellen zusammenträgt, die einer weiteren Bearbeitung würdig wären (siehe ebd. Annexe 1–5–3–6, S. 1010–1016): Als Bertalanffy Ende 1938 aus den USA nach Wien zurückkehrte und eine Stelle des inzwischen vertriebenen Hans Przibram am Zoologischen Institut antrat, stellte er Antrag auf Aufnahme in die N. S. D. A. P. In diesem Dokument schrieb Bertalanffy seine Arbeit seit dem Jahre 1927 in den Dienst der nationalsozialistischen Gesinnung ein. In Österreich habe man ihn deshalb „kaltgestellt" und jeder Versuch, seine akademische Position zu verbessern, sei „vereitelt" worden. Nur Zuwendungen aus Deutschland habe er es zu verdanken, dass er im Österreich vor dem ‚Anschluss' „nicht mit Frau und Kind zugrunde ging." Die Figur der ‚wegen seiner Gesinnung verhinderten Karriere' wiederholte Bertalanffy zu unterschiedlichen Zeitpunkten vor und nach dem Zweiten Weltkrieg. Für erste Hinweise zur Frage des Opportunismus / der Entnazifizierung vgl. Pouvreau, David: *La ‚tragédie dialectique du concept de totalité': Une biographie non officielle de Ludwig von Bertalanffy (1901–1972) d'après ses textes, sa correspondance et ses archives*, 2006 (http://www.bertalanffy.org/ download 14.02.2013), S. 40–44; Briefwechsel mit Fritz Gessner, BCSSS-Archiv, B 48 bis B 52 FGessner.

[143] Pouvreau, Une histoire de la ‚systémologie générale', S. 545; hier wird die Metapher Vater/ Grossvater wiederholt.

[144] Pouvreau, Une histoire de la ‚systémologie générale', S. 548; dieses Vorgehen tauche in Bertalanffys Texten von 1942 und 1949 wieder auf, ein Differentialgleichungssystem, das die grundlegende Wachstumsformel von Lotka enthält; im Buch von 1968 ebenso, hier aber mit Hinweis auf Lotka; siehe zu den formalen Parallelitäten auch Kingsland, Modeling Biology, S. 104.

[145] Pouvreau, Une histoire de la ‚systémologie générale', S. 545.

[146] Pouvreau, Une histoire de la ‚systémologie générale', S. 666.

[147] Es gehört in den Bereich der Spekulation, ob Bertalanffy nicht bereits 1927 auf den Namen Lotka gestossen war: In der Ausgabe von *Scientia* veröffentlichten Bertalanffy wie Volterra einen Text. Wenn man davon ausgeht, dass Bertalanffy die Ausgabe, in der er selbst publizierte, auch las, dann hätte er auf die Fussnote von Volterra auf S. 86 aufmerksam werden können, wo Volterra gegenüber Lotka sein Versäumnis eingesteht und gleichzeitig Priorität behauptet.

[148] D'Ancona, Der Kampf ums Dasein. Volterra zog sich von der ursprünglich gemeinsam mit D'Ancona geplanten Publikation zurück, weil er mit dem Herausgabeort Berlin nicht einverstanden war. Im Vorwort zum oben genannten Buch von D'Ancona stellte Bertalanffy lose Bezüge zum NS-Staat her: „Es ist weiter sicher kein Zufall, dass die Vererbungslehre, dieses im Hinblick auf exakte

logische [Arbeit] für Biologen" verstanden werden wollte und im Wesentlichen Volterras Leistungen darlegte, enthält auch ein Kapitel über „Die Gleichungen Lotkas".[149] Zu dieser Rezeptionsgeschichte, die mathematischen Indizien folgt, passt auch, dass Bertalanffys explizite Referenzen auf Lotka innerhalb seiner *General System Theory* allesamt mathematische Aspekte betreffen, wobei er ihn generell im Zusammenhang mit Volterra erwähnte.[150] Mit diesen Verweisen setzte er Lotka in den Kontext der Mathematisierung von biologischen Phänomenen.

Was die physikalische Biologie als energetischen Holismus anbelangt, in die eine Kritik an thermodynamischen Modellen eingebaut war, so wurde sie von Bertalanffy nicht rezipiert. Auch die Analogisierung von Entitäten und Fachbereichen durch die energetisch-mathematische Beschreibungsweise, die ich als Schlüsselmoment der physikalischen Biologie betrachte, hat den österreichischen Biologen nicht in erster Linie interessiert. So schrieb er 1952 in einem Brief: „Tatsaechlich finden sich in Bevoelkerungssystemen allgemein Regulationen, Fliessgleichgewichte, Entwicklung zu solchen (Klimax) etc. Die Volterraschen Gleichungen der Bevoelkerungsbewegung sind ein Spezialfall in einer allgemeinen Kinetik offener Systeme. Man muesste diese Sachen mal ordentlich durchdenken."[151]

Zusammenfassend lässt sich sagen, dass mit den hier vorgestellten kleinen, aber wesentlichen Differenzen und unterschiedlichen Gewichtungen in Lotkas und Bertalanffys Überlegungen zum „steady state" keine profunde – und dementsprechend keine unzureichend nachgewiesene – Lektüre von Lotkas Werk durch Bertalanffy belegt ist. Vielmehr haben sie unabhängig voneinander in den 1920er Jahren ähnliche Gedankengänge entwickelt: Beide schlugen sie ein Prinzip vor, das lebendige Systeme zu beschreiben erlaubt, das nicht durch die Thermodynamik (oder die klassische Physik) abgebildet wird. Aufseiten von Bertalanffy war dafür die Auseinandersetzung mit dem Vitalismus und das Nachdenken über den Organismus konstitutiv; aufseiten Lotkas die energetische Basis, ausgehend von chemischen Prozessen, deren Prinzipien auf biologische Systeme übertragen wurden. Lotkas Systembegriff oder die „Allgemeine Zustandslehre"[152] standen

---

Gesetzmässigkeiten fortgeschrittenste Gebiet der Biologie, gleichzeitig jenes ist, das politisch, für den staatlichen Aufbau und die Rassenpflege, die grösste Bedeutung erlangte. Aus zunächst rein theoretischen Forschungen ergaben sich praktische Konsequenzen, die diejenigen jedes anderen biologischen Gebiets weit hinter sich lassen", siehe Bertalanffy, „Einleitung des Herausgebers", in: D'Ancona, Der Kampf ums Dasein, S. v.

[149] D'Ancona, Der Kampf ums Dasein, S. viii (Vorwort D'Ancona) und S. 31–38 (Kapitel über Lotka).

[150] Bertalanffy, General System Theory, für die gleichzeitigen Verweise auf Lotka und Volterra siehe S. 32: population dynamics, S. 47: zyklische Fluktuationen, S. 56: Differentialgleichungssysteme in verschiedenen Wissenschaften, S. 103: population dynamics; wobei zu sagen ist, dass Volterra allein noch an weiteren Stellen genannt wird.

[151] Ludwig von Bertalanffy an Fritz Gessner, 8.1.1952, BCSSS-Archiv, B 52 FGessner 1.

[152] Lotka, Elements, S. 40.

für eine Handhabe der energetischen Beschreibung, nicht aber als ausgefeilte, eigenständige Theorie. Beide Forscher gelangten aber gleichermassen zu einem interdisziplinär übergreifenden Erklärungsmodell, das letztlich exakt, d. h. mathematisch fundiert sein sollte. So sprach auch Bertalanffy 1950 davon, dass mit der klassischen Thermodynamik die Fliessgleichgewichte als Phänomen von offenen Systemen nicht genügend erklärt würden, mit diesem Konzept jedoch die Biologie die Chance hätte, zu einer exakten Wissenschaft zu werden.[153]

Getroffen haben sich die beiden Wissenschaftler nie. Lotka versuchte vor seinem Tode die Adresse des theoretischen Biologen ausfindig zu machen – ohne Erfolg.[154] Für die Zeit nach dem Zweiten Weltkrieg (Lotka verstarb 1949) war es, so möchte ich mit dem Folgenden abschliessend darstellen, für Bertalanffy nicht mehr dringlich, sich tiefer mit Lotka zu beschäftigen: Bertalanffy sah sich in jener Zeit in guter Gesellschaft, es ging um Fragen der Ganzheit und Dynamik.[155] Die Formierung der Society for General Systems Research geht auf die Jahre 1953 bis 1956 zurück.[156] Für den Zeitraum der 1940er und 1950er Jahre diagnostizierte Bertalanffy auch in seiner Rückschau von 1968 etwas Besonderes, einen Wechsel im intellektuellen Klima, der Modellbildung und abstrakte Generalisierungen salonfähig gemacht habe.[157] Neuere Trends gingen in dieselbe Richtung der Überwindung von disziplinären Grenzen: Kybernetik, Informationstheorie, Spieltheorie, Entscheidungstheorie, Topologie, Faktoranalyse.[158] Ebenso hätten gerade die hoch elaborierten Techniken der Computerwissenschaften und des „systems engineering" bewiesen, dass es einen grundsätzlichen Wandel gegeben habe im Denken.[159] Bertalanffy fand die Zeichen eher in der Zeit und war in neuen Gesprächskontexten.

Zwei nur scheinbar gegenläufige Entwicklungen hatte er hier besonders im Auge: Einerseits hätten sich die Fachbereiche immer mehr spezialisiert, andererseits würden sich aber in den Spezialisierungen ähnliche Problemlagen zeigen.[160] Dadurch sei die Anwendung von Gesetzen nicht mehr nur der theoretischen

---

[153] Bertalanffy, Ludwig von: „The Theory of Open Systems in Physics and Biology", in: *Science (New Series)* 111 (1950), Nr. 2872, S. 23–29, hier S. 26, 28. Bertalanffy verweist in diesem Text auf viele andere Wissenschaftler, nicht aber auf Lotka.

[154] Antwortbrief von Mortimer Spiegelman (Life Insurance Company) an Lotka vom 5.5.1949: „We have not been able to locate the address of Ludwig Bertalanffy." Eine gewisse Miss Kiesel habe alles versucht, über *Who's Who in America / England*, in *American Men of Science* nachgeschaut, aber nur herausgefunden, dass in Berlin im Jahre 1932 ein Buch unbekannten Titels von Bertalanffy erschienen sei; siehe hierzu AJL-Papers, Box 6, Folder 4.

[155] Bertalanffy, General System Theory, S. 31.

[156] Ramage, Magnus / Karen Shipp: *Systems Thinkers*, Dordrecht u. a.: Springer Verlag 2009, S. 58, 69 f.

[157] Bertalanffy, General System Theory, S. 90.

[158] Bertalanffy, General System Theory, S. 90.

[159] Bertalanffy, General System Theory, S. 5 f.

[160] Bertalanffy, General System Theory, S. 30.

Physik überlassen, sondern die Entwicklungen in der Biologie, Verhaltensbiologie und den Sozialwissenschaften verdeutlichten, dass sich auch diese Bereiche neuen „conceptual schemes" öffnen sollten:[161]

Thus, there exist models, principles, and laws that apply to generalized systems or their subclasses, irrespective of their particular kind, the nature of their component elements, and the relations or „forces" between them. It seems legitimate to ask for a theory, not of systems of a more or less special kind, but of universal principles applying to systems in general.

In this way we postulate a new discipline called *General System Theory.* Its subject matter is the formulation and derivation of those principles which are valid for „systems" in general.[162]

Die Existenz von generellen Systemeigenschaften stand für Bertalanffy ausser Frage, woraus für ihn ein Isomorphismus zwischen Feldern erfolgte. Als Exempel hierfür nannte er ein exponentielles Wachstumsgesetz, das für gewisse Bakterienzellen und Populationen von Bakterien, Tieren und Menschen oder den Fortschritt der Wissenschaft gemessen an der Anzahl der Publikationen zutreffe, und ein Gleichungssystem, das den Wettbewerb zwischen Tier und Pflanze beschreibe.[163] Der von Bertalanffy lokalisierte Isomorphismus besteht aus dem auf diese Fälle anwendbaren Gesetz[164], das wiederum nur deshalb möglich ist, weil die Beispiele in gewissem Sinne als Systeme betrachtet werden könnten „i. e., complexes of elements standing in interaction."[165]

Dass im Zeitraum der Gründung der Society for General Systems Research Lotkas Hauptwerk in der Wiederauflage erschien, spricht dafür, dass auch die Herausgeber die Sinnfälligkeit des Buchs im neuen Kontext erkannten. Der neu beigefügte Untertitel „application of mathematics to aspects of the biological and social sciences" weist darauf hin, dass das Werk inhaltlich unverändert aktualisiert werden konnte. Die physikalische Biologie als energetisch fundierte Mathematisierung der Lebenswelt zu rezipieren, war für Bertalanffy keine Notwendigkeit. Was sich sagen lässt, ist lediglich, dass durch seine Arbeiten in den 1950er und 1960er Jahren etwas im wissenschaftlichen Bewusstsein blieb, das mit Lotka in Verbindung gebracht werden konnte. Dies ist meines Erachtens aber nicht dazu angetan, eine traditionelle Ideen- oder Rezeptionsgeschichte zu unterstützen. Vielmehr ging es um fluide Nachrichten, atmosphärisch vorhandene Ideen, die durch Bertalanffy wachgehalten wurden.

---

[161] Bertalanffy, General System Theory, S. 30–32, Kurzzitat S. 32.
[162] Bertalanffy, General System Theory, S. 32 (Hervorhebung im Original).
[163] Bertalanffy, General System Theory, S. 33. (An dieser Stelle werden Lotka und Volterra noch nicht genannt.)
[164] Bertalanffy, General System Theory, S. 36.
[165] Bertalanffy, General System Theory, S. 33.

Dynamisierte Umwelten: systemökologische Modelle

In der Systemökologie kommen, wie ich nun zeigen möchte, die Rezeption der Lotka-Volterra-Gleichungen und der physikalischen Biologie als energetischer Holismus zur Deckung. Die Systemökologie ist eine stark mathematisierte, auf Modelle sich abstützende Forschungsrichtung, welche die Prozesse innerhalb von Ökosystemen unter konzeptionellen Begriffen wie Input, Output und Zustandsvariablen untersucht.[166] Würde man diese Forschungsrichtung, die zu Beginn der 1960er Jahre Fahrt aufnahm, in konstitutive Einzelteile zerlegen, hätte man Ökosystemforschung, Kybernetik als Regelungstechnik[167], Systemtheorie und Computer Engineering versammelt. Ziel der Systemökologie ist es, Stabilität und Dynamik von Ökosystemen im Sinne von allgemeinen Gesetzmässigkeiten[168] zu analysieren und vorauszusagen. Sie denkt den Begriff des Ökosystems funktional, arbeitet mit Energieflüssen, nimmt Information als neues Element hinzu, modelliert und sucht im Sinne und mit der Sprache der Systemtheorie nach generellen Gesetzen.

Für die Entwicklung dieses Fachbereiches war der Begriff der Energie massgeblich, wie er in der Ökologie formuliert wurde. Im Jahre 1953 benannte Eugene P. Odum in seinem grundlegenden Buch *Fundamentals of Ecology* (wobei ihn beim entsprechenden Kapitel sein Bruder Howard T. Odum unterstützte), „energy" als den essentiellen Faktor.[169] Während Eugene stärker an einer „Humanökologie"[170] interessiert war, welche die Zusammenhänge zwischen Bevölkerungswachstum, „carrying capacity", Verstädterung, Ressourcenknappheit und Hunger untersuchte[171], verfolgte Howard einen technisch-energetischen Ansatz weiter, um die grossen ökologischen Zusammenhänge methodisch zu fassen. Er brachte die Sprache der Kybernetik und der Systemtheorie in die Ökologie[172] und präsentierte im Jahre 1971 die neue Herangehensweise der noch jungen „systems

---

[166] Für die Sprache Input – Output – Zustandsvariablen siehe Fischlin, Andreas: Unterrichtsprogramm „Weltmodell 2", Mai 1993 (2. korrigierte und erweiterte Auflage), S. 4.

[167] Odum (H. T.), Systems Ecology, S. 18 f. „Information" ist in der Systemökologie gebräuchlich im Sinne von Rückkoppelung oder Feedback zwischen den einzelnen Komponenten des Systems. Die System Dynamics schrieb ihre eigene Wissenschaftsgeschichte nicht in die Kybernetik ein, obgleich sie ihre Sprache (mit Feedbacks) übernahm; siehe Forrester, J. W.: „System Dynamics – a Personal View of the First Fifty Years", in: *System Dynamics Review* 23 (2007), Nr. 2–3, S. 345–358, zit. nach Ramage / Shipp, Systems Thinkers, S. 2.

[168] Odum (H. T.), Systems Ecology, S. 4.

[169] Odum, Eugene P.: *Fundamentals of Ecology*, Philadelphia / London 1953, S. 65–86.

[170] Odum (E. P.), Fundamentals of Ecology, S. 347.

[171] Odum (E. P.), Fundamentals of Ecology, S. 347–351. Trepl interpretiert diesen Ansatz als Nachfolger des klassischen organismischen Konzepts; siehe ebd., S. 175, 183 ff. Wobei er bemerkt, dass die Renaissance oder Neugewichtung des organismischen Konzepts in den 1940er und 1950er Jahren sich vor allem auf die USA beschränkte, während in Europa eher ein pflanzenökologischer und klassifikatorischer Ansatz vorherrschend war; vgl. ebd., S. 209, 175 f.

[172] Ramage / Shipp, Systems Thinkers, S. 87.

ecology": „When systems are considered in energy terms, some of the bewildering complexity of our world disappears; situations of many types and sizes turn out to be special cases of relatively few basic types."[173]

Er stellte im Sinne der Society for General Systems Research in Aussicht, Energieflüsse durch ökologische Systeme zu illustrieren, die dann auf alle Situationen von den sehr kleinen biochemischen Prozessen bis hin zum allumfassenden System des Menschen und der Biosphäre angewandt werden könnten. Die „energy language" solle helfen, das drängende Problem des Überlebens in der aktuellen Zeit zu erhellen: „Energy diagraming helps us consider the great problems of power, pollution, population, food, and war free from our fetters of indoctrination."[174]

Die Systemökologie war in ihren Anfängen fest verankert in einer gesellschaftspolitischen Diskussion: Sorge um den Planeten, Bevölkerungswachstum, Radioaktivität, Umweltverschmutzung, Ressourcenknappheit und menschliche Einflussnahme aufs globale Ökosystem.[175] Ihre Antworten darauf waren, wie bei Odum, einem Wissenschafts- und Technikglauben verpflichtet, der in Aussicht stellte, die Probleme zu kontrollieren.[176] Es ist auch ein Merkmal der Systemökologie bestimmter Ausprägung, dass sie ein prognostischer Wissenszweig ist, worin die Prozesse in komplexen dynamischen Systemen erfasst, die für die Prozesse verantwortlichen wichtigsten Faktoren evaluiert und deren interdependente Entwicklung in der Zukunft simuliert werden. Bekannte Beispiele dazu sind World Model 2[177] oder auch World Model 3. Sie waren für die von Jay W. Forrester begründete „System Dynamics" ebenso zentral wie für den „Club of Rome", der 1968 als informeller, multinationaler Club ins Leben gerufen wurde und die (von Forrester begleiteten) Analysen zu den „Grenzen des Wachstums" in Auftrag gab.[178] Forresters an der industriellen und urbanen Entwicklung getestete Modelle wurden auf eine weltweite Systemanalyse angewandt.[179] Die Faszination

---

[173] Odum (H. T.), Environment, Power, Society, S. vii.

[174] Odum (H. T.), Environment, Power, Society; S. vii.

[175] Golley, Frank Benjamin: *A History of the Ecosystem Concept in Ecology. More Than the Sum of the Parts*, New Haven/London: Yale University Press 1993, S. 109.

[176] Bowler, Peter J.: *The Environmental Sciences*, London: FontanaPress 1992, S. 540.

[177] Jay W. Forrester gründete im Jahre 1956 die System Dynamics Group am MIT; vgl. Forrester, J. W.: *World Dynamics*, Cambridge, MA: Wright-Allen Press, Inc. 1971.

[178] Meadows, Dennis/Donella Meadows/Erich Zahn/Peter Milling: *Die Grenzen des Wachstums. Bericht des Club of Rome zur Lage der Menschheit*, Stuttgart: Deutsche Verlags-Anstalt 1972 (erstmals: „The Limits to Growth", New York 1972). Zu Forrester's wissenschaftlicher Vita (von air force simulation über „industrial dynamics" und „urban dynamics" hin zu „system dynamics" vgl. seine eigene Darstellung Forrester, J. W.: *The Beginning of System Dynamics*, Stuttgart (Banquet talk at the international meeting of the System Dynamics Society, Stuttgart, 13. Juli 1989).

[179] Mehr zur Geschichte der Studie und der Modelle: Kupper, Patrick: „,Weltuntergangs-Vision aus dem Computer.' Zur Geschichte der Studie ,Grenzen des Wachstums' von 1972", in: Frank Uekötter/Jens Hohensee (Hg.), *Wird Kassandra heiser? Die Geschichte falscher Ökoalarme*, Stuttgart: Franz Steiner Verlag 2004, S. 98–111; Edwards, Paul N.: „The World in a Machine. Origins and Impacts of

und Attraktivität dieser computerbasierten Zukunftssimulation zu Beginn der 1970er Jahre lag in der Kombination von „ökologische[n] Apokalypsevorstellungen mit Bestrebungen einer gesellschaftlichen Neuausrichtung, die noch von der Planungs-, Steuerungs- und Machbarkeitseuphorie der vorangehenden Jahrzehnte zehren konnte."[180] Damit entwickelte sich diese Forschungsrichtung im Zeitraum des Höhepunkts des Kalten Krieges, auch dem von Sabine Höhler so genannten „Age of Capacity", das geprägt war vom Bewusstsein des endlichen Raumes und dem Willen zur technischen Optimierung von „spaceship earth" als lebenserhaltendes System.[181] Obschon Forresters Modelle ähnliche Symbole wie diejenigen von Odum verwendeten und ebenfalls physikalische Analogien anwandten, um soziale und natürliche Systeme zu modellieren, gab es keine wesentliche personelle Kooperation.[182]

Im Folgenden wird dargestellt, dass für eine Geschichte der Systemökologie, die bisher praktisch unbearbeitet ist[183], zwei innerökologische Konzepte, die zwischen 1935 und 1942 entwickelt wurden, wichtig sind: Ökosystem und trophische Levels. In ihrer Verbindung erlaubten sie, einen Ausschnitt der Natur unter dem Aspekt von Energiepotenzialen / -flüssen zu analysieren. In diesen Begriffen, so argumentiere ich im Anschluss, ist angelegt, was für Lotka zentral war und für die Systemökologie entscheidend wurde: der Fokus auf die Dynamik.

Ökosystem und trophische Levels

Die Einführung des Begriffs Ökosystem, der auf einen Text des Pflanzenökologen Arthur G. Tansley im Jahre 1935 zurückgeht[184], war fest verankert in einer Debatte. Im Prinzip ging es um die Frage, was die „Lebensgemeinschaften, deren Klassifikation zur Hauptaufgabe der Ökologen geworden war", überhaupt sind.[185] Diese aus der Pflanzenökologie stammende Frage zog weitere Probleme nach sich,

---

Early Computerized Global Systems Models", in: Agatha C. Hughes / Thomas P. Hughes (Hg.), *Systems, Experts, and Computers. The Systems Approach in Management and Engineering, World War II and After*, Cambridge / London: MIT Press 2000, S. 221–253.

[180] Kupper, Geschichte der Studie ‚Grenzen des Wachstums‘, S. 110.

[181] Höhler, Sabine: *Spaceship Earth in the Environmental Age, 1960–1990*, London / Vermont: Pickering & Chatto 2015, S. 5 f., 16.

[182] Ramage / Shipp, Systems Thinkers, S. 89; Höhler, Spaceship Earth, S. 70–75.

[183] Sogar Wikipedia kennt noch keinen Eintrag zu „Systemökologie" (Stand 6.1.2016); jedoch für den englischen Begriff „systems ecology" gibt es einen eigenständigen Eintrag samt Universitäten, wo die „Systems ecology" ein eigenes Departement, Labor oder Programm kennt (Stockholm University, University of Amsterdam, State University of New York, University of Florida, ETH Zurich), siehe http://en.wikipedia.org/wiki/Systems_ecology (6.1.2016). Zu erwähnen sei hier aber auch das IIASA, das 1972 als Ost-West-Kooperation gegründete International Institute for Applied Systems Analysis in Österreich, welches bis heute internationale und interdisziplinäre Forschungsprojekte vorantreibt.

[184] Tansley, Arthur G.: „The Use and Abuse of Vegetational Concepts and Terms", in: *Ecology* 16 (1935), Nr. 3, S. 284–307.

[185] Dazu und zum Folgenden siehe Trepl, Geschichte der Ökologie, S. 140–147.

denn sobald es – im ökologischen Sinne – auch darum ging, die wechselseitige Bedingtheit von Organismen und Standort zu untersuchen, musste das Verhältnis zwischen einer taxonomisch und räumlich beschriebenen Einheit zu ihrer Umgebung, deren Teil und deren Prägung sie gleichzeitig ist, mitgedacht werden. Eine Antwort auf die Frage, wie sich der Wandel von sich wechselseitig bedingenden und beeinflussenden Organismus-Umwelt-Relationen in der Zeit beschreiben lässt, war die „Sukzession". Gemäss dem amerikanischen Pflanzenökologen Frederick E. Clements kommen in Lebensgemeinschaften nicht einfach Umweltbedingungen zum Ausdruck, sondern die Lebensgemeinschaft schafft sich diese. Die natürliche Vegetation weist lokal eine Organisation im Einklang mit dem Klima auf; wird diese Organisation gestört (durch massive Einflüsse wie Feuer oder Flut), dann stellt sich die ursprüngliche Zusammensetzung der „community" im Prozess der Sukzession zwingend wieder ein. Die finale Phase davon nennt sich „climax". In einer klimatischen Region müssten alle Sukzessionen (mit genügend Zeit) zur gleichen, der „monoklimax" führen.[186] Wettbewerb ist demnach eine integrative Kraft, letztlich eine Form der Kooperation.[187] Deswegen kann auch gefolgert werden, dass aufgrund von noch so heterogenen Ausgangsbedingungen die Gesellschaft „mit Notwendigkeit auf einen im voraus feststehenden Zustand" zulaufe; die Lebensgemeinschaft wird zum „Superorganismus".[188] Hier war auch „der ideologische Ort des organismischen Konzepts in der Ökologie" verborgen: Die Landschaft insgesamt wird als ein organisches Wesen betrachtet. Mit der Sukzession als Ordnungsprinzip der Natur, verlieren die Arten, die Unterschiede und die Geschichte von Lebensgemeinschaften an Bedeutung.[189] Die einem Superorganismus vorangehenden Stadien werden zu unausgegorenen Vorläufern einer noch bevorstehenden natürlichen Klimax, die allen anderen Organisationsformen überlegen ist.[190]

Durch diese Ansicht fühlte sich Tansley „rather urgently" zu „comment and criticism" angehalten.[191] Wichtige Elemente von Tansleys Kritik waren: Sukzession ist keine unabdingbare Notwendigkeit, sondern es gibt Störungen, die ein

---

[186] Barbour, Michael G.: „Ecological Fragmentation in the Fifties", in: Cronon, William (Hg.), *Uncommon Ground. Rethinking the Human Place in Nature*, New York: W.W. Norton & Company 1996, S. 233–254, hier S. 235.

[187] Mitman, The State of Nature, S. 141.

[188] Trepl, Geschichte der Ökologie, S. 150. Zu den führenden Vertretern der Superorganismus-Theorie gehörte auch der britische Ökologe John Phillips, der seine Arbeiten in direkte Relation zum Holismus von Jan Christiaan Smuts stellte. „Landschaft ist ,objektivierter Geist', Ausdruck seelisch-geistiger Individualitäten: von Volkstümern, Staaten, usw.". Siehe ebd., S. 147 f., für die Kurzzitate S. 147.

[189] Trepl, Geschichte der Ökologie, S. 150. „In dieser Tradition fällt bald der Endzweck des ,Naturhaushalts', der in der klassischen Naturgeschichte Gott war, mit dem ,Organismus' als Naturhaushalt selbst zusammen." Siehe ebd., S. 146.

[190] Bowler, Peter J.: Environmental Sciences, S. 522, 525.

[191] Tansley, The Use and Abuse, S. 285.

anderes Endresultat nach sich ziehen; es kann für eine Vegetationseinheit höchstens von einem „quasi-organism" gesprochen werden, weil Pflanzengesellschaften Eigenschaften von Organismen tragen, aber nicht ein einziger Organismus sind; Entwicklung spielt sich demnach nicht hierarchisch ab, sondern bezeichnet den Wandel überhaupt; menschliche Gesellschaften sind immer stärker integriert und können nicht direkt mit Pflanzengesellschaften parallelisiert werden; die Veränderung in der Vegetation erklärt sich nicht dadurch, dass sie ein Organismus ist, sondern weil die Organismen eine Entwicklung durchlaufen, was sie zu einer „Einheit" zusammenschweisst:[192]

It is precisely this „mass action", together with the actions due to the close and often delicate interlocking of the functions of the constituent organisms, which gives coherence to the aggregation, forces us to call it a „unit", justifies us in considering it as an organic entity, and makes it reasonable to speak of the development *of* that entity.[193]

Den Begriff des Ökosystems führte Tansley dann ein, um diese einzelnen Einheiten zu bezeichnen, die durch Organismen, aber gleichermassen auch durch die anorganischen Faktoren charakterisiert sind. Systeme seien die betrachteten Einheiten, deren Grenzen mental gezogen werden, sei es „a solar system, a planet, a climatic region, a plant or animal community, an individual organism, an organic molecule or an atom."[194] Dass man Grenzen ziehe, geschehe teils auch künstlich, sei aber notwendig, um überhaupt die Untersuchung zu starten, auch wenn sich die Systeme immer überlappen oder nur Teile von grösseren sind. All diese Systeme seien organisiert, was ein unvermeidliches Resultat der Interaktionen und der wechselseitigen Anpassung der Komponenten sei. Wo keine Organisation ist, sei auch kein System. Eine Art von natürlicher Selektion favorisiere diejenigen Systeme, die ein möglichst stabiles Gleichgewicht erreichen, d.h. sie bewegen sich in einem dynamischen Gleichgewicht. Das bringe mit sich, dass man nicht davon ausgehen könne, einen stabilen Zustand zu beobachten, sondern immer damit rechnen müsse, dass langsamer Wandel vorliege. Was man demnach als Beobachter sehen kann, seien vielmehr die Phasen eines Prozesses und nicht ein etwaiger Endzustand.[195]

Tansleys Text kann nicht einfach so als Paradigma-Wechsel für die Ökologie interpretiert werden. Er war zwar ein anerkannter Pflanzenökologe Englands, der aber während seiner Karriere hart darum kämpfte, die traditionelle Botanik für die Ökologie zu öffnen.[196] Der Text von 1935 ist für diesen Versuch symptomatisch, fest verankert in einer Fragestellung der Pflanzenökologie, aber dennoch in

---

[192] Für die Aufzählung der Kritikpunkte siehe Tansley, The Use and Abuse, S. 286 f. und 289–291.
[193] Tansley, The Use and Abuse, S. 292 (Hervorhebung im Original).
[194] Dazu und zum Folgenden siehe Tansley, The Use and Abuse, S. 299–302, hier S. 300.
[195] Golley, History of the Ecosystem, S. 16; Tansley, The Use and Abuse, S. 307.
[196] Golley, History of Ecosystem, S. 9.

der weiten Perspektive angelegt, welche die Umweltfaktoren (auch anorganische) und die verschiedensten Formen und Grössen von Systemen als Ökosysteme denkbar machte. Der Text kann auch interpretiert werden als eine Liste von Definitionen des zeitgenössischen ökologischen Vokabulars[197] und als ein Versuch, die Ökologie von religiösen und dogmatischen Ansätzen zu befreien und auf eine festere wissenschaftliche Basis zu stellen.[198]

Das zweite innerökologische Konzept, das im Hinblick auf die Systemökologie ausschlaggebend war, kann an Raymond L. Lindemans trophischem Ansatz aus dem Jahre 1942 festgemacht werden. Es ist nicht zufällig, dass der Limnologe anhand eines Sees seine Theorie entwickelte. Der See diente ihm als abgegrenzter Ausschnitt der Natur, wovon er die unterschiedlichen Stufen in der Nahrungskette anhand von metabolischen Effizienzraten mathematisch repräsentierte.[199] Dabei ging Lindeman nicht von einzelnen Arten oder Populationen aus, sondern von den energetischen Levels innerhalb von Ökosystemen, die durch autotrophe (produzierende) Pflanzen und heterotrophe (konsumierende) Tiere gekennzeichnet sind[200], unter Einbezug der anorganischen Faktoren.[201] Die verschiedenen Levels wurden als berechenbare Energiepotenziale mit unterschiedlichen Effizienzraten in Bezug auf die anderen, interdependenten Levels betrachtet.[202] Unter dem Gesichtspunkt der „Produktivität" waren in diesem Verständnis von Ökosystem auch die Bakterien, die abbauenden Organismen, die toten Tierkörper, der Boden, die Sonne und die Nährstoffe miteinbezogen.[203] Aus diesem Grund entfielen auch die ontologische Differenzen zwischen den Komponenten: „the discrimination between living organisms as parts of the ,biotic community' and dead organisms and inorganic nutritives as parts of the ,environment' seems arbitrary and unnatural."[204] Lindeman belegte die Analyse mit Daten.[205] Programmatisch formulierte er aber, dass es mehr solcher Studien geben sollte, um die Gültigkeit

---

[197] Tansley, The Use and Abuse, S. 306 f.

[198] Golley, History of Ecosystem, S. 15.

[199] Golley, History of Ecosystem, S. 94.

[200] Lindeman, Raymond L.: „The Trophic-Dynamic Aspect of Ecology", in: *Ecology* 23 (1942), Nr. 4, S. 399–417, hier S. 400 und 415.

[201] Grundlage der so genannten „trophischen Dynamik" ist, dass jegliche Funktion und jegliches Leben von der Nutzung der Sonnenenergie abhängig ist; siehe Lindeman, Trophic-Dynamic, S. 400.

[202] Lindeman, Trophic-Dynamic, S. 406 f.

[203] Lindeman, Trophic-Dynamic, S. 401.

[204] Lindeman, Trophic-Dynamic, S. 399.

[205] Wichtig ist, hier festzuhalten, dass ein Bedürfnis nach abgegrenzten, durch die Vegetation definierten Räumen formuliert wurde und dass es um den Beweis von Fluktuationen, um Methodenentwicklung in der Ökologie und um den Nachweis von Populationsdichten bzw. -mustern ging; vgl. Worster, Donald: *Nature's Economy. A History of Ecological Ideas*, New York 1990, S. 303. Mit dem abgegrenzten Raum (See) ist auch die Idee vom „storage" (zwischen den Flüssen, die man dann – als Ressourcen – auch ökonomisch nutzen kann) verbunden; vgl. auch Juday, Chancey: „The Annual Energy Budget of an Inland Lake", in: *Ecology* 21 (1940), Nr. 4, S. 438–450; Odum, Eugene P.: „Energy Flow in Ecosystems. A Historical Review", in: *Zoologist* 8 (1968), Nr. 11, S. 11–18.

der trophisch-dynamischen Prinzipien zu testen[206] und verfolgte selber häufiger eine nicht-empirische Herangehensweise, welche die Struktur und Funktion in Ökosystemen untersuchte und nicht lange Zeitabschnitte abdeckte.[207]

Lindeman hat die Foodwebs von Elton mit dem Begriff der Energie sozusagen transzendiert und gemäss Tansleys Ökosystem-Ansatz die biotische Gemeinschaft mit der abiotischen Umwelt zusammengedacht, folgte damit dem Plan seines Lehrers, George Evelyn Hutchinson, den Metabolismus in thermodynamischen Begriffen zu verstehen.[208] Die Implementierung der Nahrungskette im trophisch-dynamischen Ansatz[209] hatte laut Frank B. Golley zwei Vorteile: Durch die Nahrungsrelationen waren die Verbindungen zwischen den Organismen definiert und ein Mechanismus zur Hand, zwischen den trophischen Levels Effizienzraten des Energieumsatzes exakt zu bestimmen. Lindeman stehe für diesen funktionalen Ansatz in Zusammenhang mit dem Ökosystem.[210] Der allgemeine Enthusiasmus für einen physikalischen oder ingenieurtechnischen Systemansatz, so Golley, tendierte zu einer Abschwächung der Bedeutung von biologischen Differenzen:

Species and individuals were represented as mass, energy, or chemical elements, and their biological reality disappeared except to define the links of feeding. [...] In other words, it was thought that the observed differences in detail were not as important to the overall behavior of the system as the common features of the behavior of the individuals. This abstraction allowed a level of synthesis that would not have been possible otherwise.[211]

Eine weitere Interpretation, vertreten durch den Historiker Donald E. Worster, sieht in Lindemans Herangehensweise angelegt, worauf die New Ecology nach dem Zweiten Weltkrieg ihre Ideen gründete: Produktivität und Energieflüsse. Der ökonomische Ansatz habe eine „philosophical gap" gefüllt, die Ökonomie sei zur Daseinsberechtigung der Ökologie überhaupt geworden.[212] Sie habe die ökonomische Sprache übernommen und angefangen von Ressourcen-Management, Produktionsstabilität bzw. -steigerung zu sprechen. Gerade Lindeman stellte mit dem Energiekonzept eine Struktur her, welche die Organismus-Umwelt-Relation neutralisierte.[213] Und das in zwei Richtungen: Der Begriff des Ökosystems löste

---

[206] Lindeman, Trophic-Dynamic, S. 415.
[207] Golley, History of Ecosystem, S. 76.
[208] Mitman, The State of Nature, S. 140.
[209] Golley, History of Ecosystem, S. 94.
[210] Worster, Nature's Economy, S. 294.
[211] Golley, History of Ecosystem, S. 80.
[212] Worster, Nature's Economy, S. 312–314, Kurzzitat S. 313.
[213] In diesem Kontext gehört auch die in den 1950er/60er Jahren intensiv geführte Diskussion über „top-down"- oder „bottom-up"-Modelle in der Ökologie. Im Wesentlichen geht es um die Frage, welche Levels im Nahrungsmodell den grössten Einfluss haben. Die klassische Antwort lautete, dass das Ressourcenvorkommen der limitierende Faktor ist (bottom-up). Das umgekehrte Modell, das vor allem nach dem Zweiten Weltkrieg vorgestellt wurde, geht davon aus, dass die Carnivoren letztlich auch die Vorkommen der Pflanzenwelt (top-down) bestimmen. Die Antwort (Green World Hypothesis) liegt eher in der Mitte: Kontrolle zwischen trophischen Levels geht nicht einfach von

den Darwinismus ab und erlaubte eine Vorstellung einer automatisierten, ro-
boterhaften und daher reibungslosen, friedvollen Natur. Gleichzeitig war darin
auch jede Möglichkeit einer absoluten, totalitären Interpretation von natürlichen Gemeinschaften entschärft. Die ökologische Idee der Zwischenkriegszeit
des „scientific humanism", der einen integrierenden Organismus erst zur Blüte
bringen sollte, war nach dem Zweiten Weltkrieg diskreditiert.[214]

Den genannten Interpretationen der ökologischen Entwicklungen, die wahlweise den funktionalen, den ökonomischen und den anti-organismischen Aspekt der
Ökologie hervorheben, möchte ich eine ergänzende Interpretation hinzufügen:
die Dynamik. Der Ökosystembegriff erlaubte eine Skalierung der Phänomene;
mit dem Begriff der trophischen Levels wurden die Komponenten eines Systems
gleichberechtigt funktional analysiert; mit der Vorstellung der Dynamik wurde
es möglich, die Interrelationen, die ständigen Austauschprozesse zwischen den
Komponenten konzeptionell zu fassen. Die Interpretation der Dynamik konnte dann wahlweise auf die Selbstregulation (im Sinne von Selbstinformiertheit
mit Feedback-Loops) von Komponenten oder aber die mögliche Regulierung
von aussen abheben. Diese Vorstellung möchte ich als *dynamisierte Umwelten*
bezeichnen.

Der Begriff der Dynamik war nicht ganz neu, seine Verwendung für Öko-
systeme ist bereits in den 1930er Jahren angelegt. So kann zum massgeblichen
Text von Tansley von 1935 hinzugefügt werden, dass in derselben Ausgabe der
Zeitschrift *Ecology* der Tierökologe Charles C. Adams, der uns schon einmal be-
gegnete, programmatisch den „Dynamic and Process Viewpoint", der eine neue
Generalisierung für die Ökologie biete, vertrat:[215]

Fundamentally this means that we are dealing with the causes and laws of change in the
environment and in organisms, distinguishing the energies involved, the activity of the
agents or the *systems*, their dynamic status, their relative optima, limiting factors, and the
orderly sequence or succession of their internal and external changes.[216]

Im selben Zeitraum rief der Psychologe und Kulturtheoretiker Raymond H.
Wheeler schon fast das Jahrhundert der Dynamik aus: In einer langen Rückschau
auf die Wissenschaftsgeschichte der „organismischen Logik" setzte er den Akzent
auf die letzten drei Jahrzehnte und die betreffenden Publikationen. Was, fragt er
zum Schluss, kann man aus diesem Puzzle gewinnen?

---

den Predatoren aus, sondern hängt auch davon ab, wie Herbivoren die Austauschbeziehungen der
Predatoren ausbalancieren; vgl. Schmitz, Oswald J.: „Trophic Dynamics. Why is the World Green?",
in: Ders., *Resolving Ecosystem Complexity*, Princeton: Princeton University Press 2010 (Monographs
in Population Biology, 47), S. 23–54.

[214] Mitman, The State of Nature, S. 143 f.

[215] Adams, Charles C.: „The Relation of General Ecology to Human Ecology", in: *Ecology* 16 (1935),
Nr. 3, S. 316–335.

[216] Adams, General Ecology to Human Ecology, S. 319 (Hervorhebungen im Original).

In all of its vaste complexity it is unexpectedly simple. Its simplicity lies in the fact that its laws are, after all, universal; that a simple, stereotyped system obeys the same laws as a complex system with infinitely more variables. [...] Physics, chemistry, biology, psychology and social science all face the same types of problems.[217]

Gerade Lotka, so erwähnte Wheeler, habe mit seinen *Elements* die Evolution und die Ökologie dynamisch interpretiert und mit einer Präzision behandelt, die der biologischen Wissenschaft Mut mache.[218]

Mit den verschiedenen Varianten der Reduktion auf energetische oder produktive Faktoren, die quantifiziert werden können, geht das Versprechen einher, das Ganze besser zu begreifen. Reduktionistisch ist der Ökosystemansatz, weil er die Eigenschaften auf wenige reduziert, die eine kausalanalytische Analyse erlauben: „Die Systemkomponenten werden nur unter dem Gesichtspunkt betrachtet, welche Funktion sie bei der Speicherung und dem Transfer der Stoffe, Energie oder der Information im System erfüllen."[219] Holistisch ist er in dem Sinne, dass „er nicht einzelne Individuen betrachtet, sondern Ökosysteme ‚als Ganze'. Für dieses Ganze werden die Individuen als funktional angesehen." Der Ökosystemansatz entwickelte sich als Reaktion auf die Kontroverse zwischen einer reduktionistisch-individualistischen und einer holistisch-organizistischen Position:

D.h. aber, dass über die Ökosystemforschung die ganzheitlichen [...] organismischen Vorstellungen „verwissenschaftlicht" weitertransportiert wurden, oder auch: dass sich im Ökosystemansatz Holismus-Organizismus und Szientismus auf eine Weise verbanden, die sowohl in der ökologischen Wissenschaft eine dramatische Entwicklung einleiten als auch den Grund für das legen konnte, was später ökologisches Weltbild genannt werden sollte.[220]

Der ökosystemische Ansatz ist also analytisch und synthetisch zugleich. Eine kausale Erklärung erfolgt erst durch die Synthese und die dadurch abgebildeten Dynamiken und erschöpft sich nicht in der Beschreibung von partiellen Reduktionismen. Trepl spricht in diesem Zusammenhang vom „Super-Szientismus", von einer „system-wissenschaftlich-ökologisch" angeleiteten „Supertechnik", die in der Transformation des Holismus stattfand, der (bis heute) wirksam sei.[221] Der

---

[217] Wheeler, Raymond H.: „Organismic Logic in the History of Science", in: *Philosophy of Science* 3 (1936), Nr. 1, S. 26–61, hier S. 60.

[218] Wheeler (R. H.), Organismic Logic, S. 53. Weitere zeitgenössische Artikel, die den Konnex zwischen Ökologie und Gesellschaft, Physik und Psychologie u. Ä. machen, bspw. Wheeler, William Morton: „Present Tendencies in Biological Theory", in: *The Scientific Monthly* 28 (1929), Nr. 2, S. 97–109; Sears, Paul B.: „The Future of the Naturalist", in: *The American Naturalist* 78 (1944), Nr. 774, S. 43–53.

[219] Dazu und zum Folgenden Zitat vgl. Voigt, Annette: *Theorien synökologischer Einheiten – Ein Beitrag zur Erklärung der Uneindeutigkeit des Ökosystembegriffs*, München 2008 (vollst. Datei der Dissertation an der Fakultät Wissenschaftszentrum Weihenstephan für Ernährung, Landnutzung und Umwelt der Technischen Universität München), http://mediatum2.ub.tum.de/node?id=632738 (19.2.2013), S. 4.

[220] Trepl, Geschichte der Ökologie, S. 187 f.

[221] Trepl, Geschichte der Ökologie, S. 229.

Ökosystemansatz verspreche, wenn man die Regeln beachte, die an der Kybernetik abgelesen werden könnten, Erklärbarkeit; von diesem Punkt ausgehend könne die Naturbeherrschung „ohne schlechtes Gewissen perfektioniert werden".[222] Gerade der Populationsansatz in der Ökologie, so Trepl, habe die Verbindung von Holismus und Szientismus geschaffen.[223] Oder mit anderen Worten: Die Ökosystem-Ökologie schafft es, das Prozesshafte zu betonen. Dadurch gibt es mechanische Substanzen wie auch mechanische Ereignisse, organische Substanzen wie auch organische Ereignisse. Die Gegenüberstellung mechanistisch-organizistisch wird zur „falschen Dichotomie".[224] Die Arten werden im Populationsansatz nicht mehr räumlich, aber funktional gedacht; es wurde möglich, auf der Ebene der Art anzusetzen und gleichzeitig den organismischen Ansatz zu integrieren, weil die Populationsökologie in Aussicht stellte, ganze Systeme zu beschreiben. Das Ökosystem ist eine Maschine, in die der Mensch regulierend eingreifen kann.[225] Und somit wird der menschlichen Verantwortung ein Spielraum eröffnet, den sie nicht an ein mechanisches Prinzip wie die Physik oder die natürliche Selektion abtreten muss.

Mit dem Ganzen denken oder das Ganze denken

Die Systemökologie setzt nun genau an diesem Punkt an: Es geht ihr um eine Beschreibung der Zusammenhänge in der Natur entlang von Energie- und Materieflüssen. Mit dem entscheidenden Unterschied jedoch, dass sie nicht wie die Ökosystemforschung in konkreten Ökosystemen Feldforschung betreibt, sondern die Dynamik der Komponenten im System zu ergründen und mathematisch zu implementieren sucht.[226] Sie löst sich von den lokalen Gegebenheiten und zielt auf allgemeingültige Dynamiken. Dabei profitiert sie bei der Berechnung von dynamisierten Umwelten von der Rechenleistung und Computersimulation.

Die Systemökologie geht über den Ökosystem-Ansatz (Effizienz, organische Produktivität, Energieflüsse) durch die Abstraktionsleistung der Systemtheorie in

---

[222] Trepl, Geschichte der Ökologie, S. 229. Darin kann auch eine politisch-moralische Entlastung liegen: Die möglichen normativen Schlussfolgerungen sind global gültig und nicht national. Für die Kybernetik und ihre historische Sinnfälligkeit als ‚neutralisierende' Regelungstechnik nach den Verheerungen des Zweiten Weltkrieges vgl. Hagner, Michael: „Vom Aufstieg und Fall der Kybernetik als Universalwissenschaft", in: Ders./Erich Hörl (Hg.), *Die Transformation des Humanen. Beiträge zur Kulturgeschichte der Kybernetik*, Frankfurt am Main: Suhrkamp Taschenbuch Verlag 2008, S. 38–71.
[223] Trepl, Geschichte der Ökologie, S. 172.
[224] Marshall, Alan: *The Unity of Nature. Wholeness and Disintegration in Ecology and Science*, London: Imperial College Press 2002, S. 201.
[225] Voigt, Theorien synökologischer Einheiten, S. 221 f.
[226] Vgl. Anker, Peder: *Imperial Ecology. Environmental Order in the British Empire, 1895–1945*, Cambridge, MA/London: Harvard University Press 2001. Anker erzählt die Geschichte der Ökologie als Nord-Süd-Austauschprozess, bei dem lokale Forschungen zunehmend als Modelle für globale Schlussfolgerungen genommen wurden.

den Ökosystemansätzen hinaus. Dieser Vorgang, Ökosysteme selbst zum Gegenstand der Forschung zu machen und dazu die Systemtheorie für die Ökologie anzuwenden, war historisch fest verknüpft mit dem International Biological Program.[227] Auf der Agenda dieses Programms stand 1964 „the optimum exploitation, on a global basis, of the biological resources on which mankind is vitally dependent for its food and for many other products."[228] Der in diesem Sinne verwendete Begriff Ökosystem war keine Landschaft mehr, sondern ein Konzept.[229]

Die Systemtheorie hatte an der Abstraktionsleistung für die Systemökologie wesentlichen Anteil. Durch ihren Einsatz, die vor allem durch G. M. Van Dyne, J. S. Olson und B. C. Patten vorangetrieben wurde, war Ende der 1950er Jahre ein Trend weg von ökosystemischen Budgets hin zu abstrakter Systemökologie im Sinne des Sammelns von Informationen über die Komponenten des Systems und deren Modellierung bemerkbar[230]: ein makroskopischer Blick auf Ökosysteme, gestützt auf die Energie als Instrument und basierend auf dem operationalisier- und skalierbaren Systembegriff. „Systems ecology turned the earth inside out to reveal its metabolic principles and material flows."[231]

Die Lotka-Volterra-Gleichungen gingen als „computational template" in die Modellierungen der Systemökologie ein.[232] Sie sollen in der systemökologischen Anwendung nicht ein konkretes Konkurrenzbeispiel zwischen zwei Arten erhellen[233] (obgleich diese Anwendung bis heute fortdauert), sondern eine Dynamik veranschaulichen, die in verschiedenen Zusammenhängen wirksam wird: die wechselseitige Beeinflussung und idealiter Stabilisierung von sich kontinuierlich verändernden Grössen. In diese Modelle gehen Differentialgleichungen vom Typus der Lotka-Volterra-Gleichungen ein. Und zwar vor allem da, wo es um Phänomene geht, die nicht mit der klassischen Thermodynamik beschrieben werden können, die also nicht auf einen stabilen Endzustand zulaufen, sondern sich durch dynamische Gleichgewichte auszeichnen. Das Differentialgleichungssystem in der Formulierung von Lotka und Volterra spielte für die Systemökologie

---

[227] Golley, History of Ecosystem, S. 109; Shugart / O'Neill, Systems Ecology, S. vii.

[228] Zit. nach Golley, History of Ecosystem, S. 111.

[229] Van Dyne, G. M.: „Ecosystems, Systems Ecology, and Systems Ecologists", in: Shugart / O'Neill, Systems Ecology, S. 67–89, hier S. 70 (reprinted from pages 1–17, 26–31 of Ecosystems, Systems Ecology, and Systems Ecologists, Oak Ridge: Oak Ridge Natl. Lab. 1966, 40pp).

[230] Golley, History of Ecosystem, S. 109 f.

[231] Höhler, Spaceship Earth, S. 22.

[232] Knuuttila, Tarja / Andrea Loettgers: *Templates vs. Mechanisms? The Lotka-Volterra model reconsidered*, 2009, Abstract online: http://www.helsinki.fi/tint/events/mwbe_abstracts.htm (30.8.2010); dies. / dies.: „The Productive Tension. Mechanism vs. Templates in Modeling the Phenomena", in: Paul Humphreys / Cyrille Imbert (Hg.), *Representations, Models, and Simulations*, New York: Routledge 2012, S. 3–24.

[233] Die erste Computersimulation von einem Fuchs-Hasen-Verhältnis findet sich in: Garfinkel, David: „Digital Computer Simulation of Ecological Problems", in: Shugart / O'Neill, Systems Ecology, S. 42–45 (reprinted from *Nature* 194 (1962), S. 856 f.).

eine konstitutive Rolle, jedoch wurden die Konnotationen von Dichte, Topographie, evolutionären Faktoren, Koexistenz und Wettbewerb, die in der Weiterentwicklung und Überprüfung der Gleichungen Thema waren, an die durch das Differentialgleichungssystem veranschaulichte Dynamik delegiert.

Lotka tauchte – im Vergleich zu Volterra – in dem programmatischen Werk von Howard T. Odum von 1983, worin eine eigentliche symbolische Sprache der „systems ecology" konstruiert werden sollte[234], nicht nur als Lieferant von Differentialgleichungen auf.[235] Aspekte seiner Arbeit, insbesondere zu Materialzyklen allgemein, dem Karbonzyklus und Malaria wurden aufgegriffen.[236] Eine eigentliche inhaltliche Klammer jedoch konstruierte Odum durch Lotkas Energetismus. Attraktiv fand Odum die Überlegungen zum „maximum power principle" (6) in einem System; dahinter steckte Lotkas Idee, dass diejenigen Systeme erfolgreich seien, die den Energiefluss optimal (d. h. möglichst hohe Leistung bei möglichst effizientem Energieeinsatz) zu gestalten wissen. Odum übersetzte dieses Prinzip in die systemökologische Nomenklatur und sprach von einem notwendigen energetischen Feedback zwischen „storages", „work transformation" und „inflow paths". Damit, so Odum, habe Lotka ein viertes thermodynamisches Gesetz formuliert (101), das als Erweiterung des Prinzips der natürlichen Selektion (265) zu verstehen sei. Die Darwin'sche Vorstellung der individuellen Selektionskriterien sei aber bereits bei Lotka aufgegeben worden (453) und könne nun neu als eine Idee der Biosphäre als selbstregulatives, homöostatisches System formuliert werden (577). Odums anschließende Genealogie der Vorstellung einer „Homeostasis of the Earth" führt von Fechner über Lotka, hin zu Smuts, Vernadsky und Odum bis Lovelock. Ganz im Sinne der totalen Sicht auf den Planeten stellt Odum zum Schluss des Buchs die Frage, ob die Welt im Moment in einer Phase der Stabilität oder der abwärtszeigenden Oszillation sei, und, falls das letztere zutreffe, ob sie dafür gerüstet ist (577 f.). Bemerkenswert ist an dieser inhaltlichen Klammer, die man über die Referenzen auf Lotka konstruieren kann, dass sich Odum auf dessen Texte von 1922 bezog[237] und nicht auf das ausführliche Werk von 1925.

---

[234] Odum (H. T.), Systems Ecolgy, S. 4: „in this book we seek to understand the principles of general systems theory along with the reality of environmental systems".

[235] Die Hinweise auf Volterra beschränkten sich auf die Aspekte des logistischen Wachstums, der logistischen Kurve, der Modellierungen eines „predator-prey"-Verhältnisses und der Oszillationen; siehe Odum (H. T.), S. 142, 146, 155, 194.

[236] Siehe Odum (H. T.), Systems Ecology, S. 18 (Materialzyklen), S. 170–172 und 198 (Ross equations und Malaria), 561 (Karbonzyklus), 43 (rates of change, differential equations), 194 (Oszillationen).

[237] Lotka, Contribution to the Energetics of Evolution; Lotka, Natural Selection as Physical Principle. In die gleiche Richtung geht auch Lotka, Evolution as Maximal Principle. Auch in der Neuauflage von Odums Werk, die er aber nicht mehr vollenden konnte, werden die gleichen Texte Lotkas referiert. Interessanterweise bringt Odum aber das ökonomische Argument stärker zurück; vgl. Odum, Howard T.: *Environment, Power, and Society for the Twenty-First Century: The Hierarchy of Energy*, New York: Columbia University Press 2007 (posthum veröffentlicht).

„What did Lotka really say?", fragte unlängst der italienische Maschinen-ingenieur Enrico Sciubba in Bezug auf Lotkas frühe Artikel. Lotka habe darin argumentiert, dass die irreversiblen Prozesse auf Energieveränderungen beruhten, weshalb der „life-struggle" mit dem „struggle for available energy" gleichzusetzen sei. Wichtig ist Sciubba, hervorzuheben, dass Lotka aus der Perspektive von Systemen nicht an die Maximierung des Energieflusses dachte, sondern an die möglichst optimale Energieumsatzrate. Das heisst, die Systeme versuchen gerade den dissipativen Prozessen entgegenzuwirken. Lotkas Ziel sei es gewesen, die Gesetzmässigkeiten zu entdecken (was er nicht weiter ausgeführt habe[238]), welche in Bezug auf das Lebendige innerhalb der thermodynamischen Vorstellungen wirkten. Hingegen dissipative Prozesse würden sich fern von thermodynamischen Gleichgewichten bewegen und von daher emergente, nicht voraussehbare Strukturen aufweisen. Aus diesen Beobachtungen leitet Sciubba erstens ab, dass Lotka kein viertes thermodynamisches Gesetz formuliert habe und zweitens, dass von seinen frühen Schriften nicht eine Theorie der selbstregulativen dynamischen Systeme abgeleitet werden könne.

Dem Einsatz der Lotka-Volterra-Gleichungen, um nicht-lineare Phänomene mit selbstorganisierenden Aspekten zu erklären, stünde Sciubba also skeptisch gegenüber. Diese Implementierung machte zum Einen die Erweiterung der Lotka-Volterra-Gleichungen um zusätzliche Faktoren notwendig.[239] Zum Anderen ist sie historisch bedingt, weil zur Zeit von Lotkas Publikation weder Computer zur (schnellen) Lösung von nicht-linearen Differentialgleichungssystemen noch das Vokabular der Selbstregulation und Emergenz zur Verfügung standen. Eine inhaltliche Differenz zwischen den 1920er und 1980er Jahren wird, so Sciubba, sichtbar: Lotka ging davon aus, dass seine Mathematisierung auch die Dynamiken der Systeme erfasste. Oder anders formuliert: Er postulierte, dass die oszillierenden, sich gegenseitig beeinflussenden Prozesse in offenen Systemen regelhaft sind. In diesem Sinne ist auch Odums Verweis auf Lotka im Zusammenhang mit der Selbstregulation zu sehen: Die Komponenten regulieren sich gegenseitig und können gezielt beeinflusst werden. Von dieser Prämisse ging die Chaos- und Komplexitätsforschung der 1980er Jahre nicht mehr aus. Es war, so der Chemiker Ilya Prigogine, „das Ende der [...] Überzeugung, dass die dynamische Welt homogen sei."[240]

---

[238] Sciubba, What Did Lotka Really Say?, S. 1349.

[239] So zu beobachten bei an der Heiden, Uwe: „Selbstorganisation in dynamischen Systemen", in: Wolfgang Krohn / Günter Küppers (Hg.), *Emergenz. Die Entstehung von Ordnung, Organisation und Bedeutung*, Frankfurt am Main: Suhrkamp 1992, S. 57–88.

[240] Prigogine, Ilya / Isabelle Stengers: *Dialog mit der Natur. Neue Wege naturwissenschaftlichen Denkens*, München: Piper 1981, S. 79; vgl. auch Kuhn, Wilfried: „Eine wissenschaftstheoretische Analyse der historischen Entwicklung der Chaos-Forschung", in: Marie-Louise Heuser-Kessler / Wilhelm G. Jacobs (Hg.), *Schelling und die Selbstorganisation. Neue Forschungsperspektiven* (Selbstorganisation.

Lotka pflegte einen systemischen Ansatz und eine physikalische Beschreibung und zwar nicht im Sinne eines Determinismus, sondern er liess die Möglichkeit für spezifische biologische Eigenschaften und die menschliche Verantwortung offen. Die Konstruktion von Systemen erfolgte nicht genetisch oder morphologisch, auch nicht evolutionsbiologisch im Sinne von Adaptationen der Individuen an die Umwelt. Treibender Aspekt für die Evolution bzw. den Prozess ist laut Lotka der Metabolismus als Energieumwandlung. Die konkrete geographisch-räumliche Verortung der Populationen war nicht von Interesse, aber deren funktionale Verkettung durch Nahrung. Dadurch entsteht eine Dynamik, die verlangt, das System als Ganzes zu betrachten. Er löste den Konflikt zwischen einer indvidualistisch-darwinistischen und einer holistisch-organismischen Vorstellung auf.[241]

Für die Systemökologie kann man denselben Ansatz festhalten: Dass in der durchaus technischen Sprache, den Formalismen, der Quantifizierbarkeit, der ontologischen und methodischen Gleichbehandlung von chemischen Stoffen, Tieren und Menschen unter Energiegesichtspunkten ein ‚Rest‘ offen gehalten wird, um die menschliche Einflussnahme – nach bestem Wissen und Gewissen – zuzulassen. Oder: In der funktionalen, abstrakten Beschreibung der für das System wichtigsten Faktoren, die in der Systemökologie in Modellierungen und Simulationen über die Dynamiken der Lebenswelt eingehen, wird eine regulative Einflussnahme erst sicht- und denkbar.

Nun stellt sich natürlich die Frage, wer sich überhaupt in der Beobachtungsposition befindet, diese Dynamik zu sehen und / oder darauf Einfluss zu nehmen. Lotkas Antwort darauf – eine Kombination aus physikalischem Impetus, disziplinenübergreifendem Werk, energetischer Basis und Mathematisierung und Moral ‚im Einklang mit der Natur‘ – ist ein gutes Beispiel für eine „to whom it may concern message". An diesem Punkt wird sein Werk fast zum ideellen Selbstbedienungsladen:

Eine radikale Auslegung der Selbstregulation führte zur so genannten Gaia-Hypothese. Sie besagt, dass das Verhalten der terrestrischen Organismen das ganze planetarische System reguliert und die Aufrechterhaltung (Homöostase) der lebensfreundlichen Atmosphäre garantiert.[242] Dieser so weit getriebene Gedanke des holistischen Systems „reintroduced the old organismic philosophy"[243]. Bald wurde die Gaia-Hypothese so verstanden, dass der Planet selbst als eigenständiges Wesen zu betrachten sei – eine Interpretation, die nicht zuletzt durch die vielleicht

Jahrbuch für Komplexität in den Natur-, Sozial- und Geisteswissenschaften, Bd. 5), Berlin: Duncker & Humblot 1994, S. 161–181, hier S. 169.

[241] Bowler, Environmental Sciences, S. 533.

[242] Lovelock, James: *The Ages of Gaia. A Biography of Our Living Earth*, Oxford: Oxford University Press 1988, S. 19.

[243] Bowler, Environmental Sciences, S. 544.

unglückliche Namensgebung mit einer griechischen Göttin forciert wurde.[244] James Lovelock, der für die Begründung, Ausarbeitung und auch Weiterbearbeitung (zusammen mit Lynn Margulis) der Gaia-Hypothese zuständig war, apostrophierte sich in einem Text aus dem Jahre 2002 als „follower of Lotka"[245]. Ein Satz des österreichisch-amerikanischen Naturwissenschaftlers genügte ihm hier, um eine ganze physikalische Biologie unter einer gerade erst neu formulierten Theorie zu subsumieren. Lovelock zitierte einen Auszug aus einer Fussnote zu folgendem Satz in den *Elements*: „The several organisms that make up the earth's living population, together with their environment, constitute one system".[246] Es mag als Haarspalterei erscheinen, ist aber doch bezeichnend, wenn man die zu diesem Satz zugehörige Fussnote Lotkas genau liest und sieht, dass er dort vor allem den methodischen Vorteil des Zusammendenkens von Organismus und Umwelt betonte (und zusätzlich Uexküll anfügte, der vom Organismus spricht, der als „piece of machinery" die Umwelt bearbeite). Auch beachten sollte man hier, dass Lovelock die Selbstbezeichnung „Nachkomme von Lotka" in einem Aufsatz über das Aussterben von Arten im Zusammenspiel von Evolutionstheorie und physikalischer Umwelt verwendete. Für Lovelocks eigene Positionierung war dies gleichbedeutend mit der Abkehr vom regulativen Primat der Organismen auf der Erde. Im Vergleich dazu spielte der Artbegriff für die physikalische Biologie Lotkas keine Rolle. Weiterer Ausführungen bedarf es nicht, um zu zeigen, dass Lovelocks Bezugnahme auf Lotka eher lose ist.[247] Aber sie steht für eine Weise der Rezeption, für eine kursorische Lesart der physikalischen Biologie, deren definitorische Konturen zu wenig deutlich waren, um solches zu verhindern. Dies auch mit Folgen für die Wahrnehmung des Werks: In Anbetracht der Tatsache, dass Lovelocks Gaia-Theorie seit ihrer Begründung im Jahre 1979 massiv kritisiert (also auch breit rezipiert) wurde, hat Lotkas physikalische Biologie damit auch nicht an positiver Reputation gewonnen.

Eine tiefergehende, auch differenziertere Aktualisierung von Lotkas physikalischer Biologie im Rahmen von neueren thermodynamischen oder auch Theorien der Selbstregulation steht noch aus.[248] Sie lässt sich aber kaum mit einzelnen

---

[244] Ramage / Shipp, Systems Thinkers, S. 252.

[245] Lovelock, James: „What is Gaia", in: *Resurgence*, 2002, Nr. 211, S. 6–8, zit. nach: Ramage / Shipp, Systems Thinkers, S. 253.

[246] Lotka, Elements, S. 16.

[247] Lovelock selbst bemerkte, dass er bei der ersten Formulierung von Gaia Lotka noch gar nicht wahrgenommen hatte; vgl. hierzu Lovelock, The Ages of Gaia, S. 10. Zur Sorte der losen Bezugnahmen zwischen Lovelock und Lotka gehört auch folgende Stelle bei Marshall, The Unity of Nature, S. 65.

[248] Die Variante, sich ein Paperback mit dem Titel „Theoretischer Biologe" zu kaufen, worin Wikipedia-Einträge zu Uexküll, Bertalanffy, Lotka, Maturana, Haldane, Fisher, Schaxel, Alan Turing, Richard Dawkins etc. etc. versammelt sind, ist selbstredend auch keine Lösung; vgl. http://www.flipkart.com/theoretischer-biologe-alan-turing-manfred-eigen-richard-dawkins-alfred-lotka-jakob-johann-von-uexkll-aubrey-de-grey-humberto-maturana/p/itmdy73tt6dha6wa (25.11.2015).

Sätzen und der Unterstellung von organizistischen oder organismischen Gedanken bewerkstelligen. Für die historische Verortung in den 1970er und 80er Jahren gilt es ebenso, bei Vereinnahmungen durch die Umweltbewegung kritisch hinzusehen. In einer fundamentalistischen Auslegung des Environmentalism konnte daraus sogar der Wunsch erwachsen, hinter die Industrialisierung zurückzukehren, wenn der Planet nicht in einem Katastrophen-Szenario untergehen soll.[249]
Lotka war ein Warner, aber kein Schwarzseher, ganz im Gegenteil, sein Glaube an die Technik war so gross wie derjenige an die menschliche Vernunft. Letztere ist zu sehr als Regulator aufgerufen, als dass sich die Natur selbständig machen würde. Das Ganze wurde funktional eingeholt, nicht etwa philosophisch oder naturverbunden oder essentialistisch. Lotka schrieb deshalb die Regulation auch nicht einem unpersönlichen, darwinistischen Prinzip zu, genauso wenig wie einem maschinellen, selbstregulativen. Man erkennt in seinem Ansatz exakt die Spannung zwischen den beiden Extremen – hier zweckfreie trial-and-error-Philosophie des individualistischen Darwinismus, dort die natürlichen Systeme, die sich durch Feedback-loops selbst sinnvoll regulieren.[250]

Die Zwischenebene, die Lotka vorschlägt, arbeitet mit kollektiven Effekten und ebensolchen Reaktionsmöglichkeiten. Die Notwendigkeit der Lenkung und des Einsatzes der speziellen menschlichen Fähigkeiten ergab sich aus der rechnerisch ermittelten Energiebilanz. Die Natur wurde nicht zum normativen und moralischen Modell für den Menschen. Gerade umgekehrt: Der menschliche Einfluss auf die Natur hat bedenkenswerte Konsequenzen, woraus eine Verantwortung gegenüber der Umwelt resultiert. Das war nicht gleichbedeutend mit einer organizistischen Auffassung, welche wahlweise die Gesellschaft oder die Natur oder die Nation mit einem Organismus gleichsetzte. Eine Perspektive, die ihrerseits immer in eine Idee des perfekten Zustandes, sozusagen gereinigt von allen Störungen, zu kippen drohte. Die Moral entspringt der Erkenntnis der eigenen Abhängigkeit. Diese gilt für alle, ohne Nennung einer Hierarchie, woraus ersichtlich würde, wer nun die Regulationen vorzunehmen habe. Dennoch wird deutlich, dass Lotka die industrielle Gesellschaft in die Pflicht nimmt. In diese Richtung argumentierte auch Donella Meadows in ihrem letzten, unvollendeten Buch, worin sie über das Verhältnis von kollektivem Wandel und individueller Aktion schreibt: Gewisse Probleme lassen sich nicht mit einer persönlichen Antwort lösen.[251] „der Mensch [wird]", schrieb Vernadsky in den 1960er Jahren, „zum erstenmal zur *grössten geologischen Kraft*. Er kann und muss mit seiner Arbeit und seinem Denken das

---

[249] Bowler, Environmental Sciences, S. 517 f.
[250] Bowler, Environmental Sciences, S. 544.
[251] Meadows, Donella: *Thinking in Systems (unfinished)*, 2001 (teilweise abgedruckt in: „Dancing with Systems", in: *Whole Earth* 106 (2001), S. 58–63.)

Gebiet seines Lebens umgestalten."[252] Vernadsky konnte das Buch, worin er noch einmal das Konzept der „Noosphäre", quasi der geistigen Vernunftsphäre in Komplementarität zur materiellen Biosphäre, erläutern wollte, nicht vollenden. Für das „Rätsel" aber, wie diese geistige Sphäre in der Lage sei, materielle Prozesse zu verändern, verwies Vernadsky auf Lotka: Er habe, wie er vermute, diese Frage „als erster aufgeworfen. Zu lösen vermochte er sie jedoch nicht."[253]

Die Dynamik der Lebenswelt kann gestört werden, wonach sie sich auf ein neues Gleichgewicht einstellen wird. Für den Menschen stellt sich aber die Frage, ob jedes neue Gleichgewicht erwünscht sei: „Lotka then points out a way in which, without invoking exceptional conditions, and without doing violence to the known (or even unknown) laws of mechanics, opportunity for the exercise of voluntary control over physical events can be presented."[254]

Mit der physikalischen Biologie fand keine Biologisierung der Gesellschaft, aber eine Physikalisierung der Lebenswelt statt. Die Dynamik zwischen den verschiedenen Komponenten ist Grundvoraussetzung, auch für den Menschen, denn nur Abweichungen vom absoluten Gleichgewicht sind in der Zeit wahrnehmbar. Und Handeln hat erst Sinn, wenn es eine feststellbare Veränderung gibt. So schrieb auch der französische Schriftsteller Raymond Queneau in seiner „Histoire modèle" von 1942, die nicht zuletzt, wie er im Vorwort sagt, durch eine Schrift von Volterra inspiriert war, über die mögliche Identifizierbarkeit von Zyklen und Rhythmen in der Geschichte: „Si l'humanité atteignait un état d'équilibre, il n'y aurait plus d'histoire."[255]

---

[252] Vernadskij, Vladimir I.: „Einige Worte über die Noosphäre" (als Kapitel des unvollendeten Buchs „Der chemische Aufbau der Biosphäre der Erde und ihrer Umgebung" 1965 in Moskau in russ. Sprache erschienen), in: Ders., *Der Mensch in der Biosphäre. Zur Naturgeschichte der Vernunft*, hg. v. Wolfgang Hofkirchner, Frankfurt am Main u. a.: Peter Lang 1997, S. 239–249, hier S. 247 (Hervorhebung im Original).

[253] Vernadskij, Einige Worte über die Noosphäre, S. 248.

[254] AJL-Papers, Box 22, Folder 7, „Various articles" (S. 4). Lotka sprach hier von sich in der dritten Person.

[255] Queneau, Raymond: *Une histoire modèle*, Paris: Editions Gallimard 1966, S. 16.

Schluss

In dieser Arbeit wurde die Erzählung über Genese, Inhalt und Rezeption von Lotkas Hauptwerk *Elements of Physical Biology* mit der Erzählung über den Autor selbst verknüpft. Lotka war ein Innovator, indem er 1925 die Mathematisierung der Lebenswelt präsentierte, und gleichzeitig ein Interventor, der sich zwischen die zeitgenössischen Positionen stellte. Das letzte Kapitel kann diesen Befund exemplarisch belegen: Lotka befand sich in den 1920er Jahren mitten in der unter amerikanischen Bevölkerungswissenschaftlern geführten Debatte um die Aussagekraft der logistischen Kurve. In seinen demographischen Arbeiten und als Versicherungsstatistiker kritisierte er die einfachen Modelle zur Berechnung des Populationswachstums und schlug vor, dass die jeweilige Altersverteilung für die Extrapolation auf die Zukunft in Rechnung gestellt werden müsse. Aus dem Archivmaterial kann geschlossen werden, dass Lotka die logistische Kurve auch deshalb nicht sinnvoll erschien, weil der Neuankommende (Immigrant) als Term in der Gleichung formal immer mit einem Negativzeichen versehen werden muss (Kapitel 5). Die physikalische Biologie als umfassende Methode zur Beschreibung der Lebenswelt bezog die spezifische Struktur der involvierten Komponenten und deren mittransportierte Umwelt in die Berechnung des Wachstums (der Energieaufnahme) mit ein. Die „Allgemeine Zustandslehre", wenn auch definitorisch nicht stark ausgearbeitet, sollte genau diese Beschreibungsebene für die Aggregate des Lebendigen einfangen: Als lebendig kann etwas betrachtet werden, wenn es eine Struktur aufweist, die durch irreversible Zustandsveränderungen mit der Umwelt reagiert und eine Balance zu halten versucht zwischen Energieakquirierungsaufwand und -verbrauch.

Die „Allgemeine Zustandslehre" von Lotka ist die Lehre von den dynamischen Gleichgewichten zwischen Stillstand und entropischem Maximum von sämtlichen strukturierten Komponenten. Lotka war nicht am Lebendigen an und für sich interessiert, seine Definition des Lebens war pragmatisch, konstruktivistisch und systemgebunden, im konkretesten Fall quantitativ. Die „Mathematisierung des Lebens", die ich Lotka mit meinem Titel unterstelle, umfasste die Quantifizierung der Energietransfers, die sämtliche Phänomene begleiten: Vom chemischen Prozess über Wirte-Parasiten-Verhältnisse hin zum Sinnesapparat des Menschen sind die energetischen Austauschprozesse mathematisierbar und gehen in einem „Body Politic" auf (Kapitel 2). Lotka geriet damit aber weder in den Verdacht, einer unhintergehbaren biologischen Gesetzmässigkeit das Wort zu reden und

somit die menschliche Einflussnahme für obsolet zu erklären, noch stand er
auf der Seite derjenigen, welche die Möglichkeit zu eugenischen Massnahmen
offenhalten wollten. Die Moral von Lotkas *Elements of Physical Biology* ergab sich
aus der grundsätzlichen Interdependenz der Erdenbewohner und ihrer Umwelt
und appellierte global an die Verantwortung aller Menschen. Diese Aspekte seiner
Arbeit veranschaulichen, dass Lotka in der Diskussion um die (formale) Gleichbehandlung von Mensch und Tier einen Weg wählte, der quer zu allen anderen lag:
agnostisch und dennoch moralisch, mathematisch und ohne politische Hand-
lungsanweisungen, gekoppelt an die physikalische Biologie, die ihr Publikum
noch nicht gefunden hatte. Mit seinem synthetischen, interdisziplinären Ansatz
war er schwer einzuordnen und zielte letztlich an den konkreten Fragestellungen,
die die Bevölkerungs- und Sozialwissenschaftler bearbeiteten, vorbei (Kapitel 5).
Diese Episode steht beispielhaft für Lotka als Intervenor, der sowohl inhaltlich
wie disziplinär und als wissenschaftliche Person zwischen die etablierten Kategorien fiel. Die von Lotka so vehement vertretene Analogisierung von Molekülen,
Parasiten und Menschen unter dem Aspekt der Mathematisierung erwies sich zu
Lebzeiten als „folgenloses Wissen"[1].

Ein solcher Befund bleibt aber nicht ohne Konsequenzen für einen Urheber. Die emotionalen Anteile wollte ich stark machen, als ich in der Einleitung
schrieb, dass diese Geschichte eines Werks nicht ohne Erzählung über den Autor
auskommt. In meiner Darstellung habe ich Lotkas Emotionen Raum gegeben
und anhand der Stichworte Identifikation, Intention, Mimikry, Originalität, Anspannung und Rivalität analysiert (Kapitel 2 und 4): Lotka fürchtete vor der
Veröffentlichung seines Hauptwerks, es könnte ihm jemand mit der Publikation
zuvorkommen und entwickelte einen Algorithmus, um diese Wahrscheinlichkeit
zu berechnen; er verfolgte einen Plan, mit dem er sich stark identifizierte und
in den Jahrzehnte seines Lebens und Wissens einflossen; er hatte ein Ziel, eine
Botschaft, die er an einen bestimmten Adressatenkreis, vorzugsweise Physiker,
weitergeben wollte. Der Wunsch, sich von der breiten Masse abzuheben und einen
bleibenden intellektuellen Wert zu schaffen, spricht auch aus seiner Aphorismensammlung (Kapitel 1). Sein Ringen um Anerkennung drückte sich darin aus, dass
er den Verlag betreffs der Vermarktung und Rezeption seines Buchs mit Briefen
überhäufte und eine veritable Kontrollwut an den Tag legte. Seine Anspannung
wurde auch darin sichtbar, dass er sich durch Zuspruch seitens des Verlags oder
durch Kollegen nicht beruhigen liess. Als besonders hinderlich in dieser Phase

---

[1] Vgl. Hoffmann, Arbeit der Wissenschaften, S. 87–118. Das „folgenlose Wissen" ist laut Hoffmann
eine in der grundsätzlich resultateorientierten wissenschaftlichen Tätigkeit vernachlässigte Kategorie.
Wissen ohne Folgen werde klassischerweise damit erklärt, dass es zu früh auftauchte oder der Kontext
noch nicht bereit dafür war. Diese Erklärungen kritisiert Hoffmann, weil sie letztlich auch der Idee
verhaftet bleiben, dass wissenschaftliche Kommunikation (normalerweise) effizient abläuft.

der versuchten wissenschaftlichen Etablierung erwies sich, dass der italienische Mathematiker Vito Volterra das identische Differentialgleichungssystem zur Berechnung von heute so genannten populationsdynamischen Phänomenen 1926 in Unkenntnis von Lotka publizierte (Kapitel 3). Die Mehrfachentdeckung belegte einerseits, dass Lotka mit relevanten Fragestellungen beschäftigt war, andererseits lieferte sie auch den Beweis für die Angemessenheit seiner Alarmiertheit (Kapitel 4).

Die sich anschliessende Diskussion um die Priorität kann als eine missglückte wissenschaftliche Kommunikation interpretiert werden, in der Lotka als ‚Wissenschaftler an den Rändern' durch Volterra beispielhaft auf die Ränge verwiesen wurde. Lotka verlegte die Prioritätsdiskussion auf den Kontext der Mathematisierung, betonte enthusiasmiert weitere Parallelitäten zwischen seinem und Volterras Ansatz, überliess aber letzterem das Urteil über die Schnittmenge der Mehrfachentdeckung. Diese schränkte Volterra auf das rein Mathematische ein, worin er in einem Fall Lotkas Priorität eingestand. Es gelang Lotka in der asymmetrischen Wissenschaftskommunikation mit einem etablierten Mathematiker also nicht, einen Mitstreiter für sein eigenes Anliegen, die physikalische Biologie, zu gewinnen. Umgekehrt reichten die rhetorischen Distanzierungen auch nicht aus, um das Konkurrenzgefühl zu beseitigen, was sich in der Ausarbeitung der *théorie des rencontres* niederschlug. Lotka reagierte auf diese von Volterra vorgeschlagene Ausweitung des Differentialgleichungssystems und baute seinerseits das so genannte Räuber-Beute-Modell durch topographische Aspekte aus. Letztlich war diese Theorie aber zu formal, als dass daraus konkrete biologische und ökologische Anwendungen abgeleitet werden konnten. Darin waren sich Lotka und Volterra ähnlich: Sie liessen die Übersetzung ihres Differentialgleichungssystems in die praktische und empirische Sphäre vermissen (Kapitel 3 und 4), obgleich Lotka für sich in Anspruch nahm, einen weitaus konkreteren und zugleich umfassenderen Ansatz als Volterra zu pflegen.

Diesen Ansatz habe ich als energetischen Holismus bezeichnet. Die physikalische Biologie fusst auf dem Energiebegriff, der sämtliche organische wie anorganische Prozesse als irreversible Energietransformationen zu beschreiben erlaubt. Unter dem gemeinsamen Gesichtspunkt eines energetischen Holismus wurden in dieser Arbeit drei Weltentwürfe des 20. Jahrhunderts miteinander in Verbindung gebracht: Die Energetik Wilhelm Ostwalds um 1900, die physikalische Biologie Lotkas von 1925 und die Systemökologie seit den ausgehenden 1950er Jahren. Der wesentliche gemeinsame Nenner dieser drei Konzeptionen ist die Energie, was mir als Grundlage zu einem Vergleich der drei Varianten diente. Die in der Einleitung formulierte Hypothese, dass die physikalische Biologie als Scharnierstelle zwischen der Energetik und der Systemökologie interpretiert werden kann,

hat sich als probat erwiesen, kann nun aber vor dem Hintergrund der erfolgten
Darstellung spezifiziert werden.

Ostwald entwickelte und verfolgte die monistische Energetik, die er an den Anfang jeder Erklärung stellte. Mit seinem Energiekonzept erhob er den Anspruch,
Probleme der Physik, der Chemie, der Kultur und der Jurisprudenz ebenso lösen
wie lebenspraktische Fragen beantworten zu können. Dass trotz seines naturwissenschaftlichen, anti-religiösen Primats die Energie als erste Substanz eine
metaphysische Setzung blieb, störte ihn nicht. Das doppelte Ziel war die Vereinheitlichung der Wissenschaften und der optimierte Verbrauch von Zeit und
Ressourcen – ein Ziel, dass sich kraft seiner Nützlichkeit selbst durchsetzen sollte
(Kapitel 1). Lotka, der die Energetik Ostwalds gut kannte, setzte den energetischen
Holismus unter ganz bestimmten Voraussetzungen fort. Erstens postulierte er
den Begriff des Systems, um Phänomene von der Mikro- bis zur Makroebene zu
untersuchen; zweitens mathematisierte er die Prozesse der Lebenswelt aus der
Perspektive der Energieveränderungen und band die Berechnungen derselben
an das konstruierte System zurück; drittens ging er von stets irreversiblen Veränderungen aus. In der thermodynamischen Vorstellung reservierte er für die
lebendigen Systeme (als offene Systeme) eine intermediäre Entwicklung zwischen
Statik und maximaler Entropie. Lotka wandte in der grundlegenden Wachstumsformel die Differentialrechnung an, auf ihr beruhten alle weiteren Berechnungen
der Veränderung der Masse in unendlich kleinen Zeitabschnitten. Dadurch war
einerseits die Irreversibilität der „history of the system" garantiert und andererseits wurde es ihm möglich, Differentialgleichungen zu koppeln, um die Dynamik
zwischen Komponenten zu veranschaulichen (Kapitel 2).

Bei diesem Schritt schöpfte Lotka aus vielen verschiedenen Quellen, sodass
genau analysiert werden muss, wie er sie gewichtete. Besonders wird das in Lotkas
Definition der Evolution als „Geschichte des Systems, das irreversiblen [Ener-
gie]Veränderungen unterworfen ist" augenfällig. Von seinen Leipziger Quellen,
die ihn zur Idee des Buchs inspirierten, wählte er die Ostwald'sche Energetik
nur marginal zum Referenzpunkt. Die physikalische Biologie basierte zwar auf
einem energetischen Holismus, den Lotka jedoch mathematisch untermauerte,
wofür er in der Ostwald'schen Energetik keine Vorlage fand. Er zog Boltzmann
vor, weil ihm dessen mathematischer Anspruch näher lag und weil er in dessen
statistischer Mechanik eine Basis sah, um die Prozesse in der Natur als irreversible
Energieveränderungen zu verstehen (Kapitel 1 und 2). Davon ausgehend setzte
Lotka an die Stelle des Strebens nach dem thermodynamischen Gleichgewicht
(der maximalen Entropie) Zyklen und Oszillationen. Die Lebensprozesse beruhen
laut Lotka auf ständigen Veränderungen, welche zwischen Energieaufwand / -ab-
gabe um ein ideales Gleichgewicht fluktuieren oder oszillieren, sie befinden sich
in einem „steady state". Hierbei stützte er sich auf eine Beobachtung von Herbert

Spencer. Der englische Philosoph wurde zum wichtigen Garanten für das Konzept der um ein Gleichgewicht oszillierenden Evolution. Gleichzeitig kritisierte Lotka dessen Beschreibung der natürlichen Selektion, welche diejenigen Individuen bevorteile, welche ihre Gefühle optimal an die Aktionen anpassten. Die wichtige Differenz, die er bezeichnete, lag darin, dass die ideale Anpassung der menschlichen Aktionen kein hedonistisches Prinzip darstelle, sondern eine kollektive Anstrengung, die im Einklang mit der Natur sein sollte. Es lässt sich in diesem Zusammenhang also dreimal beobachten, dass Lotkas Rezeptionstechnik auf einem starken Auswahlprinzip beruhte und ein wiederkehrendes Muster aufwies: Er folgte der Energetik Ostwalds, der statistischen Mechanik Boltzmanns, dem „survival of the fittest" von Spencer, ergänzte aber jeweils mechanische Prinzipien durch die Vorstellung der Dynamik und durch einen moralischen Appell; dieser betonte das bewusste, kollektiv interdependente Abwägen zwischen Energieaufwand und -verbrauch (Kapitel 2).

Die letzte hier vorgestellte Beschreibungsvariante der Lebenswelt des 20. Jahrhunderts ist die Systemökologie. In ihr werden die Prozesse in der Natur von den konkreten Gegebenheiten abgelöst. Sie untersucht die Dynamik von Systemen durch die Algorithmisierung und durch Simulation der daran beteiligten Komponenten. Massgeblich als Praktik sind Differentialgleichungen vom Typ der Lotka-Volterra-Gleichungen, die als „computational template" in die Systemökologie integriert wurden. Ihre Modelle teilen mit Lotkas physikalischer Biologie erstens einen Reduktionismus, der durch exakte, numerische und formale Beschreibung von einzelnen Segmenten erreicht wird. Zweitens versuchten sowohl Lotka als auch Systemökologen, die Dynamik des ganzen Systems zu untersuchen. Es verbindet sich hier also der analytische Zugang mit einem synthetischen Blick aufs Ganze. Eine Rezeption der physikalischen Biologie durch die Systemökologen fand entlang dieser Aspekte statt, nicht jedoch durch eine profunde Auseinandersetzung mit Lotkas Vorgaben. Sein Werk erscheint in der Systemökologie vielmehr als Ansammlung so genannter „to whom it may concern messages", aus denen sich die Systemökologie Passendes aussuchte. Auch zirkulieren in den Modellen der Systemökologen nicht nur Energien, sondern auch Materie und Information (Kapitel 5).

Als wichtige Mittlerfunktion zwischen Lotkas Arbeiten und den Modellen der 1960/70er Jahre hat sich die Systemtheorie in der Ausformulierung von Ludwig von Bertalanffy aus den 1950/60er Jahren erwiesen. Er elaborierte das Konzept des Fliessgleichgewichts, das die lebendigen Systeme als dynamische auszeichne. Es kann jedoch auch hier nicht von einem direkten Ideen-Transfer gesprochen werden, wenn Lotkas physikalische Biologie und die Systemtheorie in den Blick genommen werden: Das Nachdenken über die Möglichkeit einer Beschreibung der organischen Prozesse jenseits des thermodynamischen Maximums fand bei

Bertalanffy unabhängig von Lotka in den 1920er Jahren statt. Eine gerade Rezeptionslinie zwischen den beiden Wissenschaftlern lässt sich in dieser Hinsicht nicht ziehen. Vielmehr steckt in der Nicht-Rezeption durch Bertalanffy auch etwas, was mit einer wissenschaftlichen *Gewohnheit der Auslassung* bezeichnet werden kann. Es gab für Bertalanffy keinen ersichtlichen Grund, die während den 1930er und 1940er Jahren eingeschliffene Routine der *scientific community*, die physikalische Biologie Lotkas fragmentarisch darzustellen, zu durchbrechen. Was jedoch die Differentialgleichungen Lotkas anbelangt, so wurden sie durchaus von Bertalanffy aufgenommen.

Die drei energetischen Beschreibungsvarianten der Welt weisen Differenzen in Methoden und Zielen auf – das Thema der interspezifischen Interdependenz aber wurde immer behandelt: Die Beschreibung eines Konkurrenzverhältnisses auf der Ebene der Populationen kann man in Ostwalds Energetik finden, wird bei Lotka zum paradigmatischen Beispiel für interagierende Entitäten in einem System und ist in der Systemökologie ein grundlegendes Modell für die dynamischen Abhängigkeiten zwischen verschiedenen Komponenten.

Betrachtet man den energetischen Holismus als Konzept, das die komplexen Dynamiken der Lebenswelt zu erfassen verspricht, so liest sich seine Entwicklung über den hier beobachteten Zeitraum (1900–1980) als zunehmende Entmystifizierung des Begriffs Energie. Die vorliegende Arbeit kann deshalb auch für eine Geschichte des langen Abschieds vom thermodynamischen Zeitalter hin zu einer Epoche der Dynamiken und Komplexitäten stehen. Für diese Entwicklung war die Ökologie wesentlich, was in der Darstellung der Geschichte der Mathematisierung der Biologie und Ökologie sowie der innerökologischen Diskussion sichtbar wurde. Dass sich diese Geschichte aber nicht linear schreiben lässt, hat gerade die Analyse der Mathematisierungsleistung von Lotka und Volterra in den 1920er Jahren verdeutlicht. Die Lotka-Volterra-Gleichungen bildeten in der Entwicklung der ökologischen und biologischen Fachbereiche eine Ausnahme, weil sie eine Gesetzmässigkeit mit phänomenologischer Referenz behaupten, die jedoch allgemein Veränderungen in einem Abhängigkeitsverhältnis zwischen zwei Grössen zu mathematisieren erlauben, die über ein Raub- und Beutetier-Modell hinausweisen und grundlegende ökologische Fragen über das Zustandekommen von Organismengemeinschaften berühren. Dynamik ist in dieser Hinsicht das Schlüsselwort. Lotka und Volterra haben beispielhaft aufgezeigt, wie der natürliche Haushalt auf der Ebene von Kollektiven formal beschrieben werden kann. Die Ökologie, welche sich per definitionem für die Wechselbeziehungen zwischen Organismus und Umwelt interessiert, konzentriert sich immer auf die Interrelationen, also ganz eigentlich auf das Dazwischen von Entitäten in gegenseitiger Beeinflussung und Abhängigkeit. Da sich in der Ökologie das Populationskonzept noch nicht durchgesetzt hatte, war die Assimilation der Mathematik während der 1920er und 1930er Jahre erschwert. Mit der hier geleisteten Dokumentation über die Mehrfachentdeckung der Lotka-Volterra-Gleichungen, die empirische Nachprüfung und den modellhaften Einsatz derselben ist die vorliegende Arbeit auch ein Beitrag zum Ort der Mathematik in der Geschichte der Ökologie (Kapitel 3 und 5).

Gleichzeitig kann daraus eine Wissenschaftsgeschichte des Konzepts Fluktuation gelesen werden. Zur Debatte stand, was der entscheidende regulative Faktor in den sich verändernden Populationsgrössen ist. Lotkas und Volterras Differentialgleichungssystem, auch wenn es letztlich abstrakt und von den Urhebern empirisch schlecht belegt blieb, fokussierte auf den Metabolismus zwischen Arten. Ihre Arbeiten reihen sich damit in die Beschreibungen und Untersuchungen von Nahrungsketten ein: Von der Deskription der Abhängigkeiten zwischen Beute und Feind (Darwin) über die ersten schematischen Aufzeichnungen der Primär- und Sekundärproduzenten (Camerano) bis hin zur funktionalen Beschreibung von trophischen Levels in den 1940er Jahren. Der springende Punkt war, dass die Gleichungen Lotkas und Volterras zu diesem Abhängigkeitsverhältnis von allen anderen Faktoren (Nahrung der Beute, Klima, Jahreszeit, Lebensalter, Körpergrösse etc.) abstrahierten und veranschaulichten, dass durch die schlichte Anwesenheit zweier interdependenter Grössen bereits eine Dynamik entstehen muss (Kapitel 3 und 5). In dieser Hinsicht wird auch verständlich, weshalb die Gleichungen in den Kontext einer Darwin'schen Vorstellung gerückt werden können. Wenn sich die natürliche Selektion in einer erfolgreichen Reproduktion niederschlägt, welche vom erfolgreichen Metabolismus bzw. der Energieaufnahme des Organismus abhängig ist, dann berühren die Kurven die Frage der Konkurrenz. So verstanden war die konzeptionelle Verknüpfung der Gleichungen mit dem „struggle for existence", wie sie bei Volterra, D'Ancona und Gause anzutreffen war, nicht nur eine blosse rhetorische Figur (Kapitel 4 und 5). Das Konzept der Evolution, wie es je von Lotka und Volterra vorgestellt wurde, war jedoch unterschiedlich gelagert. Beide nahmen eine Idee von Spencer auf: Volterra das „survival of the fittest", das auf individuellen Vorteilen beruht, Lotka hingegen die Vorstellung einer Evolution in Zyklen, die sich zwischen Aggregation und Dissolution abspielt (Kapitel 2). Darin lag keine Biologisierung der Gesellschaft, aber eine Physikalisierung der Natur. Damit ist ein bislang wenig verstandener Rezeptionsstrang der Ideen Spencers während den 1920er und 30er Jahren angedeutet, der noch weiter ausgeführt werden müsste.

Die graphische Umsetzung der Gleichungen ist anschaulich (vor allem in der Version von Volterra) und intuitiv sofort verständlich. Die Raubtiere profitieren reproduktionstechnisch von der Fortpflanzung der Beutetiere, reduzieren gleichzeitig aber ihre eigene Ressource, wodurch auch ihre Population abnimmt, wonach sich die Beutetiere wieder erholen können: Zwei sich verfolgende Kurven

fluktuieren unendlich weiter um einen Gleichgewichtswert (Kapitel 3). Diese
Vorstellung von Fluktuationen und Gleichgewichten war und ist in bevölkerungs-
politischen und ökologischen Diskussionen wirkungsmächtig. Am einen Ende
des argumentativen Spektrums stehen die Pessimisten, die davon ausgehen, dass
die „carrying capacity" der Welt erreicht sei und das (Umwelt-)Desaster nach
Überschreiten einer gewissen Grenze irreversibel in fortgesetzten Ungleichge-
wichtszuständen seinen Lauf nehmen wird. Am anderen Ende des Spektrums
befinden sich die Optimisten, die an die „Resilienz" der Erde und die Selbstregulation des Systems glauben, auch wenn Störungen auftreten – wobei auch diese
Interpretation ins Dystopische kippen kann, wenn die Resilienz darin erwartet
wird, dass sich der Planet Erde der ‚Plage Mensch' selbst entledigen werde.[2] Aufgeworfen wurde und wird in diesen Prognosen immer die Frage der möglichen
Regulierung. Die Systemökologie lotet diese auf mathematischer und simulations-
technischer Basis aus.

Als Komplement zu einer Geschichte des Abschieds vom thermodynamischen
Zeitalter und zum Ort der Mathematik in der Ökologie, vor allem in Bezug auf
das Konzept Fluktuation, ist diese Arbeit auch ein Beitrag zur Historisierung des
Systembegriffs im 20. Jahrhundert. Die Ausführungen zu Ostwald, Lotka und
Bertalanffy haben gezeigt, dass „System" als konstruktiver Begriff zur Skalierung
der Mikro- bis Makrophänomene eingesetzt wurde. In einer zweiten Bedeutung
fungierte „System" als Begriff, der auf eine Systematisierung der Wissenschaften
abhob, die auf die Isomorphismen zwischen Disziplinen setzte. Bei Ostwald war
dieser letztere Anspruch fest mit der Energetik verknüpft, welche die Unterschiede
zwischen den Disziplinen durch ein ubiquitär einsetzbares Prinzip obsolet werden
liess (Kapitel 1). In Lotkas physikalischer Biologie findet sich das Ziel der Wis-
senschaftsvereinheitlichung nicht explizit, jedoch illustrierte und demonstrierte
die Analogisierung von chemischen, epidemiologischen und bevölkerungswis-
senschaftlichen Thematiken unter dem Vorzeichen der Mathematisierung der
irreversiblen Energieveränderungen die disziplinäre Durchlässigkeit bzw. die
mögliche Synthetisierung der Wissenschaften (Kapitel 2). Die Systemtheorie verfolgte – in der Ausgestaltung von Bertalanffy – erklärtermassen das Ziel, die Isomorphismen der Wissenschaften zutage zu fördern. Wichtig war mir in diesem
Zusammenhang zu zeigen, dass die Systemökologie wie die physikalische Biologie
mit dem Systembegriff und einer ontologischen Nivellierung der am System beteiligten Komponenten arbeitet sowie auf die (energetische) Umsatzrate, die Opera-

---

[2] Vgl. beispielsweise die folgenden, inzwischen bereits historischen, düsteren Zukunftsszenarien:
Taylor, Gordon Rattray: *Das Selbstmordprogramm. Zukunft oder Untergang der Menschheit*, Frankfurt
am Main: G. B. Fischer Verlag 1971 (Erstausgabe „The Doomsdaybook", London 1970); Haber, Heinz:
Stirbt unser blauer Planet? Die Naturgeschichte unserer überbevölkerten Erde, Reinbek b. Hamburg:
Rowohlt Taschenbuch Verlag 1975.

tionalisierbarkeit von Modellen und die Regulierbarkeit von Phänomenen abhebt (Kapitel 5). Lotka war hierfür ein Referenzpunkt, seine systemische Herangehensweise wurde jedoch in einem Diskurs der Umweltbedrohungen, der „Grenzen des Wachstums" und der als komplex wahrgenommenen Lebenswelt neu kontextualisiert. Der historisch im 20. Jahrhundert unter der doppelten Bedeutung als Konstruktion und als Vereinheitlichung der Wissenschaften eingesetzte Systembegriff ist bis heute konstitutiv und fördertechnisch wirksam, wie es beispielsweise im interdisziplinären, systembiologischen Grossforschungsprojekt der Schweiz, SystemsX[3], beobachtet werden kann.

Vor diesem Hintergrund müsste künftig untersucht werden, was die ökologischen Systemvorstellungen mit der postgenomischen Orientierung innerhalb der Biologie, insbesondere mit der heute aktuellen Systembiologie zu tun haben. Anstelle einer hierarchisch gedachten Ordnung – hier Gene, da Phänotyp – ist die Vorstellung einer dynamischen Organisation, von „dynamic networks"[4] getreten. Solche Vorstellungen blieben hinter einer Genomforschung der 1950er bis 1990er Jahre, welche die lineare, vertikale und somit auch reduktionistische Abbildung vom Genotyp auf den Phänotyp popularisierte, verborgen.[5] Seit dem Ende des Genomprojekts kehren durch die Epigenetik wieder umfassendere Ansätze in die Biologie zurück[6], die Grenzen zwischen Evolution und Entwicklung verschwinden und „Annahmen, das genetische System stelle nur ein Teilsystem dar, das auf gleicher Ebene wie andere Entwicklungsressourcen zu behandeln sei, wurden bald zu einer ‚Theorie der Entwicklungssysteme' (developmental systems theory) gebündelt"[7], welche „Entwicklung als radikal epigenetischen Prozess" versteht.[8]

„Unterscheiden sich Organismus- und Systembegriff überhaupt und, wenn ja, inwiefern spielen diese Unterschiede eine Rolle?", fragt Laubichler 2005 in einem

---

[3] http://www.systemsx.ch/de/systemsxch/systemsxch/ (3.7.2013).

[4] Arkin, Adam P. / David V. Schaffer: „Network News. Innovations in 21st Century Systems Biology", in: *Cell* 144 (2011), Nr. 6, S. 844–849, hier S. 844. (Ich danke Alban Frei für den Hinweis auf diesen Text.) Wie Hans-Jörg Rheinberger und Staffan Müller-Wille zeigen, wurde bereits in der frühen Molekularbiologie die Ansicht vertreten, dass jede Expression von Merkmalen einen „Knoten in einem Netzwerk von Wirkketten" bilde; vgl. Kühn, Alfred: „Über eine Gen-Wirkkette der Pigmentbildung bei Insekten", in: *Nachrichten der Akademie der Wissenschaften in Göttingen, Mathematisch-Physikalische Klasse*, 1941, S. 231–261, hier S. 258, zit. in: Rheinberger / Müller-Wille, Zeitalter der Postgenomik, S. 67. Auch wurde bereits nach den Arbeiten von François Jacob und Jacques Monod die Eindimensionalität der biologischen Forschung kritisiert und ein systemischer Ansatz vertreten; vgl. Rheinberger / Müller-Wille, Zeitalter der Postgenomik, S. 126.

[5] Rheinberger / Müller-Wille, Zeitalter der Postgenomik, S. 103.

[6] Jablonka, Eva / Marion J. Lamb: *Epigenetic Inheritance and Evolution. The Lamarckian Dimension*, Oxford: Oxford University Press 1995; dies., Evolution in Four Dimensions.

[7] Rheinberger / Müller-Wille, Zeitalter der Postgenomik, S. 109f; für diese neue Entwicklung werden vor allem folgende Werke genannt: Oyama, Susan / Paul E. Griffiths / Russell D. Gray (Hg.): *Cycles of Contingency. Developmental Systems and Evolution*, Cambridge, MA: MIT Press 2001; Neumann-Held, Eva M. / Christoph Rehmann-Sutter (Hg.): *Genes in Development. Re-Reading the Molecular Paradigm*, Durham: Duke University Press 2006.

[8] Stotz, Organismen als Entwicklungssysteme, S. 128.

Aufsatz zu systemtheoretischen Organismuskonzeptionen.[9] Wenn diese Entwicklungsstränge in der neueren Biologie – horizontale statt vertikale Verknüpfungen, Dynamik statt Linearität, System statt Zelle/Organismus – damit beschrieben werden können, dass generell das „genetische System als ‚Ressource' für die zellulären Zyklen, für die embryonale Differenzierung und für die evolutionäre Diversifizierung"[10] gilt, dann ist hier der Einsatzpunkt, um den ökologischen Systembegriff mit dem biologischen der heutigen Zeit zu vergleichen. Fallen die Grenzen des Organismus in der Biologie mit den Systemgrenzen zusammen, die per se künstlich gezogen sind, dann hat die heutige biologische Forschung bislang noch unreflektierte ökologische Konzepte inkorporiert.[11]

Wie sich auch die Geschichte der Molekularbiologie nicht unbedingt im Rahmen der disziplinären Zuordnungen des 19. Jahrhunderts schreiben lässt[12], muss dieses Postulat auch für die Geschichte eines Systembegriffs gelten. Die physikalische Biologie Lotkas kann als früher Schlüsseltext für die Betonung der Isomorphismen zwischen Disziplinen genommen werden, der zeigte, dass der Reduktionismus ein Skalierungsproblem aufwarf, das auf strukturelle Ähnlichkeiten von Teil- und Subsystemen und damit neu befragt wurde.[13]

Der letztgenannte Aspekt, die Aktualisierung von Lotkas Gedanken im Lichte der neueren biologischen Forschung, kann gleich als selbstkonstruiertes Beispiel für eine Rezeption der „to whom it may concern messages" verstanden werden, von denen es in den *Elements* einige gibt. Das Herausheben einer solchen funktioniert bloss durch eine Aussensicht, vorzugsweise in einigem zeitlichen Abstand. Wird eine Rezeptionsgeschichte derart erzählt, dann fallen gewisse Interpretationen weg: Eine Geschichte wie diejenige von Lotkas „physical biology" kann

---

[9] Laubichler, Manfred: „Systemtheoretische Organismuskonzeptionen", in: Krohs/Toepfer, Philosophie der Biologie, S. 109–124, hier S. 123.

[10] Moss, Lenny: *What Genes Can't Do*, Cambridge, MA: MIT Press 2003, zit. in: Rheinberger/Müller-Wille, Zeitalter der Postgenomik, S. 126.

[11] Neuere wissenschaftshistorische Arbeiten reflektieren jedoch die Geschichte des Umgebungswissens, siehe: Espahangizi, Kijan: *Wissenschaft im Glas: eine historische Ökologie moderner Laborforschung*, unveröffentl. Dissertation, ETH Zürich 2010; Wessely, Christina: „Wässrige Milieus. Ökologische Perspektiven in Meeresbiologie und Aquarienkunde um 1900", in: *Berichte zur Wissenschaftsgeschichte* 36 (2013), Nr. 2, S. 128–147.

[12] Rheinberger, Hans-Jörg: „Recent Orientations and Reorientations in the Life Sciences", in: Martin Carrier/Alfred Nordmann (Hg.), *Science in the Context of Application*, Dordrecht: Springer Verlag 2010, S. 161–168, hier S. 167.

[13] Claus Pias im Gespräch mit Gert Scobel über Skalierungsprobleme, Berlin 2010, ausgestrahlt auf 3sat, siehe http://www.youtube.com/watch?v=snjQ4r4QNTE (6.1.2016). Das Skalierungsproblem taucht laut Pias dann auf, wenn man Systeme zu verkleinern oder zu vergrössern versucht und zwar an der Stelle, wo man nicht alle Teile vergrössern oder verkleinern kann; es gibt einen gewissen, meist unbekannten Umschlagpunkt, „und da ereignet sich so etwas wie Emergenz", wo sich ein System plötzlich ganz anders verhält im Grossen als im Kleinen. Auf die Frage hin, weshalb das Skalierungsproblem überhaupt interessant sei, antwortete Pias: „Philosophisch wäre an diesem Thema natürlich schon interessant, dass es so ein grösserer Beitrag zum langen Abschied jeder Art von Reduktionismus wäre."

nicht mehr als gescheiterte, eklektische Idee[14] oder schlechtes Timing[15] gelesen werden. Vielmehr kann sie als kontextbedingte, atmosphärisch funktionierende Rezeptionsgeschichte eines Werks verstanden werden. Diese lief sehr selektiv ab und wurde durch die Mehrfachentdeckung und die Rezensionen mitbeeinflusst, wodurch das Differentialgleichungssystem durchgehend aufgenommen, die physikalische Biologie als Konzept aber fast konsequent übersehen wurde. Die enge rezeptive Auswahl hatte eine thematische Engführung der *Elements* und über die Jahrzehnte hinweg einen Konsens der Nichtzitierung zur Folge.

Auf der anderen Seite stand aber ein Wissenschaftler mit konkreten Zielen, einem originären Entwurf, handfesten Befürchtungen, einem neurotischen Hang zur Authentizität und grosser Bereitschaft zum Gekränktsein. Für Lotka war generell die Autorschaft das (einzige) verteidigungswürdige Gut, gerade weil er nicht mit einer Institution oder seinem ehemaligen Förderer in Verbindung gebracht werden konnte oder wollte. „Mon livre, c'est moi" ist durchaus programmatisch zu verstehen, nicht nur als rührige Überidentifikation mit dem Text, die sich dann noch auf der letzten Seite in einer verschämten Zeichnung zu erkennen gab. Lotka scheiterte an seiner Idealvorstellung von Autorschaft und an seinem Versuch, die Kritiken seines Werks zu steuern, und an seiner Nichtbereitschaft, ein mögliches anderes Publikum neben den Physikern zu erkennen – zumal letztere seine Innovation nicht zu assimilieren vermochten. Diese Schlussfolgerungen stehen jedoch nur einer Wissenschaftsgeschichte offen, die es wagt, an historischen Beispielen die Befindlichkeiten von Wissenschaftlerinnen und Wissenschaftlern zu rekonstruieren und die Handlungswirksamkeit der Emotionen auch für die Wissenschaft zu entdecken.

Als Verfasser von populärwissenschaftlichen Texten war Lotka der Experte, als Physiker, der die industrielle Gesellschaft mathematisierte, ein Interventor; als gelernter Chemiker auf dem Gebiet der Biologie ein Dilettant – eine Sprecherposition, die öffentlich einzusetzen ihm nicht zustand (Kapitel 1 und 2). Ironie als Gestus konnte sich Lotka hingegen leisten. In seiner privaten Aphorismensammlung kam dies oft, in seinem Buch vermittelt über Voltaire zum Ausdruck. Besonders sticht in dieser Hinsicht das Zitat des französischen Autors aus dem 18. Jahrhundert auf dem Deckblatt hervor, das in starkem Kontrast zum emphatischen „Mon livre – c'est moi" steht. Lotka lässt Voltaire sprechen: „Voilà un homme qui a fait son mieux pour ennuyer deux ou trois cents de ses concitoyens; mais son intention était bonne: il n'y a pas de quoi détruire Persépolis."[16] Selbstiro-

---

[14] Kingsland, Modeling Nature, S. 28; Israel, Emergence of Biomathematics, S. 493.

[15] Dyson, Nature's Numbers, S. 611.

[16] Voltaire: *Le monde comme il va, vision de Babouc (1746)*, in: *Oeuvres complètes de Voltaire*, Bd. 8, Paris: Furne, Librairie-Éditeur 1836, S. 317–323, hier S. 319 (im Original heisst es eigentlich „pas là de"). Das Deckblatt mit dem Zitat der *Elements of Physical Biology* (1925) wurde für die Wiederauflage *Elements of Mathematical Biology* (1956) beibehalten.

nie, Pathos und bitterer Ernst – Lotkas Gefühlslagen in Bezug auf die Originalität
und Rezeption seiner Ideen wechselten ständig. Der fortgesetzten Anspannung
lag jedoch ein Selbstmissverständnis zugrunde:

Isaiah Berlin teilt in seinem Essay über Tolstois Geschichtsverständnis, wie er
selbst einräumt stark vereinfachend, aber doch heuristisch nützlich, die Autoren
in zwei Gruppen ein:

For there exist a great chasm between those, on one side, who relate everything to a single
central vision, one system less or more coherent or articulate, in terms of which they understand, think and feel – a single, universal, organizing principle in terms of which alone
all that they are and say has significance – and, on the other side, those who pursue many
ends, often unrelated and even contradictory, connected, if at all, only in some *de facto*
way, for some psychological or physiological cause, related by no single moral or aesthetic
principle […].[17]

Diese Differenz sei von durchaus fundamentaler Natur und trenne die Schriftsteller und Denker, ja vielleicht die „Menschen generell". Einen Vertreter der
ersten Gruppe, wie Berlin in Anlehnung an den griechischen Poeten Archilochus
ausführt, bezeichnet er als „Igel, der eine grosse Sache weiss"; zur zweiten Gruppe
gehört der „Fuchs, der viele Dinge weiss".[18] Die Ideen des zweiteren, so Berlin,
seien gerade dadurch charakterisiert, dass sie „centrifugal rather than centripetal"
funktionierten.[19] Das hat Konsequenzen für eine Aussen- und Innenwarneh-
mung, die zu einer (Selbst)Bewertung bereit ist. So lässt auch Umberto Eco in
seinem letzten Roman „Numero Zero" die erfolgsgehemmte Hauptfigur über die
Gründe einer intellektuellen Heimatlosigkeit nachdenken:

Die Verlierer haben, wie die Autodidakten, stets ein viel größeres Wissen als die Sieger,
wenn du siegen willst, musst du eins und nur dieses eine wissen und darfst keine Zeit
damit verlieren, auch noch alles andere zu lernen, das Vergnügen der Gelehrtheit ist den
Verlierern vorbehalten. Je mehr Dinge einer weiß, desto mehr sind die Dinge bei ihm nicht
zum Besten gelaufen.[20]

Wie der Verfasser sein eigenes Werk einschätzt, muss jedoch, wie Berlin in seinem Essay über Tolstois Geschichtsverständnis weiter ausführt, nicht unbedingt
mit dem Inhalt des Werks übereinstimmen: „But the conflict between what he
[Tolstoy] was and what he believed (or believed that he believed) emerges in a
good many of his writings, actions, and casual observations".[21]

---

[17] Berlin, Isaiah: *The Hedgehog and the Fox. An Essay on Tolstoy's View of History*, New York: Simon
& Schuster 1986 (with an introduction by Michael Walzer), S. 1 (Hervorhebung im Original). (Ich
danke Michael Hagner für den Hinweis auf diesen Essay.)

[18] Berlin, The Hedgehog and the Fox, S. 1.

[19] Berlin, The Hedgehog and the Fox, S. 1.

[20] Eco, Umberto: *Nullnummer*, München: Carl Hanser Verlag 2015 („Numero Zero", Mailand 2015,
aus dem Ital. von Burkhart Kroeber), S. 18.

[21] Berlin, The Hedgehog and the Fox, S. 4.

Bei Lotka, so möchte ich behaupten, kann man genau ein solches Selbstmissverständnis diagnostizieren. Die *Elements of Physical Biology* waren zwar syn-
thetisch-holistisch angelegt, erwiesen sich aber vielmehr als Streulinse denn als
Brennglas. Lotka dachte, er habe eine klare Botschaft an die Physiker und ein
Instrument zur Mathematisierung des Lebendigen im weitesten Sinne gefunden.
Eigentlich aber wusste er ganz einfach viel, elaborierte über eine Fülle von zeitgenössischen Wissensbereichen und lieferte eine Menge, entgegen seiner Intention
nicht steuerbare Ansatzpunkte für die Rezeption. Lotka glaubte, er sei ein Igel,
aber in Wirklichkeit war er ein Fuchs.

Literatur- und Quellenverzeichnis

Archivalien

Alfred J. Lotka Papers (MUDD) (MC032) = AJL-Papers
Princeton University Library, Department of Rare Books and Special Collections, Seeley
  G. Mudd Manuscript Library, Public Policy Papers, 65 Olden Street Princeton, New
  Jersey 08544 USA (15.84 linear feet).

(Alfred J. Lotka:) Collected Papers, Population Reprints:
Princeton University, The Office of Population Research, Donald E. Stokes Library for
  Public & International Affairs, Wallace Hall, Princeton, New Jersey 08544 USA.

Archiv des Bertalanffy Center for the Study of Systems Science (BCSSS-Archiv), Departement für Theoretische Biologie, Universität Wien, Althanstrasse 14, 1090 Wien.

Literatur und gedruckte Quellen

Accademia Nazionale dei Lincei (Hg.): *Convegno internazionale in memoria di Vito Volter-
  ra*, Rom 1992 (Rom, 8.–11. Oktober 1990).
Adams, Charles C.: *Guide to the Study of Animal Ecology*, New York: The Macmillan Com-
  pany 1913.
Adams, Charles C.: „The Relation of General Ecology to Human Ecology", in: *Ecology*
  16 (1935), Nr. 3, S. 316–335.
Albrecht, Andrea: „‚Allzeit unparteiliche Gemüther'? Zur mathematischen Streitkultur in
  der Frühen Neuzeit", in: *Zeitsprünge. Forschungen zur Frühen Neuzeit* 15 (2011), Nr. 2/3,
  S. 282–311.
Allee, W. C. / A. E. Emerson / O. Park / T. Park / K. P. Schmidt: *Principles of Animal Ecology*,
  Philadelphia: W. B. Saunders & Co. 1949.
Anker, Peder: *Imperial Ecology. Environmental Order in the British Empire, 1895–1945*,
  Cambridge, MA / London: Harvard University Press 2001.
Appleman, Philip (Hg.): *Thomas Robert Malthus. An Essay on the Principle of Population.
  Influences on Malthus, Selections from Malthus' Work, Ninenteenth-Century Comment,
  Malthus in the Twenty-First Century*, New York / London: W. W. Norton & Company
  2004 (2. Edition, erstmals 1976: An essay on the principle of population: Text, sources
  and background, criticism).
Arkin, Adam P. / David V. Schaffer: „Network News. Innovations in 21st Century Systems
  Biology", in: *Cell* 144 (2011), Nr. 6, S. 844–849.

Arnott, Neil: *Elemente der Physik oder Naturlehre, dargestellt ohne Hülfe der Mathematik (Bd. 1 und 2)*, Weimar: Landes-Industrie-Comptoir 1829–1931 (nach der dritten Auflage aus dem Englischen übersetzt).

Bailey, Norman T. J.: „On the Interaction between Several Species of Hosts and Parasites", in: *Proceedings of the Royal Society of London* 143 (1933), Nr. 848, S. 75–88.

Barbour, Michael G.: „Ecological Fragmentation in the Fifties", in: William Cronon (Hg.), *Uncommon Ground. Rethinking the Human Place in Nature*, New York: W. W. Norton & Company 1996, S. 233–254.

Behrs, Jan: „Der Leipziger Positivismus und die ‚Annalen der Naturphilosophie', in: Ders. / Benjamin Gittel / Ralf Klausnitzer, *Wissenstransfer. Konditionen, Praktiken, Verlaufsformen der Weitergabe von Erkenntnis* (Berliner Beiträge zur Wissens- und Wissenschaftsgeschichte 14), Frankfurt am Main u. a.: Peter Lang, S. 241–270.

Benedicks, Carl: „Über das ‚Le Chatelier-Braunsche Prinzip'", in: *Zeitschrift für physikalische Chemie* 100 (1922), S. 42–51.

Bensaude-Vincent, Bernadette / Jonathan Simon: *Chemistry. The Impure Science*, London: Imperial College Press 2008.

Berlin, Isaiah: *The Hedgehog and the Fox. An Essay on Tolstoy's View of History*, New York: Simon & Schuster 1986 (with an introduction by Michael Walzer).

Bernard, Claude: *Introduction à l'étude de la médecine expérimentale*, Paris: J. B. Baillière 1885.

Bernardelli, Harro: *Die Grundlagen der ökonomischen Theorie. Eine Einführung*, Tübingen: Mohr 1933.

Bertalanffy, Ludwig von: *Fechner und das Problem der Integration höherer Ordnung*, Wien 1926 (Dissertation Universität Wien).

Bertalanffy, Ludwig von: „Das Problem des Lebens", in: *Scientia* XLI (1927), S. 265–274.

Bertalanffy, Ludwig von: „Über die Bedeutung der Umwälzungen in der Physik für die Biologie (Studien über theoretische Biologie II)", in: *Biologisches Zentralblatt* 47 (1927), S. 653–662.

Bertalanffy, Ludwig von: *Kritische Theorie der Formbildung*, Berlin: Borntraeger 1928 (Abhandlungen zur theoretischen Biologie, Bd. 27).

Bertalanffy, Ludwig von: „Leben und Energetik", in: *Unsere Welt. Illustrierte Zeitschrift für Naturwissenschaft und Weltanschauung* 21 (1929), S. 214–218.

Bertalanffy, Ludwig von: „Zu einer allgemeinen Systemlehre", in: *Biologia Generalis* XIX (1949), Nr. 1, S. 114–129.

Bertalanffy, Ludwig von: „The Theory of Open Systems in Physics and Biology", in: *Science (New Series)* 111 (1950), Nr. 2872, S. 23–29.

Bertalanffy, Ludwig von: *Biophysik des Fließgleichgewichts. Einführung in die Physik der offenen Systeme und ihre Anwendung in der Biologie*, Braunschweig: Friedrich Vieweg & Sohn 1953.

Bertalanffy, Ludwig von: „Quantitative Laws in Metabolism and Growth", in: *The Quarterly Review of Biology* 32 (1957), Nr. 3, S. 217–231.

Bertalanffy, Ludwig von: *General System Theory. Foundations, Development, Applications*, New York: George Braziller 1968.

Beyer, Lothar / Joachim Reinhold / Horst Wilde (Hg.): *Chemie an der Universität Leipzig. Von den Anfängen bis zur Gegenwart*, Leipzig: Passage-Verlag 2009.

Birnbaum, Salomo: *Das hebräische und aramäische Element in der jiddischen Sprache*, Kirchhain N.-L.: Zahn & Baendel 1921 (Inauguraldissertation, bayer. Julius-Maximilians-Universität Würzburg).

Blaschke, Olaf: Katholizismus und Antisemitismus im Deutschen Kaiserreich (Kritische Studien zur Geschichtswissenschaft 122), Göttingen: Vandenhoeck & Ruprecht 1997.

Bohn, Georges: „Lotka (Alfred J.), Elements of Physical Biology (Review)", in: *Revue générale des sciences pures et appliquées* 37 (1926), S. 217 f.

Boltzmann, Ludwig: *Über die Beziehung zwischen dem zweiten Hauptsatz der mechanischen Wärmetheorie und der Wahrscheinlichkeitsrechnung respektive den Sätzen über das Wärmegleichgewicht* (in: Sitzungsberichte d. k. Akad. der Wissenschaften zu Wien 1877), Nachdruck in: Wissenschaftliche Abhandlungen, Bd. II (1875–1881), hg. v. Fritz Hasenöhrl, Leipzig: Johann Ambrosius Barth 1909, S. 164–232.

Boltzmann, Ludwig: „Der zweite Hauptsatz der mechanischen Wärmetheorie" (Vortrag, gehalten in der feierlichen Sitzung der Kaiserlichen Akademie der Wissenschaften am 29. Mai 1886), in: Ders. (Hg.), *Populäre Schriften*, Leipzig: Johann Ambrosius Barth 1905, S. 25–50.

Boltzmann, Ludwig: „Ein Wort der Mathematik an die Energetik", in: *Annalen der Physik und Chemie* 57 (1896), S. 39–71.

Borsellino, A.: „Vito Volterra and Contemporary Mathematical Biology", in: Claudio Barigozzi (Hg.), *Vito Volterra Symposium on Mathematical Models in Biology*, Berlin / Heidelberg / New York: Springer Verlag 1980.

Bourdieu, Pierre: „L'illusion biographique", in: *Actes de la recherche en sciences sociales* 62/63 (1986), S. 69–72.

Bowler, Peter J.: *The Environmental Sciences*, London: FontanaPress 1992.

Braun, Hans-Jürg: *Das Jenseits. Die Vorstellungen der Menschheit über das Leben nach dem Tod*, Zürich / Düsseldorf: Artemis & Winkler 1996.

Breidbach, Olaf: „Über die Geburtswehen einer quantifizierenden Ökologie. Der Streit um die Kieler Planktonexpedition von 1889", in: *Berichte zur Wissenschaftsgeschichte* 13 (1990), Nr. 2, S. 101–114.

Camerano, Lorenzo: „Dell'equilibrio dei viventi mercè la reciproca disruzione", in: *Atti della Reale Accademia delle Scienze di Torino* 15 (1879/80), S. 393–414.

Cannon, Walter B.: „The Body Physiology and the Body Politic", in: *Science (New Series)* 93 (1941), Nr. 2401, S. 1–10.

Carmichael, R. D.: „Review: (untitled)", in: *The American Mathematical Monthly* 33 (1926), Nr. 8, S. 426–428.

Chadarevian, Soraya de: „Die ‚Methode der Kurven' in der Physiologie zwischen 1850 und 1950", in: Hans-Jörg Rheinberger / Michael Hagner (Hg.), *Die Experimentalisierung des Lebens. Experimentalsysteme in den biologischen Wissenschaften 1850/1950*, Berlin: Akademie-Verlag 1993, S. 28–49.

Chadarevian, Soraya de: *Designs for Life. Molecular Biology after World War II*, Cambridge: Cambridge University Press 2002.

Chickering, Roger: „Das Leipziger ‚Positivisten-Kränzchen' um die Jahrhundertwende", in: Gangolf Hübinger / Rüdiger vom Bruch / Friedrich Wilhelm Graf (Hg.), *Kultur und Kulturwissenschaften um 1900. II: Idealismus und Positivismus*, Stuttgart: Franz Steiner Verlag 1997, S. 227–245.

Cohen, Joel E.: „Lorenzo Camerano's Contribution to Early Food Web Theory", in: Simon A. Levin (Hg.), *Frontiers in Mathematical Biology*, Berlin / Heidelberg / New York: Springer Verlag 1994, S. 351–359.

Cohen, Joel E.: „Lotka, Alfred James", in: John Eatwell / Murray Milgate / Peter Newman (Hg.), *The New Palgrave. A Dictionary of Economics*, London / New York / Tokyo: The Macmillan Press Limited 1987, S. 245–247.

Collins, Harry: „Performances and Arguments. Bruno Latour: The Modern Cult of the Factish Gods, Durham / London: Duke University Press 2010", in: *Metascience* 21 (2012), S. 409–418.

Cosans, Christopher E.: *Owen's Ape & Darwin's Bulldog*, Bloomington, IN: Indiana University Press 2009.

Crombie, A. C.: „Interspecific Competition", in: *The Journal of Animal Ecology* 16 (1947), Nr. 1, S. 44–73.

Crow, James F.: „Hardy, Weinberg and Language Impediments", in: *Genetics* 152 (July 1999), S. 821–825.

Crowther-Heyck, Hunter: *Herbert A. Simon. The Bounds of Reason in Modern America*, Baltimore: The Johns Hopkins University Press 2005.

Czerwon, Hans-Jürgen: „Jan Vlachý's Scientific Estate at the K. U. Leuven", in: *ISSI Newsletter* 7 (2011), Nr. 4, S. 83 f.

D'Ancona, Umberto: „Dell'influenza della stasi peschereccia del periodo 1914–18 sul patrimonio ittico dell'Alto Adriatico", in: *Regio Comitato Talassografico* Italiano, Memoria CXXVI (1926), S. 5–95.

D'Ancona, Umberto: „Ulteriori osservazioni sulle statistiche della pesca dell'Alto Adriatico", in: *Regio Comitato Talassografico Italiano* Memoria CCXV (1934), S. 3–27.

D'Ancona, Umberto: *Der Kampf ums Dasein. Eine biologisch-mathematische Darstellung der Lebensgemeinschaften und biologischen Gleichgewichte*, Berlin: Borntraeger 1939 (Abhandlungen zur exakten Biologie Heft 1; hg. v. Ludwig von Bertalanffy).

Darwin, Charles: „Über die Entstehung der Arten", in: Ders., *Gesammelte Werke* (basierend auf der 6. Auflage von 1872; erstmals „On the Origin of Species by Means of Natural Selection", London: 1859), Frankfurt am Main: Zweitausendeins 2006, S. 355–691.

Daser, Eckard: *Ostwalds energetischer Monismus*, Konstanz 1980 (Dissertation, Universität Konstanz 1980).

Daston, Lorraine: *Classical Probability in the Enlightenment*, Princeton: Princeton University Press 1988.

Davidson, Mark: *Uncommon Sense. The Life and Thought of Ludwig von Bertalanffy (1901–1972), Father of General Systems Theory*, Los Angeles: J. P. Tarcher 1983.

Davis, Mark A. / Ken Thompson / Philip Grime: „Charles S. Elton and the Dissociation of Invasion Ecology from the Rest of Ecology", in: *Diversity and Distributions* 7 (2001), Nr. 1/2, S. 97–102.

Davis, Philip J. / Reuben Hersh: *Erfahrung Mathematik*, Basel / Boston / Stuttgart: Birkhäuser Verlag 1985 (mit einer Einl. v. Hans Freudenthal, a. d. Amerik. v. Jeannette Zehnder; erstmals 1981 „The Mathematical Experience").

Dennert, Eberhard: *Die Wahrheit über Ernst Haeckel und seine „Welträtsel". Nach dem Urteil seiner Fachgenossen beleuchtet*, Halle (Saale) / Bremen: C. Ed. Müller's Verlagsbuchhandlung 1901.

Desrosières, Alain: „L'histoire de la statistique comme genre: styles d'écriture et usages sociaux", in: *Genèses* 39 (2000), S. 121–137.

Desrosières, Alain: *Die Politik der großen Zahlen. Eine Geschichte der statistischen Denkweise*, Berlin u. a.: Springer Verlag 2005 (aus dem Franz. v. Manfred Stern, erstmals 1993 „La politique des grands nombres").

Domschke, Jan-Peter / Peter Lewandrowski: *Wilhelm Ostwald. Chemiker, Wissenschaftstheoretiker, Organisator*, Köln: Pahl-Rugenstein Verlag 1982.

Driesch, Hans: *Die Biologie als selbständige Grundwissenschaft. Eine kritische Studie*, Leipzig: Engelmann 1893.

Driesch, Hans: *Der Vitalismus als Geschichte und als Lehre*, Leipzig: Johann Ambrosius Barth 1905.

Driesch, Hans: *Die Überwindung des Materialismus*, Zürich: Rascher & Cie. 1935 (Bibliothek für idealistische Philosophie, Bd. 1).

Dublin, Louis I.: „Birth Control", in: *Social Hygiene* 6 (1920), Nr. 1, S. 5–16.

Dublin, Louis I.: *The Higher Education of Women and Race Betterment*, Baltimore: Williams & Wilkins 1923 (in: Proceedings of the Second International Congress of Eugenics).

Dublin, Louis I. / Alfred James Lotka: „On the True Rate of Natural Increase", in: *Journal of the American Statistical Association* 20 (1925), Nr. 151, S. 305–339.

Dublin, Louis I. / Alfred James Lotka: *Twenty-Five Years of Health Progress. A Study of the Mortality Experience among the Industrial Policyholders of the Metropolitan Life Insurance Company 1911 to 1935*, New York: Metropolitan Life Insurance Company 1937 (with the collaboration of the staff of the Statistical Bureau).

Dublin, Louis I. / Alfred James Lotka: *The Money Value of A Man*, New York: Ronald Press Company 1946 (erstmals 1930, revised edition).

Dublin, Louis I. / Alfred James Lotka / Mortimer Spiegelman: *The Length of Life. A Study of the Life Table*, New York: Ronald Press Company 1949 (erstmals 1936, revised edition).

Dublin, Louis I.: „Alfred James Lotka, 1880–1949", in: *Journal of the American Statistical Association* 45 (1950), Nr. 249, S. 138 f.

Dyson, Freeman J.: „Review (untitled) of *Nature's Numbers* by Ian Stewart (1995)", in: *The American Mathematical Monthly* 103 (1996), Nr. 7, S. 610–612.

Dyson, Freeman J.: „The Scientist as Rebel", in: *The American Mathematical Monthly* 103 (1996), Nr. 9, S. 800–805.

Eco, Umberto: *Nullnummer*, München: Carl Hanser Verlag 2015 („Numero Zero", Mailand 2015, aus dem Ital. von Burkhart Kroeber).

Edwards, Paul N.: „The World in a Machine. Origins and Impacts of Early Computerized Global Systems Models", in: Agatha C. Hughes / Thomas P. Hughes (Hg.), *Systems, Experts, and Computers. The Systems Approach in Management and Engineering, World War II and After*, Cambridge / London: MIT Press 2000, S. 221–253.

Egerton, Frank N. (Hg.), *History of American Ecology*, New York: Arno Press 1977.

Egerton, Frank N.: „Understanding Food Chains and Food Webs, 1700–1970", in: *Bulletin of the Ecological Society of America* 88 (2007), S. 50–69.

Elgin, Catherine Z.: *Considered Judgment*, Princeton: Princeton University Press 1996.

Elton, Charles S.: „Periodic Fluctuations in the Number of Animals. Their Causes and Effects", in: *Journal of Experimental Biology* 2 (1924/25), S. 119–163.

Elton, Charles S.: *Animal Ecology*, New York: The Macmillan Company 1927 (with an introduction by Julian S. Huxley).

Elton, Charles S.: *The Ecology of Animals*, London: Methuen 1968 (erstmals 1933).

Elton, Charles S.: „'Eppur si muove' (reviewed works: Théorie analytique des associations biologiques. Part I: Principes, 1934 by Alfred James Lotka; On the Dynamics of Population Vertebrates, 1934 by S. A. Severtzoff", in: *The Journal of Animal Ecology* 4 (1935), Nr. 1, S. 148–150.

Elton, Charles S.: *Voles, Mice and Lemmings. Problems in Population Dynamics*, Weinheim: J. Cramer 1942 (reprint; erstmals 1942, Oxford).

Elton, Charles S. / Mary Nicholson: „The Ten-Year Cycle in Numbers of the Lynx in Canada", in: *The Journal of Animal Ecology* 11 (1942), Nr. 2, S. 215–244.

Elton, Charles S.: *Animal Ecology*, Chicago / London: The University of Chicago Press 2001 (with new introduction material by Mathew A. Leibold und J. Timothy Wootton; erstmals 1927).

Espahangizi, Kijan: *Wissenschaft im Glas: eine historische Ökologie moderner Laborforschung*, unveröffentl. Dissertation, ETH Zürich 2010.

Ertl, Gerhard / Tanja Gloyna: „Katalyse: Vom Stein der Weisen zu Wilhelm Ostwald", in: *Zeitschrift für physikalische Chemie* (2003), Nr. 217, S. 1207–1219.

Etzemüller, Thomas: *Ein ewigwährender Untergang. Der apokalyptische Bevölkerungsdiskurs im 20. Jahrhundert*, Bielefeld: transcript Verlag 2007.

Euklid: *Euklids Elemente, fünfzehn Bücher*, Halle 1781 (aus dem Griechischen übersetzt von Johann Friedrich Lorenz).

Exner, Wilhelm: „Wilhelm Ostwald als Organisator", in: Österreichischer Monistenbund (Hg.), *Wilhelm Ostwald. Festschrift aus Anlaß seines 60. Geburtstages*, Wien / Leipzig: Anzengruber – Verlag Brüder Suschitzky 1913, S. 50–56.

Fechner, Gustav Theodor: *Elemente der Psychophysik* (Band 1), Leipzig: Druck und Verlag von Breitkopf und Härtel 1860.

Fechner, Gustav Theodor: *Die drei Motive und Gründe des Glaubens*, Leipzig: Breitkopf und Härtel 1863.

Fischlin, Andreas: *Analyse eines Wald-Insekten-Systemes. Der subalpine Lärchen-Arvenwald und der Graue Lärchenwickler Zeiraphera diniana Gn.(Lep., Tortricidae)*, Zürich 1982 (Dissertation ETH Zürich).

Fischlin, Andreas: Unterrichtsprogramm „Weltmodell 2", Mai 1993 (2. korrigierte und erweiterte Auflage).

Fisher, Ronald Aylmer: „The Correlation between Relatives on the Supposition of Mendelian Inheritance", in: *Transactions of the Royal Society of Edinburgh* 52 (1918), S. 399–433.

Fisher, R. A.: *Statistische Methoden für die Wissenschaft*, Edinburgh: Oliver and Boyd 1956 (12., neu bearbeitete und erw. Auflage, übers. v. Dora Lucka; Erstausgabe 1925: Statistical Methods for Research Workers).

Fleck, Ludwik: *Entstehung und Entwicklung einer wissenschaftlichen Tatsache. Einführung in die Lehre vom Denkstil und Denkkollektiv*, Frankfurt am Main: Suhrkamp Taschenbuch Verlag 1980 (erstmals 1935, mit einer Einl. hrsg. v. Lothar Schäfer und Thomas Schnelle).

Forrester, J. W.: *World Dynamics*, Cambridge, MA: Wright-Allen Press, Inc. 1971.

Forrester, J. W.: „System Dynamics – a Personal View of the First Fifty Years", in: *System Dynamics Review* 23 (2007), Nr. 2–3, S. 345–358.

Forrester, J. W.: *The Beginning of System Dynamics*, Stuttgart (Banquet talk at the international meeting of the System Dynamics Society, Stuttgart, 13. Juli 1989).

Franks, Angela: *Margarete Sanger's Eugenic Legacy. The Control of Female Fertility*, Jefferson, NC: McFarland & Co. 2005.

Freud, Sigmund: *Das Unbehagen in der Kultur*, Frankfurt am Main: Fischer 1994 (erstmals Wien 1930).

Frey, Gerhard: *Die Mathematisierung unserer Welt*, Stuttgart u. a.: W. Kohlhammer Verlag 1967.

Fuchsman, Charles H.: „Lotka, Alfred James", in: John A. Garraty / Mark C. Carnes (Hg.), *American National Biography*, New York / Oxford: Oxford University Press 1999, S. 937 f.

G. A. S.: „A Personal Note", in: John Henry Poynting, *Collected Scientific Papers*, Cambridge: Cambridge University Press 1920.

Galton, Francis: *Hereditary Genius. An Inquiry into its Laws and Consequences*, London: Macmillan and Co. 1869.

Galton, Francis: *Natural Inheritance*, London / New York: Macmillan and Co. 1889.

Garfinkel, David: „Digital Computer Simulation of Ecological Problems", in: H. H. Shugart / R. V. O'Neill (Hg.), *Systems Ecology*, Stroudsburg, PA: Dowden, Hutchinson & Ross 1979, S. 42–45 (reprinted from Nature 194 (1962), S. 856 f.).

Gatto, Marino: „On Volterra and D'Ancona's Footsteps: The Temporal and Spatial Complexity of Ecological Interactions and Networks", in: *Italian Journal of Zoology* 76 (2009), Nr. 1, S. 3–15.

Gause, Georgii F.: „Ecology of Populations", in: *Quarterly Review of Biology* 7 (1932), Nr. 1, S. 27–46.

Gause, Georgii F.: *The Struggle for Existence*, Baltimore: Williams & Wilkins 1934.

Gause, Georgii F.: „Experimental Analysis of Vito Volterra's Mathematical Theory of the Struggle for Existence", in: *Science (New Series)* 79 (1934), S. 16 f.

Gause, Georgii F.: *Vérifications expérimentales de la lutte pour la vie*, Paris: Hermann et Cie, Editeurs 1935 (Actualités scientifiques et industrielles 277, Exposés de biométrie et de statistique biologique IX, hg. v. Georges Teissier).

Gay, Hannah: *The Silwood Circle. A History of Ecology and the Making of Scientific Careers in Late Twentieth-Century Britain*, London: Imperial College Press 2013.

Gidney, W. T.: *Sites and Scenes. A Description of the Oriental Missions of the London Society for Promoting Christianity Amongst the Jews* (Part I), London: Operative Jewish Converts' Institution 1897.

Gidney, W. T.: *The History of the London Society for Promoting Christianity Amongst the Jews, from 1809 to 1908*, London: Operative Jewish Converts' Institution 1908.

Gieryn, Thomas F.: „Boundary-Work and the Demarcation of Science from Non-Science. Strains and Interests in Professional Ideologies of Scientists", in: *American Sociological Review* 48 (1983), S. 781–795.

Gieryn, Thomas F. / Richard F. Hirsh: „Marginality and Innovation in Science", in: *Social Studies of Science* 13 (1983), Nr. 1, S. 87–106.

Gieryn, Thomas F.: „,Boundaries of Science'", in: Sheila Jasanoff / Gerald E. Markle / James C. Peterson / Trevor Pinch (Hg.), *Handbook of Science and Technology Studies*, Thousand Oaks u. a.: Sage 1995, S. 393–443.

Gieryn, Thomas F.: *Cultural Boundaries of Science. Credibility on the Line*, Chicago: The University of Chicago Press 1999.

Gigerenzer, Gerd / Zeno Swijtink / Theodore Porter / Lorraine Daston / John Beatty / Lorenz Krüger: *Das Reich des Zufalls. Wissen zwischen Wahrscheinlichkeiten, Häufigkeiten und Unschärfen*, Heidelberg / Berlin: Spektrum Akademischer Verlag 1999 (The Empire of Chance, Cambridge 1989).

Ginzburg, Carlo: *Il formaggio e i vermi. Il cosmo di un mugnaio del '500*, Turin: Giulio Einaudi 1976.

Ginzburg, Carlo: „Mikro-Historie. Zwei oder drei Dinge, die ich von ihr weiß", in: *Historische Anthropologie* 1 (1993), S. 169–192.

Ginzburg, Carlo: *Spurensicherung. Die Wissenschaft auf der Suche nach sich selbst*, Berlin: Wagenbach 2011 (aus dem Ital. von Gisela Bonz und Karl F. Huber).

Gläser, Jochen: *Wissenschaftliche Produktionsgemeinschaften. Die soziale Ordnung der Forschung*, Frankfurt am Main / New York: Campus Verlag 2006.

Goldscheid, Rudolf: „Ostwald als Persönlichkeit und Kulturfaktor", in: Österreichischer Monistenbund (Hg.), *Wilhelm Ostwald. Festschrift aus Anlaß seines 60. Geburtstages*, Wien / Leipzig: Anzengruber – Verlag Brüder Suschitzky 1913, S. 57–82.

Golinski, Jan: *Making Natural Knowledge. Constructivism and the History of Science*, Cambridge: Cambridge University Press 1998.

Golley, Frank Benjamin: *A History of the Ecosystem Concept in Ecology. More than the Sum of the Parts*, New Haven / London: Yale University Press 1993.

Goodman, Nelson: *The Structure of Appearance*, Cambridge, MA: Harvard University Press 1951.

Goodman, Nelson: „Science and Simplicity", in: Ders., *Problems and Projects*, Indianapolis: Bobbs-Merrill 1972, S. 337–346.

Goodman, Nelson / Catherine Z. Elgin: *Revisionen. Philosophie und andere Künste und Wissenschaften*, Frankfurt am Main: Suhrkamp Taschenbuch Verlag 1989 (erstmals 1988 Reconceptions in Philosophy and Other Arts and Sciences).

Goodman, Nelson: „Some Reflections on my Philosophies", in: *Philosophiae Scientiae* (1997), Nr. 1, S. 15–20.

Goodman, Nelson: *Weisen der Welterzeugung*, Frankfurt am Main 1998 (4. Auflage, erstmals 1978: Ways of Worldmaking).

Goodstein, Judith R.: „The Rise and Fall of Vito Volterra's World", in: *Journal of the History of Ideas* 45 (1984), Nr. 4, S. 607–617.

Goodstein, Judith R.: *The Volterra Chronicles. The Life and Times of an Extraordinary Mathematician, 1860–1940*, Providence, RI: American Mathematical Society 2007 (History of Mathematics, Bd. 31).

Görner, Peter / Andreas Reissland: „Biologie und Mathematik" (nach einem vor der Mathematisierungskommission der Universität Bielefeld gehaltenen Vortrag), in: Bernhelm Booss / Klaus Krickeberg (Hg.), *Mathematisierung der Einzelwissenschaften*, Basel / Stuttgart: Birkhäuser Verlag 1976, S. 8–21.

Görs, Britta / Nikos Psarros / Paul Ziche: „Introduction", in: Dies. (Hg.), *Wilhelm Ostwald at the Crossroads between Chemistry, Philosophy and Media Culture*, Leipzig: Leipziger Universitätsverlag 2005.

Grafton, Anthony: „The History of Ideas. Precept and Practice, 1950–2000", in: *Journal of the History of Ideas* 67 (2006), Nr. 1, S. 1–32.

Greenberg, Arthur: *Chemistry: Decade by Decade*, New York: Facts on File 2007.

Gridgeman, Norman T.: „Lotka, Alfred James", in: Jonathan Homer Lane / Pierre Joseph Macquer (Hg.), *Dictionary of Scientific Biography*, New York: Scribner 1973, S. 512.

Guerraggio, Angelo / Giovanni Paoloni: *Vito Volterra*, Berlin / Heidelberg: Springer Verlag 2010 (erstmals Rom 2008).

Haaga, John: „Alfred Lotka, Mathematical Demographer", in: *Population Today* 28 (2000), Nr. 2, S. 3; http://www.prb.org/pdf/PT_febmar00.pdf (20.5.2011).

Haber, Heinz: *Stirbt unser blauer Planet? Die Naturgeschichte unserer überbevölkerten Erde*, Reinbek b. Hamburg: Rowohlt Taschenbuch Verlag 1975.

Hacking, Ian: *The Emergence of Probability*, Cambridge / London / New York: Cambridge University Press 1975.

Hacking, Ian: *The Taming of Chance*, Cambridge: Cambridge University Press 1990.

Haeckel, Ernst: *Natürliche Schöpfungsgeschichte*, Berlin 1879.

Haeckel, Ernst: *Plankton-Studien. Vergleichende Untersuchungen über die Bedeutung und Zusammensetzung der Pelagischen Fauna und Flora*, Jena: Verlag von Gustav Fischer 1890.

Haeckel. Ernst: *Der Monismus als Band zwischen Religion und Wissenschaft. Glaubens-bekenntnis eines Naturforschers*, Bonn 1892.

Haeckel, Ernst: *Die Welträthsel. Gemeinverständliche Studien über Monistische Philosophie*, Bonn: Emil Strauss 1899.

Haeckel, Ernst: *Allgemeine Entwickelungsgeschichte der Organismen. Kritische Grundzüge der mechanischen Wissenschaft von den entstehenden Formen der Organismen, begründet durch die Deszendenz-Theorie*, Berlin / New York: Walter de Gruyter 1988 (Generelle Morphologie der Organismen. Allgemeine Grundzüge der organischen Formen-Wissenschaft, mechanisch begründet durch die von Charles Darwin reformirte Descendenz-Theorie, Bd. 2; photomechanischer Nachdruck der Erstausgabe von 1866, Berlin: Verlag von Georg Reimer).

Hagner, Michael: „Ansichten der Wissenschaftsgeschichte", in: Ders. (Hg.), *Ansichten der Wissenschaftsgeschichte*, Frankfurt am Main: Fischer Taschenbuch Verlag 2001, S. 7–39.

Hagner, Michael / Manfred Laubichler (Hg.), *Der Hochsitz des Wissens. Über das Allgemeine in den Wissenschaften*, Zürich / Berlin: Diaphanes Verlag 2006.

Hagner, Michael / Manfred Laubichler: „Vorläufige Überlegungen zum Allgemeinen", in: Dies. (Hg.), *Der Hochsitz des Wissens. Über das Allgemeine in den Wissenschaften*, Zürich / Berlin: Diaphanes Verlag 2006, S. 7–21.

Hagner, Michael: „Bye-bye Science, Welcome Pseudoscience? Reflexionen über einen beschädigten Status", in: Dirk Rupnow / Veronika Lipphardt / Jens Thiel / Christina Wessely (Hg.), *Pseudowissenschaft. Konzeptionen von Nichtwissenschaftlichkeit in der Wissenschaftsgeschichte*, Frankfurt am Main: Suhrkamp Taschenbuch Wissenschaft 2008, S. 21–50.

Hagner, Michael: „Vom Aufstieg und Fall der Kybernetik als Universalwissenschaft", in: Ders. / Erich Hörl (Hg.), *Die Transformation des Humanen. Beiträge zur Kulturgeschichte der Kybernetik*, Frankfurt am Main: Suhrkamp Taschenbuch Verlag 2008, S. 38–71.

Hanau, Arthur: „Die Prognose der Schweinepreise" (2., erw. und nach dem neuesten Zahlenmaterial erg. Auflage des Sonderhefts 2), in: *Vierteljahreshefte zur Konjunkturforschung* (Sonderheft 7), 1928.

Hansel, Karl (Hg.): „Rudolf Goldscheid und Wilhelm Ostwald in ihren Briefen", in: *Mitteilungen der Wilhelm-Ostwald-Gesellschaft zu Grossbothen e. V.* Sonderheft 21 (2004).

Hardin, Garrett: „The Competitive Exclusion Principle", in: *Science (New Series)* 131 (1960), Nr. 3409, S. 1292–1297.

Hardy, Godfrey Harold: „Mendelian Proportions in a Mixed Population", in: *Science* 28 (1908), S. 49 f.

Hardy, Godfrey Harold: *A Mathematician's Apology*, Cambridge: Cambridge University Press 1940.

Harman, P. M.: *Energy, Force, and Matter. The Conceptual Development of Nineteenth-Century Physics*, Cambridge u. a.: Cambridge University Press 1982.

Harrington, Anne: *Reenchanted Science. Holism in German Culture from Wilhelm II to Hitler*, Princeton, NJ: Princeton University Press 1996.

Hartenberger, Paul: *L'élément psychique dans les maladies*, Nancy: Imprimerie G. Crépin-Leblond 1895 (Thèse pour le doctorat en médecine).

an der Heiden, Uwe: „Selbstorganisation in dynamischen Systemen", in: Wolfgang Krohn / Günter Küppers (Hg.), *Emergenz. Die Entstehung von Ordnung, Organisation und Bedeutung*, Frankfurt am Main: Suhrkamp 1992, S. 57–88.

Heincke, Friedrich: *Die Varietäten des Herings. Zugleich ein Beitrag zur Descendenztheorie*, Kiel, o. J. (circa 1890) (Separatabdruck aus dem Jahresbericht der Commission zur wissenschaftlichen Untersuchung der deutschen Meere in Kiel).

Heintz, Bettina: *Die Innenwelt der Mathematik. Zur Kultur und Praxis einer beweisenden Disziplin*, Wien / New York: Springer Verlag 2000.

Henderson, Lawrence J.: *The Fitness of the Environment. An Inquiry into the Biological Significance of the Properties of Matter*, New York: The Macmillan Company 1913.

Hensen, Victor: *Über die Bestimmung des Plankton's oder des im Meere treibenden Materials an Pflanzen und Thieren*, Kiel: Schmidt & Klaunig 1887.

Hensen, Victor: „Einige Ergebnisse der Plankton-Expediton der Humboldt-Stiftung", in: *Sitzungsberichte der Königlich Preussischen Akademie der Wissenschaften zu Berlin* (1890), I. Halbband, S. 243–253.

Hensen, Victor: *Methodik der Untersuchungen*, Kiel / Leipzig 1895 (Ergebnisse der Plankton-Expedition der Humboldt-Stiftung, Bd. 1.B).

Hensen, Victor: *Das Leben im Ozean nach Zählung seiner Bewohner. Übersicht und Resultate der quantitativen Untersuchungen*, Kiel / Leipzig: Verlag von Lipsius & Tischer 1911 (Ergebnisse der Plankton-Expedition der Humboldt-Stiftung, Bd. 5.O.).

Herneck, F.: „Wilhelm Ostwald und die Wissenschaftsforschung", in: Akademie der Wissenschaften der DDR (Hg.), *Internationales Symposium anläßlich des 125. Geburtstages von Wilhelm Ostwald* (Sitzungsberichte der Akademie der Wissenschaften der DDR: Mathematik, Naturwissenschaften, Technik, Bd. 13) 1979, S. 136–141.

Heuss, Alfred: „Das dämonische Element in Mozart's Werken", in: *Zeitschrift der internationalen Musikgesellschaft* (1906), Nr. 5, S. 175–186.

Hiebert, Erwin N.: „The Energetics Controversy and the New Thermodynamics", in: Duane H. D. Roller (Hg.), *Perspectives in the History of Science and Technology*, Norman: University of Oklahoma Press 1971, S. 67–86.

Hiller, E. T.: „A Culture Theory of Population Trends", in: *Journal of Political Economy* 38 (1930), Nr. 5, S. 523–550.

Hodgson, Dennis: „The Ideological Origins of the Population Association of America", in: *Population and Development Review* 17 (1991), Nr. 1, S. 1–34.

Hoffmann, Christoph: *Die Arbeit der Wissenschaften*, Zürich / Berlin: diaphanes 2013.

Höhler, Sabine: „The Law of Growth. How Ecology Accounted for World Population in the 20th Century", in: *Distinktion* 14 (2007), S. 45–64.

Höhler, Sabine: *Spaceship Earth in the Environmental Age, 1960–1990*, London / Vermont: Pickering & Chatto 2015.

Hörl, Erich: „Zahl oder Leben. Zur historischen Epistemologie des Intuitionismus", in: *Nach Feierabend. Zürcher Jahrbuch für Wissensgeschichte* 1 (2005) (Bilder der Natur – Sprachen der Technik), S. 57–81.

Howard, L. O.: „Revision of the Aphelininae of North America. A Subfamily of Hymenopterous Parasites of the Family Chalcididae", in: *Technical Series* (1897), Nr. 5, S. 48 ff.

Hoyningen-Huene, Paul (Hg.): *Die Mathematisierung der Wissenschaften* (Interdisziplinäre Vortragsreihe der Universität und ETH Zürich, Sommer 1981), Zürich / München: Artemis Verlag 1983.

Hübinger, Gangolf / Rüdiger vom Bruch / Friedrich Wilhelm Graf: „Einleitung: Idealismus – Positivismus. Grundspannung und Vermittlung in Kultur und Kulturwissenschaften um 1900", in: Dies. (Hg.), *Kultur und Kulturwissenschaften um 1900. II: Idealismus und Positivismus*, Stuttgart: Franz Steiner Verlag 1997, S. 9–23.

Hübinger, Gangolf: „Die monistische Bewegung. Sozialingenieure und Kulturprediger", in: Ders./ Rüdiger vom Bruch / Friedrich Wilhelm Graf (Hg.), *Kultur und Kulturwissenschaften um 1900. II: Idealismus und Positivismus*, Stuttgart: Franz Steiner Verlag 1997, S. 246–259.

Huffaker, Carl B.: „Experimental Studies on Predation. Dispersion Factors and Predator-Prey Oscillations", in: *Hilgardia* 27 (1958), Nr. 14, S. 343–383.

Hutchinson, G. Evelyn: „The Paradox of the Plankton", in: *The American Naturalist* 95 (1961), Nr. 882, S. 137–145.

Hutchinson, G. Evelyn: *The Ecological Theater and the Evolutionary Play*, New Haven / London: Yale University Press 1973 (4. Auflage, erstmals 1965).

Hutchinson, G. Evelyn: *An Introduction to Population Ecology*, New Haven / London: Yale University Press 1978.

Huxley, Julian: *Evolution. The Modern Synthesis*, New York / London: Harper & Brothers Publishers 1943 (Erstausgabe 1942).

Iannelli, Mimmo / Andrea Pugliese: *An Introduction to Mathematical Population Dynamics along the Trail of Volterra and Lotka*, Berlin: Springer Verlag 2014.

Interdisziplinäre Arbeitsgruppe Mathematisierung (IAGM) (Hg.): *Berichte der Arbeitsgruppe Mathematisierung*, Kassel 1981.

Israel, Giorgio: „Le equazioni di Volterra e Lotka: una questione di priorità", in: Oscar Montaldo / Lucia Grugnetti (Hg.), *Atti del Convegno su „La storia delle matematiche in Italia"*, Cagliari 1982, S. 495–502.

Israel, Giorgio: „On the Contribution of Volterra and Lotka to the Development of Modern Biomathematics", in: *History and Philosophy of the Life Sciences* 10 (1988), S. 37–49.

Israel, Giorgio: „The Emergence of Biomathematics and the Case of Population Dynamics. A Revival of Mechanical Reductionism and Darwinism", in: *Science in Context* 6 (1993), Nr. 2, S. 469–509.

Israel, Giorgio: „Mathematical Biology", in: Ivor Grattan-Guinness (Hg.), *Companion Encyclopedia of the History & Philosophy of the Mathematical Sciences, Vol. 2*, Baltimore / London: The Johns Hopkins University Press 1994, S. 1275–1280.

Israel, Giorgio / Ana Millán Gasca: *The Biology of Numbers. The Correspondence of Vito Volterra on Mathematical Biology*, Basel / Boston / Berlin: Birkhäuser Verlag 2002 (Science Networks – Historical Studies, Vol. 26).

Israel, Giorgio / Ana Millán Gasca: „Mathematical Theories versus Biological Facts. A Debate on Mathematical Population Dynamics in the 30s", in: Dies., *The Biology of Numbers. The Correspondence of Vito Volterra on Mathematical Biology*, Basel / Boston / Berlin: Birkhäuser Verlag 2002 (Science Networks – Historical Studies, Vol. 26), S. 1–54.

Jablonka, Eva / Marion J. Lamb: *Epigenetic Inheritance and Evolution. The Lamarckian Dimension*, Oxford: Oxford University Press 1995.

Jablonka, Eva / Marion J. Lamb: *Evolution in Four Dimensions. Genetic, Epigenetic, Behavioral, and Symbolic Variation in the History of Life*, Cambridge, MA: MIT Press 2005.

Jacob, François: *La logique du vivant. Une histoire de l'hérédité*, Paris: Gallimard 1970.

Jahn, Ilse (Hg.), *Geschichte der Biologie. Theorien, Methoden, Institutionen, Kurzbiographien*, Jena u.a.: Gustav Fischer 1998.

Jansen, Sarah: „Den Heringen einen Pass ausstellen. Formalisierung und Genauigkeit in den Anfängen der Populationsökologie um 1900", in: *Berichte zur Wissenschaftsgeschichte* 25 (2002), Nr. 3, S. 153–169.

Jansen, Sarah: „*Schädlinge". Geschichte eines wissenschaftlichen und politischen Konstrukts 1840–1920*, Frankfurt am Main / New York: Campus Verlag 2003.

Johannsen, Wilhelm: *Elemente der exakten Erblichkeitslehre*, Jena: Verlag von Gustav Fischer 1909 (dt. wesentlich erw. Ausgabe in fünfundzwanzig Vorlesungen).

Juday, Chancey: „The Annual Energy Budget of an Inland Lake", in: *Ecology* 21 (1940), Nr. 4, S. 438–450.

Junker, Thomas: „Charles Darwin und die Evolutionstheorien des 19. Jahrhunderts", in: Ilse Jahn (Hg.), *Geschichte der Biologie. Theorien, Methoden, Institutionen, Kurzbiographien*, Jena u. a.: Gustav Fischer 1998, S. 356–385.

Kaempffert, Waldemar / A. J. Lorraine [Alfred James Lotka]: „Hurling a Man to the Moon. How could a lunar Columbus break the grip of gravitation and reach the nearest heavenly body? What kind of motor would he use? How much power would it take?", in: *Popular Science Monthly* 94 (April 1919), Nr. 4, S. 69–72.

Kammerer, Gabriele: „Kinder Gottes im Land der Täter. Der christlich-jüdische Dialog in der Bundesrepublik Deutschland", in: Micha Brumlik et al (Hg.), *Reisen durch das jüdische Deutschland*, Köln: DuMont Literatur und Kunst Verlag 2006, S. 424–434.

Kander, Astrid / Paolo Malanima / Paul Warde: *Power to the People. Energy in Europe Over the Last Five Centuries*, Princeton / Oxford: Princeton University Press 2013.

Kapp, Ernst: *Grundlinien einer Philosophie der Technik. Zur Entstehung der Cultur aus neuen Gesichtspunkten*, Braunschweig: George Westermann 1877.

Kay, Lily E.: *Who Wrote the Book of Life? A History of the Genetic Code*, Stanford, CA: Stanford University Press 2000.

Keil, G. / G. Kröber: „Vorwort", in: Akademie der Wissenschaften der DDR (Hg.), *Internationales Symposium anläßlich des 125. Geburtstages von Wilhelm Ostwald* (Sitzungsberichte der Akademie der Wissenschaften der DDR: Mathematik, Naturwissenschaften, Technik, Bd. 13) 1979, S. 7–9.

Keller, Evelyn Fox: *The Century of the Gene*, Cambridge, MA: Harvard University Press 2000 (Das Jahrhundert des Gens, Frankfurt am Main u. a. 2001).

Keller, Evelyn Fox: *Making Sense of Life. Explaining Biological Development with Models, Metaphors, and Machines*, Cambridge, MA / London: Harvard University Press 2003 (2. Auflage, erstmals 2002).

Kingsland, Sharon E.: „The Refractory Model: The Logistic Curve and the History of Population Ecology", in: *The Quarterly Review of Biology* 57 (1982), Nr. 1, S. 29–52.

Kingsland, Sharon E.: *Modeling Nature. Episodes in the History of Population Ecology*, Chicago / London: The University of Chicago Press 1985.

Kingsland, Sharon E.: „Economics and Evolution. Alfred James Lotka and the Economy of Nature", in: Philip Mirowski (Hg.), *Natural Images in Economic Thought. „Markets Read in Tooth and Claw"*, Cambridge: Cambridge University Press 1994, S. 231–246.

Kingsland, Sharon E.: *The Evolution of American Ecology, 1890–2000*, Baltimore: The Johns Hopkins University Press 2005.

Kiran, Asle H. / Peter-Paul Verbeek: „Trusting Our Selves to Technology", in: *Knowledge, Technology and Policy* 23 (2010), S. 409–427, http://link.springer.com/content/pdf/10.1007%2Fs12130-007-9006-8.pdf (16.1.2013).

Kiser, Clyde V.: „The 1949 Assembly of the International Union for the Scientific Study of Population", in: *Population Index* 16 (1950), Nr. 1, S. 13–20.

Kiser, Clyde V.: „Lowell J. Reed (1886–1966)", in: *Population Index* 32 (1966), Nr. 3, S. 362–365.

Knorr Cetina, Karin: *The Manufacture of Knowledge. An Essay on the Constructivist and Contextual Nature of Science*, Oxford: Pergamon Press 1981.

Knuuttila, Tarja / Andrea Loettgers: „The Productive Tension. Mechanism vs. Templates in Modeling the Phenomena", in: Paul Humphreys / Cyrille Imbert (Hg.), *Representations, Models, and Simulations*, New York: Routledge 2012, S. 3–24.

Köhler, Wolfgang: „Zum Problem der Regulation", in: *Wilhelm Roux' Archiv für Entwicklungsmechanik der Organismen* 112 (1927), Nr. 1, S. 315–332.

Köhler, Wolfgang: *Die physischen Gestalten in Ruhe und im stationären Zustand. Eine naturphilosophische Untersuchung*, Erlangen: Verlag der philosophischen Akademie 1924.

Kopf, Edwin W.: „Reviewed work: Elements of Physical Biology by Alfred J. Lotka", in: *Journal of the American Statistical Association* 20 (1925), Nr. 151, S. 452–456.

Krajewski, Markus: *Restlosigkeit. Weltprojekte um 1900*, Frankfurt am Main: S. Fischer Verlag 2006.

Krohs, Ulrich / Georg Toepfer (Hg.): *Philosophie der Biologie*, Frankfurt am Main: Suhrkamp Taschenbuch Verlag 2005.

Krüger, Lorenz / Lorraine J. Daston / Michael Heidelberger (Hg.): *The Probabilistic Revolution. Vol. 1: Ideas in History*, Cambridge, MA: MIT Press 1987.

Krüger, Lorenz / Gerd Gigerenzer / Mary S. Morgan (Hg.): *The Probabilistic Revolution. Vol. 2: Ideas in the Sciences*, Cambridge, MA: MIT Press 1987.

Kubie, Lawrence S.: „The Neurotic Potential and Human Adaptation" (discussion), in: Claus Pias (Hg.): *Cybernetics – Kybernetik. The Macy-Conferences 1946–1953, Vol. I: Transactions / Protokolle*, Zürich / Berlin: diaphanes 2003, S. 66–97.

Kuhn, Thomas S.: *Die Struktur wissenschaftlicher Revolutionen*, Frankfurt am Main: Suhrkamp Taschenbuch Verlag 1976 (2., revidierte und um das Postscriptum v. 1969 ergänzte Auflage; erstmals Chicago 1962 „The Structure of Scientific Revolutions").

Kuhn, Wilfried: „Eine wissenschaftstheoretische Analyse der historischen Entwicklung der Chaos-Forschung", in: Marie-Louise Heuser-Kessler / Wilhelm G. Jacobs (Hg.), *Schelling und die Selbstorganisation. Neue Forschungsperspektiven* (Selbstorganisation. Jahrbuch für Komplexität in den Natur-, Sozial- und Geisteswissenschaften, Bd. 5), Berlin: Duncker & Humblot 1994, S. 161–181.

Kupper, Patrick: „‚Weltuntergangs-Vision aus dem Computer.' Zur Geschichte der Studie ‚Grenzen des Wachstums' von 1972", in: Frank Uekötter / Jens Hohensee (Hg.), *Wird Kassandra heiser? Die Geschichte falscher Ökoalarme*, Stuttgart: Franz Steiner Verlag 2004, S. 98–111.

Laitko, Hubert / Regine Zott (Hg.): *Probleme der wissenschaftlichen Kommunikation um die Wende vom 19./20. Jahrhundert. Beiträge des 27. Berliner wissenschaftshistorischen Kolloquiums aus Anlaß des 50. Todestages von Wilhelm Ostwald*, Berlin 1982.

Latour, Bruno / Steve Woolgar: *Laboratory Life. The Social Construction of Scientific Fact*, Beverly Hills u. a.: Sage 1979.

Latour, Bruno: „Pasteur und Pouchet: Die Heterogenese der Wissenschaftsgeschichte", in: Michel Serres (Hg.), *Elemente einer Geschichte der Wissenschaften*, Frankfurt am Main: Suhrkamp Verlag 1995, S. 748–789.

Latour, Bruno: „Der ‚Pedologen-Faden' von Boa Vista – eine photo-philosophische Montage", in: Ders., *Der Berliner Schlüssel. Erkundungen eines Liebhabers der Wissenschaften*, Berlin: Akademie Verlag 1996, S. 191–248.

Laubichler, Manfred: „Systemtheoretische Organismuskonzeptionen", in: Ulrich Krohs / Georg Toepfer (Hg.), *Philosophie der Biologie*, Frankfurt am Main: Suhrkamp Taschenbuch Verlag 2005, S. 109–124.

Laubichler, Manfred: „Allgemeine Biologie als selbständige Grundwissenschaft und die allgemeinen Grundlagen des Lebens", in: Michael Hagner / ders. (Hg.), *Der Hochsitz des*

Wissens. Über das Allgemeine in den Wissenschaften, Zürich / Berlin: Diaphanes Verlag 2006, S. 185–206.

Laubichler, Manfred / Gerd B. Müller (Hg.): *Modeling Biology. Structures, Behaviors, Evolution* (The Vienna Series in Theoretical Biology), Cambridge, MA: MIT Press 2007.

Laubichler, Manfred / Gerd B. Müller: „Models in Theoretical Biology", in: Dies. (Hg.), *Modeling Biology. Structures, Behaviors, Evolution* (The Vienna Series in Theoretical Biology), Cambridge, MA: MIT Press 2007, S. 3–10.

Laubichler, Manfred / Jane Maienschein (Hg.): *Form and Function in Developmental Evolution*, Cambridge: Cambridge University Press 2009.

Laubichler, Manfred: „Form and Function in Evo Devo: Historical and Conceptual Reflections", in: Ders. / Jane Maienschein (Hg.), *Form and Function in Developmental Evolution*, Cambridge: Cambridge University Press 2009, S. 10–46.

Lenin, Wladimir I.: Materialismus und Empiriokritizismus. Kritische Bemerkungen über eine reaktionäre Philosophie, Moskau: Verlag für fremdsprachige Literatur 1947 (erstmals 1909).

Lewontin, Richard C.: „Theoretical Population Genetics in the Evolutionary Synthesis", in: Ernst Mayr / William Provine (Hg.), *The Evolutionary Synthesis*, Cambridge, MA / London: Harvard University Press 1980, S. 58–68.

Lindeman, Raymond L.: „The Trophic-Dynamic Aspect of Ecology", in: *Ecology* 23 (1942), Nr. 4, S. 399–417.

Lindley, David: *Boltzmann's Atom. The Great Debate that Launched a Revolution in Physics*, New York u. a.: The Free Press 2001.

Linguerri, Sandra: *Vito Volterra e il comitato talassografico italiano. Imprese per aria e per mare nell'Italia Unita (1883–1930)*, Florenz: Leo S. Olschki 2005.

Lorraine, A. J.: „Talking Across 34,000,000 Miles to Mars. How can the President congratulate some Martian Republic on the celebration of its Fourth of July?", in: *Popular Science Monthly* 94 (May 1919), Nr. 5, S. 46–47.

Lorraine, A. J.: „Can You Run Your Automobile by Sun-Power? Not quite yet, but some day you may be able to hitch up the sun and say ‚Giddap!'", in: *Popular Science Monthly* 94 (June 1919), Nr. 6, S. 67.

Lorraine, A. J.: „Do Spirits Talk Through the Ouija Board? Perhaps it is that subconscious ego whose memory is better than yours", in: *Popular Science Monthly* 96 (May 1920), Nr. 5, S. 60–63.

Lorraine, A. J.: „What Is There in Telepathy? Let us consider the evidence for thought transference", in: *Popular Science Monthly* 97 (July 1920), Nr. 1, S. 65–67.

Lorraine, A. J.: „Telegraphing the Picture of an Escaping Criminal. Monsieur Bélin's remarkable invention will also take its place in the professional and business world", in: *Popular Science Monthly* 98 (January 1921), Nr. 1, S. 17–20.

Lotka, Alfred James: „Relation Between Birth Rates and Death Rates", in: *Science (New Series)* 26 (1907), Nr. 653, S. 21 f.

Lotka, Alfred James: „Studies on the Mode of Growth of Material Aggregates", in: *American Journal of Science* Vol. 24, ser. 4 (Sep. 1907), S. 199–216.

Lotka, Alfred James: „Construction of Conic Sections in Paper Folding", in: *School of Science and Mathematics* 7 (1907), S. 595.

Lotka, Alfred James / Francis R. Sharpe: „A Problem in Age-Distribution", in: *Philosophical Magazine* 21 (1911), S. 435–438.

Lotka, Alfred James: „Die Evolution vom Standpunkte der Physik", in: *Annalen der Naturphilosophie* 10 (1911), S. 59–74.

Lotka, Alfred James: „Quantitative Studies in Epidemiology", in: *Nature* 88 (1912), Nr. 2206, S. 497 f.

Lotka, Alfred James: *Zur Systematik der stofflichen Umwandlungen mit besonderer Rücksicht auf das Evolutionsproblem*, 1912 (unveröffentlichtes Manuskript; Donald E. Stokes Library, Princeton, NJ).

Lotka, Alfred James: „An Objective Standard of Value Derived from The Principle of Evolution", in: *Journal of the Washington Academy of Sciences* 4 (1914), S. 409–418, 447–457, 499 f.

Lotka, Alfred James: „What Holds the Stars Together? Gravitation, the All-Pervading Force", in: *Popular Science Monthly* 94 (June 1919), Nr. 6, S. 51–54.

Lotka, Alfred James: „When Minds Get Off the Track. Some Examples of What Happens to Victims of Mental Ingestion", in: *Popular Science Monthly* 95 (1919), Nr. 5, S. 80–82.

Lotka, Alfred James: „Look Out for a Crash When the Crowd Gets Up", in: *Popular Science Monthly* 96 (May 1920), Nr. 5, S. 21 f.

Lotka, Alfred James: „Analytical Note on Certain Rhythmic Relations in Organic Systems", in: *Proceedings of the National Academy of Sciences of the United States of America* 6 (1920), Nr. 7, S. 410–415.

Lotka, Alfred James: „Tapping the Earth's Interior for Power. A Great Reservoir of Energy for Possible Future Use", in: *Popular Science Monthly* 96 (1921), Nr. 4, S. 20–23.

Lotka, Alfred James: „Note on the Economic Conversion Factors of Energy", in: *Proceedings of the National Academy of Sciences of the United States of America* 7 (1921), Nr. 7, S. 192–197.

Lotka, Alfred James: „Contribution to the Energetics of Evolution", in: *Proceedings of the National Academy of Sciences of the United States of America* 8 (1922), Nr. 6, S. 147–151.

Lotka, Alfred James: „Natural Selection as a Physical Principle", in: *Proceedings of the National Academy of Sciences of the United States of America* 8 (1922), Nr. 6, S. 151–154.

Lotka, Alfred James: „Contribution to Quantitative Parasitology", in: *Journal of the Washington Academy of Sciences* 13 (1923), Nr. 8, S. 152–158.

Lotka, Alfred James: „Contribution to the Analysis of Malaria Epidemiology. I: General Part", in: *The American Journal of Hygiene* 3 (1923), S. 1–37.

Lotka, Alfred James: „Contribution to the Analysis of Malaria Epidemiology. II: General Part (continued). Comparison of Two Formulae Given by Sir Ronald Ross", in: *The American Journal of Hygiene* 3 (1923), S. 38–54.

Lotka, Alfred James: „Contribution to the Analysis of Malaria Epidemiology. III: Numerical Part", in: *The American Journal of Hygiene* 3 (1923), S. 55–95.

Lotka, Alfred James / Francis R. Sharpe: „Contribution to the Analysis of Malaria Epidemiology. IV: Incubation Lag", in: *The American Journal of Hygiene* 3 (1923), S. 96–121.

Lotka, Alfred James: „Two Models in Statistical Mechanics", in: *The American Mathematical Monthly* 31 (1924), Nr. 3, S. 121–126.

Lotka, Alfred James: *Elements of Physical Biology*, Baltimore: Williams & Wilkins 1925.

Lotka, Alfred James: „The Empirical Elements in Population Forecasts", in: *Journal of the American Statistical Association* 20 (1925), S. 569.

Lotka, Alfred James: „The Frequency Distribution of Scientific Productivity", in: *Journal of the Washington Academy of Sciences* 16 (1926), Nr. 12, S. 317–323.

Lotka, Alfred James: „Letter to the Editor", in: *Nature* 119 (1927), Nr. 2983, S. 12.

Lotka, Alfred James: „The Leaven and the Lump", in: *The Forum* (Feb. 1928), S. 229.

Lotka, Alfred James: „Contribution to the Mathematical Theory of Capture. I. Conditions of Capture", in: *Proceedings of the National Academy of Sciences of the United States of America* 18 (1932), Nr. 2, S. 172–178.

Lotka, Alfred James: *Théorie analytique des associations biologiques. Première partie: Principes*, Paris: Hermann et Cie, Editeurs 1934 (Actualités scientifiques et industrielles, 187; Exposés de Biométrie et de statistique biologique, 4; publiés sous la direction de Georges Teissier, Sous-directeur de la Station Biologique de ROSCOFF).

Lotka, Alfred James: *Théorie analytique des associations biologiques. Deuxième partie: Analyse démographique avec application particulière à l'espèce humaine*, Paris: Hermann et Cie, Éditeurs 1939 (Actualités scientifiques et industrielles, 780; Exposés de Biométrie et de statistique biologique, 12; publiés sous la direction de Georges Teissier, Sous-directeur de la Station Biologique de ROSCOFF).

Lotka, Alfred James: „Contact Points of Population Study with Related Branches of Science", in: *Proceedings of the American Philosophical Society* 80 (1939), Nr. 4, S. 601–626.

Lotka, Alfred James: „Some Reflections – Statistical and Other – On a Non-Material Universe", in: *Journal of the American Statistical Association* 38 (1943), S. 1–15.

Lotka, Alfred James: „Population Analysis as a Chapter in the Mathematical Theory of Evolution", in: W. E. Le Gros Clark / P. B. Medawar (Hg.), *Essays on Growth and Form. Presented to D'Arcy Wentworth Thompson*, Oxford: Clarendon Press 1945, S. 355–385.

Lotka, Alfred James: „The Law of Evolution as Maximal Principle", in: *Human Biology* 17 (1945), Nr. 3, S. 167–194.

Lotka, Alfred James: *Elements of Mathematical Biology. A Classic Work on the Application of Mathematics to Aspects of the Biological and Social Sciences*, New York: Dover Publications 1956.

Lotka, Alfred James: *Analytical Theory of Biological Populations* (translated and with an introduction by David P. Smith / Hélène Rossert), New York / London: Plenum Press 1998 (erstmals 1934/39 „Théorie analytique des associations biologiques", Teil I und II).

Lovelock, James: *The Ages of Gaia. A Biography of Our Living Earth*, Oxford: Oxford University Press 1988.

Luckinbill, Leo S.: „Coexistence in Laboratory Populations of Paramecium Aurelia and Its Predator Didinium", in: *Ecology* 54 (1973), Nr. 6, S. 1320–1327.

Ludwig Boltzmann, 1844–1906. Eine Ausstellung der Österreichischen Zentralbibliothek für Physik, Wien 2006.

Lussenhop, John: „Victor Hensen and the Development of Sampling Methods in Ecology", in: *Journal of the History of Biology* 7 (1974), Nr. 2, S. 319–337.

Lüthy, Herbert: *Die Mathematisierung der Sozialwissenschaften*, Zürich: Die Arche 1970.

Mach, Ernst: *Beiträge zur Analyse der Empfindungen*, Jena: Verlag von Gustav Fischer 1886.

Mach, Ernst: „Die Aehnlichkeit und die Analogie als Leitmotiv der Forschung", in: *Annalen der Naturphilosophie* 1 (1901/02), Heft 1, S. 5–14.

Mach, Ernst: *Erkenntnis und Irrtum. Skizzen zur Psychologie der Forschung*, Leipzig: Verlag von Johann Ambrosius Barth 1905.

MacLulich, Duncan A.: *Fluctuations in the Numbers of the Varying Hare (Lepus Americanus)*, Toronto: The University of Toronto Press 1937.

Macy Conference (1949): „Possible Mechanisms of Recall and Recognition", in: Claus Pias (Hg.): *Cybernetics – Kybernetik. The Macy-Conferences 1946–1953, Vol. I: Transactions / Protokolle*, Zürich / Berlin: diaphanes 2003, S. 122–159.

Anonym [Malthus, Thomas Robert]: *An Essay on the Principle of Population, as It Affects the Future Improvement of Society. With Remarks on the Speculations of Mr. Godwin, M. Condorcet, and other Writers*, London: Printed for J. Johnson, in St. Paul's Church-Yard 1798.

Marr, Wilhelm: *Der Sieg des Judenthums über das Germanenthum. Vom nicht confessionellen Standpunkt aus betrachtet*, Bern: Rudolph Costenoble 1879.

Marshall, Alan: *The Unity of Nature. Wholeness and Disintegration in Ecology and Science*, London: Imperial College Press 2002.

Mattenklott, Gundel: „Über einige Spiele in Georges Perecs Roman Das Leben Gebrauchsanweisung", in: *zeitschrift ästhetische bildung* 1 (2009), Nr. 1; http://zaeb.net/index.php/zaeb/article/viewFile/10/7 (22.04.2016).

Mauskopf, Seymour H. / Michael R. McVaugh: *The Elusive Science. Origins of Experimental Psychical Research*, Baltimore / London: The Johns Hopkins University Press 1980.

Mayr, Ernst: *Systematics and the Origin of Species*, New York: Columbia University Press 1942.

Mayr, Ernst: „Typologisches Denken contra Populationsdenken", in: Ders., *Evolution und die Vielfalt des Lebens*, Berlin / Heidelberg / New York: Springer Verlag 1979, S. 34–39.

Mayr, Ernst / William B. Provine (Hg.): *The Evolutionary Synthesis*, Cambridge, MA / London: Harvard University Press 1980.

McEwan, Ian: *Solar*, London: Jonathan Cape 2010.

McIntosh, Robert P.: „Ecology since 1900", in: Egerton, Frank N. (Hg.), *History of American Ecology*, New York: Arno Press 1977, (reprint from Issues and Ideas in America, 1976) S. 353–372.

McLuhan, Marshall: *Understanding Media. The Extensions of Man*, New York: McGraw-Hill 1964.

Meadows, Dennis / Donella Meadows / Erich Zahn / Peter Milling: *Die Grenzen des Wachstums. Bericht des Club of Rome zur Lage der Menschheit*, Stuttgart: Deutsche Verlags-Anstalt 1972 (erstmals: „The Limits to Growth", New York 1972).

Meadows, Donella: *Thinking in Systems (unfinished)*, 2001 (teilweise abgedruckt in: „Dancing with Systems", in: *Whole Earth* 106 (2001), S. 58–63.)

Merton, Robert King: „Singletons and Multiples in Science" (1961), in: Ders., *The Sociology of Science. Theoretical and Empirical Investigations*, Chicago: University of Chicago Press 1973 (hg. und mit einer Einl. v. Norman William Storer), S. 343–370.

Merton, Robert King: „Multiple Discoveries as Strategic Research Site", in: Ders., *The Sociology of Science. Theoretical and Empirical Investigations*, Chicago: University of Chicago Press (hg. und mit einer Einl. v. Norman William Storer) 1973, S. 371–382.

Merton, Robert King: *Auf den Schultern von Riesen. Ein Leitfaden durch das Labyrinth der Gelehrsamkeit*, Frankfurt am Main: Syndikat 1980 (aus dem Amerikanischen von Reinhard Kaiser; erstmals 1965: „On the Shoulders of Giants: A Shandean Postscript", New York).

Mick, Christoph: *Kriegserfahrungen in einer multiethnischen Stadt. Lemberg 1914–1947*, Wiesbaden: Otto Harrassowitz 2010.

Mieder, Wolfgang: *„Die grossen Fische fressen die kleinen". Ein Sprichwort über die menschliche Natur in Literatur, Medien und Karikaturen*, Wien: Ed. Präsens 2003.

Mills, Eric L.: *Biological Oceanography. An Early History, 1870–1960*, Ithaca / London: Cornell University Press 1989.

Mitman, Gregg: *The State of Nature. Ecology, Community, and American Social Thought, 1900–1950*, Chicago / London: The University of Chicago Press 1992.

Möbius, August Ferdinand: *Die Elemente der Mechanik des Himmels, auf neuem Wege ohne Hülfe höherer Rechnungsarten dargestellt*, Leipzig: Weidmann'sche Buchhandlung 1843.

Moss, Lenny: *What Genes Can't Do*, Cambridge, MA: MIT Press 2003.

Neef, Katharina: „Biografische Kontexte für Wilhelm Ostwalds Engagement im Deutschen Monistenbund", in: *Mitteilungen der Wilhelm-Ostwald-Gesellschaft zu Grossbothen e. V.* 14 (2009), Nr. 3, S. 36–46.

Neel, James V.: „Curt Stern (August 30, 1902 – October 23, 1981)", in: *Biographical Memoirs* (National Academy of Sciences) 56 (1987), S. 443–474.

Neumann-Held, Eva M. / Christoph Rehmann-Sutter (Hg.): *Genes in Development. Re-Reading the Molecular Paradigm*, Durham: Duke University Press 2006.

Nicholson, Alexander John: „Supplement: the Balance of Animal Populations", in: *The Journal of Animal Ecology* 2 (1933), Nr. 1, S. 131–178.

Notestein, Frank W.: „Alfred James Lotka (1880–1949)", in: *Population Index* 16 (1950), Nr. 1, S. 22–23.

Notestein, Frank W.: „Reminiscences. The Role of Foundations, of the Population Association of America, Princeton University and the United Nations in Fostering American Interest in Population Problems", in: *Milbank Memorial Fund Quarterly* 49 (1971), S. 67–85.

Notestein, Frank W.: „Memories of the Early Years of the Association", in: *Population Index* 47 (1981), Nr. 3, S. 484–488.

Nöthlich, Rosemarie / Heiko Weber / Uwe Hossfeld / Olaf Breidbach / Erika Krausse: „Substanzmonismus" und / oder „Energetik": Der Briefwechsel von Ernst Haeckel und Wilhelm Ostwald (1910 bis 1918)*, Berlin: VWB – Verlag für Wissenschaft und Bildung 2006.

Nye, Mary Jo: *Michael Polanyi and His Generation. Origins of Social Construction of Science*. Chicago: University of Chicago Press 2011.

O. A.: „London Society for Promoting Christianity Among the Jews", in: The Occident and American Jewish Advocate, Vol. II, (1844), No. 5, siehe: http://www.jewish-history.com/occident/volume2/aug1844/shmad.html (26.5.2011).

O. A.: „Life Peerages", in: *The British Medical Journal* 1 (1880), Nr. 1016, S. 934.

O. A.: „Special Correspondence. Birmingham", in: *The British Medical Journal* 1 (1880), Nr. 1016, S. 947.

O. A.: „Zoology", in: *The American Naturalist* 18 (1884), Nr. 10, S. 1050–1059.

O. A.: „The Vision of a Blind Man", in: *Popular Science Monthly* 88 (January–June 1916), S. iii–xii.

O. A., o. T., in: *Popular Science Monthly* 89 (August 1916), Nr. 2, S. 206–223.

O. A.: „Review: (untitled)", in: *Nature* 116 (1925), Nr. 2917, S. 461.

O. A.: „The Physics of Evolution (being a review of The Elements of Physical Biology)", in: *Science Progress* 20 (1925), S. 337–339.

O. A.: „(Review)", in: *The British Medical Journal* 1 (1926), Nr. 3413, S. 948.

O. A.: „Lotka on Population Study, Ecology, and Evolution", in: *Population and Development Review* 15 (1989), Nr. 3, S. 539–550.

O.A: „Das Umfeld des Briefwechsels", in: Karl Hansel (Hg.), „Rudolf Goldscheid und Wilhelm Ostwald in ihren Briefen", in: *Mitteilungen der Wilhelm-Ostwald-Gesellschaft zu Grossbothen e. V.*, Sonderheft 21 (2004), S. 6–33.

Odum, Eugene P.: *Fundamentals of Ecology*, Philadelphia / London 1953.

Odum, Eugene P.: „Energy Flow in Ecosystems. A Historical Review", in: *Zoologist* 8 (1968), Nr. 11, S. 11–18.

Odum, Howard T.: *Environment, Power, and Society*, New York / London / Sydney / Toronto: Wiley-Interscience 1971.

Odum, Howard T.: *Systems Ecology. An Introduction*, New York u. a.: John Wiley & Sons 1983.

Ogburn, William F. / Dorothy Thomas: „Are Inventions Inevitable? A Note on Social Evolution", in: *Political Science Quarterly* 37 (1922), Nr. 1, S. 83–98.

O. J. L.: „Obituary Notices", in: John Henry Poynting, *Collected Scientific Papers*, Cambridge: Cambridge University Press 1920, S. ix–xiv (from Nature, Vol. XCIII, S. 138, with additions).

Ostwald, Wilhelm: „Zur Energetik", in: *Annalen der Physik und Chemie* 58 (1896), S. 154–167.

Ostwald, Wilhelm: *Aeltere Geschichte der Lehre von den Berührungswirkungen*, Leipzig: A. Edelmann 1898 (Diss. Univ. Leipzig).

Ostwald, Wilhelm: „Zur Einführung", in: *Annalen der Naturphilosophie* 1 (1901/02), Heft 1, S. 1–4.

Ostwald, Wilhelm: *Vorlesungen über Naturphilosophie: gehalten im Sommer 1901 an der Universität Leipzig*, Leipzig: Verlag von Veit & Comp. 1902.

Ostwald, Wilhelm: „Vorwort", in: Ders., *Abhandlungen und Vorträge allgemeinen Inhaltes (1887–1903)*, Leipzig: Verlag von Veit & Comp. 1904, S. v–viii.

Ostwald, Wilhelm: „Über Katalyse", in: Ders., *Abhandlungen und Vorträge allgemeinen Inhaltes (1887–1903)*, Leipzig: Verlag von Veit & Comp. 1904, S. 71–96.

Ostwald, Wilhelm: „Die Energie und ihre Wandlungen", in: Ders., *Abhandlungen und Vorträge allgemeinen Inhaltes (1887–1903)*, Leipzig: Verlag von Veit & Comp. 1904, S. 185–206.

Ostwald, Wilhelm: „Die Überwindung des wissenschaftlichen Materialismus", in: Ders., *Abhandlungen und Vorträge allgemeinen Inhaltes (1887–1903)*, Leipzig: Verlag von Veit & Comp. 1904, S. 220–240 (Vortrag bei der Versammlung der Gesellschaft Deutscher Naturforscher und Ärzte, Lübeck, 20. September 1895).

Ostwald, Wilhelm: „Biologie und Chemie", in: Ders., *Abhandlungen und Vorträge allgemeinen Inhaltes (1887–1903)*, Leipzig: Verlag von Veit & Comp. 1904 (Rede, gehalten am 18. August 1903 zur Einweihung des von Prof. J. Loeb erbauten Biologischen Laboratoriums der Californischen Universität zu Berkeley), S. 282–307.

Ostwald, Wilhelm: *Die Energie*, Leipzig: Verlag von Johann Ambrosius Barth 1908 (Wissen und Können, Bd. 1; Sammlung von Einzelschriften aus reiner und angewandter Wissenschaft, hg. v. B. Weinstein).

Ostwald, Wilhelm: *Energetische Grundlagen der Kulturwissenschaft*, Leipzig: Verlag von Dr. Werner Klinkhardt 1909 (Philosophisch-soziologische Bücherei, Bd. XVI).

Ostwald, Wilhelm: *Grosse Männer*, Leipzig: Akademische Verlagsgesellschaft 1909.

Ostwald, Wilhelm: *Die Forderung des Tages*, Leipzig: Akademische Verlagsgesellschaft 1910.

Ostwald, Wilhelm: *Die Organisation der Welt*, Basel: Verlag des Weltsprache-Vereins „Ido" in Basel 1910.

Ostwald, Wilhelm: *Die Mühle des Lebens*, Leipzig: Theod. Thomas Verlag 1911.

Ostwald, Wilhelm: „Energie", in: *Monistische Sonntagspredigten von Wilhelm Ostwald*, Nr. 11 (11.6.1911), S. 81–88.

Ostwald, Wilhelm: „Der Untergang der Titanic", in: *Monistische Sonntagspredigten von Wilhelm Ostwald*, Nr. 5 (1.5.1912), S. 17–24.

Ostwald, Wilhelm: *Das grosse Elixier. Die Wissenschaftslehre*, Leipzig-Gaschwitz: Dürr & Weber 1920.

Ostwald, Wilhelm: *Lebenslinien. Eine Selbstbiographie. Erster Teil: Riga – Dorpat – Riga (1853–1887)*, Berlin: Klasing & Co. 1926.

Ostwald, Wilhelm: *Lebenslinien. Eine Selbstbiographie. Zweiter Teil: Leipzig (1887–1905)*, Berlin: Klasing & Co. 1927.

Ostwald, Wilhelm: *Lebenslinien. Eine Selbstbiographie. Dritter Teil: Gross-Bothen und die Welt (1905–1927)*, Berlin: Klasing & Co. 1927.

Oyama, Susan / Paul E. Griffiths / Russell D. Gray (Hg.): *Cycles of Contingency. Developmental Systems and Evolution*, Cambridge, MA: MIT Press 2001.

Oyama, Susan: *The Ontogeny of Information. Developmental Systems and Evolution*, Cambridge u. a.: Cambridge University Press 1985.

P[aul] V[incent]: „Alfred J. Lotka (1880–1949)“, in: *Population (French Edition)*, 1950, Nr. 1, S. 13 f.

Paoloni, Giovanni (Hg.): *Vito Volterra e il suo tempo (1860–1940)*, Rom 1990 (Mostra storico-documentaria), S. 163–182.

Paoloni, Giovanni / Raffaella Simili: „Vito Volterra and the Making of Research Institutions in Italy and Abroad“, in: Roberto Scazzieri / dies. (Hg.), *The Migration of Ideas*, Sagmore Beach, MA: Science History Publications 2008, S. 123–150.

Park, Robert Ezra: „Human Migration and the Marginal Man“, in: *American Journal of Sociology* 33 (1928), Nr. 6, S. 881–893.

Patten, Bernard C. (Hg.): *Systems Analysis and Simulation in Ecology (Vol. I)*, New York / London: Academic Press 1971.

Pearl, Raymond / Lowell J. Reed: „On the Rate of Growth of the Population of the United States since 1790 and its Mathematical Representation“, in: *Proceedings of the National Academy of Sciences of the United States of America* 6 (1920), S. 275–288.

Pearl, Raymond: „Some Recent Biological Texts“, in: *Biologia Generalis* 1 (1925), Nr. 3/4/5, S. 1–4.

Pearl, Raymond: *The Biology of Population Growth*, New York: Alfred A. Knopf Inc. 1925.

Pearl, Raymond: Foreword, in: Georgii F. Gause, *The Struggle for Existence*, Baltimore: Williams & Wilkins 1934, S. v–vi.

Pearson, Egon S.: *Karl Pearson: An Appreciation of Some Aspects of his Life and Work*, Cambridge: Cambridge University Press 1938.

Pearson, Egon S.: „Studies in the History of Probability and Statistics. XX. Some Early Correspondence between W. S. Gosset, R. A. Fisher and Karl Pearson, with Notes and Comments“, in: *Biometrika* 55 (1968), Nr. 3, S. 445–457.

Pearson, Karl: „Notes on the History of Correlation“, in: *Biometrika* 13 (1920), S. 25–45.

Perec, Georges: *La vie mode d'emploi*, Paris: Hachette 1978.

Perry, Yaron: *British Mission to the Jews in Nineteenth-Century Palestine*, London / Portland, OR: Frank Cass 2003.

Pias, Claus (Hg.): *Cybernetics – Kybernetik. The Macy-Conferences 1946–1953, Vol. I: Transactions / Protokolle*, Zürich / Berlin: diaphanes 2003.

Pias, Claus (Hg.): *Cybernetics – Kybernetik. The Macy-Conferences 1946–1953, Vol. II: Essays & Documents*, Zürich / Berlin: diaphanes 2004.

Pickering, Andrew (Hg.): *Science as Practice and Culture*, Chicago: Chicago University Press 1992.

Pippard, Sir Brian: „Physics in 1900“, in: Laurie M. Brown / Abraham Pais / Sir Brian Pippard (Hg.), *Twentieth Century Physics Vol. I*, Bristol u. a.: Institute of Physics Publishing 1995, S. 1–41.

Planck, Max: „Gegen die neuere Energetik", in: *Annalen der Physik und Chemie* 57 (1896), S. 72–78.

Planck, Max: *Max Planck. Wissenschaftliche Selbstbiographie*, Leipzig: Johann Ambrosius Barth 1970 (Lebensdarstellungen Deutscher Naturforscher, Nr. 5, 5. Auflage, erstmals 1948).

Pleasants, Helene (Hg.): *Biographical Dictionary of Parapsychology with Directory and Glossary, 1964–1966*, New York: Helix Press 1964.

Poerschke, Ute: „Transfer wissenschaftlicher Funktionsbegriffe in die Architekturtheorie des 18. Jahrhunderts", in: Michael Eggers / Matthias Rothe, *Wissenschaftsgeschichte als Begriffsgeschichte. Terminologische Umbrüche im Entstehungsprozess der modernen Wissenschaften*, Bielefeld: transcript Verlag 2009, S. 193–211.

Porep, Rüdiger: „Der Physiologe und Planktonforscher Victor Hensen. Sein Leben und sein Werk", in: *Kieler Beiträge zur Geschichte der Medizin und Pharmazie* 9 (1970), S. 96–120.

Porep, Rüdiger: „Methodenstreit in der Planktologie. Haeckel contra Hensen", in: *Medizinhistorisches Journal* 7 (1972), S. 72–83.

Porstmann, Walter: „Rundschau. (Ein Problem aus der physikalischen Zoologie: Einfluß physikalischer Momente auf die Gestalt der Fische)", in: *Prometheus. Illustrierte Wochenschrift über die Fortschritte in Gewerbe, Industrie und Wissenschaft* 26 (1915), Nr. 1317–Nr. 1319, S. 267–270, 284–286, 300–303.

Porstmann, Walter: „Rundschau (Flachformatnormen)", in: *Prometheus. Illustrierte Wochenschrift über die Fortschritte in Gewerbe, Industrie und Wissenschaft* 27 (1915), Nr. 1358 und Nr. 1359, S. 90–93 und 106–108.

Porstmann, Walter: „Rundschau (Raumformatnormen)", in: *Prometheus. Illustrierte Wochenschrift über die Fortschritte in Gewerbe, Industrie und Wissenschaft* 27 (1916), Nr. 1368 und Nr. 1369, S. 250–254 und 266–269.

Porstmann, Walter: *Normenlehre. Grundlagen, Reform, Organisation der Maß- und Normen-Systeme dargestellt für Wissenschaft, Unterricht und Wirtschaft*, Leipzig: Schulwissenschaftlicher Verlag A. Haase 1917.

Porstmann, Walter: *Untersuchungen über Aufbau und Zusammenschluß der Maßsysteme*, Berlin: Normenausschuß der Deutschen Industrie 1918 (Inaugural-Dissertation zur Erlangung der Doktorwürde, vorgelegt der Phil. Fakultät der Universität Leipzig).

Porstmann, Walter: „Aus dem Leben der Trichine", in: *Prometheus. Illustrierte Wochenschrift über die Fortschritte in Gewerbe, Industrie und Wissenschaft* 31 (1920), Nr. 1592, S. 243–245.

Porstmann, Walter: *Sprache und Schrift*, Berlin: Verein Deutscher Ingenieure 1920.

Porter, Theodore M.: „The English Biometric Tradition", in: *Companion Encyclopedia of the History and Philosophy of the Mathematical Sciences* 2 (1994), S. 1335–1340.

Porter, Theodore M.: *Trust in Numbers. The Pursuit of Objectivity in Science and Public Life*, Princeton: Princeton University Press 1995.

Porter, Theodore M.: *Karl Pearson. The Scientific Life in a Statistical Age*. Princeton u.a.: Princeton University Press 2004.

Pouvreau, David: *La ‚tragédie dialectique du concept de totalité': Une biographie non officielle de Ludwig von Bertalanffy (1901–1972) d'après ses textes, sa correspondance et ses archives*, 2006 (http://www.bertalanffy.org/ download 14.02.2013).

Pouvreau, David / Manfred Drack: „On the History of Ludwig von Bertalanffy's ‚General Systemology', and on its Relationships to Cybernetics. Part I: Elements on the Origins and Genesis of Ludwig von Bertalanffy's ‚General Systemology'", in: *International Journal of General Systems* 36 (2007), Nr. 3, S. 281–337.

Pouvreau, David: *Une histoire de la „systémologie générale" de Ludwig von Bertalanffy. Généalogie, genèse, actualisation et postérité d'un projet herméneutique*, 2013 (Thèse pour l'obtention du titre de docteur de l' E. H. E. S. S. en Sciences Sociales, spécialité „Histoire des sciences" (7.3.2013), http://www.bcsss.org/research/publications/ (11.4.2013).

Poynting, John Henry: „On a Method of Using the Balance with Great Delicacy, and on Its Employment to Determine the Mean Density of the Earth", in: *Proceedings of the Royal Society of London* 28 (1878–1879), S. 1–35.

Poynting, John Henry: „On the Transfer of Energy in the Electromagnetic Field", in: *Philosophical Transactions of the Royal Society of London* 175 (1884), S. 343–361.

Poynting, John Henry: „On the Connexion between Electric Current and the Electric and Magnetic Inductions in the Surrounding Field", in: *Philosophical Transactions of the Royal Society of London* 176 (1885), S. 277–306.

Poynting, John Henry: „Presidential Address to the Mathematical and Physical Section of the British Association" (Dover 1899), in: Ders., *Collected Scientific Papers*, Cambridge: Cambridge University Press 1920, S. 599–612.

Poynting, John Henry: *The Earth. It's Shape, Size, Weight and Spin*, Cambridge / New York 1913.

Poynting, John Henry, Poyntingscher Satz und Poynting-Vektor in: Meyers Encyklopädisches Lexikon in 25 Bänden, Bd. 19: Pole – Renc, Mannheim / Wien / Zürich: Lexikonverlag 1977, S. 186 f.

Prigogine, Ilya / Isabelle Stengers: *Dialog mit der Natur. Neue Wege naturwissenschaftlichen Denkens*, München: Piper 1981.

Provine, W. B.: *The Origins of Theoretical Population Genetics*, Chicago / London: The University of Chicago Press 1971.

Punnett, Reginald Crundall: „Eliminating Feeblemindedness", in: *Journal of Heredity* 8 (1917), Nr. 10, S. 464 f.

Queneau, Raymond: *Une histoire modèle*, Paris: Éditions Gallimard 1966.

Quételet, Adolphe: *Sur l'homme et le développement de ses facultés ou Essai de physique sociale*, Paris: Librairie Arthème-Fayard 1991 (Neudrucklegung der Erstausgabe von 1835).

Ramsden, Edmund: „Carving up Population Science: Eugenics, Demography and the Controversy over the ‚Biological Law' of Population Growth", in: *Social Studies of Science* 32 (2002), Nr. 5/6, S. 857–899.

Reinhardt, Carsten: „Habitus, Hierarchien und Methoden: ‚Feine Unterschiede' zwischen Physik und Chemie", in: *NTM Zeitschrift für Geschichte der Wissenschaften, Technik und Medizin* 19 (2011), Nr. 2, S. 125–146.

Reinke, Johannes: *Einleitung in die theoretische Biologie*, Berlin: Verlag von Gebrüder Paetel 1901.

Renn, Jürgen / Bernd Scherer (Hg.): *Das Anthropozän. Zum Stand der Dinge*, Berlin: Matthes & Seitz 2015.

Rheinberger, Hans-Jörg: „Experimentalsysteme, Epistemische Dinge, Experimentalkulturen. Zu einer Epistemologie des Experiments", in: *Deutsche Zeitschrift für Philosophie*, 42 (1994), S. 405–417.

Rheinberger, Hans-Jörg / Staffan Müller-Wille: *Das Gen im Zeitalter der Postgenomik. Eine wissenschaftshistorische Bestandesaufnahme*, Frankfurt am Main: Suhrkamp Verlag 2009.

Rheinberger, Hans-Jörg: „Recent Orientations and Reorientations in the Life Sciences", in: Martin Carrier / Alfred Nordmann (Hg.), *Science in the Context of Application*, Dordrecht: Springer Verlag 2010, S. 161–168.

Roux, Sophie: „Forms of Mathematization", in: *Early Science and Medicine* 15 (2010), S. 319–337.

Roux, Sophie: „Introduction. Pour une étude des formes da la mathématisation", in: Hugues Chabot / dies. (Hg.), *La mathématisation comme problème*, Paris 2011, S. 3–38.

Rupnow, Dirk / Veronika Lipphardt / Jens Thiel / Christina Wessely (Hg.): *Pseudowissenschaft. Konzeptionen von Nichtwissenschaftlichkeit in der Wissenschaftsgeschichte*, Frankfurt am Main: Suhrkamp Taschenbuch Wissenschaft 2008.

Russell, E.S.: „Fishery Research. Its Contribution to Ecology", in: *Journal of Ecology* 20 (1932), Nr. 1, S. 128–151.

Ryder, Norman B.: „Obituary: Frank Wallace Notestein (1902–1983)", in: *Population Studies* 38 (1984), Nr. 1, S. 5–20.

Santz, Adolf: *Die Deutschen Industrienormen. Bericht über die Entstehung, Zusammensetzung, Arbeitsweise, Ziele und bisherige Leistungen des Normenausschusses der Deutschen Industrie*, Berlin: Verein Deutscher Ingenieure Mai 1919 (mit einem Anhange von W. Porstmann, Entwicklung und Normung).

Santz, Adolf: *Papierformate im Auftrag des Normenausschusses der Deutschen Industrie bearb. v. Dr. Porstmann*, Berlin: Normenausschuß der Deutschen Industrie 1921.

Sapper, Karl: *Das Element der Wirklichkeit und die Welt der Erfahrung. Grundlinien einer anthropozentrischen Naturphilosophie*, München: Oskar Beck 1924.

Sarasin, Philipp / Marianne Sommer (Hg.), *Evolution. Ein interdisziplinäres Handbuch*, Stuttgart: Metzler 2010.

Sarkar, Sahotra: „The Founders of Theoretical Evolutionary Genetics: Editor's Introduction", in: Dies. (Hg.), *The Founders of Evolutionary Genetics. A Centenary Reappraisal*, Dordrecht u. a.: Kluwer Academic Publishers 1992, S. 1–22.

Schirmer, W.: „Wilhelm Ostwald und die Entwicklung der Katalyse", in: Akademie der Wissenschaften der DDR (Hg.), *Internationales Symposium anläßlich des 125. Geburtstages von Wilhelm Ostwald* (Sitzungsberichte der Akademie der Wissenschaften der DDR: Mathematik, Naturwissenschaften, Technik, Bd. 13), 1979, S. 33–47.

Schmitz, Oswald J.: „Trophic Dynamics. Why is the World Green?", in: Ders., *Resolving Ecosystem Complexity*, Princeton: Princeton University Press 2010 (Monographs in Population Biology, 47), S. 23–54.

Schulz, Jörg: „Begründung und Entwicklung der Genetik nach der Entdeckung der Mendelschen Gesetze", in: Ilse Jahn (Hg.), *Geschichte der Biologie. Theorien, Methoden, Institutionen, Kurzbiographien*, Jena u. a.: Gustav Fischer 1998, S. 537–557.

Schüttpelz, Erhard: „Die Akademie der Dilettanten (Back to D.)", in: Stephan Dillemuth (Hg.), *Akademie*, Köln: Permanent-Press-Verlag 1995, S. 40–57.

Schüttpelz, Erhard: „To Whom It May Concern Messages", in: Claus Pias (Hg.), *Cybernetics – Kybernetik. The Macy-Conferences 1946–1953, Vol. II: Essays & Documents*, Zürich / Berlin: diaphanes 2004, S. 115–130.

Schwabe, K.: „Leben und Werk Wilhelm Ostwalds", in: Akademie der Wissenschaften der DDR (Hg.), *Internationales Symposium anläßlich des 125. Geburtstages von Wilhelm Ostwald* (Sitzungsberichte der Akademie der Wissenschaften der DDR: Mathematik, Naturwissenschaften, Technik, Bd. 13) 1979, S. 12–21.

Schwarz, Hans-Rudolf: „Die Einwirkung der Mathematisierung der Wissenschaften auf die angewandte und numerische Mathematik", in: Paul Hoyningen-Huene (Hg.), *Die*

Mathematisierung der Wissenschaften, Zürich / München: Artemis Verlag 1983 (Interdisziplinäre Vortragsreihe der Universität und ETH Zürich, Sommer 1981), S. 11–34.

Schweitzer, F. / G. Silverberg (Hg.): *Evolution und Selbstorganisation in der Ökonomie*, Berlin: Duncker & Humblot 1998 (Selbstorganisation. Jahrbuch für Komplexität in den Natur-, Sozial- und Geisteswissenschaften, Bd. 9).

Sciubba, Enrico: „What Did Lotka Really Say? A Critical Reassessment of the ‚maximum power principle'", in: *Ecological Modelling* 222 (2011), Nr. 8, S. 1347–1353.

Scudo, Francesco M. / James R. Ziegler (Hg.): *The Golden Age of Theoretical Ecology: 1923– 1940. A Collection of Works by V. Volterra, V. A. Kostitzin, A. J. Lotka, and A. N. Kolmogoroff*, Berlin u. a.: Springer Verlag 1978.

Sears, Paul B.: „The Future of the Naturalist", in: *The American Naturalist* 78 (1944), Nr. 774, S. 43–53.

Seel, Martin: „Vom Nachteil und Nutzen des Nicht-Wissens für das Leben", in: *Nach Feierabend. Zürcher Jahrbuch für Wissensgeschichte* 5 (2009) (Nicht-Wissen), S. 37–49.

Senglaub, Konrad: „Neue Auseinandersetzungen mit dem Darwinismus", in: Ilse Jahn (Hg.), *Geschichte der Biologie. Theorien, Methoden, Institutionen, Kurzbiographien*, Jena u. a.: Gustav Fischer 1998, S. 558–579.

Serres, Michel: Hermes III. Übersetzung, Berlin 1992 (erstmals 1974).

Seth, Suman: „Allgemeine Physik? Max Planck und die Gemeinschaft der theoretischen Physik, 1906–1914", in: Michael Hagner / Manfred Laubichler (Hg.), *Der Hochsitz des Wissens. Über das Allgemeine in den Wissenschaften*, Zürich / Berlin: Diaphanes Verlag 2006, S. 151–184.

Shapin, Steven: *Never Pure. Historical Studies of Science as if It Was Produced by People with Bodies, Situated in Time, Space, Culture, and Society, and Struggling for Credibility and Authority*, Baltimore: The Johns Hopkins University Press 2010.

Shugart, H. H. / R. V. O'Neill (Hg.): *Systems Ecology* (Benchmark Papers in Ecology 9), Stroudsburg, PA: Dowden, Hutchinson & Ross 1979.

Simili, Raffaella (Hg.): *Scienza, tecnologia e istituzioni in europa. Vito Volterra e l'origine del Cnr*, Rom: Laterza 1993 (Biblioteca di Cultura Moderna 1037).

Simunek, Michal / Uwe Hossfeld / Florian Thümmler / Olaf Breidbach (Hg.): „The Mendelian Dioskuri – Correspondence of Armin with Erich von Tschermak-Seysenegg, 1898–1951" (*Studies in the History of Sciences and Humanities* 27), Prag 2011.

Smith, Maynard J.: *Mathematical Ideas in Biology*, Cambridge u. a.: Cambridge University Press 2008 (reprint der Erstausgabe von 1968).

Smith, T. M. F.: „Biometrika Centenary: Sample Surveys", in: *Biometrika* 88 (2001), Nr. 1, S. 167–194.

Sohn, Werner: „Wissenschaftliche Konstruktionen biologischer Ordnung im Jahr 1866: Ernst Haeckel und Gregor Mendel", in: *Medizinhistorisches Journal* 31 (1996), S. 233–274.

Solowjew, Juri I. / Naum I. Rodnyj: *Wilhelm Ostwald*, Leipzig 1977 (erstmals Moskau 1969).

Sommer, Marianne: *Bones and Ochre. The Curious Afterlife of the Red Lady of Paviland*, Cambridge, MA / London: Harvard University Press 2007.

Sommer, Marianne: „History in the Gene. Negotiations Between Molecular and Organismal Anthropology", in: *Journal of the History of Biology* 41 (2008), Nr. 3, S. 473–528.

Sommer, Marianne: „DNA and Cultures of Rememberance. Anthropological Genetics, Biohistories, and Biosocialities", in: *BioSocieties* 5 (2010), Nr. 3, S. 366–390.

Spedding, James / Robert L. Ellis / Douglas D. Heath (Hg.): *The Works of Francis Bacon: Baron of Verulam, Viscount St. Alban, and Lord High Chancellor of England*, Bd. 8. New York u. a.: Hurd and Houghton 1870.

Spencer, Herbert: *The Principles of Psychology Vol. I*, New York: D. Appleton and Company 1883 (3. Auflage, erstmals 1855).

Spencer, Herbert: *First Principles*, New York: D. Appleton and Company 1896 (4. Auflage, erstmals 1862).

Spencer, Herbert: *The Principles of Biology*, Vol. I, New York: D. Appleton and Company 1898 (erstmals 1866).

Spengler, Joseph J.: „Lotka, Alfred J.", in: David S. Sills (Hg.), *International Encyclopedia of the Social Sciences*, New York: The Macmillan Company & The Free Press 1968, S. 475 f.

Sperlich, Diether / Dorothee Früh (Hg.): *Wilhelm Weinberg (1862–1937) – Der zweite Vater des Hardy-Weinberg-Gesetzes*, Rangsdorf: Basiliskenpresse 2015 (Acta Biohistorica 15).

Staudenmeier, Ludwig: „Versuche zur Begründung der Experimentalmagie", in: *Annalen der Naturphilosophie* 9 (1910), S. 329–367.

Staudenmeier, Ludwig: *Die Magie als experimentelle Wissenschaft*, Leipzig: Akademische Verlagsgesellschaft 1912.

Stauffer, Robert C.: „Haeckel, Darwin and Ecology", in: *Quarterly Review of Biology* 32 (1957), S. 138–144.

Stekeler-Weithofer, Pirmin / Christian Schmidt: „Die ‚Annalen der Naturphilosophie' (1901–1921) als Reflexion auf einen wissenschaftlichen Umbruch", in: *Mitteilungen der Wilhelm-Ostwald-Gesellschaft zu Grossbothen e. V.*, 14. Jg. (2009), Nr. 3, S. 20–33.

Stent, Gunther S.: „Prematurity and Uniqueness in Scientific Discovery", in: *Scientific American*, Dezember 1972, S. 84–93.

Stern, Curt: „The Hardy-Weinberg Law", in: *Science (New Series)* 97 (1943), Nr. 2510, S. 137 f.

Stigler, Stephen M.: *Statistics on the Table. The History of Statistical Concepts and Methods*, Cambridge, MA / London: Harvard University Press 1999.

Stotz, Karola: „Organismen als Entwicklungssysteme", in: Ulrich Krohs / Georg Toepfer (Hg.), *Philosophie der Biologie*, Frankfurt am Main: Suhrkamp Taschenbuch Verlag 2005, S. 125–143.

Striebing, L.: „Die philosophische Konzeption Wilhelm Ostwalds", in: Akademie der Wissenschaften der DDR (Hg.), *Internationales Symposium anläßlich des 125. Geburtstages von Wilhelm Ostwald* (Sitzungsberichte der Akademie der Wissenschaften der DDR: Mathematik, Naturwissenschaften, Technik, Bd. 13) 1979, S. 113–122.

Tanner, Ariane: „Publish *and* Perish. Lotka und die Anspannung in der Wissenschaft", in: *NTM Zeitschrift für Geschichte der Wissenschaften, Technik und Medizin* 21 (2013), Nr. 2, S. 143–170.

Tanner, Ariane: „Utopien aus Biomasse. Plankton als wissenschaftliches und gesellschaftspolitisches Projektionsobjekt", in: *Geschichte und Gesellschaft* 40 (2014), Nr. 3, S. 323–353.

Tanner, Jakob: „Wirtschaftskurven. Zur Visualisierung des anonymen Marktes", in: David Gugerli / Barbara Orland (Hg.), *Ganz normale Bilder*, Zürich: Chronos Verlag 2002, S. 129–158.

Tanner, Jakob: *Historische Anthropologie zur Einführung*, Hamburg: Junius Verlag 2004.

Tansley, Arthur G.: „The Use and Abuse of Vegetational Concepts and Terms", in: *Ecology* 16 (1935), Nr. 3, S. 284–307.

Taylor, Gordon Rattray: *Das Selbstmordprogramm. Zukunft oder Untergang der Mensch-heit*, Frankfurt am Main: G. B. Fischer Verlag 1971 (Erstausgabe „The Doomsdaybook", London 1970).

Theisohn, Philipp: *Literarisches Eigentum. Zur Ethik geistiger Arbeit im digitalen Zeitalter. Essay*, Stuttgart: Alfred Kröner Verlag 2012.

Thompson, D'Arcy Wentworth: *On Growth and Form*, Cambridge: Cambridge University Press 1917.

Tiffany, Lewis H.: „Some Algal Statistics Cleaned from the Gizzard Shad", in: *Science* LVI (1922), Nr. 1445, S. 285 f.

Trepl, Ludwig: *Geschichte der Ökologie vom 17. Jahrhundert bis zur Gegenwart*, Frankfurt am Main: Beltz Athenäum 1987.

Troxler, Ignaz Paul Vital: *Elemente der Biosophie*, Leipzig: in Commission bei J. G. Feind 1808.

Tufte, Edward R.: *The Visual Display of Quantitative Information*, Cheshire, CT: Graphics Press 2001 (2. Auflage).

Turchin, Peter et al.: „Dynamical Effects of Plant Quality and Parasitism on Population Cycles of Larch Budmoth", in: *Ecology* 84 (2003), Nr. 5, S. 1207–1214.

Turner, Jonathan H.: *Herbert Spencer. A Renewed Appreciation*, Beverly Hills u. a.: Sage Publications 1985.

Uexküll, Jakob von: „Das Tropenaquarium", in: *Die Neue Rundschau* 19 (1908), Nr. 2, S. 694–706.

Urbain, Georges: *Les notions fondamentales d'élément chimique et d'atome*, Paris: Gauthier-Villars 1925.

Utida, Syunro: „Cyclic Fluctuations of Population Density Intrinsic to the Host-Parasite System", in: *Ecology* 38 (1957), Nr. 3, S. 442–449.

Van Dyne, G. M.: „Ecosystems, Systems Ecology, and Systems Ecologists", in: H. H. Shugart / R. V. O'Neill (Hg.), *Systems Ecology*, Stroudsburg, PA: Dowden, Hutchinson & Ross 1979, S. 67–89, (reprinted from pages 1–17, 26–31 of Ecosystems, Systems Ecology, and Systems Ecologists, Oak Ridge: Oak Ridge Natl. Lab. 1966).

Veiel, Friedrich: *Die Pilgermission von St. Chrischona 1840–1940*, Basel: Brunnen-Verlag 1942 (2. Auflage).

Verhulst, Pierre-François: „Recherches mathématiques sur la loi d'accroissement de la population", in: *Nouveaux mémoires de l'Académie royale des sciences et belles-lettres de Bruxelles* 18 (1845), S. 1–41.

Vernadsky, Wladimir: *La biosphère*, Paris: Librairie Félix Alcan 1929.

Vernadskij, Vladimir I. [Vernadsky, Wladimir]: „Einige Worte über die Noosphäre" (als Kapitel des unvollendeten Buchs „Der chemische Aufbau der Biosphäre der Erde und ihrer Umgebung" 1965 in Moskau in russ. Sprache erschienen), in: Ders., *Der Mensch in der Biosphäre. Zur Naturgeschichte der Vernunft*, hg. v. Wolfgang Hofkirchner, Frankfurt am Main u. a.: Peter Lang 1997, S. 239–249.

Véron, Jacques: „Alfred J. Lotka and the Mathematics of Population", in: *Electronic Journal for History of Probability and Statistics* 4 (2008), Nr. 1, S. 1–10.

Véron, Jacques / Catriona Dutreuilh: „The French Response to the Demographic Works of Alfred Lotka", in: *Population (English Edition)* 64 (2009), Nr. 2, S. 319–339.

Vogelsang, Tobias: „Johann Heinrich Lambert und sein Graph der magnetischen Ab-weichung", in: *Bildwelten des Wissens* 7 (2010), Nr. 2, S. 19–42.

Voigt, Annette: *Theorien synökologischer Einheiten – Ein Beitrag zur Erklärung der Un-eindeutigkeit des Ökosystembegriffs*, München 2008 (vollst. Abdruck der Dissertation an der Fakultät Wissenschaftszentrum Weihenstephan für Ernährung, Landnutzung und Umwelt der Technischen Universität München), http://mediatum2.ub.tum.de/node?id=632738 (19.2.2013).

Volkert, Klaus Thomas: *Die Krise der Anschauung. Eine Studie zu formalen und heuristischen Verfahren in der Mathematik seit 1850*, Göttingen: Vandenhoeck & Ruprecht 1986.

Voltaire: *Le monde comme il va, vision de Babouc (1746)*, in: *Oeuvres complètes de Voltaire*, Bd. 8, Paris: Furne, Libraire-Éditeur 1836, S. 317–323.

Volterra, Vito: „Variazioni e fluttuazioni del numero d'individui in specie animali conviventi", in: *Memorie della Reale Accademia dei Lincei* (1926), Nr. 6, S. 31–113.

Volterra, Vito: „Fluctuations in the Abundance of a Species Considered Mathematically", in: *Nature* 118 (1926), Nr. 2972, S. 558–560.

Volterra, Vito: „Letter to the Editor", in: *Nature* 119 (1927), Nr. 2983, S. 12 f.

Volterra, Vito: *Leçons sur la théorie mathématique de la lutte pour la vie*, Paris: Gauthier-Villars 1931 (rédigées par Marcel Brelot).

Volterra, Vito / Umberto D'Ancona: *Les associations biologiques au point de vue mathématique*, Paris: Hermann et Cie, Editeurs 1935 (Exposés de biométrie et de statistique biologique, publié sous la direction de Georges Teissier).

Volterra, Vito: *Opere matematiche. Memorie e note*, Rom: Accademia Nazionale dei Lincei 1954–1962 (5 Bände, 1881–1940; pubblicate a cura dell'Accademia Nazionale dei Lincei col concorso del Consiglio Nazionale delle Ricerche).

Volterra, Vito: „Sui tentativi di applicazione delle matematiche alle scienze biologiche e sociali" (erstmals in: Annuario della R. Università di Roma, 1901–02, S. 3–28), in: Ders., *Opere matematiche. Memorie e note, volume terzo: 1900–1913*, Rom: Accademia Nazionale dei Lincei 1957, S. 14–29.

Volterra, Vito: „Variazioni e fluttuazioni del numero d'individui in specie animali conviventi" (erstmals in: Memorie del R. Comitato talassografico italiano, mem. CXXXI, 1927), in: Ders., *Opere matematiche. Memorie e note, volume quinto: 1926–1940* (pubbl. a cura dell'Accademia Nazionale dei Lincei col concorso del Consiglio Nazionale delle Ricerche Rom: Accademia Nazionale dei Lincei 1962, S. 1–111.

Volterra, Vito: „Una teoria matematica sulla lotta per l'esistenza" (erstmals in: *Scientia* XLI (1927), S. 85–102), in: Ders., *Opere matematiche. Memorie e note, volume quinto: 1926–1940*, Rom: Accademia Nazionale dei Lincei 1962, S. 112–124.

Volterra, Vito: „Sur la théorie mathématique des phénomènes héréditaires" (erstmals: Journal de Mathématiques pures et appliquées, 9e sér., t. VII (1928), pp. 249–298), in: Ders., *Opere matematiche. Memorie e note, volume quinto: 1926–1940*, Rom: Accademia Nazionale dei Lincei 1962, S. 130–169.

Volterra, Vito: „Alcune osservazioni sui fenomeni ereditari" (erstmals in: Rend. Accad. dei Lincei, ser. 6a, vol. IX (1929), pp. 585–595), in: Ders., *Opere matematiche Memorie e note, volume quinto:* 1926–1940, Rom: Accademia Nazionale dei Lincei 1962, S. 190–199.

Voss, Julia: *Charles Darwin zur Einführung*, Hamburg: Junius Verlag 2008.

Ward, James: *Naturalism and Agnosticism. The Gifford Lectures Delivered before the University of Aberdeen in the Years 1895–1898*, London: Adam and Charles Black 1903 (Vol. 1, second edition, erstmals 1899).

Warren, Howard C.: „A Study of Purpose. II Purposive Activity in Organisms", in: *The Journal of Philosophy, Psychology and Scientific Methods* 13 (1916), Nr. 2, S. 29–49.

Warren, Howard C.: *Elements of Human Psychology*, Boston u. a.: Houghton Mifflin Company 1922.

Waterman, Talbot H. / Harold J. Morowitz (Hg.): *Theoretical and Mathematical Biology*, New York / Toronto / London: Blaisdell Publishing Company 1965.

Weber, Marcel: „Genetik und Moderne Synthese", in: Philipp Sarasin / Marianne Sommer (Hg.), *Evolution. Ein interdisziplinäres Handbuch*, Stuttgart: Metzler 2010, S. 102–114.

Weber, Marcel: *Die Architektur der Synthese. Entstehung und Philosophie der modernen Evolutionstheorie*, Berlin / New York: Walter de Gruyter 1998.

Weber, Max: „,Energetische' Kulturtheorien", in: Ders., *Gesammelte Aufsätze zur Wissenschaftslehre*, Tübingen: J. C. B. Mohr (Paul Siebeck) 1922, S. 376–402 (erstmals: Archiv für Sozialwissenschaft und Sozialpolitik 29 (1909), Heft 2, S. 575–598).

Wegscheider, Rudolf: „Wilhelm Ostwald als Physikochemiker", in: Österreichischer Monistenbund (Hg.), *Wilhelm Ostwald. Festschrift aus Anlaß seines 60. Geburtstages*, Wien / Leipzig: Anzengruber – Verlag Brüder Suschitzky 1913, S. 5–24.

Weikart, Richard: „Evolutionäre Aufklärung"? Zur Geschichte des Monistenbundes, in: Mitchell Ash et al. (Hg.), *Wissenschaft, Politik und Öffentlichkeit: von der Wiener Moderne bis zur Gegenwart* (Wiener Vorlesungen. Konversatorien und Studien, Bd. 12), Wien: Universitätsverlag 2002, S. 131–148.

Weinberg, Wilhelm: „Ueber den Nachweis der Vererbung beim Menschen", in: *Jahreshefte des Vereins für Vaterländische Naturkunde in Württemberg* 64 (1908), S. 368–382.

Weinberg, Wilhelm: „Über Vererbungsgesetze beim Menschen. I. Allgemeiner Teil, Einleitung", in: *Zeitschrift für induktive Abstammungs- und Vererbungslehre* 1 (1909), S. 377–392.

Weinberg, Wilhelm: „Über Vererbungsgesetze beim Menschen. II. Spezieller Teil", in: *Zeitschrift für induktive Abstammungs- und Vererbungslehre* 2 (1909), S. 276–330.

Weldon, W. F. R., et al.: „Report of the Committee, consisting of Mr. Galton (Chairman), Mr. F. Darwin, Professor Macalister, Professor Meldola, Professor Poulton, and Professor Weldon, „for Conducting Statistical Inquiries into the Measurable Characteristics of Plants and Animals." Part I. „An Attempt to Measure the Death-Rate Due to the Selective Destruction of Carcinus Moenas with Respect to a Particular Dimension (Drawn up for the Committee by Professor Weldon, F. R. S.)", in: *Proceedings of the Royal Society of London* 57 (1895), S. 360–379.

Weldon, W. F. R.: „Remarks on Variation in Animals and Plants. To Accompany the First Report of the Committee for Conducting Statistical Inquiries into the Measurable Characteristics of Plants and Animals", in: *Proceedings of the Royal Society of London* 57 (1895), S. 379–382.

Weldon, W. F. R. / Karl Pearson / C. B. Davenport (Hg.): „Editorial: (I.) The Scope of Biometrika", in: *Biometrika* 1 (1901), Nr. 1, S. 1 f.

Weldon, W. F. R. / Karl Pearson / C. B. Davenport (Hg.): „Editorial: (II.) The Spirit of Biometrika", in: *Biometrika* 1 (1901), Nr. 1, S. 3–6.

Wessely, Christina: „Welteis. Die ,Astronomie des Unsichtbaren' um 1900", in: Dirk Rupnow / Veronika Lipphardt / Jens Thiel / dies. (Hg.), *Pseudowissenschaft. Konzeptionen von Nichtwissenschaftlichkeit in der Wissenschaftsgeschichte*, Frankfurt am Main: Suhrkamp Taschenbuch Wissenschaft 2008, S. 163–193.

Wessely, Christina: „Wässrige Milieus. Ökologische Perspektiven in Meeresbiologie und Aquarienkunde um 1900", in: *Berichte zur Wissenschaftsgeschichte* 36 (2013), Nr. 2, S. 128–147.

Wheeler, Raymond H.: „Organismic Logic in the History of Science", in: *Philosophy of Science* 3 (1936), Nr. 1, S. 26–61.

Wheeler, William Morton: „Present Tendencies in Biological Theory", in: *The Scientific Monthly* 28 (1929), Nr. 2, S. 97–109.

White, William A.: „Special Review: Physical Biology", in: *Psychoanalytical Review*, 12 (1925), Nr. 12, S. 323–330.

Whittaker, Sir Edmund: „Vito Volterra, 1860–1940", in: *Obituary Notices of Fellows of the Royal Society of London* 3 (1941), S. 691–729.

Who Was Who in America (A Companion Biographical Reference Work to Who's Who in America): *Lotka, Alfred James*, Chicago, The A. N. Marquis Company 1950, S. 330.

Wilson, Edwin B.: „Review: (untitled)", in: *Science (New Series)* 66 (1927), Nr. 1708, S. 281 f.

Winkler, Ariane: Das Jenseits der Juden. Jüdische Jenseitsvorstellungen von den Anfängen bis zum Neuen Testament, unveröffentl. Seminararbeit, Zürich 2003.

Wise, Norton M.: „Making Visible", in: *Isis* 97 (2006), Nr. 1, S. 75–82.

Wittgenstein, Ludwig: „Logisch-philosophische Abhandlung", in: *Annalen der Naturphilosophie* 14 (1919/1921), S. 185–262 (mit einem Vorwort des Verfassers und von Bertrand Russell).

Wolfe, A. B.: „Is There a Biological Law of Human Population Growth?", in: *The Quarterly Journal of Economics* 41 (1927), Nr. 4, S. 557–594.

Wolffram, Heather: *The Stepchildren of Science. Psychical Research and Parapsychology in Germany, c. 1870–1939*, Amsterdam / New York: Editions Rodopi B. V. 2009.

Woodruff, Lorande Loss: „The Origin of Life", in: Joseph Barrell / Charles Schuchert / dies. / Richard Swann Lull / Ellsworth Huntington, *The Evolution of the Earth and its Inhabitants. A Series of Lectures Delivered before the Yale Chapter of the Sigma Xi during the Academic Year 1916–1917*, New Haven: Yale University Press 1918, S. 82–108.

Worster, Donald: *Nature's Economy. A History of Ecological Ideas*, New York 1990.

Zacharia, August Wilhelm: *Die Elemente der Luftschwimmkunst*, Wittenberg: in der Zimmermannischen Buchhandlung 1807 (mit einer Kupfertafel).

Ziche, Paul: „Wilhelm Ostwalds Monismus: Weltversicherung und Horizonteröffnung", in: *Jahrbuch für Europäische Wissenschaftskultur* 3 (2007), S. 117–134.

Ziche, Paul: *Wissenschaftslandschaften um 1900. Philosophie, die Wissenschaften und der nichtreduktive Szientismus* (Legierungen 3), Zürich: Chronos Verlag 2008.

Personen- und Sachverzeichnis

Historische Wissensforschung

herausgegeben von
Caroline Arni, Stephan Gregory, Bernhard Kleeberg,
Andreas Langenohl, Marcus Sandl und Robert Suter †

Die Reihe *Historische Wissensforschung* versammelt Forschungen zu kulturellen Konstellationen von der Frühen Neuzeit bis in die Gegenwart, in denen Wissen selbst thematisch wird. Sie interessiert sich für Analysen der Entstehung und Stabilisierung, der Transformation und Dekonstruktion von Wissen in konkreten Praktiken; für Qualifikationen von Wissen wie Objektivität, Perspektivität oder Wahrheit; für Übersetzungen und Übergänge von Wissen, seine Normal- und Ausnahmezustände, kurz: für all das, was Wissen als Wissen kenntlich macht. Damit vertritt sie die Anliegen einer historischen Epistemologie wie auch praxeologisch ausgerichteter Ansätze der jüngeren Wissensforschung. Sie lenkt ihr Augenmerk insbesondere auf die Wissenschaftsgeschichte der Sozial-, Geistes- und Humanwissenschaften und präsentiert kritische und materialgesättigte Studien, die sich des theoretisch-methodischen Instrumentariums der Historiographie, Soziologie, Anthropologie, Medien- und Literaturwissenschaft reflektiert bedienen. In der Reihe erscheinen Monographien, Qualifikationsschriften, vergessene oder schwer zugängliche Arbeiten der Wissenssoziologie und -geschichte, Sammelbände und Essays.

Die Reihe wird von den fünf Herausgebern gemeinsam verantwortet. Alle veröffentlichten Bände wurden eingehend begutachtet und einstimmig in die Reihe aufgenommen.

ISSN: 2199-3645
Zitiervorschlag: HWF

Alle lieferbaren Bände finden Sie unter *www.mohr.de/hwf*

Mohr Siebeck
www.mohr.de